# 파브르 곤충기 7

파브르 곤충기 7

초판 1쇄 발행 | 2009년 8월 10일
초판 3쇄 발행 | 2023년 7월 25일

지은이 | 장 앙리 파브르
옮긴이 | 김진일
사진찍은이 | 이원규
그린이 | 정수일
펴낸이 | 조미현

펴낸곳 | (주)현암사
등록 | 1951년 12월 24일 · 제10-126호
주소 | 04029 서울시 마포구 동교로12안길 35
전화 | 365-5051 · 팩스 | 313-2729
전자우편 | editor@hyeonamsa.com
홈페이지 | www.hyeonamsa.com

글 ⓒ 김진일 2009
사진 ⓒ 이원규 2009
그림 ⓒ 정수일 2009

ISBN 978-89-323-1395-5  04490
ISBN 978-89-323-1399-3  (세트)

# 파브르 곤충기 7

장 앙리 파브르 지음 | 김진일 옮김
이원규 사진 | 정수일 그림

현암사

 옮긴이의 말

# 신화 같은 존재 파브르,
# 그의 역작 곤충기

『파브르 곤충기』는 '철학자처럼 사색하고, 예술가처럼 관찰하고, 시인처럼 느끼고 표현하는 위대한 과학자' 파브르의 평생 신념이 담긴 책이다. 예리한 눈으로 관찰하고 그의 손과 두뇌로 세심하게 실험한 곤충의 본능이나 습성과 생태에서 곤충계의 숨은 비밀까지 고스란히 담겨 있다. 그러기에 백 년이 지난 오늘날까지도 세계적인 애독자가 생겨나며, '문학적 고전', '곤충학의 성경'으로 사랑받는 것이다.

남프랑스의 산속 마을에서 태어난 파브르는, 어려서부터 자연에 유난히 관심이 많았다. '빛은 눈으로 볼 수 있다'는 것을 스스로 발견하기도 하고, 할머니의 옛날이야기 듣기를 좋아했다. 호기심과 탐구심이 많고 기억력이 좋은 아이였다. 가난한 집 맏아들로 태어나 생활고에 허덕이면서 어린 시절을 보내야만 했다. 자라서는 적은 교사 월급으로 많은 가족을 거느리며 살았지만, 가족의 끈끈한 사랑과 대자연의 섭리에 대한 깨달음으로 역경의 연속인 삶을 이겨 낼 수 있었다. 특히 수학, 물리, 화학 등을 스스로 깨우치는 등 기초 과학 분야에 남다른 재능을 가지고 있었다. 문학에도 재주가 뛰어나 사물을 감각적으로 표현하는 능력이 뛰어났다. 이처럼 천성적인 관찰자답게 젊었을 때 우연히 읽은 '곤충 생태에 관한 잡지'가 계기가 되어 그의 이름을 불후하게 만든 '파브르 곤충기'가 탄생하게 되었다. 1권을 출판한 것이 그의 나이 56세. 노경에 접어든 나이에 시작하여 30년 동안의 산고 끝에 보기 드문 곤충기를 완성한 것이다. 소똥구리, 여러 종의 사냥벌, 매미, 개미, 사마귀 등 신기한 곤충들이 꿈틀거리는 관찰 기록만이 아니라 개인적 의견과 감정을 담은 추억의 에세이까지 10권 안에 펼쳐지는 곤충 이야기는 정말 다채롭고 재미있다.

'파브르 곤충기'는 한국인의 필독서이다. 교과서 못지않게 필독서였고, 세상의 곤충은 파브르의 눈을 통해 비로소 우리 곁에 다가왔다. 그 명성을 입증하듯이 그림책, 동화책, 만화책 등 형식뿐 아니라 글쓴이, 번역한 이도 참으로 다양하다. 그러나 우리나라에는 방대한 '파브르 곤충기' 중 재미있는 부분만 발췌한 번역본이나 요약본이 대부분이다. 90년대 마지막 해 대단한 고령의 학자 3인이 완역한 번역본이 처음으로 나오긴 했다. 그러나 곤충학, 생물학을 전공한 사람의 번역이 아니어서인지 전문 용어를 해석하는 데 부족한 부분이 보여 아쉬웠다. 역자는 국내에 곤충학이 도입된 초기에 공부를 하고 보니 다양한 종류의 곤충을 다룰 수밖에 없었다. 반면 후배 곤충학자들은 전문분류군에만 전념하며, 전문성을 갖는 것이 세계의 추세라고 해야 할 것이다. 이런 시점에서는 적절한 번역을 기대할 수 없다.

역자도 벌써 환갑을 넘겼다. 정년퇴직 전에 초벌번역이라도 마쳐야겠다는 급한 마음이 강력한 채찍질을 하여 '파브르 곤충기' 완역이라는 어렵고 긴 여정을 시작하게 되었다. 우리나라 풍뎅이를 전문적으로 분류한 전문가이며, 일반 곤충학자이기도 한 역자가 직접 번역한 '파브르 곤충기' 정본을 만들어 어린이, 청소년, 어른에게 읽히고 싶었다.

역자가 파브르와 그의 곤충기에 관심을 갖기 시작한 건 40년도 더 되었다. 마침, 30년 전인 1975년, 파브르가 학위를 받은 프랑스 몽펠리에 이공대학교로 유학하여 1978년에 곤충학 박사학위를 받았다. 그 시절 우리나라의 자연과 곤충을 비교하면서 파브르가 관찰하고 연구한 곳을 발품 팔아 자주 돌아다녔고, 언젠가는 프랑스 어로 쓰인 '파브르 곤충기' 완역본을 우리나라에 소개하리라 마음먹었다. 그 소원을 30년이 지난 오늘에서야 이룬 것이다.

"개성적이고 문학적인 문체로 써 내려간 파브르의 의도를 제대로 전달할 수 있을까, 파브르가 연구한 종은 물론 관련 식물 대부분이 우리나라에는 없는 종이어서 우리나라 이름으로 어떻게 처리할까, 우리나라 독자에 맞는 '한국판 파브르 곤충기'를 만들려면 어떻게 해야 할까" 방대한 양의 원고를 번역하면서 여러 번 되뇌고 고민한 내용이다. 1권에서 10권까지 번역을 하는 동안 마치 역자가 파브르인 양 곤충에 관한 새로운 지식을 발견하면 즐거워하고, 실험에 실패하면 안타까워하고, 간간이 내비치는 아들의 죽음에 대한 슬픈 추억, 한때 당신이 몸소 병에 걸려 눈앞의 죽음을 스스로 바라보며, 어린 아들이 얼음 땅에서 캐내 온 벌들이 따뜻한 침실에서 우화하여, 발랑발랑 걸어 다니는 모습을 바라보던 때의 아픔을 생각하며 눈물을 흘리기도 했다. 4년도 넘게 파브르 곤충기와 함께 동고동락했다.

파브르 시대에는 벌레에 관한 내용을 과학논문처럼 사실만 써서 발표했을 때는 정신이상자의 취급을 받기 쉬웠다. 시대적 배경 때문이었을까? 다방면에서 박식한 개인적 배경 때문이었을까? 파브르는 벌레의 사소한 모습도 철학적, 시적 문장으로 써 내려갔다. 현지에서는 지금도 곤충학자라기보다 철학자, 시인으로 더 잘 알려져 있다. 어느 한 문장이 수십 개의 단문으로 구성된 경우도 있고, 같은 내용이 여러 번 반복되기도 하였다. 그래서 원문의 내용은 그대로 살리되 가능한 짧은 단어와 짧은 문장으로 처리해 지루함을 최대한 줄이도록 노력했다. 그러나 파브르의 생각과 의인화가 담긴 문학적 표현을 100% 살리기는 힘들었다기보다, 차라리 포기했음을 고백해 둔다.

파브르가 연구한 종이 우리나라에 분포하지 않을 뿐 아니라 아직 곤충학이 학문으로 정상적 궤도에 오르지 못했던 150년 전 내외에 사용하던 학명이 많았다. 아무래도 파브르는 분류학자의 업적을 못마땅하게 생각한 듯하다. 다른 종을 연구하거나 이름을 다르게 표기했을 가능성도 종종 엿보였다. 당시 틀린 학명은 현재 맞는 학명을 추적해서 바꾸도록 부단히 노력했다. 그래도 해결하지 못한 학명은 원문의 이름을 그대로 썼다. 본문에 실린 동식물은 우리나라에 서식하는 종류와 가장 가깝도록 우리말 이름을 지었으며, 우리나라에도 분포하여 정식 우리 이름이 있는 종은 따로 표시하여 '한국판 파브르 곤충기'로 만드는 데 힘을 쏟았다.

무엇보다도 곤충 사진과 일러스트가 들어가 내용에 생명력을 불어넣었다. 이원규 씨의 생생한 곤충 사진과 독자들의 상상력을 불러일으키는 만화가 정수일 씨의 일러스트가 글이 지나가는 길목에 자리 잡고 있어 '파브르 곤충기'를 더욱더 재미있게 읽게 될 것이다. 역자를 비롯한 다양한 분야의 전문가와 함께했기에 이 책이 탄생할 수 있었다.

번역 작업은 Robert Laffont 출판사 1989년도 발행본 파브르 곤충기 Souvenirs Entomologiques(Études sur l'instinct et les mœurs des insectes)를 사용하였다.

끝으로 발행에 선선히 응해 주신 (주)현암사의 조미현 사장님, 책을 예쁘게 꾸며서 독자의 흥미를 한껏 끌어내는 데, 잘못된 문장을 바로 잡아주는 데도, 최선의 노력을 경주해 주신 편집팀, 주변에서 도와주신 여러분께도 심심한 감사의 말씀을 드린다.

2006년 7월
김진일

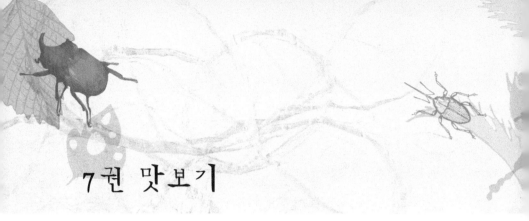

# 7권 맛보기

『파브르 곤충기』6권 발간 후 1년 만에 또 한 권을 펴낸 파브르의 능력은 참으로 놀랍다. 너무 빨리 발행되어 그동안 찔끔찔끔 축적한 결과의 종합편일 것으로 여겼으나, 경향성이 분명한 몇 가지 주제로 구성된 보고문임에 또 한 번 크게 놀랐다. 전체의 1/3에 해당하는 제14~22장은 애벌레 자신이 제작한 복장으로 방어 체계를 갖추는 곤충의 집대성 편이다. 마지막 세 장은 성페로몬 관련 내용인데, 당시 잘 모르던 물질이라 인간과 곤충의 후각 기능 차이를 규명하지 못해 무척 고심한다.

첫 세 장은 정신적 추론과 의지가 필요한 자살 행위나 의사행동(擬死行動)을 사고 능력이 없는 곤충에 기대하는 것은 언어도단이라고 했다. 제4~14장은 구조가 같은 유사 종끼리의 행동을 비교한 연구인데, 이렇게 비교 연구가 늘어났음에도 불구하고 첫 세 장과 함께 곤충의 행동이나 기술 발휘는 오직 본능의 지시에 따름밖에 없음을 강조하고 싶어했다. 편협한 주장은 아닌지, 독자 쪽에서 한번쯤 판단해 볼 것을 권하고 싶다.

유사 종 사이에 기술이나 이용 재료가 매우 다양함을 관찰한 파브르였던 만큼 분류학자가 못마땅한 이름을 붙이게 된 배경을 조금은

10

생각했어야 했다. 그러나 제11장에서 또 그에 대한 격분을 토로했으며, 이런 감정이 연구에 개입됨으로써 내용에 어떤 오류를 가져와 실제로 연구된 종과 서술된 종이 서로 다른 이름으로 쓰이거나 서로 다른 종이 같은 이름으로 쓰인 것 같다. 게다가 자기 마음대로 고쳐 불러 혼동되는 경우까지 있었다. 특히 제6장의 바구미 숙주인 엉겅퀴와, 제20~22장 날도래는 실제로 어느 종인지 알 수 없을 만큼 대단히 혼란스럽다.

극히 편파적으로 보존된 바구미 화석을 발견하고(제4장) 이 종류를 딱정벌레의 조상으로 생각하여 여러 바구미를 연구했는지도 모르겠다. 혹시 동물 진화의 계통 관계를 잠시 잊은 것은 아닌지 의심된다.

6권에는 자신의 감정 표현이나 철학적 사고 또는 문학적 문체 등이 제법 많았으나 7권은 그런 내용이 적었다. 그래도 과학의 발전은 인류에게 꼭 필요한 것이며, 그 기초나 발전은 유치해 보일 정도로 사소한 것에서 출발함을 독자에게 전하고 싶어했다. 제19, 20장은 연못 속 환경과 날도래를 다루었는데, 이것이 『곤충기』 총 10권 중 유일하게 다루어진 수서곤충이다. 근처에 연못이 없어 수생동물 연구가 미진했음을 아쉬워하는 글이 8권(제14장)에 실린다.

# 차례

일러두기

* 역주는 아라비아 숫자로, 원주는 곤충 모양의 아이콘으로 처리했다.
* 우리나라에 있는 종일 경우에는 ●로 표시했다.
* 프랑스 어로 쓰인 생물들의 이름은 가능하면 학명을 찾아서 보충하였고, 우리나라에 없는 종이라도 우리식 이름을 붙여 보도록 노력했다. 하지만 식물보다는 동물의 학명을 찾기와 이름 짓기에 치중했다. 학명을 추적하지 못한 경우는 프랑스 이름을 그대로 옮겼다.
* 학명은 프랑스 이름 다음에 :를 붙여서 연결했다.
* 원문에 학명이 표기되었으나 당시의 학명이 바뀐 경우는 속명, 종명 또는 속종명을 원문대로 쓰고, 화살표(→)를 붙여 맞는 이름을 표기했다.
* 원문에는 대개 연구 대상 종의 곤충이 그려져 있는데, 실물 크기와의 비례를 분수 형태나 실수의 형태로 표시했거나, 이 표시가 없는 것 등으로 되어 있다. 번역문에서도 원문에서 표시한 방법대로 따랐다.
* 사진 속의 곤충 크기는 대체로 실물 크기지만, 크기가 작은 곤충은 보기 쉽도록 10~15% 이상 확대했다. 우리나라 실정에 맞는 곤충 사진을 넣고 생태 특성을 알 수 있도록 자세한 설명도 곁들였다.
* 곤충, 식물 사진에는 생태 설명과 함께 채집 장소와 날짜를 넣어 분포 상황을 알 수 있도록 하였다.(예: 시흥, 7. Ⅴ.´92 → 1992년 5월 7일 시흥에서 촬영했다는 표기법이다.)
* 역주는 신화 포함 인물을 비롯 학술적 용어나 특수 용어를 설명했다. 또한 파브르가 오류를 범하거나 오해한 내용을 바로잡았으며, 우리나라와 관련된 내용도 첨가하였다.

# 1 왕조롱박먼지벌레

싸움꾼이 재능마저 탁월하기는 어렵다. 곤충 중에서 가장 혈기 왕성한 싸움꾼인 딱정벌레(Carabe : *Carabus*, Carabidae)를 보시라. 녀석이 할 줄 아는 게 무엇일까? 재주를 따져 보았자 거의 또는 전혀 없다. 그래도 바보 같은 살육자는 정말로 화려하며 몸에 착 달라붙는 복장을 갖춰 아름답다. 황동색, 황금색, 청동색 광택을 내는데, 까만 옷을 입었을 때는 번쩍이는 자수정색이 가장자리를 감싸 우중충한 옷을 돋보이게 한다. 딱지날개는 꼭 맞는 갑옷을 입었으면서 오톨도톨한 혹과 여러 파인 점(점각. 點刻)으로 구성된 미니 사슬까지 갖췄다.

게다가 아름답고 당당한 풍채에 날씬하고 잘록한 허리까지 갖춘 딱정벌레는 수집한 사람으로서 으스댈 자랑감이다. 하지만 눈으로 볼 때뿐이다. 녀석은 광적인 살인마라는 점밖에 볼 게 없으니 더는 바라지 말자. 옛날 현자의 말을 따르면 힘의 신 헤라클레스는 머리가 우둔했다. 장점이 폭력뿐이라면 사실상 잘난 게 아닌데, 딱정벌레가 바로 그런 경우이다.

하찮은 곤충조차 아주 많은 이야깃거리를 제공하는데, 이렇게 화려하게 장식한 녀석을 보고 연구 가치가 높은 재료로 생각하지 않을 사람이 누가 있을까? 하지만 내장을 사납게 쑤셔 대는 녀석에게 어떤 기대도 하지 말자. 녀석의 기술은 그저 죽이는 것뿐이다.

이런 딱정벌레의 악당 행위를 보는 것은 어렵지 않다. 한 켜의 깨끗한 모래를 깐 넓은 사육장에서 길러 보면 된다. 모래 위 여기저기에 깨진 그릇 조각 몇 개를 놓아 두어 바위 밑 은신처 구실을 하도록 한다. 가운데는 풀 한 포기를 심어서 작은 숲을 대신하게 한다.

주민은 3종으로 구성되었다. 정원에서 흔한 손님이라 일명 정원사딱정벌레(Jardinière)로 불리는 금록색딱정벌레(Carabe doré: *Caraus auratus*), 드물지만 까만 딱지날개에 금속성 광택의 보라색 띠를 두른 자색딱정벌레(C. pourpré: *C. violaceus*)[1], 그리고 우중충한 색깔에 담 밑 풀숲을 잘 탐험하는 욕심꾸러기 갈색딱정벌레(Procruste coriace: *Procrustes coriaceus*)였다. 녀석들에게 껍데기 일부를 벗겨 낸 달팽이(Escargot)를 먹여서 길렀다.

처음에는 깨진 그릇 밑에서 뒤섞여 한 덩이가 되어 엎드려 있던 금록색

딱정벌레가 불쌍한 달팽이에게 달려온다. 달
팽이의 촉각(더듬이)이 필사적으로 드나든다.
딱정벌레 3마리, 4마리, 5마리가 한꺼번에
몰려와서 맨 먼저 석회질 성분의 얼룩무늬가
있는 외투막(外套膜)²의 불룩한 곳을 먹는데,
여기가 녀석들이 좋아하는 부분이다. 어떤
녀석은 달팽이가 품어 낸 거품 속을 강력한
큰턱집게로 꽉 물고 잡아당긴다. 한 조각을

금록색딱정벌레

떼어 내면 외진 곳으로 물러가 편안하게 씹어 먹는다.

그러는 동안 끈적이는 점액으로 번들거리는 다리에 모래알이 달
라붙어, 거추장스럽고 무거운 각반(脚絆)을 찬 꼴이 된다. 하지만
녀석은 그런 것에 신경 쓰지 않는다. 무거워졌고 진창에 빠진 꼴로
비틀거리며 다시 요리 재료에게 찾아와 또 한 조각을 뜯어낸다. 장
화 닦기는 나중에 생각할 문제인 것이다. 다른 녀석들은 옮김 없이
현장에서 상체를 온통 거품 속에 파묻고 배불리 먹는다. 푸짐한 식
사가 몇 시간씩 계속된다. 식탁을 점령한 녀석은 배가 늘어나서 딱
지날개가 지붕처럼 쳐들려 꽁무니의 속살 부분이 드러나야 겨우
자리를 뜬다.

어두운 구석을 좋아하며, 따로 떨어져서 한패를 이루는 갈색딱
정벌레는 민달팽이(Limace, 뾰족민달팽이과)를
깨진 그릇 밑에 있는 소굴로 끌고 가서 공동
으로 조용히 잘게 요리한다. 연체동물(Mollus-
que: Mollusca) 중에서는 껍데기로 보호된 달

---

1 『파브르 곤충기』 제5권 183
쪽 C. purpurescent 참조
2 조개나 달팽이 등의 단단한 껍
데기와 몸통 사이에 있는 근육성
의 얇은 막

갈색딱정벌레

팽이(Colimaçon = Escargot)보다 각 뜨기 쉬운 민달팽이를 더 좋아하는데, 몸통 뒤쪽에 프리지어(phrygien)[3] 모양의 석회질 비늘이 달린 괄태충(Testacelle: *Testacella*, Testacellidae)[4]이 더 맛있는 먹잇감인 것 같다. 하지만 육질은 단단하고 점액이 적어서 조금 싱겁다.

껍데기를 깨서 보호벽을 없앤 달팽이를 게걸스럽게 먹는 싸움꾼 갈색딱정벌레는 자랑거리가 전혀 없다. 그 대신 과감성을 보여 주는 금록색딱정벌레를 보시라. 며칠 굶겨 식욕이 왕성해진 녀석에게 원기 왕성한 흰무늬수염풍뎅이(Hanneton des pin: *Polyphylla fullo*, 일명 소나무수염풍뎅이)를 주었다. 이 풍뎅이는 아주 거인으로 늑대 앞의 황소 같다.

사냥꾼 벌레가 유순한 풍뎅이 둘레를 빙빙 돌며 기회를 노린다. 노렸다가 달려들고, 망설이며 물러났다가 다시 공격한다. 드디어 덩치 큰 풍뎅이가 쓰러진다. 공격하던 녀석이 즉시 배를 쑤셔 대며 갉아 낸다. 커다란 사냥물의 몸속에 절반쯤 파묻혀서 내장을 끄집어내는 광경이란 참으로 가관이다. 이런 상황이 고등동물 세계에서 벌어진다면 정말로 소름끼치는 광경일 것이다.

배를 가르는 녀석에게 좀더 어려운 사냥감의 각 뜨기를 시켜 보자. 요리 재료는 건장한 코뿔소 모습인 유럽장수풍뎅이(Orycte nasicorne: *Oryctes nasicornis*)이다. 사람들은 이 풍뎅이가 갑옷의 보호를 받아, 어쩌면 결코 패배할 수 없는 거인 이라고 할 것이다. 그러나 사냥꾼은 뿔로 무장한 풍뎅이라도 피부가 얇아 약점인 곳이 딱지날개로 덮여 있음을 잘 알고 있다. 공격자는 피습자가 밀 쳐 내자마자 다시 공격한다. 계속 재 공격을 시도하던 딱정벌레가 결국은 풍뎅이의 갑옷을 조금 들치고 머리를 들이민다. 집게가 일단 약한 피부에 상처를 낸 이상 코뿔소도 이제는 끝 장이다. 머지않아 거구는 속이 비어 참혹한 해골밖에 남지 않는다.

유럽장수풍뎅이

뚱보명주딱정벌레

더 잔인한 싸움을 보고 싶으면 이 곳의 육식성 곤충 중 복장이 가장 아 름답고 몸집도 가장 위풍당당한 뚱보명주딱정벌레(Calosome sycophante : *Calosoma sycophanta*)에게 부탁해야 한다. 이 왕자 딱정벌레 는 송충이 학살자이다. 꽁무니가 가장 튼실한 송충이라도 녀석에 게는 두려움의 대상이 아니다.

엄청나게 큰 공작산누에나방(Grand-Paon : *Saturnia pyri*) 송충이와 승강이 벌이는 장면을 봐야 하나, 그토록 소름끼치는 광경은 한 번 만 봐도 불쾌해진다. 배를 찢긴 송충이가 꿈틀거리다 허리를 갑자 기 뒤틀어 강도를 튕겨 내려 하지만 깨물고 있는 녀석을 떨쳐 내지 는 못한다. 초록색 내장이 땅바닥에 굼실굼실 널렸고, 살생에 취한 학살자는 발을 구르며 소름끼치는 상처에서 곧바로 피를 빨아먹는다. 이것이 싸움의 대체적인 윤곽이다. 만일 곤충학이 다른 광경을 보여 주지 않는다면, 나는 어떤 미련도 없이 연구를 포기하련다.

다음 날, 배가 터지도록 잔뜩 먹은 녀석에게 대머리여치(Dectique à front blanc: *Decticus albifrons*)와 중베짱이(Sauterelle verte: *Tettigonia viridissima*)●를 주어 보시라. 이 뚱보들은 강력한 이빨을 가져서 만만찮은 적수이다. 하지만 전날처럼 격렬한 살육 행위가 또 벌어진다. 녀석들 역시 결국 흰무늬수염풍뎅이나 유럽장수풍뎅이에게 사용되었던 잔인한 기법으로 당하게 된다. 명주딱정벌레는 두텁날개 밑의 약점을 잘 아는 흡혈귀 같으며, 결코 만족할 줄 모르는 녀석이라 희생물이 제공되는 동안 이런 행위가 줄곧 계속될 것이다.

딱정벌레는 미친 듯한 살육 행위에 아주 매운 증기 가스로 불처럼 뜨거운 생성물까지 곁들였다. 금록색딱정벌레는 부식제(腐蝕劑)인 분비물을 생성하고, 갈색딱정벌레는 저를 잡은 사람의 손가락에 산성(酸性) 분비물을 내뿜고, 뚱보명주딱정벌레는 역한 약품 냄새를 내뿜는다. 각종 목가는먼지벌레(Brachines: Brachinidae)는 폭약 기법을 알고 있어서 화승총을 쏴 공격자의 콧수염을 태운다.

이 곤충은 살육전에 부식제를 증류해 내고, 피크린산염을 쏘아 대고, 다이너마이트를 투척할 만큼 여러 종류의 폭력 휘두르기 재주를 타고난 것 말고 무엇을 할 줄 알까? 아는 게 아무것도 없다. 녀석들의 애벌레 역시 어떤 기술이나 솜씨는 없다. 다만 자갈 밑을 돌아다니며 성충처럼 못된 짓을 할 궁리만 한다. 그렇지만 나는 해결해야 할 어느 문제에 이끌려서 오늘은 특별히 이런 멍청이 싸움꾼 중 하나를 상대하려 한다. 문제는 이런 것이다.

당신은 지금 어느 나뭇가지에서 기분 좋게 햇볕을 쪼이며 꼼짝 않는 이런저런 곤충 앞에 당도했다. 손을 추켜올려 덮칠 채비를 한다. 손짓이 있었나 싶었는데 녀석이 벌써 떨어졌다. 녀석은 딱딱한 집인 딱지날개 갑옷을 입어서 날개 펼치기 동작이 느리거나, 아니면 뒷날개가 없어서 불완전한 곤충이다. 빨리 도망칠 수 없는 곤충이 허를 찔리자 떨어져 버린 것이다. 풀숲을 헤치며 찾아보지만 대개는 헛수고이다. 만일 당신이 녀석을 찾았다면 다리를 오그리고 벌렁 누웠을 뿐, 전혀 움직이지 않을 것이다.

사람들은 녀석이 곤경을 면하려고 죽은 체하며 꾀를 부린다고 한다. 분명 녀석을 잘 모르면서 하는 말이다. 우리는 녀석의 조그마한 세계를 전혀 이해하지 못한다. 수집가에게 잡힐 염려도, 그의 곤충핀에 꽂힐 염려도 없던 녀석에게 어린이나 학자의 사냥이 어째서 그렇게 중요할까? 물론 일반적인 위험은 알고 있어서 부리로 자기를 쪼아 삼켜 버리는 천적, 벌레잡이새(Oiseau insectivore) 따위를 두려워한다. 그래서 벌렁 자빠져서 다리를 오그리고 죽은 체한다. 이렇게 죽은 상태라면 새나 다른 박해자도 녀석을 무시할 것이며, 그렇게 되면 생명을 보전할 것이다.

그런 주장을 들었다면 갑자기 허를 찔린 곤충이 추론을 했다는 이야기가 된다. 이런 꾀는 일찍부터 유명하다. 옛날에 두 친구가 곰을 아직 잡기도 전에 곰 가죽을 팔아 할 수 없이 사냥에 나섰는데, 불행하게도 진짜 곰을 만나는 바람에 급히 도망쳐야 했다. 비틀거리던 한 친구가 넘어졌다. 숨을 죽이고 죽은 체한다. 곰이 다가와 발과 코로 이리저리 뒤집으며 조사한다. 코로 얼굴 냄새까지 맡는다. "녀석이 벌써 썩는 냄새를 피는군." 곰은 혼잣말을 하며 더는 보지 않고 가 버린다. 곰은 참 잘도 속는다. 하지만 이렇게 서툰 계략에 새마저 속지는 않을 것이다.

어릴 때, 새 둥지 하나를 발견하는 것은 어떤 행복과 비길 수 없는 중요한 사건이었다. 그랬던 저 행복한 시절, 메뚜기가 안 움직여서, 또 파리가 죽었다고 해서 참새(Moineaux: *Passer*)나 유럽방울새(Verdier d'Europe: *Carduelis chloris*)가 거절하는 경우를 나는 한 번도 보지 못했다. 한입거리가 날뛰지는 않아도 신선하고 맛있으면 아주 잘 받아먹었다.

누군가가 곤충이 죽은 체한다는 것에 기대를 걸었다면, 나는 그가 오판했다고 생각한다. 우화의 곰보다 빈틈없는 새는 날카로운 눈동자로 당장 속임수를 알아차릴 것이며, 그래서 사냥을 계속할 것이다. 더욱이 대상이 실제로 죽었어도 아직 신선하면 역시 쪼아 먹을 것이다.

곤충의 꾀가 얼마나 중대한 결과를 초래할지에 대하여 생각해 보면 더욱 절박한 의문이 생긴다. 보통 사람의 속어로 곤충이 죽은 체했단다. 학술용어 또한 녀석에서 어떤 이성의 번뜩임을 발견한 것에 기뻐하며 죽은 체했단다. 한쪽은 너무 생각 없이 한 말이고, 다른 쪽은 이상한 이론적 사고에 치우쳐서 하는 말이다. 이렇게 양쪽이 일치하는 말에 어떤 진실이 들어 있을까?[5]

지금은 논리적 추리가 충분치 못하니 반드

5 죽은 체하는 행동을 학술용어로 의사(擬死) 또는 의사행동(Thanatosis)이라고 한다.

시 경험에게 답변시켜 볼 필요가 있다. 경험만이 유효한 해답을 줄 수 있다. 하지만 곤충 중 누구에게 먼저 물어봐야 할까?

40여 년을 거슬러 오른 기억 하나가 떠오른다. 막 툴루즈(Tou-louse)(대학)에서 박물학 학사 학위 시험에 합격했다. 근래 달성한 내 대학 공부의 성공을 대단히 기뻐하며 돌아오는 길에 세트 (Cette)에 잠깐 머물렀다.[6] 바로 몇 해 전에 코르시카 아작시오 (Ajaccio)만에서의 기막힌 기쁨거리였던 해안 식물상(植物相)을 다시 한 번 보는 훌륭한 기회였다. 그 기회를 이용하지 않았다면 어리석은 결과를 낳았을 것이다. 학위는 이제 공부를 안 해도 된다는 권리를 주는 것이 아니다. 마음속에 신성한 열정이 조금이라도 있다면, 우리는 평생 학생으로 남아 있어야 한다. 변변찮은 자원인 책으로 공부하는 학생이 아니라, 끝없는 사물의 학교라는 커다란 학교에서 공부하는 학생으로 말이다.

7월 어느 날 세트 해변, 시원한 새벽의 고요 속에서 식물을 채집하고 있었다. 푸르고 매끈한 잎과 커다란 방울 모양의 분홍 꽃이 달려 있고, 물보라의 경계까지 가느다란 덩굴을 뻗은 갯메꽃 (Liseron soldanelle: *Calystegia soldanella*)●을 처음 채집했다. 납작한 유선형이며 흰색 껍데기를 단 이상한 달팽이, 납작사구달팽이 (*Helix → Xerosecta explanata*) 무리가 풀(Gramens) 위에 잠들어 있었다.

말라서 매우 유동적인 모래밭 여기저기에 긴 자국이 여러 줄 나 있었다. 그것들은 내 어린 시절, 달콤한 흥분을 일으키던 눈 위의 작은 새 발자국을 생각나게 했다. 단지 좀 작

6 파브르가 31세인 1854년의 일이다. 세트는 몽펠리에(Mont-pellier) 서남쪽 24km 지점의 유명한 해수욕장 마을로서 현재는 Sète로 표기한다.

고 모양이 달랐을 뿐이다. 그 자국이 무엇을 가리키는 것일까?

나는 새로운 동물의 발자취를 따라가는 사냥꾼처럼 자국을 따라 갔다. 자국이 끝나는 지점마다 조금 파내자 이름만 겨우 알았던 멋 쟁이 딱정벌레가 들어 있었다. 녀석은 왕조롱박먼지벌레(Scarite Géant : *Scarites gigas*)였다.

녀석을 모래밭에서 걷게 해보니 내게 호기 심을 일으켰던 것과 똑같은 흔적을 재현했다. 밤에 사냥감을 찾아다니면서 발끝으로 그 흔 적을 박아 놓은 녀석임이 틀림없다. 그러고 날 이 밝기 전에 제 소굴로 돌아갔고, 그래서 지 금은 밖으로 공공연하게 드러난 녀석이 없다.

또 다른 특이한 습성이 내 주의를 끌었다. 얼마 동안 괴롭히다 땅에 눕혀 놓으면 오랫동

왕조롱박먼지벌레

24

안 움직이지 않았다. 물론 이 점에 관해서 피상적인 조사이긴 했어도 다른 곤충은 이렇게까지 오랫동안 끈질기게 안 움직이는 경우가 없었다. 이 상황이 내 기억에 몹시 상세하며 확고하게 새겨졌다. 40년이 지난 지금에 와서 의사행동의 대가인 곤충을 실험하고 싶어지자 곧 이 조롱박먼지벌레가 생각났다.

죽은 체하기의 훌륭한 재간을 피웠던 그 곤충과 즐거운 아침나절을 보냈던 바로 그 세트 해변에서 한 친구가 곤충 한 타(12마리)를 보내왔다. 바닷가 모래밭에서 함께 사는 두점뚱보모래거

**두점뚱보모래거저리**  프랑스 남부의 카르농(Carnon) 해변에서 발견한 녀석을 채집하여 표본을 만들었다. Carnon Hérault France, 30. IX. '76, 김진일

저리(Pimélies: *Pimelia bipunctata*)와 마구 섞여서 도착했는데, 거저리는 참혹하게 잘려 나간 다리가 그루터기밖에 없거나, 배가 갈라지고 내장이 완전히 없어진 녀석이 많았다. 물론 드물게 상처 없이 완전한 녀석 역시 있었다.

사냥을 지독히 좋아하는 딱정벌레과에 속하는 조롱박먼지벌레[7]가 세트에서 세리냥(Sérignan)까지의 여행에서 비극적 사건을 일

7 조롱박먼지벌레를 예전에는 딱정벌레과, 요즘은 조롱박먼지벌레과(Scaritidae)로 분류한다.

두점뚱보모래거저리
약간 확대

으킬 것을, 즉 그 사이 녀석이 온순한 모래거저리로 대향연을 벌일 것을 예측했어야 했다.

전에 내가 따라갔던 그곳의 흔적은 분명히 이 뚱보모래거저리를 찾아서 밤에 순찰을 돌았다는 증거일 것이다. 거저리의 방어책은 고작해야 딱지날개라는 단단한 갑옷뿐이다. 하지만 이런 갑옷이 악당의 잔인한 집게에 어떻게 대항할 수 있겠더냐!

해변의 무서운 사냥꾼은 사실상 진짜 님로드(Nemrod)[8]인 셈이다. 흑옥처럼 새까맣게 반짝이는 녀석이 허리는 특별히 잘록해서 몸이 두 동강으로 나뉜 모습이다. 공격 무기는 놀라운 힘을 가진 집게(큰턱)이다. 이곳 곤충 중 누구도 녀석처럼 강한 큰턱을 갖지 못했다. 더 훌륭한 연장을 가진 곤충으로 유럽사슴벌레(Cerf-volant : *Lucanus cervus*)를 꼽을 수 있지만 사슴벌레는 예외로 보아야 한다. 참나무의 손님을 더 적절한 말로 표현하자면 장식을 더 잘했다고 해야 한다. 녀석의 사슴뿔처럼 생긴 집게는 수컷의 치장용 장식이지 전투용 무기가 아니다.

뚱보모래거저리의 배를 가르는 거친 조롱박먼지벌레는 제 힘을 안다. 탁자에서 녀석에게 약을 올리면 방어 태세를 취하는데, 그 짧은 다리로, 특히 땅 파는 쇠스랑 모양에 톱니가 달린 앞다리로 버티며 몸을 뒤로 딱 젖힌다. 앞가슴이 끝나는 곳에서 잘록하게 들어간 허리 덕분에 몸이 마치 둘로 나뉜 것처럼 보인다. 말하자면

8 메소포타미아의 정복자, 영웅적 사냥꾼. 『파브르 곤충기』 제2권 83쪽 참조

**사슴벌레** 큰턱을 유난히 크게 발달시킨 점이 특징인데, 녀석들은 다른 곤충처럼 큰턱을 무기로 쓰기보다는 암컷에게 잘 보이려고 개발했는지도 모를 일이다. 오대산, 20. Ⅶ. '96

두 토막으로 나뉜 자세이다.

녀석은 상체인 머리와 심장 모양의 넓은 앞가슴을 거만하게 쳐들고 위협적인 집게를 벌린다. 이때는 더 격한 행동이 없어도 녀석이 압도한다. 게다가 자신을 건드리는 손가락으로 기어오르는 과감성을 보인다. 녀석은 확실히 만만치 않게 위협적인 실험 곤충이다. 그래서 다루기 전에 신중해야 한다.

이 외지 손님의 일부는 철망뚜껑을 씌운 사육장에서, 일부는 표본병에서 사육했다. 양쪽 모두 모래를 한 겹 깔아 주었다. 즉시 땅굴을 판다. 머리를 잔뜩 구부리고 곡괭이 모양의 큰턱으로 마구 긁어내 구멍을 뚫는다. 넓적한 끝에 갈고리가 달린 앞발은 흙가루를 한아름씩 잡아 뒤로 보내 밖으로 버린다. 그래서 굴 어귀에는 두더지의 흙 둔덕 같은 것이 생긴다. 경사가 가파르지 않은 구멍이 빨리 깊어지며 표본병 밑까지 도달한다.

그 깊이에서 더 내려갈 수 없어진 조롱박먼지벌레는 이제 유리벽 쪽으로 힘을 모아서 공사가 수평으로 계속된다. 전체적인 진행은 약 30cm에 달했다. 거의 모든 굴이 유리벽 근처에 머물게 되며, 이런 위치는 녀석이 집안에서 은밀하게 숨어 사는 모습을 지켜보는 나에게 아주 유리했다. 숨어 사는 녀석에게는 광선이 불쾌하므로 불투명한 가리개로 병을 둘러쌌다가 땅속 행동을 관찰하고 싶으면 들어올린다.

집의 길이가 충분하다고 판단한 조롱박먼지벌레는 입구로 다시 와서 다른 곳보다 더 정성스럽게 다듬는다. 거기를 깔때기 모양으로 만들어서 유동적인 비탈의 구렁이 되게 한다. 마치 개미귀신 (Fourmi-Lion)[9]의 분화구 같은 함정을 좀더 넓고 촌스럽게 만들어 놓는 것이다. 입구가 계속 이렇게 경사진 비탈이 되더라도 무너짐 없이 잘 유지된다. 비탈의 아래는 수평 굴의 현관이 있다. 대개 사냥꾼은 여기서 집게를 절반쯤 벌리고 꼼짝 않는다. 즉 기다리는 것이다.

저 위에서 무슨 소리가 난다. 사냥감으로 방금 집어넣은 매미 (Cigale) 한 마리, 푸짐한 사냥감이다. 졸고 있던 함정 사냥꾼이 잠을 깬다. 턱수염이 탐욕으로 떨린다. 한 걸음, 한 걸음, 조심스럽게 비탈을 기어오른다. 그리고 밖을 한번 휘 둘러본다. 매미가 보인다.

굴에서 뛰쳐나와

이히히~ 신호가 잡혔다.

---

9 명주잠자리 애벌레

매미를 잡고
뒷걸음질로
끌고 간다.
함정 입구로
오자 싸움은
바로 끝난다. 입구
는 깔때기처럼 넓게 열
려서 덩치가 큰 사냥감이라도 수용
할 수 있다. 하지만 일단 사냥감이 들어오면 좁아진 굴이 무너져
끌려온 녀석의 저항이 무력해진다. 비탈은 치명적이라 그 문지방
을 넘은 녀석은 살육자를 피할 수 없다.

매미는 툭툭 잡아채며 끌고 가는 약탈자의 구렁 속으로 머리부
터 빨려든다. 천장이 아주
낮은 굴속으로 끌려가는
것이다. 이제 날개의 파
닥거림도 멎고 복도 끝
의 각 뜨는 방으로 끌려
간다. 매미가 도망칠까
봐 염려되는 조롱박먼지
벌레는 집게로 난폭하게
다뤄서 전혀 꼼짝할 수 없
게 한다. 그 다음, 시체 안
치소 입구로 다시 올라온다.

푸짐한 사냥감을 차지했다고 해서 모든 일이 끝난 것은 아니다. 이제는 훼방꾼이 들어오지 못하게 문을 닫고 조용히 먹어야 한다. 파내서 밖에 쌓았던 흙 둔덕으로 입구를 메운다. 이렇게 대비하고 다시 내려가 식사를 시작한다. 매미가 소화되고 시장기가 들어야 굴을 열고 입구의 구덩이를 다시 만들 것이다. 식탐하는 녀석을 사냥감과 함께 놔둬 보자.

녀석과 그 고향인 모래밭에서 한 번 아침나절을 함께 지내보았다고 해서 사냥 장면을 쉽게 관찰할 수는 없다. 하지만 포로 생활을 하는 동안 알아낸 사실만으로 녀석에 대해 충분히 알 수 있었다. 여러 사실이 녀석은 적수의 덩치나 힘에 겁먹지 않는 대담한 곤충임을 보여 주었다.

방금 땅속에서 올라온 조롱박먼지벌레가 지나가다 떨어진 사냥감에게 달려들어 잡아채서 험악한 제 소굴로 끌고 들어가는 것을 보았다. 녀석에게 유럽점박이꽃무지(Cétoine dorée: *Cetonia aurata*→ *Protaetia aeruginosa*)나 시골왕풍뎅이(Hanneton vulgaire: *Melolontha vulgaris*→ *melolontha*, 원조왕풍뎅이)[10] 따위는 하찮은 전리품이다. 녀석은 감히 매미를 공격하고, 덩치 큰 흰무늬수염풍뎅이에 이빨을 대며, 못된 짓은 무엇이든 할 채비가 되어 있는 무모한 곤충이다.

자연 상태에서 역시 녀석의 대담성은 덜하지 않을 것이다. 오히려 익숙한 장소, 자유로운 활동, 끝없는 공간, 녀석의 습성이 좋아하는 소금기 품은 공기가 싸움꾼을 흥분시킬 것이다.

녀석은 모래밭에 넓은 입구가 무너져 내리

10 *vulgaris*는 *melolontha*의 동물이명이므로 종의 자격을 상실했다. 앞으로 출현하는 전자는 후자의 학명과 국명으로 번역한다.

는 굴을 또 팠지만, 지나가다 비탈에 균형을 잃고 굴러 떨어지는 사냥감을 깔때기 같은 굴 밑에서 기다리는 개미귀신처럼 하려는 것이 아니다. 조롱박먼지벌레는 이렇게 하찮은 밀렵꾼의 방법이나 새 사냥꾼의 계략 따위는 무시한다. 녀석에게는 말을 타고 잡는 사냥이 필요하다.

모래밭의 긴 발자국은 밤중에 대형 사냥감을 찾아 순찰했음을 말해 준다. 흔히 두점뚱보모래거저리, 가끔 반곰보왕소똥구리(Scarabée semipunctué: *Scarabaeus semipunctatus*)가 희생된다. 덫에 걸린 사냥감을 그 자리에서 먹지는 않는다. 마음 놓고 즐기려면 어둡고 조용한 지하 저택이 필요하다. 그래서 집게로 잡힌 녀석의 다리를 잡고 마구 끌어갔다.

미리 대비하지 않으면 필사적으로 저항할 엄청난 대형 요리 재료를 땅굴로 들여가기가 편치 않을 것이다. 그러나 굴 입구는 벽이 무너져 내리는 넓은 분화구처럼 생겼다. 붙잡힌 녀석이 아무리 덩치가 커도 밑에서 끌어당기면 구렁 속으로 곤두박질치며 깊숙이 끌려들게 마련이다. 모래가 즉시 무너져 내리고, 묻혀 버린 녀석은 움직이지 못한다. 그렇게 되면 일은 끝난 것이다. 악당은 문을 닫고 사냥감의 내장을 파먹을 판이다.

# 2 의사행동

의사행동(Simulation de la Mort : Thanatosis, 擬死行動)을 먼저 조롱박 먼지벌레(*Scarites*)에게 물어보자. 사납고 과감하게 남의 배를 가르는 이 곤충에게 아주 간단히 무기력 상태를 유발시킬 수 있다. 손으로 굴려서 잠시 정신착란을 일으켜 주면 되는 것이다. 더 쉽게는 조금 들어 올렸다가 탁자에 두세 번 떨어뜨린다. 필요하다면 반복해서 충격을 준 다음 눕혀 놓는다.

이것이면 충분하다. 움직임 없이 누워 있는 녀석은 마치 죽은 것 같다. 다리는 오그려서 배 위에 얹고, 더듬이는 십자가처럼 펼치고, 큰턱은 벌리고 있다. 옆의 회중시계가 의사(擬死)실험이 시작된 시각과 끝난 시각을 분명하게 밝혀 줄 테니 이제는 기다리는 일만 남았다. 그런데 녀석이 너무도 오랫동안 꼼짝 않는다. 지켜보는 관찰자가 진절머리 나도록 움직임 없는 시간이 오래 계속된다. 그러니 특별한 인내력을 가지고 지켜봐야 한다.

부동자세의 지속 시간은 같은 날, 같은 대기(大氣) 조건, 같은 실험 곤충이라도 매우 다양하다. 길어지는 시간이 그렇게 다양한 이유를 나는 알아낼 수가 없다. 때로는 그 원인에 극히 미약한 외적 영향이 크게 작용했더라도 그 영향 조사하기, 특히 곤충의 은밀한 반응 캐내기 따위는 엄청난 비밀에 속한다. 그러니 결과나 기록하는 선에서 그치자.

프랑스산 **조롱박먼지벌레**(*Scarites buparius*) 채집: Carnon Hérault France, 30. IX. '76, 김진일

부동자세 시간이 거의 50분이나 지속되는 경우 역시 잦았다. 때로는 한 시간을 넘는데, 가장 흔한 평균은 20분이다. 실험 중인 더운 철에는 성가신 손님인 파리(Mouches: Muscidae)가 끼어들지 못하게 유리뚜껑을 덮는다. 이렇게 덮어서 방해하는 게 없으면 무기력 상태가 완전해진다. 발목마디, 수염, 더듬이의 떨림이 전혀 없다. 도무지 안 움직여서 꼭 죽은 것 같다.

그랬던 녀석이 마침내 되살아난다. 발목마디, 특히 앞 발목마디가 제일 먼저 가볍게 떨리고, 수염과 더듬이가 천천히 흐느적거린다. 깨어남의 전조이다. 이제 다리가 움직인다. 잘록한 허리를 조금 구부려 머리와 등을 받치고 몸을 뒤집는다. 이제 종종걸음으로 달아나는데 다시 충격요법을 쓰면 또 의사행동에 들어간다.

당장 다시 해보자. 방금 살아난 녀석이 다시 누워서 꼼짝 않는다. 이 상태가 처음보다 더 오래 간다. 깨어나면 쉴 틈을 주지 않고 계속해서 세 번, 네 번, 다섯 번을 실험했다. 부동자세 시간이 점점 길어진다. 연속적인 다섯 차례의 시간을 보자. 첫 실험부터 각각 17, 20, 25, 33, 50분간 계속되었다. 거의 1/4에서 한 시간 가까이 의사자세가 발동된 것이다.

한결같지는 않아도 이와 비슷한 사실이 여러 실험에서 나타났다. 물론 지속 시간은 달랐다. 어쨌든 실험이 반복될수록 왕조롱박먼지벌레(*S. gigas*)의 부동자세가 대체로 더 길어진다는 것을 알았다. 익숙해져서 그럴까, 아니면 극히 집요한 적군이라도 끝내 지치게 하려는 희망에서 꾀를 부렸을까? 곤충의 심문이 아직은 충분치 않으니 결론을 내리기는 좀 빠르다.

그렇다고 해서 내 인내력이 다할 때까지 계속하겠다는 생각은 버리고 기다려 보자. 조롱박먼지벌레는 자주 귀찮게 구는 것에 혼란스러워서 빠르든 늦든, 언젠가는 의사행동을 거부한다. 충격을 주고 뉘어 놓기가 무섭게 몸을 뒤집어 도망친다. 마치 성공하지 못하는 전술이 이제는 소용없다고 판단한 것처럼 행동하는 것이다.

실험을 여기서 그치면 녀석이 교활한 속임수를 즐기며, 공격자에 대한 방어 수단으로 속이려 했던 것처럼 보인다. 죽은 체했다가 공격(충격)이 반복되면 속임수를 끈질기게 계속하고, 제 꾀가 소용없어졌다고 생각되면 죽은 체를 포기한 것으로 안다. 그러나 아직은 순진한 심문이다. 다시 교묘하게 더 심문해 보자. 녀석이 실제로 속임수를 썼다면 되레 그를 속여 보자.

조롱박먼지벌레가 탁자에 누워 있다. 녀석은 제 밑이 팔 수 없는 단단한 물체임을 느꼈다. 비록 제 연장이 강력할망정, 쉽게 팔 수 있는 땅속 피난처에 대한 희망이 없으니 움직이지 않는다. 필요하다면 한 시간이라도 의사자세를 계속한다. 만일 녀석에게 아주 익숙한 유동성 모래 위였다면 이보다 빨리 활동을 재개하지 않을까? 적어도 몸을 조금씩 움직여서 땅속으로 숨어들고 싶은 욕망을 드러내지 않을까?

그럴 것을 기대했으나 내 생각이 틀렸음을 깨달았다. 나무든 유리판이든 부식토든 모래든 어느 것 위에 놓였든 녀석은 제 전술을 전혀 바꾸지 않았다. 파기 쉬운 표면 위 역시, 공격이 불가능한 표면처럼 오랫동안 꼼짝하지 않았다.

받침 물체의 성질과는 무관함이 의혹의 문을 약간 열어 주었는데, 다음 사실이 그 문을 더 활짝 열어 준다. 곤충은 더듬이로 약간 가려졌으나 여전히 반짝이는 눈으로 나를 쳐다본다. 녀석이 나를 본다. 이런 말투가 허용된다면 녀석이 나를 살핀다. 사람이라는 엄청나게 큰 물체를 본 녀석은 어떤 인상을 받을까? 난쟁이가 엄청나게 크며 괴상한 물체인 내 몸을 어떻게 훑어볼까? 무한히 작은 바탕에서 무지하게 큰 것을 보면 도리어 아무것도 없을 수 있다.

그렇게 멀리까지 생각하지 말고, 나를 본 녀석이 내가 자기의 박해자인 것을 안다고 가정하자. 그렇다면 내가 거기에 있는 한 경계 중인 녀석은 움직이지 않을 것이다. 움직임의 결정은 내 인내력을 지치게 만든 다음에나 할 테니 거기를 떠나자. 그러면 꾀를 낼 필요가 없어졌으니 빨리 일어나서 도망치겠지.

방의 반대쪽으로 열 발자국 정도 떨어져 몸을 숨긴다. 고요를 깨뜨릴까 봐 움직이지 않았다. 곤충은 다시 일어날까? 안 일어난다.

내 조심성이 소용없다. 따로 떨어져서 혼자 남았으니 절대로 안전한데도 내가 옆에 머물렀을 때처럼 오랫동안 움직이지 않는다.

어쩌면 조롱박먼지벌레는 시력이 정상이라 내가 방구석에 있음을 볼지 모른다. 또 어쩌면 후각이 예민해서 나의 존재를 알고 있을지 모른다. 그렇다면 더 몸을 낮추어 행동하자. 녀석에게 뚜껑을 덮어 성가신 파리를 막아 주고 방에서 나와 뜰로 내려갔다. 이제 주변에는 녀석을 불안하게 만들 것이 전혀 없다. 문과 창문이 닫혔으니 밖의 소음은 안 들어간다. 안 역시 불안 요소가 전혀 없다. 이렇게 조용한 곳에서 무슨 일이 일어날까?

다른 때보다 더하지도 덜하지도 않다. 밖에서 20분, 그리고 40분을 기다린 다음 곤충에게 다시 올라가 본다. 하지만 녀석은 내가 눕혀 놓았던 상태에서 꼼짝 안했다.

여러 마리로 여러 번 반복된 실험이 이 문제에 광명을 비춰 준다. 결과는 의사행동이 위험에 처한 곤충의 속임수가 아님을 분명히 단언한다. 여기는 곤충에게 겁을 준 것이 아무것도 없다. 녀석의 주변은 모든 것이 고요함이었고, 고립이며, 평온함이었다. 이제 녀석의 계속적인 부동자세는 적을 속이려 함이 아니다. 의심할 나위 없이 다른 것에 문제가 있다.

게다가 무엇 때문에 녀석에게 특수 방어기교가 필요할까? 연약한 평화적 곤충이라 방어 수단이 시원찮아서 위험할 때 꾀를 부렸다면 이해하겠다. 하지만 갑옷으로 무장하고 싸움을 좋아하는 악당이 그런 꾀를 부린다는 게 이해되지 않는다. 녀석의 삶터인 해변에는 대적할 곤충이 없다. 활기가 가장 왕성할 때마저 온순한 반곰보왕소똥구리(*S. semipunctatus*)나 두점뚱보모래거저리(*P. bipunctata*)는 녀석을 괴롭히기는커녕 그 굴속의 요리 재료로 채워진다.

새에게 위협을 당할까? 크게 의심스럽다. 딱정벌레과(科) 곤충의 자격으로 몸에는 매운 맛을 잔뜩 지녔을 테니 틀림없이 달갑지 않은 요리 재료일 것이다. 게다가 낮에는 굴속에 들어박혀 있어서 어느 새의 눈에든 띄지 않고, 존재조차 의심 받지 않는다. 밤에만 외출하지만 그때는 새가 해변을 감시하지 않는다. 그러니 새의 부리를 두려워할 필요가 없다.

그런데 뚱보모래거저리를 학살하고 기회가 있으면 왕소똥구리까지 학살하는 이 녀석, 누구에게든 위협 받지 않는 이 포학한 곤충이, 미미한 위험의 징조만 보여도 죽은 체할 만큼 겁쟁이일까? 나는 그럴 가능성에 대해 주저 없이 의심한다.

같은 해변에 사는 반짝조롱박먼지벌레(Scarite lisse: *Scarites laevigatus*)가 이렇게 알려 왔다. 앞의 조롱박먼지벌레는 몸집이 컸지만 이 두 번째는 비교적 난쟁이이다. 물론 생김새, 새까만 색깔의 갑옷, 강도질을 하는 습성 모두가 똑같다. 다만 난쟁이는 몸이 작아 허약함에도 불구하고 의사행동의 수법을 거의 모른다. 한동안 귀찮게 굴었다가 눕혀 놓아도 겨우 몇 초 동안의 부동자세를 보였을 뿐, 곧 일어나서 도망친다. 꼭 한 번, 너무나도 끈질기고 귀찮게 굴어서 못 견뎠는지 15분 동안 움직이지 않았다.

뉘어 놓자마자 꼼짝 않고, 때로는 한 시간가량 부동자세였던 왕조롱박먼지벌레와는 얼마나 거리가 멀더냐! 의사자세가 실제로 방어의 계략이었다면 반대 현상이 나타났어야 할 것이다. 제 힘을 믿는 거대한 녀석은 비겁한 자세 취하기를 무시했을 것이고, 겁이 많을 법한 난쟁이는 그 수법을 썼을 것이다. 하지만 사실은 정반대 였다. 여기에 무슨 까닭이 있을까?

위험의 영향을 시험해 보자. 의사 상태인 왕조롱박먼지벌레 앞에 어떤 적을 놓아 볼까? 파리가 내게 성공의 길을 열어 주었으나 누가 외적인지 모르니 유사한 공격자로 시도해 보자.

더운 계절에는 연구 중에 파리가 성가시게 군다는 말을 했다. 만일 뚜껑을 씌우거나 열심히 지키지 않으면 귀찮은 파리가 실험곤 충 위에 올라앉아 주둥이로 탐색하지 않을 때가 드물었다. 그런데 이번에는 파리의 뜻대로 내버려 두자.

파리가 송장인 척하는 조롱박먼지벌레를 살짝 스치자마자 발목 마디가 가벼운 평류(平流) 전기의 충격으로 흔들리듯 가늘게 떤 다. 방문객이 그저 지나가기만 해도 죽은 체가 더 지속되지 않았 다. 파리가 계속 건드리고, 특히 침과 토해 낸 음식물 즙액으로 축 축한 입 근처를 건드리면, 괴로워하던 녀석이 재빨리 온몸을 떨고 몸을 뒤집어 달아난다.

어쩌면 무시해도 될 적군 앞에서 이토록 계속 속임수를 쓰는 게 옳지 않다고 판단했을지 모른다. 그런 녀석이 전혀 위험이 없음을 알자마자 활동을 재개했을 것이다. 그렇다면 힘세고 몸집이 무섭 게 생긴 곤충에게 성가신 녀석이 되어 주길 부탁해 보자. 마침 내 게는 발톱과 큰턱이 억센 유럽대장하늘소(Grand Capricorne: *Cerambyx miles*)가 있다. 긴 뿔(더듬이)을 가진 이 곤충이 평화로운 녀석임 을 나는 잘 알지만, 해변 모래밭에서 저보다 겁 없이 위압할 거대

곤충을 한 번도 본 적이 없는 조롱박먼지벌레는 그런 사정을 모른다. 모르는 자에 대한 두려움은 사태를 더 악화시킬 것이다.

**우리목하늘소** 대형이면서도 짧고 굵은 몸통이 단단하여 매우 억센 하늘소이다. 예전에는 어린이들이 다리에 돌을 잡혀 놓고 들어올리기 놀이를 하며 '돌다래' 또는 '돌쨉이'라고 불렀다. 시흥, 24. VII. '92

지푸라기로 유도된 하늘소가 누워 있는 곤충 위에 발을 얹는다. 조롱박먼지벌레의 발목마디가 즉시 떨린다. 접촉이 자주 계속되어 공격으로 변하면 의사 상태였던 녀석이 벌떡 일어나 도망친다. 파리의 간질임이 보여 주던 것과 다를 게 전혀 없다. 몰라서 더 무섭게 느껴지는 위험이 다가오자 죽은 체하던 간계가 사라지는 대신 도망치기가 나타난 것이다.

다음 실험 역시 조금은 가치가 있었다. 곤충이 누워 있는 탁자의 다리를 딱딱한 물체로 친다. 물론 충격이 아주 약해서 느낄 수는 있어도 탁자가 흔들릴 정도는 아니다. 충격을 받은 정도는 기껏해야 탄성이 풍부한 물체의 은은한 진동 수준이다. 녀석의 부동자세를 방해하는 데는 이것으로 충분했다. 충격을 줄 때마다 발목마디가 구부러지며 잠시 떤다.

이야기를 끝내기 전에 광선의 결과까지 보기로 하자. 지금까지는 곤충들에게 직접 햇빛이 비치지 않는 연구실의 희미한 빛에서 실험되었다. 창문에는 해가 직접 내리쬐는데, 만일 탁자를 빛이 밝게 비치는 창가로 옮기면 부동자세 중이던 곤충이 어떻게 할까? 당장 알 수 있다. 햇빛을 직접 받자 조롱박먼지벌레는 즉시 몸을 뒤집어 도망친다.

이제는 충분하다. 괴롭힘을 당한 녀석아, 너는 방금 네 비밀을 절반쯤 드러냈다. 너를 시체 취급한 파리가 네 입술의 끈적이는 진을 빨아 바짝 말리겠다며 괴롭힐 때, 괴물 같은 하늘소가 겁에 질린 네 눈앞에 나타나서 먹이를 차지하려는 듯이 배에 발을 얹었을 때, 또 네 생각에 어떤 땅굴 침입자가 파고들어 땅이 흔들리는 것처럼 탁자가 떨렸을 때, 그 다음 어두움을 좋아하는 너의 안전에 불리하고 적에게는 유리한 빛이 밝게 비쳤을 때, 그리고 어떤 위협을 받을 때, 의사행동이 실제로 너의 방어 수단이었다면 그때야말로 정말 부동자세를 취하는 것이 옳았을 것이다.

그렇게 절박한 순간에 너는 되레 몸을 떨고, 움직이고, 다시 정상 자세가 되어 도망쳤다. 결국 네 간계가 드러난 것이다. 아니, 더 정확히 말해서 너는 간계가 없다. 너의 무기력은 위장술이 아니라 실제였다. 과민한 네 신경이 흥분해서 일시적으로 혼수상태에 빠진 것이다. 너는 아무것도 아닌 것으로 그 상태에 빠지고, 아무것도 아닌 것으로 그 상태에서 벗어난다. 특히 행동을 최대한으로 자극하는

빛의 세례를 받으면 빨리 벗어난다.

대형인 검정비단벌레(Bupreste noir: *Capnodis tenebrionis*)는 검정 몸통에 앞가슴은 흰색이며,[1] 유럽벚나무(Prunellier: *Prunus spinoza*), 살구나무 (Abricotier: *P. armeniaca*), 산사나무(Aubépine: *Crataegus monogyna*)를 좋아한다. 녀석 역시 어떤 불안으로 오랫동안 부동자세인 점에서 왕조

검정비단벌레
실물의 1.25배

롱박먼지벌레와 경쟁한다. 어느 때는 녀석이 더듬이를 내려뜨린 채 다리를 바짝 오그리고 누워서 한 시간 이상 부동자세인 것을 보았다. 또 어느 때는 대기의 영향을 받아 도망칠 차비를 하는 것 같았다. 이때는 1~2분 정도만 부동자세를 취하는 게 고작이며, 대기 조건의 비밀은 모르겠다.

다시 한 번 말해 보자. 실험된 곤충들의 의사 상태 지속 시간은 예상 밖으로 많은 상황의 영향을 받아 매우 다양했다. 적당한 기회를 상당히 자주 얻을 수 있는 검정비단벌레에게 왕조롱박먼지벌레가 겪은 여러 실험을 겪게 했다. 결과는 마찬가지였다. 첫 결과를 아는 사람은 두 번째 역시 안다. 따라서 그것에 집착하는 것은 쓸데없는 일이다.

그늘에서 부동자세였던 비단벌레를 탁자와 함께 해가 밝게 비치는 창가로 옮기자. 녀석이 얼마나 재빨리 활동을 재개했는지에 대해서만 말하겠다. 단 몇 초 동안 밝고 따뜻한 일광욕을 하면 절반쯤 열리는 딱지날개를 지렛대 삼아 몸을 뒤집는다. 내 손이 즉시 잡

1 흰색 가루가 앞가슴등판을 중심으로 조밀하게 덮었는데, 등면 전체를 덮거나 딱지날개에서 무늬처럼 덮거나 한다.

지 않으면 재빨리 도망칠 만큼 준비가 되어 있었다. 녀석은 햇빛을 몹시 좋아하며 일광욕에 열중하는 곤충이다. 그래서 가장 더운 오후는 유럽벚나무에서 일광욕에 취한다.

열대성 온도를 좋아하는 것에 의문 하나가 생긴다. 만일 이 곤충이 의사자세를 취했을 때 차게 하면 어떤 일이 일어날까? 나는 어렴풋이 무기력 상태가 연장될 것이라고 생각했다. 물론 너무 차게 하면 안 된다. 그랬다가는 겨울나기를 하는 곤충이 추위에 마비되어서 빠지는 혼수상태처럼 되어 버릴 것이다.

비단벌레에게는 이런 혼수상태가 아니라 충만한 삶이 아주 잘 보존되어 있어야 한다. 온도를 내리는 것이 부드럽고 아주 적절해서 곤충이 그 기온에서 일상생활의 행동 방법을 보존할 수 있는 온도라야 한다. 나는 적당한 냉각제를 마음대로 쓸 수 있는데, 그것은 내 집 우물물이다. 여름에는 이 물의 온도가 주변 공기의 온도보다 12℃가량 낮다.

몇 번 충격을 주어서 막 의사 상태가 된 비단벌레를 작은 표본병 바닥에 눕히고, 병을 꼭 닫아 찬물이 가득한 함지박에 잠근다. 처음처럼 차가운 물을 유지시키려고 조금씩 갈아 준다. 물론 의사자세의 실험 곤충이 누워 있는 표본병이 흔들리지 않도록 매우 조심한다.

결과는 나의 배려를 보상해 주었다. 물속에서 5시간을 지나도 녀석이 움직이지 않았다. 5시간, 정말로 긴 5시간이었다. 내 인내력이 지쳐서 실험을 끝내지 않았다면 더 오래 끌었다. 곤충이 속임수를 쓴다는 생각을 완전히 종식시키기는 이것으로 충분하다. 이

제는 곤충이 죽은 체하지 않았다는 것에
의심의 여지가 없다. 귀찮게 한 녀석은 내
적 혼란이 생겨서 움직이지 못하고 졸게
된 것이며, 주위가 서늘하면 그 상태가 보
통의 한계 이상으로 길어졌다.

청동금테비단벌레

왕조롱박먼지벌레는 찬 우물물에 담가 온도를 약간 내리는 방법
으로 실험했다. 결과는 비단벌레가 내게 품게 했던 기대에 미치지
못했다. 다시 말해서 50분을 넘는 부동자세는 없었으며, 이 정도
의 부동자세는 저온 처리 방법을 쓰지 않고도 여러 번 있었다.

이 점은 예측할 수 있다. 뜨겁게 내리쬐는 햇볕을 좋아하는 비단
벌레는 땅속에 살면서 밤에 활동하는 조롱박먼지벌레보다 냉수욕
의 효과를 크게 받은 것이다. 추위에 약한 녀석은 온도가 몇 도만
떨어져도 깜짝 놀라지만, 시원한 땅속에 익숙한 녀석은 무관심한
상태인 것이다.[2]

이 방법으로 실시한 다른 실험 결과 역시 마찬가지였다. 다만 곤
충이 해를 찾느냐 피하느냐에 따라 부동 상태가 더 또는 덜 지속되
었을 뿐이다. 방법을 바꿔 보자.

에테르(Éther) 몇 방울을 증발시킨 표본병에 금풍뎅이(Géotrupe:
*Geotrupes*)와 검정비단벌레를 한 마리씩 넣었다. 잠시 뒤 에테르 증기
에 취해서 움직이지 못하게 된 녀석들을 빨
리 꺼내서 자유로운 대기 중에 눕혀 놓았다.

녀석들의 자세는 충격이나 자극제의 영향
으로 취했을 때와 똑같은 자세였다. 비단벌

---

2 이 위치에 청동금테비단벌레
(Buprest bronzé: *Buprestis
oenea*→ *Dicerca aenea*)의 그
림이 있는 점으로 보아 이 종 역
시 실험했을 것이다.

레는 다리를 정연하게 구부려서 가슴과 배 위에 얹어 놓았으나, 금 풍뎅이는 아무렇게나 쭉 뻗어서 뻣뻣한 모습이 마치 강경증(强硬症) 환자 같다. 녀석들이 죽었나? 살았나? 답변할 수가 없다.

죽지는 않았다. 약 2분 뒤 금풍뎅이는 발목마디와 수염들이 떨리고 더듬이가 부드럽게 흐느적거린다. 그런 다음 앞다리가 움직이고 15분이 채 안 되어 다른 다리까지 활발히 움직였다. 충격을 받아 부동자세가 되었던 곤충의 활동 복귀와 똑같은 방식으로 깨어났다.

하지만 비단벌레는 부동자세가 어찌나 오래 가던지, 처음에는 정말로 죽은 줄 알았다. 밤중에 회복된 녀석이 다음날은 일상의 활동을 재개했다. 신경 써서 에테르로 활동을 정지시킨 실험이 녀석에게 치명적이진 않았으면서 원하던 결과로 나타난 것이다. 하지만 금풍뎅이보다 훨씬 중대한 결과를 나타냈다. 충격과 저온에서 가장 민감했던 녀석이 에테르의 작용에도 가장 민감했다.

손가락으로든, 충격으로든, 다른 방법이든 두 곤충에서 유발된 무기력증에서 엄청난 차이를 확인했다. 이는 미묘한 감수성 차이로 설명될 것이다. 비단벌레는 한 시간가량 부동자세로 있었다. 그러나 금풍뎅이는 2분 만에 활발히 몸을 흔들었는데 사실상 이 정도도 드물었다.

금풍뎅이는 육중한 몸집을 바늘로 찔러도 끄떡없을 만큼 단단한 갑옷으로 무장했다. 그래서 검정비단벌레보다 의사전술이 덜 필요했을까? 어떤 곤충은 그 전술을 이용하는데 다른 녀석은 하지 않는다. 실험 대상의 종류, 생김새, 생활 방식 따위로는 어느 쪽인지 희미하게조차 알 수 없는 곤충이 너무나 많다. 그래서 같은 질문이 우리를 괴롭힌다.

가령 검정비단벌레는 부동자세가 끈질긴데, 같은 구조라서 같은 소속인 종은 모두 끈질길까? 전혀 아니다. 우연히 구한 금테초록비단벌레(B. éclatant : *Buprestis* → *Lamprodila rutilans*)와 아홉점비단벌레(B. à neuf points : *Ptosima novemmaculata* → *undecimmaculata*) 중 전자는 나의 모든 시도를 받아들이지 않았다. 눕혀 놓기가 무섭게 도로 일어나 손가락과 핀셋에 한사코 달라붙는다. 후자는 쉽사리 부동자세가 되었지만 의사자세가 얼마나 길었더냐! 기껏해야 4~5분이다.

근처 구릉지의 돌무더기 밑에서 자주 보는 돌밭거저리(Olocrates → *Phylan abbreviatus*)는 한 시간도 넘는 부동자세로 조롱박먼지벌레와 경쟁했다. 하지만 몇 분 만에 깨어나는 일 역시 매우 잦다는 말을 덧붙여야겠다.

녀석은 거저리의 특성을 가져서 그렇게 장시간 부동자세였을

**비단벌레** 파브르는 여러 비단벌레로 의사 실험을 했다. 해남, 14. Ⅷ. 03, 강태화

**제주거저리** 거저리 종류도 의사 실험의 주요 대상이었으며 그 외에도 많은 곤충과 각종 새들이 쓰였다. 고흥, 15. Ⅴ. 08, 강태화

돌밭거저리
실물의 2.25배

까? 결코 아니다. 다른 거저리인 두점뚱보모래
거저리는 둥근 등으로 재주를 넘어 뒤집히는 즉
시 일어난다. 닮은블랍스거저리(Blaps: *Blaps
similis→ lethifera*) 역시 뚱뚱하나 편평한 등판에다
양쪽 딱지날개가 접합되어 몸을 뒤집을 수 없다.
그런데도 1 ~ 2분 정도의 부동자세 후 필사적으
로 버둥거린다.

다리가 짧아 종종걸음을 치는 딱정벌레는 빨리 도망치지 못하는
대신 멋진 꾀로 보충해야 할 것 같다. 언뜻 보기에는 상당히 그럴
듯한 이 예측이 사실과는 일치하지 않았다. 잎벌레(Chrysoméles:
*Chrysomela*), 풍뎅이붙이(Escarbots: *Hister*), 송장벌레(Silphe: *Silpha*),
흰줄바구미(Cléone: *Cleonus*), 무늬금풍뎅이(Bolboceras: *Bolboceras*), 점
박이꽃무지(Cétoine: *Cetonia*),
긴다리풍뎅이(Hoplie: *Hoplia*),
무당벌레(Coccinelle: *Coccinella*)
따위도 실험했는데, 거의 모두
가 몇 분이나 몇 초면 활동을
재개하기에 충분했다. 죽은 체
하기를 한사코 거부하는 녀석
역시 여럿이었다.

**무당벌레** 무당벌레도 의사 실험해 보았
는데 의사행동을 별로 보이지 않았다고
한다. 시흥, 30. IV. '94

걸어서 도망치는 재주를 많
이 타고난 딱정벌레(Coléoptè-
res: Coleoptera)는 이렇게 말해

야 한다. 얼마 동안 부동자세인 녀석도, 압력에 굴하지 않고 날뛰는 녀석도 있었는데, 후자가 더 많았다. 결국 '이 녀석은 쉽사리 죽은 체하고, 다음 녀석은 망설이고, 셋째는 거절한다.'라고 미리 알려 줄 안내자는 아무도 없다. 경험이 알려 주기 전에는 막연한 개연성뿐이다. 이렇게 복잡하게 뒤얽힌 가운데서 우리의 정신적 평화를 얻을 만한 결론을 끌어낼 수 있을까? 내 생각에는 그럴 것 같다.

# 3 최면 상태,
## 그리고 자살

모르는 사람을 흉내 낼 수 없고, 모르는 것을 위조할 수 없다. 이것은 아주 분명한 사실이다. 따라서 죽은 체하려면 어느 정도 죽음이라는 것을 알아야 한다.

그런데 곤충이, 아니 더 적절히 말해서 어느 동물이든 한정된 수명에 대한 예감을 가졌을까? 동물이 그 희미한 뇌로 종말이라는 충격적인 문제를 다루는 일이 있을까? 나는 짐승과 가깝게 살면서 많이 사귀어 왔지만, 이 문제에 대해서는 그렇다고 대답할 만한 것을 결코 보지 못했다. 우리의 고통인 동시에 위대함인 마지막 시간에 대한 이 불안이 하찮은 운명을 타고난 동물에서는 면제되었다.

동물은 아직 무의식의 혼돈 속에 있는 어린애처럼 미래는 생각하지 못하고 현재를 즐긴다. 미래의 종말에 대한 고민이 면제된 동물은 아늑한 무지의 평온 속에서 산다. 짧은 생애를 예견해야 하는 것은 우리뿐, 마지막 잠자리인 무덤을 불안하게 물어보는 것 역시 우리 인간뿐이다.

더욱이 피할 수 없는 끝장에 대한 통찰은 어느 정도 정신적 성숙이 요구되기에, 그것이 나타나는 것은 상당히 늦다. 이번 주 나는 그 성숙에 대한 눈물겨운 예 하나를 보았다.

식구들의 귀염둥이였던 새끼 고양이가 이틀가량 기운 없이 돌아다니더니 지난밤에 죽었다. 아침에 뻣뻣해진 고양이가 바구니 안에 누워 있는 것을 아이들이 발견했다. 모두가 슬퍼했다. 특히 네 살배기 여자아이, 안나(Anna)[1]는 제일 많이 데리고 놀던 친구를 생각에 잠긴 눈으로 바라본다. 그 애는 고양이 이름(Minet, 미네)을 부르며 손으로 쓰다듬고, 컵에 우유 몇 방울을 부어서 내밀며 이렇게 말했다.

"미네가 삐쳤어. 내가 주는 아침도 안 먹어. 자고 있어. 얘가 이렇게 자는 걸 한 번도 못 봤어. 언제 깰 거야?"

죽음이라는 어려운 문제 앞에 나타난 이 천진난만함에 내 가슴은 찢어질 것 같았다. 이 광경에서 아이를 급히 떼어 놓고 죽은 고양이를 몰래 파묻게 했다. 어린 안나는 미네가 이제는 식사 시간조차 식탁 주변에 나타나지 않자 몹시 슬퍼했다. 이제야 아무도 깨울 수 없는 깊은 잠에 빠졌음을 마침내 깨달아, 그 아이의 정신 속에 처음으로 죽음이란 생각이 막연하게 들어가는 길이다.

아이의 이해력은 비록 빈약할망정 우둔한 짐승보다는 훨씬 뛰어난 숙고(熟考)가 피어난다. 그런 아이조차 모르는 것을 곤충이 알아서 주목거리가 되는 영광을 가졌을까? 녀석들 역시 귀찮고 쓸데없는 특권을, 즉 죽음에 대한 예측 능력을 가졌을까? 결론을 내리기 전에 수상한 안내자

---

1 안나의 나이로 보아 파브르는 현재 74세이다.

인 고도의 과학에게 묻지 말고, 더없이 고지식한 칠면조(Dindon: *Meleargis*)에게 물어보자.

로데즈(Rodez)[2] 왕립중학교(Collège, 콜레주)에서 지냈던 짧은 기간의 생생한 기억 중 하나를 회상해 본다. 요즈음은 콜레주를 리세(lycée)라고 하며, 그만큼 모든 게 완전해지고(성숙해지고) 있다.

성(聖) 목요일이다. 라틴 어의 프랑스 어 번역과 그리스 어 어근 열 가지를 배운 우리는 덤벙거리며 무리 지어서 저 아래 골짜기로 내려갔다. 짧은 바지를 무릎까지 걷어 올리고 순진한 어부가 되어 아베롱(Aveyron) 개울의 고요한 물을 누볐다. 우리 희망은 서양미꾸라지(Loche: *Barbatula barbatula*)였다. 새끼손가락보다 크지도 않은 게 수초 사이 모래 바닥에 꼼짝 않고 있어서 관심을 끌었다. 우리는 세 갈래 포크로 녀석을 찍어 내길 바랐다.

성공하면 그렇게 요란한 승리의 함성을 질러 댄다. 하지만 그런 기적 같은 성공이 우리에게 오는 일은 극히 드물었다. 얄미운 미꾸라지는 뜻하지 않은 포크의 습격을 받자 꼬리를 세 번쯤 흔들며 사라지곤 했다.

실패한 벌충은 이웃 풀밭의 사과나무에서 찾았다. 사과는 언제나 개구쟁이 짓의 즐거움거리였고, 특히 남의 나무에서 딸 때는 더욱 그랬다. 호주머니가 금지된 과일로 불룩해진다.

또 다른 심심풀이 하나가 우리를 기다리고 있었다. 농가 근처에는 제멋대로 돌아다니며 메뚜기를 잡아먹는 칠면조 떼가 적지 않았다. 지키는 사람이 보이지 않으면 훌륭한 놀이가 벌어진다. 우리 각자는 칠면조를 한

마리씩 잡아서 머리를 날개 밑에 처박는다. 그 자세에서 얼마간 흔들었다가 옆으로 뉘어서 땅에 내려놓는다. 그러면 새가 움직이지 않는다. 칠면조 떼 모두가 잠재우는 사람인 우리 마술에 걸려들었다. 풀밭은 온통 죽은 새와 죽어 가는 새가 너저분하게 널려 있는 살육장 모습으로 변한다.

그때는 농가의 마나님을 조심해야 했다. 괴로운 새들의 울음소리가 그녀에게 우리의 마술을 알린다. 농부의 아낙은 회초리를 들고 달려온다. 하지만 그때 우리 다리는 얼마나 훌륭했더냐! 울타리 뒤에서 환하게 터져 나오는 웃음소리, 그리고 도망치기에 얼마나 유리했더냐!

칠면조를 잠재우던 즐거운 시절, 나는 그때의 솜씨를 되찾을 수 있을까? 오늘은 아직까지 어린 학생의 장난이 아니라 중요한 연구 때문이다. 마침 내게 필요한 실험동물 한 마리가 있었다. 오는 성탄절 축제에 희생될 칠면조 암컷이다. 전에 아베롱 개울가에서 아주 잘 성공했던 요술을 이 녀석에게 다시 해본다. 머리를 날개 밑으로 깊숙이 집어넣은 칠면조를 두 손으로 잡고 약 2분 동안 아래위로 조용히 흔든다.

이상한 현상이 나타난다. 어릴 적 요술도 이보다 더 성공적이진 못했다. 옆으로 뉘어서 땅에 내려놓았더니 그저 생기 없는 하나의 뭉치가 되었다. 깃털이 조금씩 부풀었다 꺼지며 숨쉬기를 보여 주지 않았다면 죽었다고 생각했을 것이다. 정말로 싸늘하게 식은 다리에 오그린 발톱이 마지막 경련 때 배 밑으로 끌어들여 죽은 것 같다. 비극적인 광경이다. 이런 마술의 결과를 보고 어떤 불안에 사로잡힌다. 가엾은 칠면조! 다시 못 깨어나는 것은 아니더냐!

걱정하지 말자. 녀석은 깨어나 조금 비틀거린다. 꽁지가 축 늘어지고 애매한 모습이긴 해도 다시 일어선다. 진행이 빨라 흔적조차 안 남는다. 잠시면 실험당하기 전의 상태로 돌아간다.

잠과 진짜 죽음의 중간 입장인 혼수상태의 지속 시간은 일정치 않다. 적당한 휴식을 곁들여 가며 여러 번 일으킨 칠면조의 부동 상태는 때에 따라 반시간, 또는 몇 분 동안 계속된다. 이것 역시 곤충처럼 차이의 원인을 알아내기는 매우 어려울 것 같다. 뿔닭(Pintade: *Numida meleagris*)은 훨씬 더 성공적이었다. 혼수상태가 너무 오래가는 바람에 새의 상태가 걱정될 지경이었다. 깃털마저 숨쉬기를 보여 주지 않아 걱정된다. 진짜로 죽은 것은 아닌지 하는 생각까지 했다. 발로 조금 밀어서 땅바닥으로 옮겨 본다. 움직이지 않는다. 다시 했더니 머리를 빼내며 일어나 균형을 잡더니 도망친다. 혼수상태가 반시간 이상 계속된 것이다.

이제 거위(Oie: *Cygnus*) 차례인데 재료가 없다. 이웃의 채소 경작자가 자기 거위를 내게 맡겼다. 녀석을 데려왔는데 뒤뚱거리고 돌아다니며 날카롭고 쉰 목소리로 집이 떠나가라 울어 댄다. 잠시 후 완전히 조용해졌다. 그렇게 건장하고 발에 물갈퀴를 가진 녀석이 머리를 날개 밑에 처박고 땅에 누워 있다. 부동 상태가 칠면조나 뿔닭만큼이나 전적이며 오래 지속된다.

닭(Poule: *Gallus*)과 오리(Canard: *Anas*) 차례이다. 녀석들 역시 쓰러졌으나 지속 시간이 짧아지는 것 같다. 덩치 큰 녀석보다 작은 녀석에게 내 잠재우기 기술의 효력이 덜한 것일까? 비둘기(Pigeon: *Columba*)는 2분 정도만 잠들었으니 녀석을 믿는다면 그럴 수 있겠다. 훨씬 말을 안 듣는 방울새(Verdier: *Carduelis*) 따위는 겨우 몇 초 정도의 깜박임만 있었다.

결국 덩치가 작은 몸집이 더 세련된 작용으로 혼수상태의 영향을 덜 받는 것 같았다. 곤충 역시 이 현상을 어렴풋이 보여 주었다. 왕조롱박먼지벌레(*Scarites gigas*)는 한 시간이나 부동 상태였지만 난쟁이인 반짝조롱박먼지벌레(*S. laevigatus*)는 아무리 눕혀 놓으려 해도 말을 듣지 않았다. 검정비단벌레(*Capnodis tenebrionis*)는 이 술책에 오랫동안 복종했는데 꼬마인 금테초록비단벌레(*Lamprodila rutilans*)는 완강하게 거부했다.

덩치의 영향은 특별히 연구하지 않았으니 그만두자. 다만 아주 간단한 꾀로 새를 죽은 것처럼 만들 수 있었음만 기억해 두자. 실험했던 거위, 칠면조, 그리고 다른 새들은 자신을 괴롭히는 사람을 속이려고 꾀를 부렸을까? 분명히 그 중 어느 녀석도 죽은 체하려는 생각은 없었다. 다만 정말로 깊은 혼수상태에 빠졌다. 한마디로 말해서 최면술에 걸렸던 것이다.

최면이나 인위적 잠재우기 과학의 시기를 따진다면 아마도 지금이 첫 자료가 될 것이다. 이 사실은 오래전부터 알려진 것인데, 로데즈 중학교의 어린 학생이었던 우리는 어떻게 칠면조 잠재우기 비결을 배웠을까? 분명히 책에는 설명이 없고 어디서 왔는지 모른다. 하지만 어린이의 놀이는 모두가 그렇게 불멸의 것이듯, 이것 역시 아득한 옛날부터 요령을 아는 사람에게서 다른 사람으로 전해 내려온 것이다.

오늘날, 내가 사는 세리냥(Sérignan) 역시 똑같은 일이 벌어지고 가금(家禽) 잠재우기 기술에 통달한 젊은이가 많다. 과학은 때로 아주 하찮은 기원에서 출발한다. 할 일이 없어 행했던 어린이들의 장난이 최면 과학의 출발점이 아니라고 단정할 근거 역시 없다.

나는 농부의 아낙이 회초리를 휘두르며 쫓아오던 때의 칠면조 놀이처럼 유치해 보이는 수법을 곤충에게 적용시켰다. 조롱하지 마시라. 이 천진난만함에서 중대한 문제가 솟아난다.

그동안 다룬 곤충의 상태 역시 가금의 상태와 아주 비슷했다. 양쪽 모두 시체 모습, 무기력, 경련을 일으킨 다리의 수축이 있었다. 양쪽 모두 어떤 자극의 개입으로 부동 상태가 시간 전에 사라지기도 한다. 그 자극이 새는 소리, 곤충은 빛이었다. 고요, 그늘, 평안에서는 그 상태가 길어진다. 부동 상태는 종에 따라 매우 다양하고 몸집이 클수록 길어지는 것 같다.

사람의 경우, 유발되는 잠의 적응 정도가 매우 다양해서 최면술사는 피실험자를 선택할 수밖에 없다. 어떤 사람은 최면에 걸리나 다른 사람은 그렇지 않다. 곤충 역시 모두가 실험에 응하는 것과는 거리가 멀어서 선택이 필요하다. 엄선된 피실험자는 왕조롱박먼지벌레와 검정비단벌레였다. 하지만 실제로는 얼마나 많은 종이 저항해서 절대로 길들일 수 없거나 잠시만의 부동 상태였더냐!

곤충이 활동 상태로 돌아오는 것 또한 어떤 주목거리의 특성을 보여 준다. 문제 해결의 열쇠가 여기에 있으니 발산하는 에테르 가스의 실험을 겪은 녀석들로 잠시 돌아가 보자. 녀석들이 꾀를 부려서 부동 상태를 취한 게 아니라 실제로 최면에 걸렸음은 의심의 여지가 없었다. 녀석들은 정말 죽음의 문턱에 머물렀던 것이다. 발산하는 에테르 병에서 때맞춰 꺼내지 않았다면 녀석들은 마지막 단계가 죽음인 혼수상태에서 결코 깨어나지 못했을 것이다.

자, 그런데 곤충이 활동 복귀를 나타내는 전조에는 어떤 것이 있을까? 그것은 이미 알고 있다. 발목마디가 가볍게, 다음은 수염이 떨리고, 더듬이가 흔들린다. 깊은 잠에서 깨는 사람은 기지개를 켜고, 하품을 하며, 눈꺼풀을 비빈다. 에테르에 의한 잠에서 깨어나는 곤충 역시 나름대로 감각기능을 되찾는 방식이 있다. 작은 발가락과 가장 잘 움직이는 부분 흔들기였다.

이제는 충격을 받거나 어떤 자극에 불안해서 죽은 체하는 것처럼 보였던 곤충을 보자. 녀석의 활동 재개 역시 에테르에 마취되었다가 회복하는 경우와 똑같은 순서로 예고된다. 우선 발목마디를 가볍게 떨고, 다음은 수염과 더듬이가 부드럽게 움직인다.

만일 곤충이 꾀를 부렸다면, 왜 이렇게 치밀한 깨어남의 예비 행위가 필요할까? 위험이 사라졌거나, 사라졌다고 판단되면 왜 빨리 일어나서 즉시 도망치지 않고 시점에 걸맞지 않는 흉내 내기로 꾸물거릴까? 내 생각에, 곰의 코밑에서 죽은 체했던 친구가 곰이 떠난 뒤 분명히 길게 기지개를 켜며 눈을 비비지는 않았다. 그는 당장 일어나서 도망쳤을 것이다.

그런데 곤충이 다시 깨어난 척하려고 아주 미세한 부분까지 얕은꾀를 부렸다고! 아니다. 천 번이라도 아니다. 당치도 않은 소리이다. 발목마디가 그렇게 떨리고, 수염과 더듬이가 그렇게 전조를 보인 것은 실제로 혼수상태가 끝나간다는 명백한 증거였다. 혼수상태가 덜 심했어도 에테르로 유발된 것과 비슷한 혼수상태였다. 이 현상은 내 기교로 부동자세가 된 곤충들이 속된 말에서든, 현대 이론이 여전히 말하는 것에서든, 죽은 체한 것이 아니었음을 증명한다. 곤충은 사실상 최면에 걸린 것이다.

곤충은 어떤 충격이나 그를 사로잡은 갑작스런 공포로 인해 머리를 날개 밑에 넣고 얼마동안 흔든 새의 무기력 상태와 똑같은 상태에 들어간 것이다. 우리 인간 또한 갑작스런 공포에서는 부동자세가 되며 때로는 죽기까지 한다. 그러니 매우 섬세하고 예민한 곤충의 기관이 공포의 중압을 받고 약해진다면 일시적 쓰러짐이 왜 없겠는가? 충격이 약하면 잠시 오그라들었다가 곧 회복되어 도망가고, 심하면 최면 상태가 와서 오랫동안 못 움직이게 된다.

죽음이란 것을 전혀 몰라서 죽은 척할 수 없는 곤충은 너무 큰 불행에 절망하여 종지부를 찍는 방법인 자살이라는 것 역시 모른다.

56

내가 알기로는 어떤 짐승도 진정한 의미에서 스스로 목숨을 끊는 일은 결코 없다. 감성적 특성을 가장 많이 받은 짐승이 가끔 슬픔으로 쇠약해지는 경우가 있음은 인정한다. 그러나 이 경우와 자살이라든가, 단도로 스스로 목을 찌르는 것과는 엄청난 거리가 있다.

그런데 어떤 사람은 그렇다고 하고, 다른 사람은 아니라고 하는 전갈(Scorpion : *Scorpio*)의 자살 이야기가 기억난다. 불에 빙 둘러싸인 전갈이 자신의 독침으로 제 몸을 찔러 고통에 종지부를 찍는다는 이야기에 진실성이 있을까? 이번에 확인해 보자.

상황이 아주 좋다. 지금 특별히 습성 연구를 위해 준비해 놓은 것은 아니지만, 모래를 깔고 깨진 그릇 조각으로 은신처를 만들어 준 넓은 항아리에서 소름끼치는 동물, 즉 크고 흰색인 프랑스 남부 지방의 랑그독전갈(S. Languedocien : *S.→ Buthus occitanus*)을 기르고 있었다. 녀석들을 이 실험에 이용해야겠다. 항상 혼자 떨어져서 불쾌감을 주어 평판이 고약한 전갈은 근처 야산의 넓적한 돌 밑이나 햇볕이 잘 드는 모래밭에 많다.

사육조의 무서운 포로들과 나 사이에 항상 존재하는 위험성을 늘 조심해서 피해 왔기에 녀석들에게 쏘인 적은 없다. 따라서 쏘였을 때의 결과를 내가 개인적으로 말할 근거는 없다. 내 자신이 아무것도 모르니 다른 사람들에게, 특히 가끔씩 부주의로 전갈에게 희생당하는 나무꾼에게 말을 시켜 보았다. 그 중 한 사람이 이런 이야기를 했다.

"식사 후 나뭇단 사이에서 잠시 졸다가 심하게 아파서 잠이 깼어요. 마치 시뻘겋게 달군 바늘로 찌르는 것 같았어요. 손을 뻗었지요. 옳지, 무엇인가 움직이고 있었어요. 바지 속으로 기어든 전갈 한 마리가 장딴지 아래쪽을 쏜 겁니다. 그 나쁜 놈은 손가락만큼 길었어요. 이만큼이요. 선생님, 이만했어요."

그러면서 선량한 그 사람은 하는 말에 몸짓을 보태서 긴 검지를 펴 보였다. 나도 채집 다닐 때 그만한 녀석을 보았으니 그 크기가 놀랍지는 않았다. 나무꾼은 이야기를 계속했다.

"저는 다시 일을 하려 했지만 식은땀이 흐르고, 다리가 눈에 띄게 부어올랐어요. 이만큼 굵어졌어요. 선생님, 이만큼이요."

그는 다시 손짓을 했다. 두 손을 다리 둘레에서 좀 떨어지게 펴서 작은 통만 하게 했다.

"예, 이만했어요. 선생님, 이만이요. 집까지는 1km밖에 안 되는데 아주 간신히 돌아왔어요. 부기가 계속 올랐습니다. 다음날은 여기까지 올라왔어요."

손짓으로 겨드랑이 높이를 가리킨다.

"그렇습니다, 선생님. 사흘 동안 일어설 수가 없었어요. 다리를 뻗어 의자에 얹고 가능한 한 참았지요. 알칼리 습포로 해결을 봤습니다. 자, 이랬습니다요. 선생님, 이랬어요."

그는 다른 나무꾼도 다리 아래쪽을 쏘였다는 말을 했다. 그 사람은 상당히 먼 데서 나무를 하는 바람에 집까지 돌아갈 힘이 없었단다. 그래서 길가에 쓰러진 것을 지나가던 사람들이 어깨로 떠메고 왔단다.

말보다는 몸짓이 능란한 시골 이야기꾼의 말이 과장 같지는 않았다. 랑그독전갈이 사람을 쏘았을 때는 아주 대단한 사고였을 테니 말이다. 녀석은 자기네끼리 쏘아도 맞으면 바로 쓰러진다. 내게는 직접 관찰한 결과가 있으니 다른 사람의 증언보다 더 확실하다.

사육장에서 활기찬 녀석 두 마리를 꺼내서 바닥에 모래 한 겹을 깐 표본병에 함께 넣었다. 두 녀석은 서로 뒷걸음질만 친다. 그래서 밀짚으로 밀어 마주 보게 했다. 자극을 받아 약이 오른 녀석들이 결투를 하기로 작정한다. 녀석들은 아마도 내가 귀찮게 만든 것을 상대방 탓으로 알았을 것이다. 방어용 무기인 집게가 반원처럼 펼쳐지며 전방의 적수를 잡으려 한다. 꼬리가 갑자기 방아쇠를 당긴 것처럼 등 위를 지나 앞으로 뛰쳐나간다. 독병(毒瓶)끼리 서로 부딪치고, 맑은 물 같은 작은 방울이 독침 끝에 맺힌다.

공격은 즉시 끝난다. 한 녀석이 상대의 독침을 맞은 것이다. 이제 끝장이다. 상처 받은 녀석은 몇 분 만에 쓰러진다. 승자는 아주 침착하게 패자의 두흉부(頭胸部) 앞쪽부터 갉아먹는다. 두흉부를 좀 쉽게 말하면, 녀석의 머리를 볼 때 배가 시작되는 곳의 앞쪽 덩어리를 가리키는 말이다. 요리의 양은 적어도 먹기는 오래 걸린다. 이 동족살해자(Cannibale, 同族殺害者)는 제가 죽인 동료를 4~5일 동안 갉아먹었다. 패자를 먹는 것, 이것이야말로 좋은 전쟁이고 봐 줄 만한 유일한 전쟁이다. 민족끼리 싸우는 우리네 전쟁은 전쟁터의 사람고기를 식량으로 훈제하지는 않는다. 그래서 나는 인간의 전쟁을 이해하지 못하겠다.

자, 이제 올바른 방법으로 사정을 알았다. 전갈에게 쏘이면 전갈 자신 역시 곧 치명적이다. 이제는 사람들이 말하는 자살을 다뤄 보자. 전갈이 숯불에 빙 둘러싸이면 제 단도로 자신을 찌르는, 즉 자발적인 죽음으로 고통의 종말을 얻는다는 것 말이다. 그게 사실이라면 짐승 쪽에서 보아도 매우 훌륭한 일일 것이다. 어디 진짜인지 알아보자.

빙 둘러 숯불을 피워 놓은 가운데에 사육장에서 제일 큰 녀석을 가져다 놓았다. 풀무질을 해서 숯불을 점점 백열로 만든다. 첫 뜨거움을 만난 전갈은 뒷걸음질로 둥근 불덩이 앞을 돌아간다. 잘못 돌아가다 뜨거운 불 울타리에 부딪친다. 그러자 이쪽저쪽으로 무질서하게 마구 뒷걸음질을 쳐서 뜨거운 불과 계속 접촉한다. 도망칠 때마다 점점 더 큰 화상을 입어 이제는 미쳐 버릴 것 같다. 앞으로 가도 데고 뒷걸음질해도 구워진다. 잔뜩 화가 나고 희망을 잃은 녀석이 무기를 쳐들어 소용돌이처럼 돌려 댔다. 느슨하게 뉘었다가 다시 치켜든다. 이 짓이 어찌나 빠르고 무질서하던지 그 검술을 정확하게 관측할 수가 없었다.

지금이야말로 단검을 휘둘러 고통에서 해방될 순간이다. 고통받던 녀석이 갑자기 경련을 일으키더니 진짜 움직이지 못하고 쭉 뻗어서 누워 버렸다. 움직임이 완전히 없어져 완전한 무기력 상태가 되었다. 전갈이 죽었나? 정말 죽은 것 같다. 어쩌면 녀석이 스스로 제 몸을 침으로 찔렀는데, 최후의 발악이 너무 요란해서 내가 찌르는 장면을 놓쳤을지 모른다. 만일 녀석이 실제로 제 몸을 찔렀다면, 즉 자살 수단을 이용했다면 의심의 여지가 없이 죽었다. 우리는 녀석이 자신의 독으로 얼마나 빨리 죽었는지를 방금 보았다.

확실한 결과는 몰라도 겉보기에 죽은 녀석을 핀셋으로 꺼내 서늘한 모래로 옮겼다. 한 시간쯤 지나자 죽었던 녀석이 다시 살아나

실험 전처럼 기운이 펄펄했다. 둘째, 셋째 녀석의 실험 역시 결과
는 같았다. 희망을 잃은 녀석의 광란 뒤에는 갑작스런 무기력이 따
라와 벼락을 맞은 것처럼 축 늘어져서 길게 누웠다. 그러고는 서늘
한 모래 위에서 다시 살아났다.

전갈의 자살을 생각해 낸 사람은 둘레의 고온에 격분한 벌레가
빠진 갑작스런 기절과 전격적인 경련에 속았을 것이다. 그들은 너
무나 빨리 확신해서 고통 받는 녀석이 익어도 그냥 내버려 두었을
것이다. 쉽게 믿지 않고 둘러싸인 불에서 녀석을 꺼냈다면 죽은 줄
알았던 전갈이 되살아나, 자기는 자살이라는 것을 전혀 모른다고
천명하는 것을 보았을 것이다.

인간 말고는 어떤 생물도 자발적으로 끝장내는 최후의 수단을
모른다. 죽음이라는 것을 전혀 몰라서 그런 것이다. 인간으로 말하
자면 불행한 생활에서 벗어날 능력을 가진 의식은 고귀한 특권이
며, 다른 동물보다 고등하다는 표시로 묵상할 줄 아는 것 역시 홀

룽한 특권이다. 하지만 가능성에서 실행으로 옮아가는 것은 결국 비겁한 짓이다.

그런 짓을 하려고 마음먹은 사람은 적어도 2,500년 전의 위대한 황인종 철학자, 공자(Confucius, 孔子)의 말을 스스로 되풀이해야 한다. 중국의 이 현자는 숲 속에서 우연히 처음 만난 사람이 목을 매려고 나뭇가지에 밧줄을 묶는 것을 보고 대략 이런 말을 했다.

당신의 불행이 아무리 클지라도 진정으로 최대의 불행은 실망한테 지는 일일 것입니다. 다른 불행은 모두 회복할 수 있어도 이 불행만은 회복할 수 없습니다. 당신에게서 모든 게 끝장났다고 생각하지 마시고, 오랜 세월의 경험에서 분명해진 진리를 확신하는 데 힘쓰십시오. 그 진리란, 어떤 사람이 살아 있는 동안 그에게 절망이란 것은 아무것도 없다는 것입니다. 그 사람은 가장 큰 고통에서 가장 큰 기쁨으로 건너갈 수 있고, 가장 큰 불행에서 가장 고상한 행복으로 건너갈 수 있다는 것입니다. 다시 용기를 내십시오. 그리고 생명의 가치를 오늘부터 알기 시작한 것처럼 매 순간을 유리하게 이용하도록 힘쓰십시오.

평범한 이 중국 철학에 공로가 있기는 하다. 이 철학은 우화 작가의 다른 철학을 생각나게 한다.

…… 내 손발을 못 쓰게 해 놓은 건,
나를 앉은뱅이, 통풍(痛風)환자, 곰배팔이로 만들어 놓은 건,
결국 내가 살기만 하면 그것으로 족하다. 나는 만족하고도 남는다.

암, 그렇고 말고, 우화 작가와 철학자 공자의 말이 옳다. 생명은 귀중한 것이니 귀찮은 누더기처럼 아무 덤불에나 던져 버릴 것이 아니다. 생명은 어떤 즐거움이나 고통거리로 생각할 것이 아니다. 작별의 허락을 받지 않는 이상 최선을 다해서 수행해야 하는 의무이다.[3]

이 작별의 허락을 앞질러 가는 것은 비겁한 짓이요, 어리석은 짓이다. 우리에게는 의무를 저버릴 권한이, 즉 죽음의 문을 통해 제멋대로 사라질 능력이 주어지지 않았다. 그보다 이 능력은 동물이 전혀 모르는 어떤 시야를 우리에게 열어 주었다.

우리만이 인생의 기쁨이 어떻게 끝나는지를 알고, 우리만이 자신의 종말을 예측하고, 우리만이 죽은 자를 공경한다. 다른 어느 동물도 이런 중대한 일을 짐작조차 하지 못한다. 가짜 과학이 하찮은 곤충까지 의사행동의 속임수를 쓴다고 소리 높여 주장하며 단언하면, 우리는 그 과학에게 좀더 자세히 살펴보고 공포로 일어난 최면 상태와 짐승이 모르면서 그런 상태를 흉내 낸 것과 혼동하지 말라고 하자.

우리만이 종말에 대한 분명한 직감을 가졌고, 우리만이 내세에 대한 훌륭한 본능을 가졌다. 여기서 수수한 몫을 실행하는 곤충학자의 목소리가 이렇게 참견한다.

안심하시오. 본능은 결코 자신의 약속을 어긴 적이 없습니다.

3 파브르가 왜 공자를 황인종이라 했으며, 또 그의 철학을 왜 우화 작가에 연관시켰는지 의문이다. 전에는 흑인을 비하하는 듯한 문구가 있었다.

# 4 옛날 바구미

곤충이 쉬는 겨울에는 고전학(古錢學, 옛날 동전학)이 얼마간 내게 즐거운 시간을 제공해서, 역사라고 불리는 불행들의 고문서 격인 둥근 금속 방패를 조사한다. 그리스 사람이 올리브나무(Olivier: *Olea europaea*, 감람나무)를 심고, 로마 사람이 법을 심어 놓은 이 프로방스(Provence) 땅에서는 거의 어디서나 농부가 밭을 갈다가 드문드문 흩어져 있는 동전을 발견한다. 농부는 그것을 내게 가져와서 물어본다. 그런데 금전상의 가치만 물을 뿐 그것이 가진 의미는 결코 묻지 않는다.

농부의 발견물에 새겨진 것이 그에게 무슨 중요성을 갖겠나? 그들은 전에도 고생했고, 지금도 고생하고, 미래도 그럴 것이다. 그의 생각에는 역사라는 것이 이렇게 요약될 뿐, 나머지는 하찮은 일로서 한가한 사람의 소일거리일 것이다.

나는 과거의 물건에 대해 그렇게 무관심할 만큼 높은 철학을 갖지는 못했다.[1] 그래서

---

1 자신은 평민일 수 없다는 말이니 비아냥거림이 좀 심한 것 같다.

동전을 손톱으로 긁거나 흙 껍질을 조심조심 벗겨 내고, 확대경으로 조사해서 새겨진 글을 해독하려고 애쓴다. 동그란 청동이나 구리 조각이 말을 하게 되면 나의 만족은 이만저만이 아니다. 바로 인류의 역사 한 장을 읽은 것인데, 수상한 이야기꾼의 책을 읽은 게 아니라 그 인물들이나 사실들과 동시대를, 말하자면 살아 있는 고문서를 읽은 것이다.

주형틀에 눌려 납작하게 제작된 이 은덩이는 보콩스 사람(Voconces)[2]에 대해 말해 준다. VOOC, VOCVNT라는 글씨가 쓰여 있는 이 고전은 이웃의 작은 도시 베종(Vaison)에서 왔으며, 거기는 박물학자 플리니우스(Pline)[3]가 가끔 휴양하러 온 곳이다. 그 유명한 집필가는 그곳의 식탁에서 식당 주인의 연작류(Becfigue, 燕雀類, 참새목) 요리를 높이 평가했을 것이다. 그 요리는 로마의 식도락가 사이에서 매우 유명했고, 지금까지 프로방스의 미식가 사이에 뚱보새(Grasset→ Anthus, 밭종다리류)라는 이름으로 여전히 높은 명성을 누리고 있다. 이 은덩이가 전쟁과 같은 어떤 사건보다 훨씬 기억할 만한 가치가 있는 일에 대해 말할 수 없으니 유감스러운 일이다.

옛 동전의 앞면에는 머리 하나가, 뒷면에는 네 굽을 놓고 달리는 말 한 마리가 새겨져 있다. 전체적으로는 참으로 부정확하다고 할 만큼 야만적이다. 회반죽을 바른 길거리의 담벼락에 조약돌로 처음 그림 연습을 하는 어린이라 할지라도 이보다 더 조잡하게 새기지는 않을 것이다. 그렇다. 저 용감한 알로

---

2 4세기 말 이후 나르본(Narbonne) 지방에 살았던 갈로로만(Gallo-romaines) 민족
3 『파브르 곤충기』 제2권 109쪽 참조

브로게스(Allobroges)[4]에서 온 외국인은 이보다 얼마나 출중했더냐! 여기 마살리아 사람(Massaliétes, ΜΑΣΣΑΔΙΗΤΩΝ)의 드라크마화(drachme貨)[5]가 있다. 앞면에는 통통한 볼에 아랫입술이 두툼한 에페소스의 다이아나(Diane d'Ephése)[6] 얼굴이 있다. 뒤로 젖힌 머리에 왕관이 씌워졌고, 숱한 머리채가 목덜미로 구불구불 폭포처럼 쏟아져 내린다. 어깨에 늘어뜨린 보석 귀걸이, 진주 목걸이에 활이 메어졌다. 이 우상은 신앙심을 가진 시리아 여인(Syrienne)의 손으로 꾸며졌을 것이다.

그것이 예쁘지 않음은 분명하다. 정말로 원한다면 사치스럽다는 말 정도는 할 수 있겠다. 그저 요즘 멋쟁이 여성들이 모자 위에 흔들고 다니는 당나귀 귀보다는 낫다. 유행이란 그렇게도 추하게 보이려는 수단이라니, 참으로 괴상한 버릇이로다! 드라크마 주화는 상인의 여신이 상업의 아름다움은 모르며 대신 사치로 장식된 이익을 더 좋아했다는 말을 하고 있다.

뒷면에는 발톱으로 땅을 긁으며 입을 딱 벌려 포효하는 사자(Lion: *Panthera leo*)가 있다. 마치 악이 힘을 가장 잘 나타낸 것처럼, 무서운 짐승으로 권력을 상징하는 미개인의 풍습은 어제오늘의 일이 아니다. 독수리(Aigle), 사자, 그 밖의 강도 같은 동물이 화폐의 뒷면에 자주 등장한다. 그래도 현실은 만족하지 못한다. 그래서 상상력이 반인반마(Centaure, 半人半馬 = 절반은 사람, 절반은 말), 용(Dragon), 말 몸에 독수리 머리와 날개의 괴물(Hippogriffe), 일각수(Licorne, 一角獸), 머

4 기원전 1~2세기 보콩스 북쪽 지방의 갈리아 민족. 현재 포세아 (Phocée)
5 소아시아에서 현재 마르세유 지방으로 온 사람들의 동전
6 달의 여신을 묘사한 터키 지방 고대 사원의 기념 초상화

리가 두 개인 독수리 따위의 괴물들을 생각해 냈다.

　머리 가죽을 벗긴 아메리카 인디언(Peau-Rouge)은 장한 일을 해 결했다며 곰(Ursidae)의 발, 매(Faucon→ *Falco tinnunculus*: 황조롱이●)의 날개, 재규어(Jaguar: *P. onca*)의 송곳니를 머리에 꽂고 축하한다. 주화의 상징을 생각해 낸 사람은 저들보다 훨씬 뛰어났을까? 여기에는 얼마든지 의문의 여지가 있다.

　요즘 통용되기 시작한 우리 화폐의 뒷면은 이런 소름끼치는 문 장(紋章)보다 얼마나 훌륭하더냐! 거기는 해가 떠오르는 밭고랑에 씨 뿌리는 여인이 날렵한 손으로 사상이란 훌륭한 씨앗을 뿌리고 있다. 아주 소박하면서 매우 훌륭해 생각을 하게 한다.

　마르세유 드라크마화의 유일한 공로는 훌륭한 양각의 조각에 있 다. 화폐의 둘레에 양각해 놓은 예술가는 끝 마무리 재주의 대가였 다. 하지만 그에게는 영감(靈感)의 숨결이 없어서, 그가 조각한 다 이아나는 통통한 뺨이 아니라 상스럽고 못생긴 여자였다.

　여기 님므(Nîmes)[7]의 식민지였던 볼사이(Volsque) 족 나마삿(Na-masat)화가 있다. 아우구스투스(Auguste) 황제와 그의 신하 아그리 파(Agrippa)의 옆얼굴이 나란히 새겨졌는데, 황제는 억센 눈썹과 평평한 머리, 탐욕스런 사람의 턱진 코를 가졌다. 베르길리우스 (Virgile)는 그에 대하여 '신이 우리에게 한가한 일을 해주었다 (*Deus nobis hæc otia fecit*)' 라고 아주 온화하게 표현했다. 하지만 내게 는 별로 믿음직해 보이지 않는다. 신은 성공 이 만드는 것이다. 만일 그가 사악한 계획에 성공하지 못했다면 신과 같은 아우구스투스

7 현재 아비뇽과 몽펠리에 중간 에 위치하는 가르(Gard) 주의 중심 도시

는 악한 옥타비아누스(Octave)로 남았을 것이다.

내게는 그의 신하가 더 마음에 든다. 그는 돌을 굉장히 많이 다룬 사람인데, 촌스러운 볼사이 족을 석공(石工)의 수로(水路)와 도로로 조금 개화시켰다. 우리 동네에서 멀지 않은 아이그(Aygues) 하천가에서 시작된 훌륭한 도로가 일직선으로 평야를 가로지르고, 진력이 날 만큼 길고 단조롭게 저 위로 올라간다. 그리고 아주 먼 훗날에 고성(古城, Le Castelas)이 된 강력한 요새도시(Oppidum)의 보호를 받으며 세리냥의 야산들을 넘어간다.

그것은 마르세유와 빈(Vienne)을 연결하던 아그리파 도로의 한 토막이다. 2000년이나 된 훌륭한 도로에는 지금까지 여전히 사람이 다닌다. 하지만 지금은 갈색으로 그을린 로마 군단의 소규모 보병은 보이지 않고, 양 떼를 몰거나 말썽꾸러기 새끼돼지 떼를 몰고 오랑주(Orange) 장터로 가는 농부가 보인다. 내 마음에는 이것이 더 좋다.

퍼렇게 녹슨 커다란 동전을 뒤집어 보자. 뒷면은 COL. NEM., 즉 님므의 식민지임을 가리킨다. 이 글에 왕관들이 매달린 종려나무에 묶어 놓은 악어(Crocodile)가 있다. 악어는 이 식민지를 건설한 고참병들에게 정복당한 이집트의 상징이다. 나일 강의 짐승은 길들여진 나무 밑에서 이를 갈고 있다. 이 짐승은 또 놀기 좋아하는 안토니우스(Antoine)에 대해 말해 주고, 코가 낮았다면 세계의 모습을 바꿔 놓았을 것이라는 클레오파트라(Cléopâtre) 이야기를 해준다. 꼬리에 비늘이 달린 파충류가 생각나게 해주는 추억은 역사의 훌륭한 교훈이로다.

고전학의 고상한 교훈은 좁은 내 이웃의 밖으로 나가지 않고도 이렇게 다양한 동전으로 아주 오래 계속될 것이다. 하지만 나름대로 또 하나의 메달인 화석(化石)으로 인생의 역사를 이야기해 주는 고전학이 있다. 이것이 훨씬 고급이면서 돈이 덜 드는 돌의 고전학이다.

　내 창문틀만 해도 옛 시대의 비밀을 알아서 사라진 세계에 대해 말해 준다. 거기는 문자 그대로 하나의 납골당이다. 하지만 그곳의 조그마한 조각 하나하나가 지나간 생명의 흔적을 간직하고 있다. 성게(Oursins: Echnoida)의 가시, 물고기의 이빨과 척추, 조가비 파편, 돌산호(Madrépores: Scleractinia목) 조각 따위가 거기서 죽은 녀석들을 반죽해 놓았다. 이 석회석 돌을 하나씩 조사하고 나면 내 집은 하나의 유골함 같은 고생물의 고물상으로 바뀐다.

　건축용 석재를 캐는 이곳의 돌은 그 단단한 딱지(돌판)로 고대에 살던 이웃의 대부분을 덮고 있다. 언제부터인지 모르는 세월 동안 석수장이가 여기를 파냈다. 아마도 아그리파가 오랑주 극장의 계단식 관람석과 정면에 쓸 거대한 판암을 잘라 냈을 때부터인지 모른다.

　날마다 곡괭이가 거기서 이상한 화석을 발굴했다. 거친 모암(母岩)에서 가장 눈길을 끄는 것은 불가사의할 만큼 윤이 나는 것들인데, 에나멜처럼 반짝이며 말짱한 상태의 이빨들이다. 거의 손바닥만한 삼각형에 가장자리는 가는 톱니가 새겨진 굉장한 것까지 있다.

　이런 치열(齒列)이 거의 목구멍 속까지 여러 줄인 입은 과연 얼마나 꿍장한 구렁텅이였으며, 이렇게 커다란 톱니가위에 물려 갈기갈기 찢기는 한입거리는 어떠했겠더냐! 이렇게 무서운 파괴 기구를 생각으로 재구성하는 것만으로 몸이 저절로 떨린다. 죽음의 왕자로서 이런 연장을 갖춘 괴물은 상어(Squale) 일족으로, 고생물학에서는 옛거대백상아리(*Carcharonon megalodon*)라고 부른다. 오늘날 여전히 바다에서 공포의 대상인 상어가 녀석을 대강 연상시켜 주지만, 난쟁이로 거인을 연상하는 격이다.

같은 돌에 모두가 사나운 목구멍을 가진 또 다른 상어 역시 많다. 이빨이 푸줏간에 있는 날카로운 칼 같은 검치상어(Oxyrhines: *Oxyrhina xyphodon*), 굽은 어금니의 양면이 톱날 모양인 톱날상어(Hemipristis: *Hemipristis serra*), 한 면은 납작하고 다른 쪽은 날카롭게 솟은 단검이 비죽비죽 늘어선 이빨상어(Lamies: *Lamia denticulata*), 움푹 팬 이빨에서 톱니가 반짝이는 신락상어(Notidanes: *Notidanus→Heptranchias primigenius*) 등이 있다.

고대의 살육을 설득력 있게 증언하는 이빨의 병기창 역시 님므의 악어, 마르세유의 다이아나, 베종(Vaison)의 말 정도의 가치는 있다. 병기창은 얼마나 엄청난 생명을 그 무기로 박멸해서 솎아 냈는지를 말해 준다. 이런 말까지 해준다.

당신이 지금 깨진 돌 조각을 깊이 검토하는 바로 그 자리에, 옛날에는 잡아먹는 싸움꾼과 먹히는 양순한 녀석이 우글대는 바다의 내포(內浦)가 뻗어 있었다. 긴 만(灣)이 미래의 론(Rhône) 강 자리를 차지하고 있었다.

자, 여기는 정신을 가다듬으면 요란하게 소용돌이치는 파도 소리가 정말 들린다고 생각될 만큼, 그렇게 잘 보존된 해안 절벽이 있다. 성게와 조개들(Lithodomes, Pétricoles, Pholades)이 바위에 제 서명을 남겼는데, 주먹이 들어갈 정도의 반구형 다락방이다.[8] 구멍은 좁은 수문을 통해 새로운 먹잇감이 포함된 물을 안에 틀어박힌 녀석에게 공급하는 독방으로서 결국은 선실인 셈이다. 때로는 그 안에서 옛날에 살았던 생물이 광물화되었는데, 장식인 줄무늬와 연약한 외투막(外套膜)의 아주 세밀한 부분까지 그대로 남아 있다. 대다수는 녹아서 사라졌으나 녀석이 살던 집에는 바다의 고운 개흙이 가득 차서 석회질 핵처럼 굳어 버린 것이다.

작고 조용한 만(灣)에는 소용돌이 모양이 다양하고 크기가 각각인 엄청나게 많은 조가비 무더기가 주변에서 끌어다 이회암(泥灰岩)의 뻘 속에 쓸어 넣어져 있다. 이 무더기가 언덕이 된 봉분이 연체동물의 공동묘지인 패총(Cimetière de mollusques, 貝塚)이다. 거기에서 길이 1꾸데(coudée = 52.4cm), 무게 2~3kg가량을 파냈다. 이 무더기에서 국자가리비(Peignes: *Aequipecten*), 청자고둥(Cônes: *Conus*), 패충류(貝虫類, Cythérées: *Cytherea*)[9], 개량조개(Mactres: *Mactra*), 뿔소라(Murex: *Murex*), 나사고둥(Turritelle: Turritella), 붓고둥(Mitres: *Mitra*), 그 밖에 열거조차 끝이 없을 만큼의 엄청난 조가비를 삽으로 떠낼 수 있을 정도였다. 한 귀퉁이에 이렇게 많은 유

8 프랑스의 석회암에 구멍을 뚫고 살았던 화석 조개 무리의 흔적을 설명한 것인데 구멍 크기가 과장된 것 같다. 홍합과 비슷하게 생긴 첫째 종은 성체의 구멍이 깊이 2~3인치이고 지름 1인치라는 기록이, 둘째는 여러 종인데 소형이라는 기재문이, 셋째는 한 손가락 지름이라는 자료가 있다.
9 조개처럼 두 장의 패각으로 몸을 감쌌으나 갑각류인 패충아강(Ostracoda)에 속하는 절지동물이다.

물을 남겨 줄 만큼 옛날에는 생명이 왕성했음을 보고 깜짝 놀라게 된다.

패총은 그 외에 사물의 배열을 끈질기게 바꿔 주는 세월의 덧없는 존재였음을, 즉 개체뿐 아니라 종까지 거둬들였음을(없애 버렸음을) 확인시켜 준다. 근처의 바다인 지중해에 오래전 살았던 것 중 오늘날까지 살아 있는 종류는 거의 없다. 현재와 과거 사이에서 어떤 비슷한 특성을 발견하려면 열대지방 바다로 가서 찾아봐야 할 것이다.

결국 기온이 내려간 것이다. 창가의 돌멩이 고전학은 태양이 천천히 꺼져 가며 많은 생물종이 사라졌다는 말을 해준다.

극히 평범하고 매우 한정적이지만 제법 풍부한 나의 관찰소를 떠나지 말자. 그리고 이번에는 돌에게 곤충에 대하여 물어보자.

압트(Apt)[10] 근방에는 희끄무레한 판자가 종잇장처럼 벗겨지는 이상한 바위가 많은데, 태우면 불꽃을 일으키며 타르 냄새의 매연을 풍긴다. 악어와 대왕거북(Tortues géantes: *Geochelone*)이 드나들던 대형 호수들이 거기서 밑으로 잠겨 버렸다. 인간의 눈은 결코 본 적이 없는 호수들이다. 그곳의 개흙은 조용히 엷은 층으로 가라앉아 확실한 암석층이 되었고, 움푹 파였던 거기가 언덕의 등성이로 바뀌었다.

그 바위에서 판자 하나를 떼어 내 칼날로 얇게 쪼갠 조각을 보자. 겹쳐진 판자를 한 장씩 들어내는 것만큼이나 쉬운 일이다. 이렇게 해서 산이라는 도서관에서 꺼낸 책을 열람하게 되고, 훌륭한 삽화가 들어 있는 책

10 아비뇽에서 동쪽으로 50여 km 밖에 있는 마을

을 뒤적이게 된다. 이것은 이집트의 파피루스보다 더 흥미진진한 자연의 글씨본이다. 매 쪽마다 삽화가 있다. 아니 그림으로 변한 현실의 사물이 있다.

이쪽에는 아무렇게나 모인 물고기가 진열되어 있다. 마치 나프타기름으로 튀긴 생선이 생각날 정도였다. 가시, 지느러미, 척추, 머리의 잔뼈들, 작고 검은 방울이 되어 버린 눈의 수정체, 모두가 자연적인 배치 그대로였다. 다만 한 가지, 즉 살은 없다.

그래도 상관없다. 몰개(Goujons)[11] 접시가 너무도 생생한 모습이라, 수만 년에 걸쳐 만들어진 이 통조림을 손가락으로 찍어 먹고 싶은 마음이 생길 정도였다. 일부는 석유로 흘러간 이 광물 튀김을 입에 조금 넣어 보자.

그림 옆에는 아무 설명서가 없지만 생각이 보충해 준다. 곰곰이 생각한 결과가 이렇게 말한다.

물고기는 이곳의 조용한 물에서 큰 떼를 이루며 살았는데, 갑자기 강물이 불어나 진흙탕으로 탁해진 물이 녀석들을 질식시켰다. 즉시 진흙 속에 파묻혀서 파손을 면한 녀석들이 오랜 세월을 지났다. 그 수의(壽衣) 속에서 아직도 무한정의 시간을 보낼 것이다.

---

11 모샘치(Gobio), 몰개(Squalidus) 따위의 잉어과 물고기

같은 홍수가 근처의 흙을 쓸어 왔는데, 흙에는 식물과 동물의 파편이 많이 섞여 있었다. 그래서 호수의 퇴적물은 지상의 생물에 대해서도 말해 준다. 결국 돌판에 남은 흔적은 당시의 생활에 대한 전반적인 기록이 되는 셈이다.

우리 돌판, 아니 그보다 우리 앨범을 한 장 넘겨 보자. 거기는 날개 달린 씨앗과 갈색 초벌로 그려진 나뭇잎들이 있다. 돌로 된 식물 표본이라도 특징을 분명하게 보여 주는 점에서는 정상적인 표본에 못지않다.

식물 역시 패총이 알려 준 것을 되풀이한다. 오늘날의 프로방스 지방 식물상은 옛날과 달라서 세상이 변하고, 햇볕이 빈약해졌음을 알려 준다. 지금은 그때의 종려나무(Palmiers), 장뇌가 스미는 월계수(Lauriers), 잎이 화려한 남양삼나무(Araucarias: *Araucaria*), 그 밖의 더운 지방에서만 자라는 나무나 관목이 많이 없어졌다.

책장을 계속 넘겨 보자. 이제는 곤충이 나타난다. 가장 흔한 것은 몸집이 보잘것없는 파리목(目)으로, 흔히는 하찮은 날파리들이다. 그 거친 석회질 모암은 큰 상어의 이빨을 부드럽고 반들반들하게 보관해서 우리를 놀라게 했다. 그런 이회암의 유골함에 가냘픈 각다귀(Moucherons: Tipulidae)가 온전하게 박혀 있는 것을 보고 무슨 말을 더 하겠더냐! 손으로 살짝만 잡아도 으스러지는 그 허약한 곤충이, 산의 무게가 찍어 눌렀어도 전혀 쭈그러짐 없이 누워 있다니!

별일 아닌데도 흐트러지는 가는 다리 6개의 형태나 배치가 쉬고 있는 곤충의 자세처럼 정확하게 돌에 박혀 있다. 거기에는 아무것도 부족한 게 없다. 두 갈래의 발톱까지 그대로 있고, 두 날개는 펼쳐져 있다. 확대경으로 조사해 보면 날개맥의 그물마저 바늘에 꿰어 놓은 표본상자의 각다귀와 똑같다. 더듬이의 깃털장식은 그 멋짐과 섬세함을 전혀 잃지 않았고, 배의 가장자리에 한 줄의 미립자처럼 둘러쳐진 섬모로 배의 마디 수까지 셀 수 있다.

모래 침대 속에서 세월에 도전했던 마스토돈(Mastodonte)[12]의 해골이 이미 우리를 놀라게 했는데, 극히 가냘픈 각다귀가 두꺼운 바위 속에서 온전하게 보존되어 있으니 참으로 혼란스럽구나.

각다귀는 분명히 멀리서 불어난 물에 실려 온 게 아니다. 녀석은 호숫가에 살았다. 불어난 물이 밀어닥치기 직전 가는 물줄기가 소란을 피울 때, 가냘픈 각다귀는 이미 그 허무의 세계로 들어갔을 것이다. 녀석들에게 한창 기쁠 때인 아침나절에 죽음을 당해, 제가 앉아 있던 골풀에서 떨어졌다. 물에 빠진 녀석은 당장 뻘의 지하묘지로 사라졌다.

쌍시목(雙翅目, 파리목) 다음으로 가장 많은, 저 땅딸막하고 딱지날개가 볼록한 곤충은 무엇일까? 끝에 주둥이(부리)가 달린 그 좁은 머리가 잘 말해 준다. 녀석은 긴 코의 딱정벌레(Coléoptères proboscidiens)인 코벌레(Rhyncophores)인데, 좀 쉬운 말로 바구미(Charançon: Curculionoidea)라고 한다.

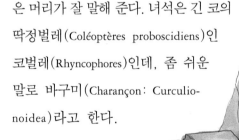

---

**12** 코끼리와 비슷한 제3기의 포유동물

4. 옛날 바구미 75

작은 녀석도, 중간 크기도, 오늘날과 비슷한 크기인 녀석도 있다.

석회질 돌판에 새겨진 녀석들의 자세는 각다귀처럼 단정하지 못했다. 다리는 아무렇게나 얽혔고, 때로는 불쑥 튀어나온 부리가 가슴 밑에 숨겨졌거나 앞으로 뻗었다. 어떤 녀석은 부리의 옆모습을 보여 주는데, 더 많은 경우는 목이 비틀려서 옆으로 향하고 있었다.

이렇게 탈구되었거나 뒤틀린 곤충은 각다귀처럼 급격하나 조용하게 묻힌 경우가 아니다. 근처 호숫가의 식물에 여러 마리가 살았고, 대부분이 거기서 휩쓸려 왔다. 휩쓸려 오다가 나뭇가지와 돌무더기 장애물을 거치면서 관절이 어긋났다. 튼튼한 갑옷이 몸통은 무사하게 보존했지만 얇은 막의 관절은 손상을 입은 것이다. 물에 빠져 죽은 곤충을, 또한 혼란스러워진 여행 작품을 진흙 수의가 그대로 받아들인 것이다.

어쩌면 멀리서 왔을지 모를 타지 곤충 또한 귀중한 자료를 제공한다. 곤충강(綱)의 대표로 호숫가에는 모기가, 수풀에는 바구미가 있었음을 말해 주고 있는 것이다.

내가 조사한 압트의 돌판에는 부리를 가진 것뿐, 다른 종류는 거의 없었다. 특히 다른 딱정벌레목(Coleoptera) 곤충이 없었다. 빗물은 다른 곤충도 구별하지 않고 바구미처럼 호수로 휩쓸어 왔을 텐데, 딱정벌레(Carabidae), 똥벌레(Bousiers, 소똥구리 무리), 하늘소(Cerambycidae) 따위의 육상 집단은 어디에 있을까? 오늘날 그렇게나 번성한 족속들의 흔적은 전혀 없으니 말이다.

수서곤충(水棲昆蟲)인 물땡땡이(Hydrophile : Hydrophilidae), 물맴

이(Gyrin: Gyrinidae), 물방개
(Dytique: Dytiscidae)는 어디에
있을까? 이 곤충들은 호수에
살므로 이회암의 얇은 조각 사
이에서 미라가 되어 우리에게
왔을 확률이 매우 높다. 당시
에 녀석들이 존재했다면 호수
에서 살았을 것이고, 진흙은
작은 물고기나 각다귀보다는
딱지로 덮인 이 곤충들을 특히
더 온전하게 보존했을 것이다.

**꼬마줄물방개** 물방개 같은 수서성 딱정벌레
의 화석은 보이지 않고, 바구미 종류의 화석
만 나타나자 파브르는 바구미가 딱정벌레의
조상일 것으로 착각했다.
덕적도, 7. Ⅵ. 07, 강태화

그런데 수서성(水棲性) 딱정벌레의 흔적은 도무지 없다.

지질학 유골함에 없는 이 곤충들은 어디에 있을까? 나무에 구멍
을 뚫는 하늘소, 소똥을 이용하는 소똥구리, 사냥감의 배를 가르는
딱정벌레, 덤불이나 풀밭, 그리고 나무줄기에서 살던 녀석들은 어
디에 있을까? 그 모두는 아직 생성이 미결 상태에 있었다. 그 시대
는 녀석들을 갖지 않았고 미래가 기다리고 있었다. 따라서 내가 참
조할 수 있는 조촐한 고문서의 말을 믿는다면 바구미는 딱정벌레
의 맏이이다.[13]

최초의 생명체를 현재의 조화와 비교해 보면, 말이 안 될 정도로
어이없는 부조리가 될 만큼 괴상한 것들을 빚어냈다. 생명이 도마
뱀을 생각해 냈을 때는 길이가 15~20m나
되는 괴물을 좋아했다. 녀석의 코와 눈 위에

13 79쪽 주석 참조

뿔을 달아 주었고, 등에는 믿기 어려울 정도의 비늘을 깔아 주었다. 목덜미에는 가시 돋친 주머니를 파서 머리가 두건 속으로 들어가듯 그 속으로 들어가게 했다.

생명은 녀석에게 날개 달기까지 시도했으나 크게 성공하지는 못했다. 소름끼치는 녀석의 생식 열정이 가라앉은 다음 우리 울타리의 멋쟁이, 녹색장지뱀(Lézard vert : *Lacerta viridis* → *bilineata*)이 오게 했다.

생명이 새를 생각해 냈을 때는 부리에 파충류의 뾰족한 이빨을 달아 주었고, 엉덩이에는 깃이 달린 긴 꼬리를 붙여 주었다. 추해서 주목을 끌었던 막연한 생물이 울새(Rouge-gorge : *Erithacus rubecula*)와 비둘기(Colombe : *Columba lavia*)의 오래전 조상이었다.

원시동물은 모두 머리가 매우 작았고 뇌는 바보였다. 고대 짐승은 무엇보다 잔인한 후리기 기계이며 소화시키는 배였다. 지능은 아직 따질 수 없었고 좀 늦게 나타날 것이었다.

바구미 나름대로 이런 변화 상태가 조금 반복되었다. 녀석의 작은 머리에서 괴상하게 돌출한 부속물을 보시라. 어떤 녀석은 굵으나 짧은 콧방울 모양인데, 다른 녀석은 억세며 둥글거나 네모진 부리 모양이다. 또 다른 녀석은 말총처럼 가는 것이 몸길이와 같거나 그보다 길거나 해서 괴상한 장죽(담뱃대) 모양이다. 이 괴상한 연장 끝의 입 안에 가는 가위 같은 큰턱이 있고, 옆구리의 홈은 더듬이의 첫째 마디를 보관할 수 있다.

부리처럼 튀어나온 이 주둥이, 만화 같은 이 코가 무엇에 쓰일까? 녀석들은 어디서 그 본을 찾았을까? 어디서 찾은 게 아니라 자신이 생각해 냈고, 자신만이 그것에 대한 독점권을 가졌다. 바구미과 말고는 어느 딱정벌레도 이런 터무니없는 입 치장에 전념하지 않았다.

부리 기부에 겨우 둥글게 부풀어 오른 것, 즉 매우 작은 머리에 유의하시라. 그 안에 무엇이 들어 있을 수 있겠나? 극히 한정된 본능의 표시로 매우 빈약한 신경 시설이 있다. 녀석의 작업을 보기도 전에 우리는 이미 그 작은 머리의 지능을 별로 중요하게 여기지 않는다. 사람은 녀석을 우둔한 곤충, 솜씨 없는 곤충으로 분류한다. 그런 예측이 별로 틀리지도 않는다.

바구미과 곤충은 재주 면에서는 별로 찬양 받지 못한다. 그렇다고 해서 그 점이 녀석들을 무시할 동기가 될 수는 없다. 호수에서 나온 돌판이 단언했듯이, 녀석들은 딱지날개와 단단한 갑옷을 입은 곤충의 선두에 있었다.[14] 또한 우화에서의 재주꾼 곤충을 여러 단계 앞섰으며, 매우 괴상한 최초 형태에 관해서 가끔 말해 준다. 녀석들의 작은 세계는 고등동물 세계에서 이빨 달린 큰턱[15]의 새나 눈썹이 뿔이던 장지뱀과 동일한 존재였다.

바구미는 제 특성의 변경 없이 번창한 군단을 이루면서 우리에게 왔다. 녀석들은 오늘날까지 옛 대륙 시대에 있었던 그대로 남아 있다. 석회질의 얇은 판에 박힌 모습이 이를 소리 높여 단언한다. 이 모습과 다른 여러

14 파브르는 딱정벌레목의 조상이 바구미라는 생각을 사실상 굳힌 것 같다. 그래서 다음의 9개 장을 이 무리의 습성에 할애했는지 모르겠다. 그러나 딱정벌레 중 가장 진화한 형태의 소유자가 바로 바구미 무리이므로 그의 생각을 인정할 수 없다. 현재까지 알려진 최초의 딱정벌레는 곰보벌레(Cupedidae)가 소속된 원시딱정벌레(아목)이며, 바구미는 가장 고등한 딱정벌레인 것으로 본다. 돌판의 딱정벌레 중 바구미만 보존된 이유가 무엇인지는 다른 요인에서 찾아봐야 할 일이다.
15 부리가 바른 표현이다.

모습에 나는 감히 종류 이름을, 때로는 종의 이름 붙이기를 감행할
수 있겠다.

　본능의 영구성은 형태의 영구성을 따르기로 되어 있다. 그래서
현대의 바구미를 조사해서, 프로방스 지방이 악어가 사는 넓은 호
숫가에 종려나무 그림자를 드리우고 있던 시절의 조상 바구미에
대한 생물학을 아주 개략적으로 설명하는
장들[16]을 마련하련다.

16 이어서 나오는 5~13장을 말
한 것이다.

# 5 얼룩점길쭉바구미

라린(Larin : *Larinus*, 길쭉바구미)이란 아무것도 알려 주지 않는 막연한 이름이다. 듣기에는 괜찮으니 쉰 목소리로 귀를 괴롭히지 않는 단어인 것만 해도 다행이다. 하지만 초보 독자는 더 바라는 게 있다. 좋은 음조의 이름이 그 곤충에 대해 간단한 특징이나마 나타내 주길 바라는 것이다. 그런 특징은 엄청난 혼란 속에 있는 사람에게 좋은 안내자가 될 것이다.

어느 동물이든 당연히 받아야 할 이름(학명)을 주는 방법, 즉 합리적인 명명(命名) 체제가 얼마나 어려운지는 나도 인정한다. 그 체제를 기꺼이 찬성도 한다. 하지만 무지해서 겨우 무의미한 이름이거나 비상식적 이름을 주는 경우가 잦다. 실제로 다음의 경우를 보시라.

라린은 무슨 뜻일까? 그리스 어 사전에는 다리노스(Λαρινόs), 즉 '뚱뚱한, 살찐'이라고 되어 있다. 이 장에서 취급되는 곤충이 이런 학명을 받을 권리가 있을까? 천만에, 바구미가 대개 뚱뚱하듯이 이 종류 역시 뚱뚱한 것은 인정한다. 하지만 다른 녀석들보다 비만이라는 증명서를 당연히 받을 정도는 아니다.

좀더 깊이 파고들어 보자. 다리노스는 아름다움, 광택, 멋을 뜻하기도 한다. 이번에는 맞았을까? 아직 아니다. 물론 라린도 멋이 없지는 않지만, 부리를 가진 딱정벌레(바구미과) 중 녀석보다 아름다운 복장을 한 종류가 얼마나 많더냐! 버드나무 숲(Oseraie)은 고운 유황 가루를 뒤집어쓴 녀석, 하얀 줄무늬 장식을 갖춘 녀석, 공작석(孔雀石)의 산뜻한 초록색 분을 바른 녀석들을 먹여 살린다. 녀석들을 만지면 손가락에 나비와 비슷한 비늘 가루가 묻는다. 포도나무(Vigne: *Vitis vinifera*)와 포플러(Peuplier: *Populus*)는 더 멋진 구릿빛 황철광의 금속성 광택을 가진 녀석을 기른다. 또 적도 지방은 비길 데 없이 화려한 녀석들을 제공하는데, 녀석들에 비하면 우리네 보석상자의 진짜 보석은 빛을 잃을 판이다. 그렇다. 수수한 바구미가 아름답다는 찬양을 받을 권리는 없다. 부리를 가진 녀석 중에서 이런 칭호는 다른 녀석에게 돌아갈 것이다.[1]

만일 녀석의 사정을 잘 아는 명명자가 습성에 맞춰 이름을 지었다면, 양엉겅퀴(Artichaut)를 먹는 곤충이라고 했을 것이다. 라린 무리는 사실상 엉거시과(Carduacée→Astéracées: Asteraceae)인 지느러미엉겅퀴(Chardon과 Onoporde), 수레국화(Centaurée), 지중해엉겅퀴(Carline), 그리고 구조와 맛이 우리 식탁의 아티초크(Carde)를 약간 연상시키는 양엉겅퀴 따위의 낱꽃 밑동의 살찐 부분에 가족을 정착시킨다. 거기

---

1 파브르의 사고방식대로 모든 종류를 비교한 다음 고유 특징에 따라 이름을 붙여야 한다면, 더욱이 아직 모르는 종까지 비교해서 이름을 지어야 한다면, 생물들에게 이름을 붙이는 일이 상당히 어려울 것이다.

가 라린의 전문 영역으로서, 사납고 잘 번성하는 엉겅퀴의 처치 임무를 맡았다.

분홍색, 흰색, 파란색 장식술처럼 생긴 엉겅퀴 무리의 꽃을 한번 들여다보시라. 긴 부리를 가진 곤충이 우글거리며 낱꽃 무더기 속으로 서툴게 파고든다. 어떤 곤충일까? 라린이다. 술을 벌리고 밑의 살찐 부분을 쪼개 보시라. 각자 제집에 따로 떨어져 있으며, 흰

지느러미엉겅퀴 많은 엉겅퀴 종류가 줄기나 잎을 험악한 가시로 무장했으나 길쭉바구미 중 특히 우엉바구미에게는 먹잇감에 지나지 않는다. 제천, 14. V. 05

색에 다리는 없고 통통한 벌레가 불안해서 머리를 저어 댄다. 녀석은 누구일까? 라린의 애벌레이다.

여기서 정확하게 묘사하려면 어떤 제한이 필요하다. 지금 이야기할 라린(길쭉바구미)과 같은 바구미과의 다른 종 역시 돼지감자 (Topinambour: *Helianthus tuberosus*) 맛이 나는 엉겅퀴에게 즐겨 가족을 맡긴다. 하지만 상관없다. 적어도 우리 고장에서 수와 빈도, 그리고 적당한 크기로 압도하는 바구미는 이 라린으로서, 자신을 유혹하는 엉겅퀴 꽃을 섬멸시킨다. 자, 이제 내가 아는 한 독자에게 사정을 알려 준 셈이다.

추위가 오기 전의 온 여름과 가을 내내, 프랑스 남부 지방의 길가에는 아주 멋있는 엉겅퀴가 많다. 파란색 예쁜 꽃의 둥근 꼭대기

에 찌르는 침이 모여 있어서 몸을 둥글게 마는 고슴도치(Hérisson: Erinaceus)에 빗댄 이 풀의 학술적 학명은 가시털(Echinops)[2]로 붙여졌다. 그것은 정말로 고슴도치 모습이다. 더 적절한 표현은 심겨진 줄기 위의 푸른 공 모양인 바다성게(Oursins: Echnoida)이다.

별 모양 낱꽃들로 장막을 둘러친 멋쟁이 술은 바늘 같은 단검을 수없이 많이 숨겨 놓았다. 조심성 없이 손으로 만진 사람은 악의 없어 보이는 겉모습에 감춰진 그 거칠기에 놀란다. 술에 곁들인 위쪽은 초록색이고, 흰색 솜털이 많은 아래쪽 잎은 경험 없는 사람에게 경고를 준다. 잎이 뾰족한 엽편(葉片)으로 갈라졌고, 엽편 끝은 대단히 날카로운 바늘 같다.

얼룩점길쭉바구미
실물의 2.5배

이 엉겅퀴(Chardon)는 얼룩점길쭉바구미(Larin maculé: *Larinus maculosus*)의 상속재산이다.[3] 얼룩점길쭉바구미는 끊임없이 안개구름을 피워 등판에 주황색 분을 바르며, 아주 검소하게 먹는다. 아직 6월이 채 끝나지 않아 엉겅퀴의 초록색 꽃망울이 완두콩만 하거나 기껏해야 서양버찌만큼 자랐을 때, 녀석이 그 머리에 가족을 정착시킨다. 2~3주 동안 나날이 파래지며 굵어지는 구슬 위에서 식구 늘리기가 계속된다.

거기서 명랑한 아침 햇살을 받으며 아주

2 우리 이름으로는 식물의 경우 절굿대, 동물의 경우는 성게에 해당한다.

3 파브르는 Chardon을 일반적인 엉겅퀴의 통칭으로 썼는데, 앞에서 쓴 양엉겅퀴(Artichaut) 역시 통칭으로 쓴 것 같다. 한편 길쭉바구미의 상속재산은 파란 꽃의 절굿대(Échinops: *Echinops ritro*)이며 이 문장의 Chardon과 혼동해서는 안 되겠다. 앞으로 제7장까지 여러 식물명이 등장하는데, 때로는 내용과의 연계가 불분명하거나 혼란스러운 경우가 무척 많아 번역하면서 의혹을 느꼈다.

평화롭게 짝이 이루어진다. 결혼의 전주곡으로 지렛대 모양인 관절들이 서로 엉켜서 촌스럽고 서툴러 보인다. 수컷이 앞다리로 신부를 제압하고, 가끔씩 뒷다리 발목마디의 부드러운 마찰로 그녀의 옆구리를 쓸어 준다. 부드러운 애무와 더불어 갑작스런 흔들림과 격렬한 몸통 운동이 번갈아 일어난다. 그러

는 동안에 수동적인 암컷은 부리로 꽃 머리를 다듬어 알이 들어갈 집을 마련한다. 부지런한 암컷은 한창 결혼 행각 중에도 가족 걱정으로 쉬지를 못하는 것이다.

바구미과(科) 곤충의 주둥이는, 즉 사육제의 괴상한 가면조차 감히 흉내 내지 못할 만큼 희한한 코는 무엇에 필요할까? 그것은 바라는 만큼, 그리고 천천히 알게 될 것이다. 철망뚜껑 밑의 사육장에 잡혀 있는 피실험 바구미들이 창가에서 햇볕을 받으며 작업한다.

두 녀석이 지금 막 갈라섰다. 수컷은 미래에 대한 걱정 없이 물러나 조금 먹으러 간다. 새끼에게 남겨 줄 특등품인 파란 꽃 머리가 아니라 잎을 먹으러 간다. 잎도 표면만 한입 갉아먹는 검소한 식사법이다. 암컷은 그 자리에 남아서 구멍 뚫기를 계속한다.

둥글게 낱꽃이 돋아난 곳의 가운데로 쑤시고 들어가던 부리가

**흰줄바구미** 라린에 해당하는 우엉바구미류는 아주 드물다. 흰줄바구미는 이 두 종류와 가까운 친척이며 우엉바구미를 좀더 닮았다. 치악산, 16. Ⅵ. 06, 강태화

**길쭉바구미** 길쭉바구미 무리의 대표적인 종류는 본문에서 다루어진 라린(*Larinus*)과 길쭉바구미(*Lixus*) 종류이다. 우리나라에서 길쭉바구미는 아주 흔하게 볼 수 있다. 문산, 28. Ⅵ. '96

이제는 안 보인다. 암컷은 기껏해야 이리저리 몇 걸음을 왕래하는 정도일 뿐 별로 돌아다니지 않는다. 여기서의 작업은 나사송곳처럼 돌리는 게 아니라 쇠꼬챙이나 송곳처럼 쑤시는 방법이다. 큰턱 연장이 가는 전정가위처럼 물어서 파낸다. 이것이 전부이며 마지막에는 꽃부리를 빼낸다. 기부를 구부려서 뜯어낸 낱꽃을 뽑아, 조금 들어 올려 밖으로 끌어내는 것이다. 그래서 많은 낱꽃 전체의 수평면에서 조금 솟은 것이 구별된다. 이런 굴착 공사가 약 15분간 착실하게 진행된다.

이제 어미가 몸을 돌려 배 끝으로 파인 입구를 찾아 알을 낳는다. 어떤 방법일까? 산모의 배는 너무 크고 끝은 뭉툭하다. 그래서 배가 직접 좁은 구멍 속으로 들어가 밑바닥에 알을 내려놓을 수는 없다. 따라서 여기는 반드시 알을 원하는 지점으로 유도할 주입기

같은 특수 연장이 필요하다. 곤충의 겉에는 이런 주입기가 드러나 있지 않다. 몸속에서 나오는 것조차 보이지 않을 만큼 일은 빠르고 조심스럽게 진행된다.

하지만 상관없다. 나의 믿음은 확고하다. 틀림없이 산모는 방금 부리로 파 놓은 구멍 밑바닥에 알을 내려놓을 도구를, 즉 알을 인도할 꼬챙이 같은 유도관을 예비로 가졌을 것이다. 다만 보이지 않을 뿐이다. 이런 이상한 문제를 다시 다룰 때, 결정적인 예를 보도록 하자.

첫 문제는 이제 확실해졌다. 바구미과 곤충의 부리, 처음에는 만화 같았던 그 코가 실제로는 모성애의 도구였다. 정상을 벗어난 모습이 규격에 맞는 것이었고, 없어서는 안 될 물건이었다. 부리 끝에는 큰턱이 있다. 거기에 입의 부속 기관(입틀)이 있으니 부리의 기능이 먹는 것임은 자명한 일이나, 그 기능에 더 중요한 기능 하나가 보태졌다. 이상한 투관침(套管針)이 산란관의 협력 기관이 되어 산란의 길을 열어 주는 것이다.

또한 부리라는 연장은 동업자의 특징을 나타내는 명예로운 것이다. 그래서 아비는 가족이 들어갈 굴 파기 재주가 없으면서도 그런 부리가 있음을 숨김없이 자랑한다. 즉 수컷 역시 암컷을 닮아 긴 송곳을 가진 것이다. 하지만 녀석의 빈약한 역할에 맞춰져 규모가 좀 작다.

왕밑들이벌 실물의 2배

두 번째 문제 역시 드러났다. 알을 적당한 지점으로 들여보내서 접종시

밑들이벌 산란관을 등 위로 말아 올린 채 나무 구멍 속에 산란할 벌레가 있는지 알 아보고 있다. 시흥, 11. VIII. 06

키려는 어미는 당연히 그 통로 뚫기와 인도하기의 두 기능을 가진 연장을 갖추게 마련이다. 매미(Cigale), 베짱이(Saute-relle), 잎벌(Tenthrède), 밑들이 벌(Leucospis), 맵시벌(Ichneu-mon) 따위는 배 끝에 환도, 톱, 또는 주입관 등을 갖췄다.

하지만 바구미는 두 연장에 나누어서 작업을 분배시켰는 데, 그 중 앞쪽 연장은 구멍을 뚫는 송곳이고, 뒤쪽 것은 몸 안에 숨겼다가 알을 낳는 순간 집에 서 꺼내 인도하는 관이다. 이런 이상한 장치를 나는 바구미에서만 보았다.

알이 제자리에 놓였다.— 송곳으로 미리 뚫어 놓아 일이 빨리 끝 난다.— 어미는 흔들리는 재료를 좀 다지고 뽑힌 낱꽃을 가볍게 밀어 넣는다. 별로 오래 걸리지 않고 일을 끝낸 후 떠난다. 때로는 특별한 조심성 없이 다른 바구미들이 있는 곳으로 돌아간다.

몇 시간 뒤, 산란된 두상화(頭狀花)를 조사해 보자. 그 자리는 시 들어서 색이 바랬고, 약간 솟아올라서 쉽게 알아볼 수 있다. 이런 낱꽃은 알이 한 개씩 들어 있는 오두막인 셈이다. 이렇게 작고 시 든 무더기를 주머니칼로 열어 본다. 꽃 머리 밑받침에 해당하는 부 위의 중앙에 둥글게 파낸 집이 있고, 그 안에 제법 크고 노란 타원형 알이 들어 있다.

알은 산모의 연장으로 찢긴 조직
과 그 상처에서 스민 것이 엉겨서 수
지(樹脂)가 된 갈색 물질에 싸여 있
다. 이 싸개는 원뿔처럼 불규칙하게
올라가다 말라 버린 낱꽃에서 끝난다. 술
장식 가운데는 대개 구멍 하나가 있는데, 이것
은 아마도 환기창일 것이다.

두상화 한 개에 맡겨진 알의 수는 푸른 바탕에
불규칙하게 분배된 누런 얼룩을 세어 보면 되므
로 집을 부수지 않고 쉽게 알 수 있다. 서양버찌보다 작은 꽃 머리
에서 5~6개 또는 더 많은 얼룩이 발견되며, 각각의 얼룩 덮개가
각각의 알집이다. 어미 한 마리는 총 몇 개의 배아를 준비했을까?
하지만 두 어미가 같은 꽃 머리에서 동시에 산란하는 것을 본 일도
드물지 않았으니 개개의 알집은 그 기원이 서로 다를 수 있다.

때로는 파인 지점끼리 거의 맞닿았다. 산모는 수를 세는 능력이
매우 제한되어서 알이 차지할 자리를 고려할 능력조차 없는가 보
다. 바로 옆자리가 이미 찼지만 주저 없이 제 투관침을 꽂아 넣는
다. 푸른 엉겅퀴의 초라한 잔치에 식솔이 너무 많다. 정말 너무 많
다. 거기서는 기껏해야 3마리나 먹고 살 자리밖에 없을 것 같다.
그러니 조숙한 녀석은 순조롭게 자라겠지만 지진아는 자리가 모자
라는 공동 식탁에서 쓰러질 것이다.

애벌레는 일주일 만에 깨어나는데 머리는 갈색, 몸통은 흰색이

다. 흔히 그랬던 것처럼 꽃 머리 하나에 3마리라고 가정하자. 녀석들은 그 작은 식료품 창고에서 무엇을 가졌을까? 거의 아무것도 가진 게 없다. 엉겅퀴 종류 중 절굿대 하나만 예외이다. 꽃이 양엉겅퀴의 기본인 살찐 꽃받침으로 이루어지지 않은 것이다. 두상화 하나를 쪼개 보자. 한가운데는 공동의 지지대처럼 둥글고 단단한 핵 하나가 들어 있는데, 겨우 후추 알 크기의 작은 공 모양이며, 줄기의 축과 연속된 작은 기둥 끝에 달려 있다. 그뿐이다.

식솔이 3마리지만 빈약한, 너무나 빈약한 식량이다. 부피로 따지자면 단지 한 마리의 첫 식사에도 충분치 못할 정도이다. 게다가 더 형편없는 것은 질기고 영양분까지 없어서 애벌레가 버터 발린 모습으로 바뀌는 것을 보여 줄 만한 양질의 기름기가 도무지 없다.

그래도 3마리의 공생동물은 변변찮은 구슬 모양과 이를 받치고 있는 작은 기둥에서 일생 동안 먹고 자랄 것을 얻는다. 다른 곳은 어디든 이빨을 대지 않으며 대더라도 공격이 매우 조심스럽다. 거기서 표면만 긁어낼 뿐 완전히 먹어서 없애지 않는다.

아무것 없이 많은 것을 만들어 내고 빵 부스러기 하나로 허기진 배, 그것도 뚱뚱한 배 셋, 때로는 넷을 먹여서 기른다는 기적적인 일은 인정될 수 없다. 영양 섭취의 비밀은 소량만 없어진 고체 부분이 아니라 다른 것에 있을 테니 좀더 알아보자.

벌써 제법 자란 애벌레 몇 마리를 들어내서 벌레집과 함께 유리관에 넣고, 확대경으로 오랫동안 살폈다. 하지만 이미 흠집 난 구슬도, 잘려서 상처 난 줄기도 건드리는 것을 보지 못했다. 언제 평평하게 깎였는지 모르는 표면에서, 즉 일용양식으로 생각했던 그

곳에서 큰턱은 아주 작은 조각조차 갉아 내지 않았다. 기껏해야 입을 잠시 붙였다가 불안해하며 무시하는 듯 물러난다. 눈에 잘 띄며 아직 신선한 목질부는 제 음식이 아니라는 뜻이다.

　내 실험의 결말로 증명이 보충된다. 젖은 솜마개의 유리관 안에 싱싱한 절굿대의 꽃 머리를 넣어 두어야 헛일이다. 사육 시도가 한 번도 성공하지 못했다. 꽃 머리가 원줄기를 벗어나자 거기에 살았던 애벌레가 나의 정성과는 무관하게 굶어 죽었다. 녀석들은 수집해서 담아 놓은 그릇이 무엇이든, 즉 유리관, 표본병, 양철 상자의 어느 것이든 태어난 구슬 모양 안에서 쇠약해지며 결국은 죽었다. 영양 섭취 기간이 지난 다음은 달랐다.

절굿대의 얼룩점길쭉바구미 방

유리관 속에서 훌륭한 상태를 유지하며 번데기 준비를 하는 것까지 실컷 관찰할 수 있었다.

　이 실패로 알아낸 것은 얼룩점길쭉바구미 애벌레는 고형 먹이를 먹는 게 아니라 맑은 유동식의 수액이 필요했다는 것이다. 녀석은 푸른 지하창고의 작은 통을 뚫는다. 즉 꽃 머리의 원줄기 중앙 핵에 조심스럽게 상처를 낸 것이다.

애벌레는 엉겅퀴 뿌리에서 올라와 스미는 진을 핥아먹고 사는데, 상처가 아물어 마르면 다시 대패질을 해서 그 표면에 생생한 상처를 만들어 놓는다. 푸른 두상화가 살아서 싱싱하게 서 있는한, 열린 통에서는 진이 나오고 애벌레는 거기서 영양분 음료를 빨아들인다. 그러나 원줄기에서 떨어져 그 원천이 없어지면 지하창고가 말라 버리고, 그러면 애벌레가 바로 죽는다. 내 사육에서 죽음을 초래한 결말은 이렇게 설명된다.

바구미 애벌레는 상처에서 스미는 진을 핥아먹으면 된다. 따라서 이용 방법은 분명하다. 둥근 부분의 가운데서 갓 깨어난 녀석은 수에 따라 거리를 조절하여 원줄기 둘레에 자리 잡는다. 각자는 자기 앞의 제 몫인 껍질을 벗겨 홈집을 내고 영양분 액체가 스며 나오게 한다. 홈집이 아물어서 샘이 마르면 다시 깨물어서 새로 홈집을 낸다.

공격은 조심스럽게 진행된다. 가운데 기둥과 그 기둥머리의 구슬 부분은 주요한 곳으로, 너무 깊게 손상시키면 기둥이 바람을 견뎌내지 못해서 식물이 꺾일 것이다. 또 끝까지 적당한 진이 스미길 바란다면 주 송수관 역시 존중해야 한다. 따라서 녀석들이 3마리든 4마리든 너무 깊이 깎는 것은 삼간다.

조심스런 대패질로 생긴 홈집은 건물의 견고성과 물관(도관, 導管)의 기능을 위험하게 하지 않는다. 그래서 약탈자들이 들어 있어도 꽃차례가 아주 훌륭한 모습을 유지하며, 꽃은 보통 때와 똑같이 핀다. 다만 푸른색 예쁜 양탄자 위에 생긴 누런 얼룩이 날로 퍼지는데, 얼룩의 죽은 낱꽃 밑에는 애벌레가 한 마리씩 자리 잡았다.

즉 얼룩의 수만큼 녀석들이 존재한다.

이미 말했듯이, 낱꽃은 원줄기 위의 둥근 머리에 공동 받침대를 가지고 있다. 애벌레는 여기부터 작업한다. 낱꽃 몇 개의 밑동을 공격하는데, 상하지 않게 뽑아서 등으로 밀어낸다. 개간된 곳은 약간 손상되어 흠집이 생기며 첫 간이식당이 된다.

뽑힌 꽃은 어떻게 될까? 귀찮은 잔해를 땅으로 던져 버릴까? 꼬마는 결코 그런 짓을 하지 않을 것이다. 비록 낱꽃 뭉치일망정 없애 버리면 적에게 맛있어 보이는 자신의 통통한 엉덩이를 그 눈앞에 드러내게 될 테니 말이다.

개간되어 뒤로 밀려난 재료(낱꽃)는 자연적으로 서로 엉겨 붙어 온전한 모습이 된다. 비늘 하나, 지푸라기 하나도 땅에 떨어지지 않는다. 잘린 꽃은 곧 함께 엉겨 붙어서 각 기부끼리 붙은 다발을 이루어 비를 막아 준다. 그래서 상처를 입어 노랗게 변한 자리 외의 꽃차례까지 온전하게 보존된다. 애벌레가 자람에 따라 다른 꽃 역시 잘려 모두 함께 지붕이 된다. 그래서 점점 부풀어 오른 지붕이 나중에는 혹처럼 된다.

이렇게 해서 악천후와 쨍쨍한 햇볕에서 보호되는 안전한 가옥이 얻어진다. 은둔자는 그 안에서 제 술통을 마시며 자라 살찐 벌레가 된다. 어미의 보살핌이 부족한 애벌레는 특별한 재주의 보호책을 갖는 법이라, 나는 녀석이 간단한 입주(入住) 솜씨로 알의 침투를 도울 것으로 짐작했다.[4]

그랬지만 얼룩점길쭉바구미 애벌레는 초가집 짓기 재주를 전혀 보여 주지 않았다. 다

---

**4** 말이 안 되는 문장이다. 독자는 파브르가 구멍 입구에 산란된 알이 부화 후 직접 파고 내려갔을 것으로 짐작했다고 이해하면 된다.

리는 흔적도 없는 녀석이 갈고리처럼 크게 구부러졌고, 철분을 함유해서 누렇게 된 꼬마 순대의 모습일 뿐이다. 입과 반대쪽의 활발한 보조 기관 외의 연장이라곤 찾아볼 수 없다. 썩은 버터 빛깔의 꼬마 원기둥이 할 줄 아는 게 무엇일까? 적당한 때 녀석의 작업 모습을 관찰하는 것은 어렵지 않다.

8월 중순, 애벌레가 완전히 성장해서 곧 닥칠 번데기 시기의 집을 튼튼히 하려고 새 칠 작업에 골몰할 때, 몇 개의 작은 방을 절반쯤 열었다. 열렸지만 여전히 고향인 꽃 머리에 붙어 있는 애벌레를 유리관에 나란히 배치했다. 그러면 집 짓는 녀석을 방해하지 않고 작업 광경을 관찰할 수 있다. 결과가 기다려지지는 않았다.

애벌레가 휴식 중일 때는 몸의 양끝끼리 가까운 갈고리 모양이다. 가끔은 끝끼리 붙어서 폐쇄회로 모양을 이룬다. 그때 — 녀석의 태도를 보고 눈살을 찌푸리지 맙시다. 그러면 생명의 신성한 순박함을 모르게 될 겁니다. — 녀석은 항문에서 보통 핀의 머리 굵기인 액체 방울을 큰턱으로 깨끗하게 따낸다. 유럽옻나무(Térébinth: *Pistacia terebinthus*)의 돌기 모양 충영(蟲廮)[5]이 터지면서 스민 점성 수액과 비슷한, 즉 실처럼 늘어지며 끈적이는 희뿌연 액체이다.

애벌레는 그 액체 방울로 제집에 생긴 틈 둘레를 바른다. 여기저기 갈라진 틈 사이로 조금씩 아껴 가며 밀어 넣는다. 그 다음 옆의 낱꽃을 공격해서 비늘이나 털 토막을 뜯어낸다.

이로써 충분치 않아 원줄기와 가운데 핵을 긁어 미립자 부스러기를 뜯어낸다. 큰턱이 짧고 날카롭지 못해 베기보다는 뜯어내야 하는 힘든 작업이다.

5 곤충이 잔가지나 잎에 혹처럼 만든 벌레집

94

뜯어낸 것을 아직 굳지 않은 접합제에 분배한다. 다음은 몸을 고리처럼 틀었다 풀었다 하며 심하게 움직이자 재료들이 달라붙는다. 또 솜방망이 같은 엉덩이로 방안을 구르며 미끄러져서 벽을 매끈하게 한다.

이렇게 압착기로 누르고 솔로 닦은 다음, 폐쇄회로처럼 둥글어진다. 공장 어귀에서 두 번째 희뿌연 방울이 나타난다. 큰턱이 마치 한입거리처럼 수치스러운 그 생성물을 채다 같은 일을 반복한다. 우선 풀로 밑칠을 하고 다음에 목질 부스러기를 박아 넣는 것이다.

이렇게 시멘트를 바르고 흙손질을 몇 번 하고 난 녀석은 움직이지 않는다. 힘에 부쳐서 계획을 포기한 것 같다. 24시간이 지난 다음에도 갈라진 고치는 여전히 열려 있다. 고치 제작을 시도는 했지만 제대로 막지 못한 것이다. 일이 너무 힘들었다.

무엇이 부족했을까? 아직 주변에서 얼마든지 뜯어서 쓸 수 있는 석재인 목질 재료가 아니라 공장이 쉬어 접합제가 부족한 것이다.

공장이 왜 쉬고 있을까? 이유는 아주 간단하다. 원줄기에서 벗어난 엉겅퀴 꼭대기의 물관이 말라서 모든 것의 원천인 식량 공급이 중단된 것이다.

수염이 곱슬곱슬한 칼데아(Chaldéen)[6] 사람들은 가마에서 구운 진흙판으로 집을 짓고 타르를 발랐다. 푸른 엉겅퀴의 바구미는 인간보다 훨씬 먼저 아스팔트의 비결을 알고 있었다. 더욱이 바빌로니아의 건축 청부업자조차 모르는 방법을 경제적으로 신속히 실천에 옮기려고, 항상 제

---

6 바빌로니아의 지방 이름

몸 안에 타르 샘을 가지고 있었고 지금까지 가지고 있다.

도대체 이 접합제는 무엇일까? 창자 배출구에서 흰 액체 방울로 나온다고 했던 물질이 공기와 접촉하면 송진처럼 단단해지며 약간 붉은 황갈색으로 변한다. 그래서 방이 처음에 마르멜로 열매(Coing) 젤리를 바른 것 같았고, 마지막에는 광택 없는 갈색이 되어 섞여 있는 목질 부스러기의 희끄무레한 미립자들과 대조를 이룬다.

제일 먼저 생각났던 바구미의 풀은 특수 분비작용에 의한 명주 실이었다. 하지만 분비가 뒤쪽 끝에서 일어났다. 애벌레의 꽁무니에 점성물질을 제조하는 샘이 정말로 있을까? 한창 석조 공사 중인 녀석을 갈라 본다. 실상은 내 상상과 달랐다. 소화관 끝 쪽에는 분비기관 따위가 전혀 없었다.

위장 쪽 역시 전혀 보이는 게 없다. 다만 제법 굵은 4개의 단백색 말피기(Malpighi)씨관만 눈에 띈다. 창자의 끝 부분만 연한 조직으로 부풀어 올랐는데 그것이 분명히 시선을 끌었다.

그것은 희뿌연 색으로 끈적이며 실처럼 늘어지는 반유동성 물질이다. 거기서 분필 가루와 비슷한 불투명한 입자가 많이 인식되는데, 입자는 질산에서 부글부글 끓으며 녹는다. 따라서 그것은 요(尿)의 생성물이다.

이처럼 말랑말랑한 조직이야말로 애벌레가 배설한 방울들을 거둬들인 접합제임을 의심할 수가 없다. 직장(直腸)이 바로 타르 창고였던 것이다.[7] 끈끈한 실처럼 늘어지는 모양과 색깔이 막연한 내 생각을 버리지 못하게 한다. 녀석이 제 하

7 요 생성물 창고를 직장으로 표현한 것은 옳지 않으나 벌레는 방광이 없고 말피기씨관은 뒤창자인 대장 앞쪽에 열렸으니 달리 쓸 단어가 없다.

96

수구에서 흘러나오는 것으로 붙여서 예술작품을 만든다는 생각 말이다.

그런데 그것이 정말 배설물 찌꺼기일까? 의심이 간다. 가루 모양의 요산염(尿酸鹽)을 직장으로 부어 넣은 4개의 말피기씨관은 다른 물질까지 얼마든지 부어 넣을 수 있을 것이다. 일반적으로 이 관의 역할이 매우 배타적이진 않은 것 같은데, 연장이 부실한 조직체(생명체)가 왜 여러 기능을 맡지 않았겠나? 미끈이하늘소(Cerambyx) 무리의 애벌레는 이 관이 석회질의 점액성 물질을 부풀려 올린 대리석 판으로 제집의 대문 재료를 제공한다. 같은 관이 바구미의 아스팔트용 점액성 물질로 가득 찬다고 해서 이상할 것은 전혀 없다.

이런 난처한 경우는 다음과 같은 해석으로 충분할 것 같다. 바구미 애벌레의 식사가 매우 가볍다는 것을 이미 알았다. 고체 식량 대신 수액을 마셨으니 거친 찌꺼기가 없다. 어느 순간에도 녀석의 집안에서는 오물이 보이지 않았고 아주 깨끗했다.

그렇다고 해서 먹은 것이 완전히 흡수된다고 말할 수는 없다. 이 애벌레도 분명히 영양가 없는 찌꺼기가 있을 것이다. 하지만 그 찌꺼기는 미세하고 액체에 가까울 것이다. 접합하고 틈을 막는 타르가 이것에 지나지 않을까? 왜 아닐까? 그렇다면 녀석은 제 똥으로 건축을 하니 자기 배설물로 화려한 집을 짓는 셈이다.

여기서 우리는 불쾌감을 참아야 한다. 갇혀 사는 녀석이 어디서 상자 재료를 가져온단 말인가? 녀석에게는 둥지가 자기 세계의 전부일 뿐 그 밖의 어느 것도 알려진 것이 없고, 어느 것도 그를 도와

**흰점박이꽃무지** 성충은 화려해도 다 자란 애벌레는 제 배설물을 시멘트처럼 이용하여 고치 모양 집을 짓는다.
옥천, 5. VII. '96

주지 않는다. 녀석은 스스로 비축 시멘트를 얻지 못하면 죽게 된다. 매우 사치스런 고치를 짤 재료가 풍족지 못한 여러 송충이 역시 약간의 명주실로 제 털을 펠트처럼 만들 줄 안다. 제사 공장을 갖추지 못한 이 극빈자 애벌레는 자신의 유일한 보조자인 창자에 호소해야 한다.

이렇게 똥을 이용하는 방법은 재주가 얼마나 많은지를 다시 한 번 보여 준다. 제 오물로 호화판 궁궐을 지어 소유한다는 것은 가장 찬양 받을 뜻밖의 발견에 속하며, 오직 곤충만 이럴 능력이 있다. 그런데 길쭉바구미 애벌레만 비트루비우스(Vitruve)[8]가 서술하지 않은 건축법의 독점권을 가진 것은 아니다. 석재를 풍부하게 구비한 다른 애벌레, 가령 소똥풍뎅이(*Onthophagus*), 오니트소똥풍뎅이(*Onitis*), 점박이꽃무지(*Cetonia*) 애벌레 역시 똥으로 지은 건축물의 멋이 이 바구미보다 크게 앞섰다.

번데기 상태가 가까워지며 완성되는 길쭉바구미의 저택은 너비 10mm, 높이 15mm가량의 알 모양이며, 큰 지름은 꽃 머리의 원줄기와 비슷하다. 촘촘하게 짜인 구조물이 손가락으로 눌러도 거의 견뎌 낼 정도였다. 드물지만 작은 방 3개가 같은 받침대 위에 모였을 때는 마치 가시

---

**8** 로마 건축가. 『파브르 곤충기』 제2권 83쪽 참조

털이 많고 3개의 칸으로 나뉜 아주까리(Ricin: *Ricinus communis* = 피마자) 열매와 비슷한 모양이 된다.

오두막의 겉은 거친 비늘, 털 부스러기, 특히 꽃 장식을 그대로 간직하고 있다. 밑이 빠져서 멀리 밀려난 누런색 꽃 역시 통째로 투박하게 곤두서 있다. 접합제는 두꺼운 벽에 가장 많다. 안쪽 벽은 약간 적갈색인 래커 칠로 반들반들하고, 나무 성분의 조각들이 박혀 있다. 타르는 질이 매우 좋아 튼튼한 벽을 만들어 준다. 게다가 방수성까지 있어 물속에 잠겨도 방안에는 습기가 스며들지 않는다.

결국 길쭉바구미의 오두막은 안락한 주거로서, 우선 성장에 여유를 주는 부드러운 가죽처럼 유연성이 있다. 다음은 시멘트를 많이 쓴 덕분에 방수 상태를 유지하면서 단단해져, 번데기의 편안한 탈바꿈을 허용한다. 처음에는 유연한 천막이다가 단단한 저택으로 바뀐 것이다.

여기서 성충이 추위보다 무서운 습기로부터 보호를 받으며 겨울을 보낼 것으로 생각했다. 하지만 내 생각은 또 틀렸다. 9월 말은 오두막의 받침대인 푸른 엉겅퀴가 마지막 두상화를 바쁘게 피우면서 양호한 상태를 여전히 유지하고 있으나 오두막은 대부분 비어 있다. 얼룩무늬 새 옷을 입은 바구미가 떠나간 것이다. 녀석들은 작은 방의 천장을 뚫어서 지금은 일부가 잘려 나간 가죽 부대처럼 열려 있다. 몇몇 지각생이 아직 남아 있었으나, 나의 호기심 덕분에 우연히 해방되자 서두르는 모습으로 보아 도망칠 각오는 되어 있었다.

쌀쌀한 12월과 1월이 오면 오두막에는 바구미가 한 마리도 없다. 주민 모두가 떠난 것이다. 어디로 가서 은신하고 있을까?

정확히는 모르겠다. 어쩌면 돌무더기나 낙엽 밑, 울타리의 산사나무(Aubépine: Crataegus) 밑동을 둘러싼 풀숲에 숨어 있을 것이다. 들에도 바구미가 임시로 겨울을 보낼 만한 곳은 수두룩하다. 녀석들은 얼마든지 곤경을 벗어날 방법을 알 테니 이 시간에 녀석들 걱정은 하지 말자.

이렇게 탈출한 것을 본 나의 첫 인상은 놀라움이었다. 훌륭한 집을 버리고 우연히 만날 수 있는 위험을, 그리고 안전성이 불확실한 피신처를 찾아 나서는 것이 내 생각에는 오판이며 무계획적인 행위로 보였다. 이 곤충은 조심성이 없는 것일까? 아니다. 초겨울이 올 때 가능한 한 빨리 줄행랑을 쳐야 할 심각한 이유가 있었다. 사정은 이랬다.

절굿대가 겨울에는 북풍에 밑동까지 뽑혀서 쓰러져, 오두막이 길바닥 진흙 속에서 굴러다니는 갈색 폐가가 된다. 아름답던 엉겅퀴가 며칠 동안의 나쁜 날씨에 초라한 잔해로 변한다.

바람의 노리개가 된 받침대 위의 길쭉바구미였다면 어떻게 될까? 타르를 바른 작은 통이 폭풍의 습격, 울퉁불퉁한 땅바닥에서 이리저리 뒹구는 것, 녹은 눈의 물구덩이에 오랫동안 잠기는 것 따위를 견뎌 낼 수 있을까?

바구미는 불안정한 받침대의 위험을 미리 알았다. 본능의 달력 통지를 받아 겨울과 그 재난을 예측했다. 그래서 늦기 전에 이사한 것이다. 집을 떠나 아무렇게나 굴러다닐 폐가가 될까 걱정할 필요

없는 안전한 피난처를 찾아 나선 것이다.

바구미가 오두막을 버리는 것은 경솔한 서두름이 아니라 미래에 대한 선견지명이었다. 하지만 두 번째 길쭉바구미는 받침대가 땅에 단단히 고정되어 있어서 실제적인 위험이 없다. 그래서 봄이 다시 돌아와야 제가 태어난 오두막 떠나기를 보여 줄 것이다.

이야기를 끝내면서, 얼룩점길쭉바구미와 나와의 인연에서 딱 한 번 관찰된 사실까지 언급하는 게 좋겠다. 아주 하찮아 보이는 사실이나 대단히 예외적인 것이다. 생활 조건이 바뀌면 본능이 어떻게 되는지에 대해 다룬 진정한 문헌은 별로 없다. 그런데 이런 뜻밖의 발견을 자질구레하다며 무시해 버리면 잘못일 것이다.

중요한 해부학적 자료를 많이 참고했더라도 우리가 곤충에 대해서 아는 게 무엇일까? 거의 없는 상태이다. 변변치 못한 오줌보를 엉뚱하게 부풀리지 말고, 아무리 하찮은 것이라도 잘 관찰된 실제의 이삭들을 줍자. 이런 사실들을 묶어 놓은 것에서 어느 날 이론적 인공 장식조명보다 훨씬 쓸 만하고, 분명하며, 차분한 빛이 솟아날 수 있다. 이론이란 잠시 우리를 현혹시켰다가 나중에는 더 캄캄한 어둠 속으로 팽개친다.

하찮은 사실이란 이런 것이다. 규정에 맞는 푸른 꽃머리의 집에서 알 하나가 우

비정상인 얼룩점길쭉바구미 방

연히 중간 높이의 줄기와 잎사귀 연결부 사이에 떨어졌다. 어미의 부주의였을 것이다. 어쩌면 그게 더 좋다고 생각하여 의도적으로 거기에 놓아두었다고 가정하자. 이렇게 정상상태에서 크게 벗어난 상황의 알은 어떻게 될까? 내 눈앞에 보이는 것이 답변해 줄 것이다.

관습에 충실한 애벌레는 엉겅퀴의 원줄기에 홈집 내기를 잊지 않았다. 엉겅퀴는 그 상처로 영양 물질인 수액을 가져다 줄 것이다. 녀석은 또 꽃 머리에서 보호 장치를 얻었을 때처럼 모양과 크기가 같은 가죽 부대를 만들었다. 이 집에는 꼭 한 가지가 부족했다. 보통의 집 위에 곤두서서 죽은 낱꽃의 지붕이 없는 것이다.

낱꽃 석재가 없지만 아주 잘 건축할 줄 아는 이 녀석은 잎의 아래쪽을 이용했다. 그 잎의 한쪽 귀퉁이가 집의 벽 속으로 들어와 받침대 노릇을 하게 된 것이다. 접합제에 섞어 넣어야 할 목질 조각은 줄기에서 뜯어냈다. 결국 줄기에 붙여진 건물은 둘러쳐진 낱꽃 말뚝이 없는 점 말고는 꽃 머리의 낱꽃 밑에 감춰진 건물과 다를 게 없었다.

변화 요인으로는 환경을 매우 중요시한다. 여기 그토록 유명한 환경에서의 작업이 있다. 곤충 한 마리가 그야말로 아주 낯선 곳으로 온 것이다. 그렇지만 녀석은 제게 양분을 주는 식물을 떠나지 않았다. 그것을 떠났다면 끝장났을 것이다. 녀석은 낱꽃이 빽빽한 공 모양 대신 잎사귀 하나에 열린 겨드랑이를 작업장으로 이용했다. 건축 재료는 숱이 많아 자르기 쉬웠던 털 대신 사나운 톱니가 달린 엉겅퀴였다. 이렇듯 심각한 환경 변화지만 건축가의 솜씨를 방해하지는 못했다. 결국 집은 통상적인 설계에 맞게 지어진 것이다.

여기에는 장구한 세월의 영향이 없었다. 하지만 영향이 있었다면 무엇이 초래되었을까? 잘 모르겠다. 예사롭지 않은 곳에서 태어난 바구미는 뜻하지 않게 갑자기 닥친 사고에 대한 흔적을 간직한 게 아무것도 없었다. 그 예외적인 오두막에서 자란 성충을 꺼내 보았다. 별로 중요치 않은 특징인 크기조차 규정에 맞는 집에서 태어난 바구미와 다르지 않았다. 잎의 이음매에서도 꽃 머리에서 자란 것처럼 순조롭게 자란 것이다.

같은 사고가 반복되면서 정상적인 조건이 되었다고 가정해 보자. 어미가 푸른 두상화를 버리고 잎겨드랑이에 한없이 알을 낳기로 했다는 가정을 하는 것이다. 이 변화에서 무슨 일이 생길까? 그것은 명백하다.

애벌레는 관습과 동떨어진 숙소에서 처음부터 지장 없이 발생했다. 따라서 거기서 대대로 계속해서 번창할 것이다. 제 직장(창자)에서 나오는 풀로 이전의 가죽 부대와 같은 구조의 방어용 부대를 부풀리기도 한다. 다만 거기는 재료가 없으니 낱꽃의 지붕은 없다. 어쨌든 녀석은 처음에 가졌던 재주를 그대로 지니고 있을 것이다.

이 곤충의 예는 우리에게 이렇게 말한다. 곤충은 제게 강요된 새 조건에 적응할 수 있는 한 제 방식대로 산다. 그럴 수 없으면 차라리 쓰러질망정 제 솜씨를 변명하지는 않는다.

# 6 곰길쭉바구미

밤에 풍경을 탐색하러 초롱불을 들고 나선다. 내 주변은 둥글게 희미한 불빛이 있어서 개략적인 뭉치는 알아볼 수 있지만 세부적으로 상세한 구석은 잘 모르는 상태이다. 몇 걸음 떨어진 곳은 미약한 빛이 퍼지다가 만다. 더 먼 곳은 캄캄한 어두움이다. 등불은 지표면에 형성된 수많은 사각형 모자이크 중 한 칸을 보여 주긴 해도 아주 희미하게 보여 준다.

다른 사각형을 보려고 자리를 옮긴다. 그때마다 똑같이 좁은 동그라미인데, 그것마저 제대로 보는 것인지 의심스럽다. 하나씩 조사한 지점이 모여서 전체 그림을 이루려면 어떤 법칙이 필요할까? 희미한 불빛은 그것을 알려 줄 수 없으니 밝은 햇빛이 필요하겠다.

과학은 사물의 무진장한 모자이크를 한 칸씩 조사하는데, 역시 초롱불을 들고 보는 것처럼 진행된다. 심지에 기름이 떨어질 때가 너무나 많다. 유리는 깨끗하지 못하다. 아무래도 좋다. 알려지지 않은 엄청나게 큰 것에서 한 지점을 제일 먼저 알아본 사람이 그것을 다른 사람에게 보여 주는 것이 헛된 일만은 아니다.

빛살이 아무리 깊이 뚫고 들어가도, 비춰진 동그라미는 사방에서 암흑의 장벽과 충돌한다. 미지의 심연으로 둘러싸인 우리는 변변찮은 기존의 지식에서 한 뼘만 넓힐 수 있어도 만족을 얻었다고 생각하자. 그래서 알고픈 욕망으로 고민하는 연구자인 우리 모두는 우리의 초롱불을 이 지점에서 저 지점으로 옮겨 보자. 어쩌면 탐사한 조각들로 그 지점의 일부를 재구성할 수 있을지 모른다.

옮겨진 초롱불이 오늘은 지중해엉겅퀴(Carline: *Carlina*)를 찾는 곰길쭉바구미(Larin ours: *Larinus ursus*)를 비춘다. 프랑스 말에는 근거가 없는 '곰'이란 이름으로 불렀다고 안 좋은 곤충으로 생각하지는 말자. 용어집에 한계가 온 명명자가 거듭 조사해 봐도 끝없이 밀려오는 파도에 당황한 나머지, 생각나는 대로 지은 그의 변덕일 뿐이다.

곰길쭉바구미
실물의 2.5배

더 훌륭하게 착상한 사람은 성직자 제복의 일부인 스톨라(étole)[1]와 이 바구미의 등에 길게 뻗은 흰 띠 사이의 유사점을 슬쩍 보고 영대길쭉바구미(L, à étole: *L. stolatus*)라는 이름을 내놓았다. 이것이 모습을 매우 잘 나타내서 나는 이 이름이 마음에 든다. 그런데 곰이라는 무의미한 이름이 더 우선권(선취권)이 있다.[2] 그렇다면 좋다. 그런 것으로 논쟁을 일으키는 게 나의 바람은 아니다.

1 가톨릭교회의 영대(領帶)
2 *ursus*는 1792년에 파브리키우스(Fabricius)가, *stolatus*는 1790년에 그멜린(Gmelin)이 명명한 학명들로 선취권에 따르면 후자가 채택되어야 한다. 하지만 후자는 1781년에 파브리키우스가 다른 종에게 붙인 *Curculio vittatus*의 다른 이름이라 학명의 자격을 잃었다.

지중해엉겅퀴의 곰길쭉바구미 방

이 바구미의 영역은 지중해엉겅퀴 (C. à corymbe : *C. corymbosa*)이다. 매우 거칠긴 해도 날씬하며 멋이 없지는 않은 엉겅퀴이다. 꽃 머리는 노란색 광택의 가죽 같은 낱꽃들이 뻗쳐 뚱뚱한 뭉치처럼 퍼져서 진짜 양엉겅퀴(Artichaut) 같다.[3] 기부는 사나운 꽃받침으로 넓게 둘러싸여 보호된다. 애벌레는 맛이 아주 좋은 이 기부의 가운데에 자리 잡았는데 언제나 한 마리뿐이다.

각 애벌레는 신성불가침의 독점 재산으로 할당된 몫이 있다. 낱꽃 무더기에 알을 한 개씩 맡긴 어미는 계속 다른 곳에 알을 맡긴다. 어느 알이 이미 점령하고 있는데, 지각생 어미의 잘못으로 거기에 또 산란하면 이 알은 죽을 것이다.

이런 고립 형태는 영양 섭취 방식을 알려준다. 양엉겅퀴의 애벌레는 절굿대의 애벌레처럼 맑은 유동식으로 영양을 취하지는 않을 것이다. 만일 홈집에서 풍부하게 나오는 수액으로 자란다면 여기 역시 여러 마리가 이 식량을 먹을 것이다. 절굿대는 푸른 술에 가벼운 홈집뿐, 단단한 재료에는 해를 입히지 않고 3~4마리의 식솔을 먹여 살렸다.

3 이후의 숙주식물은 거의 모두가 식용 채소인 양엉겅퀴(Artichaut)로 쓰여서 이 바구미의 정확한 숙주가 어떤 것인지 매우 혼란스럽다. 두 엉겅퀴가 완전히 같은 식물인지, 아니면 이 바구미가 두 종류의 엉겅퀴를 모두 먹는 것인지 알 수가 없다. 더욱이 남부 유럽, 특히 지중해 주변에서 잘 알려진 양엉겅퀴(Globe A.)는 푸른색의 *Cynara scolymus→ cardunculus*이다. 『파브르 곤충기』 마지막 권 '양배추벌레'에 관한 장에서 Artichaut은 모두 양엉겅퀴로 번역할 예정이며, 여기서는 원문의 이름대로 양엉겅퀴 또는 지중해엉겅퀴로 번역한다.

이빨을 이토록 아끼는 손님이라면 양엉겅퀴의 기부 또한 그만큼 먹여 살릴 것이다.

그러나 양엉겅퀴는 언제나 단 한 마리의 몫이었다. 따라서 곰길 쭉바구미 애벌레는 스미는 진을 핥아먹는 것에 그치지 않고 꽃의 중요 부분인 속까지 식량으로 삼을 것이다.

성충 역시 그것을 먹는다. 녀석은 비늘처럼 배열된 꽃받침으로 둘러싸인 원뿔 모양 위에 넓은 구멍을 파는데, 거기는 식물에서 나온 달콤한 진이 흰 진주처럼 응고되어 있다. 하지만 6~7월의 산란 때는 이 잔치에서 먹다 남은 음식, 즉 성충의 식사로 이빨 자국이 난 케이크가 거절된다. 그때는 아직 건드리지 않은 꽃 머리가 선택되는데, 아직 덜 자라서 꽃은 피지 않았고 가시는 오그라든 구슬 같다. 그 안쪽은 꽃이 핀 다음에야 비로소 부드러워질 것이다.

성충의 방법은 얼룩점길쭉바구미(*L. maculosus*)와 같아, 어미가 송곳 같은 부리로 비늘을 뚫고 낱꽃의 기부까지 탐색한다. 그 다음 투관침을 이용해서 갱도 밑바닥에 단백색(蛋白色, 단백질의 백색) 알을 놔둔다. 늦어도 8일이면 애벌레가 나온다.

8월에 양엉겅퀴의 꽃 머리를 쪼개 보자. 안에 든 것이 무척 다양해서 깨어날 시기가 다른 애벌레부터 번데기까지 있다. 다갈색인 번데기는 뒤쪽 몇 마디에 거친 것이 나 있는데, 그것을 건드리면 심하게 뱅뱅 돈다. 아직 영대(領帶)나 최후에 입을 복장의 장식은 없지만 완전한 성충까지 있다. 결국 바구미의 발생 과정을 동시에 관찰할 수 있는 재료가 눈앞에 있는 셈이다.

단단한 미늘창 같은 꽃들의 꽃받침이 기부는 붙어서 살찐 덩이의 성채를 둘러쌌는데, 위쪽은 평평하고 아래쪽은 원뿔 모양이다. 이것이 곰길쭉바구미의 식량 창고이다.

오두막 바닥에서 갓 태어난 애벌레는 즉시 식량 창고로 들어가 깊숙이 공격한다. 벽에만 의존해서 2주일 동안 사정없이 그 집을 원뿔처럼 파내는데, 꽃자루를 만날 때까지 파 들어간다. 양엉겅퀴의 속은 완전히 도려내져 비늘처럼 거친 벽밖에 남지 않는다. 이 집의 단점은 위로 밀렸다가 접합제로 고정된 낱꽃들과 털로 구성된 천장이다.

곰길쭉바구미 애벌레는 혼자 독립하는 것에서 짐작되듯이 고체 식량을 먹는다. 한편 이 식사법에 스민 수액의 유제품이 추가되는 것을 막을 이유는 없을 것이다.

푸른 엉겅퀴(Chardon bleu) 이용 애벌레[4]에게는 알려지지 않은 이 식량의 주성분은 고체라 성분을 알 수 없는 조잡한 찌꺼기를 생성하게 마련이다. 양엉겅퀴의 좁은 독방에 갇혀 아무것도 밖으로 버리지 못하고 혼자 사는 녀석이 찌꺼기를 어떻게 할까? 다른 애벌레가 점액성 방울로 그랬듯이, 이 녀석 역시 그것으로 집안에 쿠션을 댄다.

녀석은 몸을 둥글게 구부리고 입을 항문으로 가져가, 직장 조제실이 배출한 미세 알갱이를 정성스럽게 거둔다. 집을 단장할 때 가진 것은 이 회반죽뿐이니 그것은 값진, 매우 값진 물건이다. 따라서 애벌레는 그것의 미세한 조각조차 잃지 않으려고 크게 조심할 것이다.

입으로 물어 낸 똥을 즉시 제자리에 갖다    4 얼룩점길쭉바구미

놓고 큰턱으로 펴서 이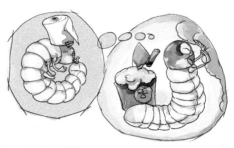
마와 엉덩이로 누른
다. 미장이가 된 애벌
레가 이번에는 시멘트
가 묻지 않은 천장에서
비늘 부스러기 몇 개와 털 토막 몇 개를
뜯어다 아직 굳지 않은 접합제에 조금씩 박아 넣는다.

　애벌레가 자라면서 이런 식으로 초벽 재료를 발라 벽을 만들면
서 아주 정성스럽게 닦아, 오두막 전체를 매끈하게 장식한다. 이
벽과 가시 돋친 자연의 엉겅퀴 벽이 함께 방어 체계가 되는 것이
다. 이것은 얼룩점길쭉바구미의 초가집보다 훨씬 훌륭하고 튼튼한
성채이다.

　게다가 식물 역시 오랫동안 남겨질 준비가 되어 있다. 이 식물은
가늘지만 썩어서 변질됨은 더디다. 더욱이 항상 주변의 덤불과 억
센 풀로 받쳐져서 바람이 불어도 진흙탕 땅바닥으로 쓰러지지는
않는다. 파란 공 모양 꽃으로 아름답던 엉겅퀴는 길가에서 부식토
가 되어 사라진 지 오래나, 양엉겅퀴는 근본적으로 썩지 않으니 죽
어서 갈색으로 변했을망정 부러지지는 않고 서 있다. 결국 훌륭한
조건 하나가 더 있는 셈이다. 이 꽃 머리는 비늘들이 오므려서 지
붕이 되어 비가 스며들기 어렵다.

　얼룩점길쭉바구미는 초겨울이 가까워 오자 즉시 가죽 부대에서
줄행랑을 쳤지만, 곰길쭉바구미의 방안에서는 겨울을 조금도 두려
워할 필요가 없다. 집은 고정되었고 방은 보송보송하다. 이런 이점

을 알고 있는 녀석이 다른 바구미를 본받겠다고 낙엽이나 돌 밑에서 겨울을 나지는 않는다. 지붕의 효력을 미리 알았으므로 거기서 움직이지 않는 것이다.

연중 가장 혹독한 1월이지만 날씨가 좋아서 외출이 가능하면 눈에 띄는 양엉겅퀴의 꽃 머리를 갈라 본다. 그 안에는 여전히 싱싱할 때의 복장을 한 바구미가 들어 있다. 녀석은 동면 상태로 5월의 더위와 활기가 돌아오기를 기다리고 있다가, 그때가 되어야만 제방의 둥근 지붕을 뚫고 봄의 축제에 참가하러 갈 것이다.

풍채가 당당하고 꽃의 화려함이 양엉겅퀴에 가까운 채소밭의 아티초크(Chardon)는 머리가 두 주먹 크기까지 자란다. 겉에는 비늘이 기왓장처럼 빙 돌아가며 배열되었다. 비늘이 사납지는 않아도 완전히 여물면 빳빳하고 넓적하며, 끝이 여러 개의 뾰족한 판으로 갈라졌다. 이 갑옷 밑에 반쪽짜리 귤 크기의 불룩한 반구형으로 살찐 부분이 있다.

**점박이길쭉바구미** 우리나라에서는 길쭉바구미(*Lixus*)가 거의 10종가량 알려졌는데 각 종을 구분하려면 세밀한 관찰이 필요하다. 시흥, 18. Ⅷ. '96

거기서 흰색 긴 털이 빽빽한 무더기로 올라온다. 북극 동물도 그보다 폭신한 것을 갖지 못했을 만큼 일종의 모피처럼 되어 있다. 이런 털로 갑갑하게 둘러싸인 씨앗들이 꼭대기에 도가머리 깃털을 달고 있어서 곤두선 털이 더 빽빽해진다. 그 위에 추수철의 기쁨인 수레국화(Bleuet: *Centaurea cyanus*)처럼 넓은 청색 술 장식 모양의 산뜻한 꽃 무더기가 피어나 눈을 즐겁게 해준다.

이런 아티초크는 대형의 땅딸막한 몸집에 황토색 얼룩이 있는 세 번째, 알길쭉바구미[*Larin→ Larin (Larinomesius) scolymi*]의 주요 영역이다. 꽃 머리는 무시당해도 살찐 잎은 우리 식탁에 제공되는 이 식물이 이 바구미가 흔히 사는 집이다. 만일 농부가 늦게 나온 아티초크 꽃 머리 몇 개를 그냥 놔두었다면, 녀석들도 곰길쭉바구미가 양엉겅퀴(Artichaut)를 점령했던 것처럼 열성적으로 접수한다. 이 두 식물이 이름은 달라도 그것은 재배에 따른 품종 차이에 지나지 않는데, 바구미 역시 그것을 잘 알고 있어서 잘못 판단하는 일은 없다.

7월의 이글거리는 태양 아래, 바구미들이 경영하는 아티초크 꽃 머리에서는 참으로 볼 만한 광경이 벌어진다. 파란 낱꽃이 빽빽하게 들어찬 가운데서 더위에 취한 바구미가 엉덩이를 하늘로 뻗친 채 부지런히 뒤뚝거리며 파고든다. 수풀 같은 털이 어찌나 빽빽한지 찌르며 파내려 가는 녀석이 그 안으로 사라져 안 보이는 경우까지 있다.

그 밑에서 무엇을 할까? 직접 관찰할 수는 없지만 작업이 끝난 다음 거기를 조사해 보면 된다. 주둥이로 기부에서 멀지 않은 털 무더기 사이에 알 낳을 자리를 개척했다. 씨앗까지 다다를 경우는 거기의 도가머리 깃을 뽑아내고 알둥지가 될 작은 그릇을 파낸다. 더 깊이 탐색하지는 않는다. 우선 녀석이 좋아할 부분으로 생각하기 쉬운 곳은 살이 쪄서 맛있는 지붕 밑바닥이다. 하지만 이곳은 결코 산모의 공격을 받지 않았다.

이미 예측할 수 있듯이, 이토록 풍부한 시설에는 식구가 많다. 꽃 머리가 상당히 크면 20마리가 넘는 식솔을 만나는 일이 드물지 않다. 이 애벌레는 머리가 갈색이며, 등판은 기름기가 번들거리는 뚱보이지만 모든 애벌레에게 자리가 충분하다.

게다가 녀석은 집안에 틀어박혀 있기를 좋아하는 성질을 가졌다. 제일 맛있는 것을 마음대로 맛보거나 골라 먹을 수 있는 요리가 푸짐한 곳을 찾아 돌아다니기는커녕 자신이 깨어난 좁은 둥지 안에만 틀어박혀 있다. 몸집이 상당히 크지만 매우 검소해서, 녀석의 집 외에는 꽃의 끄트머리가 계속 싱싱하고 보통 때처럼 씨가 여물 정도이다.

삼복중에는 알을 깨는 데 3~4일이면 충분하다. 갓 난 애벌레가 씨앗에서 멀리 떨어졌을 때는 털 사이로 미끄러지며 그쪽으로 지나가는 길에 털 몇 개를 거둔다. 만일 씨앗과 접촉해서 태어났다면 이미 원하는 지점에 온 것이므로 태어난 꽃받침 속에 그대로 남아 있다.

식량은 사실상 씨앗 둘레의 조금뿐이다. 보통 5~6개일 뿐 더 많은 경우는 별로 없다. 그것조차 대개는 일부만 먹는다. 물론 튼튼해진 애벌레는 더 앞쪽을 물어뜯어 살찐 꽃받침 속에 장차 필요한 방의 기초가 될 구덩이를 판다. 뒤로 밀어낸 배설물은 단단한 덩어리로 굳지만 털 울타리 덕분에 제자리가 그대로 남아 있다.

식사는 별것이 아니다. 덜 여문 씨앗 6개 정도, 그리고 꽃받침 케이크 몇 입을 떼어 먹는 것뿐이다. 이토록 보잘것없는 비용을 들였어도 애벌레가 그렇게 살찌는 것을 보면 식량의 질이 매우 좋은 것 같다. 검소하지만 안전한 식사가 불안한 연회보다 낫다.

즐거운 식사를 2~3주 동안 누리고 나면 토실토실한 애벌레가 크게 성장한다. 배가 편안히 만족했으면 미래에 대한 걱정이 뒤따른다. 탈바꿈할 작은 탑을 지어야 하는 것이다.

큰턱으로 둘레의 털을 뽑아 여러 길이의 토막으로 잘라서 필요한 자리에 갖다 놓고 이마로 박아 넣는다. 또 엉덩이를 흔들어서 짓이긴다. 더 손질하지 않으면 이것들이 모두 무너져 내려 덮개처럼 될 테니 갇힌 녀석은 계속 손질해야 할 것이다. 하지만 이 담요 제작공 역시 창자 끝에 시멘트 공장을 가지고 있으며, 절굿대 친구의 기묘한 수법을 잘 알고 있다.

애벌레를 녀석이 태어난 아티초크 조각과 함께 유리관에서 길러 보면, 가끔씩 몸을 고리처럼 구부리고 뒤쪽 끝에서 제공되는 뿌연 점성 액체 방울을 이빨로 조심스럽게 받는 것이 보인다. 풀이 빨리 굳으므로 재빨리 여기저기에 분배한다. 이렇게 해서 털 조각이 붙고, 처음에는 엉성했던 펠트가 단단한 집으로 바뀐다.

완성된 건물은 일종의 작은 탑인데 애벌레가 식량을 파내서 오목해진 꽃받침의 밑동에 박혀 있다. 건드리지 않은 갈기처럼 무수한 털이 위와 옆의 성벽 노릇을 한다. 이것을 곁에서 보면 옆의 털로 떠받쳐진 아주 거친 집인데, 안쪽은 꼼꼼하게 윤을 냈고 사방은 창자에서 나온 풀을 발랐다. 그래서 옻칠을 한 것처럼 불그레하며 반짝이는 물건이 되었다.

8월 말, 갇혀 있던 녀석은 대부분 성충이 되었다. 여럿이 벌써 지붕을 뚫고 부리를 공중으로 내민다. 계절을 알아보고 떠날 시간을 기다리는 것이다. 그때의 아티초크 꽃은 시든 줄기 위에서 완전히 말랐다. 꽃 머리의 비늘을 벗겨 내고 털을 가위로 아주 짧게 깎아 내보자.

그것은 정말로 이상하게 생겼다. 일종의 볼록한 솔 모양인데 군데군데 구멍이 뚫려 있다. 구멍은 연필이 들어갈 정도로 넓은 벌집 같다. 불그레한 갈색 벽이 있고, 그 안은 털 조각을 박아 놓은 내벽처럼 되어 있다. 언뜻 보면 어떤 이상한 말벌(Guêpe: *Vespa*)집으로 생각할 정도인데, 이 벌집 구멍 하나하나가 성충이 된 바구미 한 마리의 오두막이었다.

같은 집단의 네 번째 바구미를 보자. 녀석은 앞의 3종보다 작고 복장이 단순한 꼬마길쑥바구미(L. parsemé: *Larinus conspersus*→ *Lachneus crinitus*)이다. 몸은 검은 바탕에 황토색 가는 얼룩이 흩어져 있다.

녀석이 가장 호화스런 시설로 아는 것은 소름 끼칠 만큼 위풍당당한 풀인데, 식물학자는 남불도깨비엉겅퀴(Chardon féroce: *Cirsium ferox*)라는 이름을 붙였다. 프로방스 지방의 황량한 벌판에서 위협적인 모습의 식물로는 이와 견줄 것이 없다.

8월에 자갈 많은 황무지에서 잘 크는 라벤더(Lavande: *Lavandula latifolia*)가 푸른 바다처럼 깔린 지역에, 이 사나운 풀이 커다란 흰색 장식 술 같은 꽃을 세우고 그 큰 키로 위압한다. 지표면에 장미꽃 장식처럼 가지런히 깔린 뿌리에서 나온 잎은 톱니가 두 줄로 나란히 배치된 좁은 가죽 끈 모양이다. 마치 햇볕에 말라 버린 커다란 물고기 더미를 방불케 한다.

가죽 끈이 서로 다른 방향으로 갈라져 각각 위와 아래를 향했다. 그래서 지나가는 사람까지 사방에서 위협하려는 것처럼 보인다. 밑동에서 꼭대기까지 전체가 무시무시한 창, 가시, 뾰족한 못 또는 바늘보다 더 날카로운 투창들의 모습이다.

그 야만스런 무기를 무엇에 쓸까? 주변의 식물과 일치하는 점이 없으니 다른 식물을 더 돋보여 예쁘게 한다. 독살스런 불협화음이 전체의 조화에 협력한 셈이다. 이 거만한 엉겅퀴는 변변찮은 백리향(Thym: *Thymus vulgaris*)과 라벤더 사이에서 정말 멋지고 굉장하다.

어떤 사람은 이렇게 마구 펼쳐진 미늘창을 일종의 방어 수단으로 볼 것이다. 도깨비엉겅퀴가 무엇을 지켜야 하기에 그런 무기를 곤두세웠을까? 씨앗일까? 소름끼치는 이 엉거시과(Carduacée: Asteraceae)에 유인되어 껍질을 벗기는 유럽방울새(Chardonneret: *Carduelis*)가 그 병기창에 감히 발을 올려놓을 수 있을지, 사실상 나는 이 점을 의심한다. 아마도 새는 거기서 꼬챙이에 꿰일 것이다.

새조차 감히 시도할 생각을 못하는데 하찮은 바구미가 공격한다. 그것도 아주 훌륭하게 한다. 녀석은 흰 술 모양의 꽃에 알을 맡겨서 사나운 풀을 싹부터 못쓰게 만든다. 사실상, 이 풀을 심하게 가지치기하지 않았다면 농사에 재앙이 닥쳤을 것이다.

7월 초에 꽃이 잘 핀 엉겅퀴의 꽃 머리를 잘라 물을 채운 작은 병에 꽂고, 바구미 12마리를 넣고는 철망뚜껑을 했다. 짝짓기가 이루어지자 암컷이 꽃과 깃털 사이로 숨어든다.

꽃 머리 하나가 1~4마리의 애벌레를 먹여 살린다. 녀석들은 발육이 빨라, 보름이 지나자 벌써 많이 자랐다. 모든 일은 꽃 머리가 마르기 전에 끝나야 하며, 9월이 가기 전에 성충이 되었다. 하지만 이때는 아직 번데기나 애벌레까지만 성장한 지각생이 있다.

길쭉바구미의 아티초크 오두막과 같은 설계로 지어진 집은 꽃받침 표면을 파낸 접시가 기초인 상자이다. 서로의 건축법과 작업 방식은 같다. 씨앗의 깃털과 꽃받침의 갈기에서 뜯어낸 털 플란넬이 애벌레 둘레에 모아지고 창자에서 나온 옻칠로 접착된다.

바깥쪽은 알갱이가 포함된 분비물 울타리를 세워 부드러운 솜요의 받침이 된다. 이 예술가는 쓸모없는 것으로 판단했던 소화 찌꺼기를 다른 곳에 훌륭하게 배치한 것이다. 녀석의 귀중한 풀과 바니시 제조 기술은 다른 길쭉바구미처럼 지저분한 항문에 있다.

이렇게 부드러운 속을 넣은 숙소가 겨울 주거지일까? 아니다. 1월에 묵은 엉겅퀴의 꽃 머리를 조사했으나 바구미는 어디에도 없었다. 가을에 머물렀던 주민이 이사를 갔다. 나는 이사한 것에 중대한 이유가 있음을 알았다.

이제는 죽어서 잎이 모두 떨어지고 회색 폐물이 된 엉겅퀴가 여전히 서서 북풍을 견뎌 낸다. 그만큼 단단하며 든든하게 뿌리를 내린 것이다. 하지만 꽃 머리는 낡고 갈라져서 그 속으로 내리는 눈비를 막아 주지 못한다. 꽃받침 털들은 빗물에 부풀어 오르고, 습기를 계속 머금어서 마치 해면처럼 된다. 아티초크와 양엉겅퀴에 대해 역시 같은 말을 해야 한다.

어쨌든 집중된 낱꽃들로 둘러싸인 작은 보루의 지중해엉겅퀴는 지붕 없이 습기와 추위에 내맡겨진 넓은 오두막이 되었으니 더는 이용할 수 없게 되었다. 남불도깨비엉겅퀴의 흰 장식 술이나 양엉 겅퀴의 파란 장식 술은 여름에는 기분 좋은 별장이나 겨울에는 곰 팡이 냄새를 풍기며 살 수 없는 집이 된다. 미천한 것들의 보호 장 치인 녀석들의 조심성은 마침내 닥쳐올 퇴락에 대비해서 미리 이 사하라고 권했다. 충고가 받아들여졌다. 그래서 비와 추위가 가까 워지자 이 두 길쭉바구미는 태어난 집을 버리고 다른 곳으로 가서 겨울 숙영지를 정했다. 거기가 정확히 어딘지는 모르겠다.

# 7 본능에 따른 식물 지식

미래를 걱정하는 모성애는 생식을 최대로 자극하는 본능이다. 벌 (Hyménoptère)과 소똥구리(Bousier)는 가족에게 식량과 집을 마련해 주었다. 다시 말해서 우리가 경탄할 공로를 보여 준 것이 바로 모성애였다. 어미가 알을 낳는 암컷의 역할에 그쳤다면, 즉 배아 제조의 단순한 실험실 노릇만 했다면, 기술적인 재주는 쓸데가 없어서 사라져 버린다.

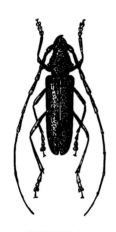

유럽병장하늘소
약간 확대

요란스럽게 꾸며댄 멋쟁이, 흰무늬수염 풍뎅이(*Polyphylla fullo*, 일명 소나무수염풍뎅이)는 모래가 많은 땅을 배 끝으로 파고, 수고스럽게 머리까지 그 속으로 묻는다. 파낸 홈에 한 무더기의 알을 낳고는 아무렇게나 비질해서 구덩이를 메우고 나면 이제 그만이다.

7월의 4주 동안 수컷에게 안긴 어미 유

럽병장하늘소(Petit Capricorne: *Cerambyx cerdo*)는 참나무(Chêne) 줄기를 무턱대고서 조사한다. 여기저기 터진 껍질 밑으로 신축성 있는 산란관을 들여보내서 만져 보거나 재 보며 적당한 장소를 고른다. 매번 알 하나가 놓이지만, 알은 어미가 전혀 상관치 않아 보호받지 못한다.

구릿빛점박이꽃무지(Cétoine floricole: *Cetonia floricola→ Protaetia cuprea*)는 8월 중 부식토 속의 고치 껍질을 깨고 나와, 꽃으로 가서 먹고는 느긋하게 졸다가 다시 썩은 잎더미로 돌아간다. 그 밑으로 뚫고 들어가서 발효가 잘되어 가장 따뜻하고, 가장 많이 흐느적거리는 지점을 찾아가 알을 낳는다. 녀석의 재주는 이것으로 한정된다. 그러니 녀석에게 더는 요구하지 말자.

강하든 약하든, 화려하든 변변찮든, 곤충은 대부분 거의 똑같다. 녀석들 모두는 어디에 알을 낳아야 하는지 안다. 하지만 낳은 다음

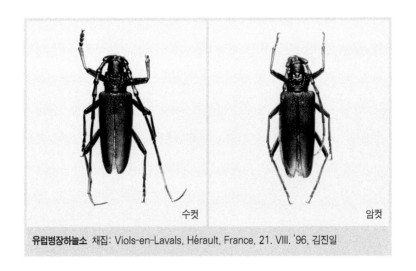

수컷  암컷

**유럽병장하늘소** 채집: Viols-en-Lavals, Hérault, France, 21. VIII. '96, 김진일

어떤 일이 일어날지에 대해서는 전혀 걱정하지 않는다. 그러니 애벌레가 재주껏 곤경에서 빠져나와야 한다.

흰무늬수염풍뎅이 굼벵이는 썩기 시작해서 흐느적거리는 뿌리를 찾아 모래 속으로 깊이 파고든다. 유럽병장하늘소 애벌레는 자신의 알껍질을 아직도 뒤에 끌고 다니는데, 첫 입이 물어뜯은 것은 먹지 못한다. 죽은 나무껍질을 가루로 만들며 우묵하게 파는데, 파낸 터널이 3년 동안 양식이 될 나무까지 인도한다. 구릿빛점박이꽃무지 굼벵이는 썩은 풀 더미 속에서 태어나므로 찾지 않아도 양식이 이빨 닿는 곳에 있다.

**점박이꽃무지 애벌레**
금산, 11. VIII. 06

태어나면서부터 아무 예비 교육 없이 새끼의 자유에 맡겨지는 황당한 습성이 뿔소똥구리(Copris), 곤봉송장벌레(Nécrophore:

*Necrophorus*), 조롱박벌(*Sphex*), 그 밖의 몇 곤충
의 애정과 얼마나 거리가 멀더냐! 이런 특전을
받은 족속 말고는 뚜렷하게 기록할 녀석이 없
다. 정말로 가치 있는 이야깃거리를 찾아다니
는 관찰자로서는 실망할 일이다.

점박이꽃무지 애벌레

　재주 없는 어미의 업무를 새끼가 벌충하는
경우는 사실상 흔하다. 때로는 알에서 깨자마
사 보이는 놀라운 재주를 가졌다. 길쭉바구미가 그런 재주를 증언
했다. 바구미 어미가 할 줄 아는 게 무엇일까? 엉겅퀴 꽃 속에 배
아를 파묻는 일 말고는 아는 게 없다. 하지만 애벌레는 초가집을
짓고, 털을 깎아 방안에 쿠션을 대서 침대의 요를 만들고, 방어용
가죽 부대를 만들고, 직장에서 제조한 옻칠로 작은 탑을 건축한다.
참으로 희한한 솜씨를 보여 주지 않았더냐!

　탈바꿈한 초보 성충은 태어난 별장을 못 쓰게 만들 겨울을 예측
한다. 그래서 안락한 집을 버리고 거친 돌무더기의 은신처로 찾아
간다. 얼마나 훌륭한 선견지명을 보여 주는 것이더냐! 우리는 미
래의 달력을 알려 줄 과거 달력을 가지고 있다. 그런데 계절의 변
천 자료를 갖지 못한 곤충, 여름 더위가 한창 기승을 부리는 삼복
중에 태어난 이 녀석이 본능으로 햇볕에 취하는 기간이 짧음을 예
측한다. 그런 일을 겪은 적이 결코 없었는데, 머지않아 제집이 주
저앉을 것을 안다. 그래서 지붕이 내려앉기 전에 줄행랑을 친다.

　바구미로서는 훌륭한 일, 대단히 훌륭한 일이다. 우리 역시 이처
럼 미래의 불행을 조심하고자 곤충의 지혜를 부러워할 수 있을 것

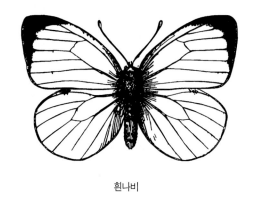
흰나비

이다.

아무리 솜씨 없고 재주를 가장 덜 타고난 어미라도 우리는 역시 풀기 어려운 문제라서 곰곰이 생각해 보게 된다. 무엇이 새끼 입맛에 맞는 식량을 얻을 곳에 산란하도록 인도할까?

양배추흰나비(Piérid du chou: *Pieris brassicae*)는 자신과 무관한 양배추를 찾아간다. 아직 머리통처럼 응축된 배추는 꽃조차 피지 않았다. 더욱이 변변찮은 노란 꽃이 나비에게 사방에 널린 수많은 꽃보다 더 매력이 있는 것도 아니다. 쐐기풀(Ortie: *Urtica*)을 찾아가는 멋쟁이나비(Vanesse: *Vanessa*) 애벌레는 그 풀을 대단히 즐기겠지만 성충은 빨아먹을 게 전혀 없다.

하지(夏至)에 어스름하게 황혼이 질 무렵, 흰무늬수염풍뎅이는 제가 좋아하는 (소)나무 주변에서 오랫동안 짝짓기 춤을 춘 다음 솔잎 몇 개를 갉아먹고 피로를 회복한다. 다음에는 넘치는 혈기로 날아서 실뿌리가 썩고 있는 풀밭의 모래땅을 찾아간다. 거기는 화려하고 아름다운 이 곤충이 즐길 송진이나 소나무가 없다. 그래도 어미는 제게 좋은 것이 전혀 없는 그곳에서 절반쯤 땅속에 파묻혀 산란할 것이다.

산사나무(*Crataegus*)의 산방화서(繖房花序) 꽃과 장미꽃(Roses)을

대단히 밝히는 유럽점박이꽃
무지(C. dorée: *C. aurata*→ *P.
aeruginosa*)는 화려한 꽃을 버리
고 명예롭지 못하게 썩는 땅
을 찾아가 파묻힌다. 부식토
로 찾아가는 게 제 입에 맞는
요리에 유인된 것은 분명히
아니다. 꿀 한 모금을 빨아먹
고 꽃향기에 취할 곳은 거기
가 아닌데, 어떤 다른 동기에
이끌려서 그리 가는 것이다.

**작은멋쟁이나비** 식물의 겉모습에 드러나지
않은 특성을 어미 나비들은 용케 알아보고
제 새끼에게 맞는 먹잇감에다 산란한다. 작
은멋쟁이나비는 쑥이나 우엉 종류를 찾아가
알을 낳는다. 오대산, 6. VIII. '96

우선, 이런 이상한 일에 대
한 해명을 애벌레의 식사법에
서, 또 성충이 생생하게 기억
하고 있는 식사법에서 찾아낼
수 있을 것이라는 생각을 해
보자. 배추흰나비 애벌레는
배추 잎을 먹고, 멋쟁이나비
애벌레는 쐐기풀 잎을 먹고

**배추흰나비** 배추흰나비는 십자화과 식물을
골라서 알을 낳는다. 제천, 2. V. '90

자랐다. 그래서 기억력이 충실한 두 나비가 지금은 제게 가치가 없
지만 어릴 때 좋아했던 식물을 이용한다는 생각이다.

꽃무지가 부식토를 파고 들어간 것 역시 전에 제가 태어난 곳,
즉 어렸을 때 발효된 풀 속에서 즐겨 먹었던 것을 기억했기에, 흰

무늬수염풍뎅이가 야윈 풀 더미뿐인 모래 땅속에서 썩어 가는 잔 뿌리를 먹었던 어릴 적 환희를 기억했기에 찾아가는 것이다.

성충과 애벌레의 식품이 같으면 이런 기억조차 어느 정도 인정 될 수 있겠다. 소똥을 먹는 소똥구리가 가족용 소똥 통조림을 마련 하겠다는 생각은 쉽게 가질 수 있다. 성장한 뒤와 어릴 때 요리가 어렴풋한 기억으로 서로 연결되는 균일성은 식량문제를 아주 간단 하게 해결해 준다.

그러나 꽃을 버리고 부식토를 찾아가는 꽃무지에게 어떤 말을 해야 할까? 특히 사냥벌에게는 어떻게 말해야 할까? 제 모이주머 니는 꿀로 부풀리면서 새끼는 사냥물로 기르지 않더냐!

노래기벌(*Cerceris*)은 어떤 엉뚱한 착상에서 꽃 꿀이 스미는 산형 화서 샘터를 버리고, 새끼의 식량인 바구미의 목을 조르겠다고 전쟁하러 갈까? 에린지움 (Panicaut: *Eryngium paniculatum* = 미나리류) 꽃의 제당 공장 에서 식사를 하는 조롱박벌 (*Sphex*)이 새끼의 요리인 귀뚜 라미(Grillon; Gryllidae)에 빨 리 단도를 찔러 넣고 싶어서 갑자기 날아가는 것은 어떻 게 설명될까?

사람들은 서둘러서 그것은 기억의 문제라고 답변할 것

**홍다리조롱박벌** 조롱박벌을 비롯한 여러 사 냥벌의 습성은 이 『파브르 곤충기』의 전반 부(주로 제1~4권)에서 많이 설명되었다. 내장산. 30. VIII. '92

이다.

아아! 천만에, 제발 여기서 기억 이야기는 꺼내지 말자. 위장의 기억력을 들이대지 마시라. 기억 적성의 재능은 인간이 무척이나 많이 타고난 것이다. 하지만 누가 자기에게 먹여 준 여인의 젖에 대해 조금의 기억이나마 간직하고 있는가? 만일 어머니 품에 안겨 있는 갓난애를 한 번도 보지 못했다면, 우리 자신이 그 애처럼 시작되었음을 생각조차 못할 것이다.

아주 어렸을 때의 영양 섭취는 기억나지 않는다. 그때의 섭취법은 순전히 예로 증명된다. 무릎 꿇고 꼬리를 저으며 젖꼭지를 물고, 이마로 받아 대는 어린양의 예로 증명된다. 그렇다. 우리가 빨아먹은 어머니의 젖은 기억 속에 어떤 흔적을 남기지 않았다.

그런데 몸의 안팎에서 완전한 급변이 진행되다가 탈바꿈이라는 용광로에서 다시 만들어진 곤충에게 처음에 무엇을 먹었는지 기억하란 말인가? 우리 자신 역시 그 기억은 아주 깜깜한 절벽이 아니더냐! 나는 거기까지 쉽게 믿을 마음이 생기지 않는다.

그러면 식사법이 다른 어미가 어떻게 새끼에게 적합한 것을 구별할까? 나는 모른다. 영원히 모를 것이며, 침범할 수 없는 비밀이다. 어미 자신 역시 모른다. 위장은 자신의 복잡한 화학에 대해 무엇을 알까? 아는 게 없다. 산모가 알을 낳지만 그 이상은 아무것도 모른다.

그런 무의식이 어려운 식량문제를 훌륭히 해결해 준다. 방금 연구한 길쭉바구미가 확실한 예를 제공했다. 녀석은 식물에 관해 얼마만큼 요령이 있어서 영양분이 될 식물을 골랐다.

작은 꽃바구니 이것인지 저것인지에 알을 낳아 맡기는 데 문제가 없는 것은 아니다. 그 바구니는 반드시 맛, 안전성, 많은 털, 그 밖에 애벌레가 중요시하는 어떤 조건을 채워 주어야 한다. 따라서 어미의 선택은 무작위로 만난 식물이 좋은 것인지 나쁜 것인지를 단번에 알아보고, 그것을 수용하거나 거절하는, 즉 식물에 대한 식별력이 분명하기를 요구한다. 바구미는 약초 다루기 재주꾼이라는 관점에서 몇 줄 할애해 보자.

다양성을 무시한 얼룩점길쭉바구미(*Larinus maculosus*)는 확고한 신념의 전문가로서, 녀석의 영역은 푸른 공 모양 절굿대(*Echinops*) 꽃이다. 다른 곤충에게는 가치가 없는 배타적 영역이다. 녀석만 절굿대를 높게 평가하여 이용하며, 다른 것은 전혀 택하지 않는다.

이 전유물, 가족의 변함없는 이 상속분은 분명히 쉽게 찾아질 것이다. 더위가 다시 찾아왔다. 태어난 은신처가 멀지는 않지만 일단 떠났던 곤충이 길가의 작은 줄기 끝에 벌써 연한 빛깔의 구슬 모양이 얹혀 있는 식물, 즉 녀석이 좋아하는 식물을 쉽사리 만난다. 소중한 세습재산은 단번에 알아보게 되어 있다. 녀석은 푸른 엉겅퀴를 처음 보았지만 낯이 익다. 과거에 알았던 것도, 현재 아는 것도 이것뿐이다. 어떤 혼동이든 있을 수 없다.

곰길쭉바구미(*L. ursus*)는 다양한 식물에서 삶을 시작하는데, 녀석이 자리 잡은 두 곳은 안다. 들에서는 지중해엉겅퀴(*Carlina corymbosa*), 방뚜우산(Mt. Ventoux) 허리에서는 아칸서스(Carline à feuilles d'acanthe: *C. acanthifolia*)[1]였다.

전체적인 외관만 보았을 뿐, 꽃까지 세밀

---

**1** 관상용 재배식물

하게 분석하지 않는 사람에게는 두 식물 사이에 공통점이 전혀 없다. 농부가 풀을 구별하는 통찰력이 아무리 예리한들 이 두 풀을 같은 속의 이름으로 부를 생각은 결코 안 할 것이다. 도시 문명인은 식물학자가 아니면 아예 논하지 말자. 그 사람의 증언이 여기서는 없는 것만도 못할 것이다.

지중해엉겅퀴는 가냘프고 날씬한 줄기에 빈약한 잎이 듬성듬성 나 있다. 변변찮은 꽃이 다발을 이룬 꽃받침은 도토리 반쪽만도 못하다. 아칸서스는 코린트식 기둥의 장식을 좀 닮은 넓은 잎 가장자리가 큰 톱날 모양이다. 이런 장미꽃 모양의 넓고 사나운 장식이 지표면에 가지런히 펼쳐졌다. 바구니 안에 주먹만큼 엄청나게 큰 꽃이 한 개인 잎사귀뿐 줄기는 없다.

방뚜우산 주민은 굉장한 모양의 이 풀을 산아티초크(Artichaut de montagne, 산양엉겅퀴)라고 부르며, 살찐 꽃받침을 뜯어다 맛좋은 오믈렛에 넣는다. 개암 맛의 즙이 배어 있어서 날로 먹어도 맛있다.

그곳 주민은 산아티초크 꽃을 가끔 습도계로 이용한다. 양 우리의 문에 못으로 박아 놓은 엉겅퀴가 습한 공기에서는 꽃을 오므리고, 건조하면 펼쳐 금빛 비늘로 찬란한 해처럼 된다. 게다가 멋지기까지

해서 축축하면 펼치고 건조하면 오므리는 흉물 덩어리, 즉 그렇게 유명한 예리코(Jéricho) 시[2]의 장미꽃과는 정반대이다. 만일 시골 습도계가 외제였다면 유명해졌을 텐데, 방뚜우산의 흔해빠진 산물이라 안 알려지고 있다.

곰길쭉바구미는 산아티초크를 아주 잘 안다. 별로 이득도 없는 날씨 예측의 기상학 기구로서 아는 게 아니라, 가족의 식량임을 잘 알고 있는 것이다. 7~8월의 출정 때, 햇빛을 받아 밝게 핀 꽃에서 바구미가 매우 분주히 움직이는 것을 여러 번 보았다. 녀석들이 무엇을 하고 있었는지는 분명하다. 산란 중이었다.

당시 나는 식물학에 관심을 기울여서 어미의 산란을 잘 관찰하지 못해 아쉽다. 어미는 푸짐한 이 식물에 알을 여러 개 낳았을까? 거기는 많은 알을 낳아도 충분할 만큼 풍족하다. 혹시 변변찮은 식량보급자인 지중해엉겅퀴처럼 산아티초크에 한 개씩만 낳을까? 이 곤충이 가정경제에 좀 능통해서 풍부한 식량과 식솔의 수를 균형 잡지 말라는 법은 없다.

산란 수는 분명치 않지만 더 흥미 있는 또 하나는 아주 분명하다. 곰길쭉바구미는 통찰력 있는 약초꾼이라는 점이다. 녀석은 우리 역시 전문가가 아니면 함께 묶을 생각을 못할 만큼 매우 다른 두 엉겅퀴가 새끼의 식량임을 알아본다. 땅바닥에 50cm 넓이로 펼쳐진 화려한 장미꽃 모양과 허공에 가냘프게 서 있는 초라한 엉겅퀴를 식물학적으로 동등하게 받아들였다.

꼬마길쭉바구미(*Lachneus crinitus*) 역시 영역을 넓혀서 흰 꽃의 사나운 남불도깨비엉겅퀴를 구하지 못하면 소름끼치는 분홍 꽃도 품질이 훌륭함을 알아보고, 바늘창엉겅퀴(Chardon lancéolé: *Cirsium lanceolatum→ vulgare*)의 꽃색이 다르다며 망설이지 않는다.

이 엉겅퀴는 큰 키에 가시가 길고 단단해서 알아보았을까? 아니다. 이제는 키가 한 뼘을 넘지 못하며 덜 사나운 서양지느러미엉겅퀴(*Carduus nigrescens*)에 자리 잡았다.

꽃 머리가 큰 것이 선택을 조절하는 요인일까? 그것 또한 아니다. 이번에는 꽃 머리가 앞의 세 엉겅퀴보다 조금 작은 잎작은엉겅퀴(*Carduus tenuiflorus*)까지 잘 접수했다.

예민한 전문가이면서 훨씬 더 발전하여 생김새, 잎 모양, 향기, 빛깔 따위는 아랑곳하지 않는다. 길 먼지를 뽀얗게 뒤집어쓴 것처럼 솜털이 많이 났으며, 노란색의 초라한 꽃이 피는 자갈밭엉겅퀴(Kentrophylle laineux: *Kentrophyllum lanatum→ Carthamnus lanatus*)까지 활발히 이용한다. 이렇게 메마르고 흉물인 식물이 엉겅퀴임을 알아맞히려면 식물학자나 바구미가 되어야 하겠다.

네 번째인 알길쭉바구미(*L. scolymi*)는 앞의 녀석들을 능가한다. 녀석이 정원의 양엉겅퀴나 아티초크에서 작업하는 게 보였다. 두 식물은 푸른색의 커다란 꽃 머리를 2m 높이까지 올려 보내는 엄청나게 큰 풀이다. 다음은 새끼손가락 끝마디보다 작고 거친 꽃이 땅바닥에 끌리는 천박수레국화(Mesquin Centaurée: *Centaurea aspera*)에서 보이며, 꼬마길쭉바구미가 좋아하는 자갈밭엉겅퀴에도 식구를 정착시켰다. 이렇게 서로 다른 식물에 대한 녀석의 식물학 지식은 우리를 곰곰이 생각해 보게 한다.

길쭉바구미는 실험의 힘을 빌리지 않고 어떤 것이 엉겅퀴의 기반인지 아닌지, 가족에게 적당한지 아닌지를 매우 잘 알아본다. 하지만 나는 꾸준한 연구로 내 고장 식물상에 정통한 박물학자인데, 만일 갑자기 모르는 고장으로 가게 되면 신중하게 알아보지 않고는 이러저러한 과일이나 장과를 감히 깨물어 보지 못할 것이다.

녀석은 태어나면서 알고, 나는 배워서 안다. 녀석은 여름마다 아주 과감하게 제 엉겅퀴에서 다른 여러 엉겅퀴로 옮겨 간다. 모양이 닮지 않은 것은 수상한 여관처럼 거부당할 것 같지만 제 것으로 알아보고 수용한다. 그래도 녀석의 기대는 결코 어긋나지 않는다.

길쭉바구미의 안내자는 매우 한정된 범위 안에서 틀림없이 알려주는 본능이다. 그런데 내 안내자는 더듬거리며 찾다가 길을 잃고 다시 찾는다. 결국은 기막힌 비상력으로 날아올라 전체를 훑어보는 지능이 안내자가 된다. 바구미는 배우지 않고 엉겅퀴 식물상을 아는데, 사람은 오랜 공부 끝에 식물 세계를 안다. 본능의 영역은 한 지점인데, 지능의 영역은 우주적이다.[3]

3 더 설명된 것이 없어서 각 영역이 왜 이렇게 한 지점과 우주적으로 나뉘었는지 이해되지 않는다.

# 8 코끼리밤바구미

가동을 멈춘 어느 기계를 보니 설명할 수 없는 이상한 기관들로 구성되었다. 작동을 기다려 보자. 이상한 장치가 톱니바퀴를 물고 연결 장치로 이어진 대들을 여닫는다. 나중에 얻어질 결과를 예측해서 모든 것이 교묘하게 배치된 정교한 배합을 보여 줄 것이다. 다양한 바구미 역시 이런 경우이다. 특히 녀석의 이름이 가리키듯이 도토리나 개암, 또는 이와 비슷한 열매를 이용하는 밤바구미 (Balanines : *Balaninus*)가 그렇다.

이 고장에서 가장 주목거리인 밤바구미는 코끼리밤바구미(B. éléphant : B. → *Curculio elephas*)이며, 이름이 참 잘 어울리는 녀석이다. 모습을 얼마나 잘 말해 주더냐! 아아! 그렇게 이상야릇한 장죽의 담뱃대를 지닌 만화 같은 곤충! 말총만큼 가늘고 갈색인 담뱃대가 거의 일직선이다. 게다가 어찌나 긴지 녀석이 장죽의 방해로 넘어지지 않고 걸으려면 다리를 공중으로 창처럼 뻗쳐야만 할 정도이다. 터무니없는 꼬챙이, 우스꽝스러운 그 코(주둥이＝부리)로 무엇을 할까?

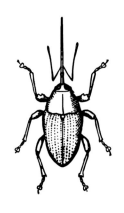

코끼리밤바구미 실물의 3.5배

여기서 어깨를 으쓱하는 사람이 보인다. 인생의 유일한 목적이 사실상 떳떳이 말할 수 있든 없든, 무슨 수단을 써서라도 돈을 버는 것에만 있다면 이 질문은 참으로 어리석다.

다행히 사물의 장엄한 문제에서 사소한 것이라곤 전혀 없다고 보는 사람이 있다. 이런 사람은 부단히 요구되는 사고의 빵 역시 수확한 밀로 만든 빵처럼, 그야말로 보잘것없는 반죽으로 빚어짐을 알고 있다. 또 농부와의 질문을 좋아하는 사람이 모아 놓은 빵 조각으로 세상을 먹여 살린다는 것을 알고 있다.[1]

질문이 불쌍하다고 생각한다면 그대로 두고 우리는 계속하자. 그 부리 끝에는 다이아몬드 큰턱 두 개가 장착되어 있다. 그래서 녀석의 작업을 아직 보지 않고도, 밤바구미의 기이한 무기는 단단한 물체를 뚫는 데 사용하는 우리네 천공기(穿孔機)와 비슷한 기구라고 추측하게 된다. 밤바구미는 길쭉바구미(*Larinus*)의 본을 떴다. 하지만 녀석은 훨씬 어려운 상황에서 알을 정착시키는 길을 닦는 데 그 주둥이를 사용한다.

추측은 근거가 아무리 뚜렷해도 확신이 아니다. 그러니 녀석의 작업을 봐야만 그 기구의 비밀을 알게 될 것이다.

꾸준히 간청하는 사람에게 봉사해 주는 우

---

1 농부와 대화하는 사람은 과연 누구일까? 파브르 자신을 말한 것이 아닌가!

132

연 덕분에 10월 초에 작업 중인 밤바구미를 만났다. 대개는 솜씨가 필요한 활동이 모두 끝난 이때는, 즉 첫 추위가 닥쳐오는 이 계절에는 곤충학이 문을 닫는다. 그런데 이렇게 늦은 시기에 작업을 해서 나는 대단히 놀랐다.

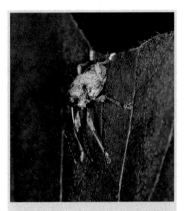

**밤바구미류** 밤바구미류는 방추형 몸매에 장대처럼 가늘고 긴 주둥이를 가진 것이 특징이다. 우리나라에서만 30종 이상이 등록되었고 세계적으로는 정확한 통계조차 잡히지 않았을 만큼 번성한 종류인 점도 특징이라 할 수 있겠다. 따라서 대단한 전문가가 아니면 겉모습만 보고 종을 알아내지 못한다.
횡성, 23. IX. 06, 강태화

때마침 그날 날씨가 몹시 고약했다. 차가운 북풍이 윙윙거리며 입술까지 터트리는 이런 날, 덤불을 살펴보려면 분명히 대단한 신념이 필요하다. 그렇지만 긴 부리의 바구미가 내 생각처럼 도토리를 이용한다면, 그것을 알아볼 시간이 아주 급박하다. 도토리가 아직은 초록색이나 이미 다 자라서 2~3주 뒤에는 완전히 여문 밤색이 되어 떨어질 것이다.

미련스런 내 순찰이 성공했다. 털가시나무(Chêne verts: *Quercus ilex*)에서 밤바구미 한 마리가 부리를 도토리 속으로 절반쯤 들여보낸 것을 발견한 것이다. 북풍에 흔들리는 나뭇가지 사이에서는 정성을 아무리 들여도 녀석을 관찰할 수가 없다. 그래서 그 잔가지를 살그머니 잘라 땅에 뉘어 놓았다. 이렇게 이사시켰어도 녀석은 신경 쓰지 않고 제 일만 계속했다. 나는 수풀 뒤에서 바람을 피하며 그 옆에 쭈그리고 앉아 녀석의 작업을 들여다본다.

나중의 실험 도구인 수직 유리벽조차 재빨리 기어오를 만큼 발에 들러붙는 샌들을 신은 밤바구미가, 매끈하며 둥글게 경사진 도토리 껍질에 단단히 달라붙어서 나사송곳으로 작업 중이다. 도토리 속에 박은 꼬챙이 주위를 천천히 서툴게 옮겨 다닌다. 구멍을 중심으로 반원을 그리고, 이번에는 반대로 돌아서서 반원을 그린다. 이런 그리기가 여러 번 반복된다. 우리도 송곳으로 나무에 구멍을 뚫을 때는 이렇게 손목을 번갈아 움직이며 뚫는다.

부리가 조금씩 조금씩 들어간다. 한 시간 뒤에 부리가 완전히 안 보인다. 잠깐 휴식이 따른 뒤 드디어 연장이 빠져나온다. 이제는 어떻게 할까? 별일이 없다. 밤바구미는 제 우물을 놔두고 점잖게 물러가 낙엽 틈에 웅크리고 있다. 오늘은 더 알아내지 못하겠다.

그렇지만 경고는 받았다. 날씨가 잔잔해서 사냥에 유리한 날, 다시 그리 가서 사육장을 채울 재료를 구했다. 작업이 느려서 대단한 어려움이 따를 것을 예상하고, 시간 여유가 무한한 집에서 연구하는 쪽을 택했던 것이다.

조심성을 가졌던 게 잘한 일임을 알았다. 만일 지난번처럼 넓은 숲에서 녀석의 조작을 계속 관찰하려 했다면, 도토리를 고르고 뚫어서 알 낳기까지의 전 과정을 지켜볼 인내력이 결코 없었을 것이다. 비록 뜻밖의 발견으로 큰 도움을 받았을 경우라도 마찬가지다. 그만큼 이 바구미의 작업은 꼼꼼하고 느렸다. 이 점은 잠시 뒤에 판단될 것이다.

코끼리밤바구미가 자주 찾는 나무는 3종의 참나무였다. 나무꾼에게 시간만 주면 훌륭한 장작감이 될 털가시나무와 솜털참나무 (Ch. pubescent: *Q. pubescent*), 그리고 변변찮은 잎에 가시가 돋친 케르메스(연지벌레)떡갈나무(Ch. kermès: *Q. coccifera*)였다. 바구미가 제일 선호하는 나무는 제일 많은 털가시나무로서, 중간 크기의 도토리가 길쭉하고 단단하나 깍정이는 덜 거칠다. 솜털참나무에게는 세리냥(Sérignan)의 메마른 야산이 불리해서 도토리의 발육이 시원찮아, 대개는 짧고 주름투성이로 빨리 떨어진다. 바구미가 궁핍할 때나 겨우 접수한다.

왜소한 잎에 가시가 돋친 상록수(케르메스떡갈나무)는 한 발에 뛰어넘을 만큼 하찮은 나무이지만, 도토리는 그런 나무와 대조적일 만큼 사치스럽다. 알이 굵고 깍정이에 거친 비늘이 곤두서 있어 든든한 집, 즉 풍부한 창고라 밤바구미는 이보다 훌륭한 시설을 구하지 못한다.

도토리가 달린 세 참나무의 잔가지 몇 개를 철망뚜껑 밑의 사육장에 배치했다. 가지 끝은 물 컵에 잠겨 있어서 싱싱함이 유지되며, 곤충은 적당히 몇 쌍을 넣었다. 사육장은 하루의 대부분 해가 잘 드는 연구실 창틀에 자리 잡았다. 이제 인내력으로 무장하고 시도 때도 없이 살펴본다. 도토리 이용 장면은 볼 만한 가치가 있을 것이며, 나는 보상을 받을 것이다.

너무 질질 끄는 작업은 아니었다. 준비를 끝낸 다음다음날, 드디어 작업이 시작되는 바로 그 순간에 내가 도착했다. 수컷보다 몸집이 크고 나사송곳이 더 긴 어미가 도토리를 시찰한다. 거기다 알을 낳으려는 것임에는 의심의 여지가 없다.

그녀는 도토리 밑에서 꼭대기까지 아래위로 한 걸음씩 돌아다니며 둘러본다. 거친 깍정이에서는 걷기가 쉽다. 하지만 표면에서는 어떤 자세든 균형을 잡아 주는 솔 모양의 접착성 샌들을 발바닥에 신지 않았다면 돌아다니지 못할 것이다. 녀석은 조금의 비틀거림도 없이 미끄러운 바탕의 위, 아래, 옆을 어디나 똑같이 쉽게 걸어 다닌다.

양질로 인정된 도토리가 선택되었다. 이제 시추공을 뚫어야 하는데 꼬챙이가 지나치게 길어서 다루기가 힘들다. 기교적으로 가장 좋은 결과를 얻으려면 연장을 도토리의 볼록한 부분에 수직으로 세워서 뚫다가, 쉴 때는 거추장스럽게 앞으로 뻗쳤던 연장을 일꾼의 몸통 밑으로 다시 가져와야 한다.

그래서 녀석은 뒷다리에 의지해서 몸을 들어 올리는데, 딱지날개 끝과 뒷다리의 발목마디로 구성된 삼각대 위에 우뚝 선다. 일어서서 장검 같은 코를 제게 끌어들이는, 이렇게 이상한 시추꾼만큼 괴상한 모습도 없다.

됐다. 꼬챙이가 수직으로 섰다. 뚫기가 시작된다. 방법은 북풍이 심하게 불던 날, 숲 속에서 본 것과 똑같다. 녀석은 아주 천천히 오른쪽에서 왼쪽으로, 다음 왼쪽에서 오른쪽으로 번갈아 돈다. 송곳은 언제나 같은 방향으로 돌려서 침투되는 병따개나 그런 소용돌이 꼴의 날이 아니라, 이쪽저쪽으로 번갈아 가며 마모 작업과 물어뜯음으로 진행되는 착암기였다.

더 말을 계속하기 전에, 무시되기엔 너무도 놀라운 사고가 발생한 이야기를 해야겠다. 작업장에서 여러 번 죽은 곤충을 발견했는

데 그 자세가 특히 이상했다. 그
래서 한창 작업 중 갑자기 죽
음을 맞았을 때, 그게 아주 중
대한 사건이 아니었다면 웃음
보가 터졌을 것이다.

　시추용 꼬챙이가 도토리에 박
힌 채 죽은 바구미가 받침대 표면
에서 멀리 떨어져, 죽음의 말뚝인
꼬챙이 끝에서 직각으로 공중에 매
달렸다. 죽은 지 며칠이나 되었는지
바싹 말랐고, 배 밑으로 오그라든 다리는
빳빳했다. 그런 다리들이 살았을 때처럼 뻗었더라도 도토리에 닿
기에는 어림없다. 도대체 무슨 일이 닥쳤기에 불쌍한 녀석을 수집
가가 머리에 못을 박아 상자에 모셔 놓은 표본처럼, 꼬챙이에 꿰어
놓은 꼴로 만들어 놓았을까?

　작업장에서 사고가 일어났을 것이다. 밤바구미가 도래송곳이 너
무 길어서 뒷다리를 바짝 세우고 일어서서 일을 시작했는데, 잘못
해서 스파이크 신발이 미끄러졌다고 가정해 보자. 그러면 처음부
터 억지로 끌어당겨서 구부린 시추기의 탄력으로 발이 도토리에서
떨어질 것이다. 발판에서 공중으로 들려진 곤충은 허공에서 날뛰
어 봤자 소용이 없다. 녀석에게 구원의 갈고리인 발목마디가 걸릴
곳을 찾지 못한다. 발받침이 없어진 녀석은 꼬챙이 끝에서 헤어나
지 못하고 지쳐서 죽는다. 코끼리밤바구미 역시 때로는 우리네 공

장의 직공처럼 자기 기계장치의 희생물이 되는 것이다. 녀석에게 미끄러짐 방지가 확실한 샌들을 갖추도록 행운을 빌어 주고, 우리는 하던 이야기를 계속하자.

이번에는 기계장치가 제대로 작동했다. 그러나 어찌나 느리게 진행되던지 돋보기로 확대해 봐도 꼬챙이가 내려감을 인식할 수 없을 정도였다. 그래도 녀석은 여전히 돌다 쉬기를 반복한다. 주의력이 한 시간, 두 시간 계속 초조하게 흘러간다. 내가 계속 주시하는 이유는 시추기를 빼고 돌아서는 바로 그 순간, 우물 입구에서 어떤 방식으로 산란하는지를 꼭 보고 싶어서였다. 적어도 진행이 그렇게 될 것을 나는 예측했기 때문이다.

두 시간이 흐르자 인내력이 한계에 달했다. 집안 식구와 의논하여 세 사람이 교대로 끊임 없이 감시하기로 했다. 어떻게든 그 고집쟁이 곤충에게서 비밀을 알아내야 한다.

도우미에게 호소하여 그들의 눈과 주의를 빌린 것은 다행이었다. 8시간, 기나긴 8시간이 지나서 밤이 되자 망을 보던 보초가 부른다. 곤충이 일을 끝낸 것 같다. 과연 녀석은 뒤로 물러나면서 나사송곳을 뽑는데, 망가트릴까 봐 조심해서 빼낸다. 이제는 연장이 밖으로 나와서 다시 앞으로 곧

**도토리밤바구미** 현재 우리나라에서 각종 상수리나무의 잎을 크게 해치는 종이다.
의왕, 15. V. 08, 한태만

게 뻗친다.

바로 그 순간, 맙소사! 그게 아니었다. 나는 또 한 번 시간을 빼앗겼다. 8시간이 또 실패한 것이다. 밤바구미는 시추공의 이용 없이 도토리를 버리고 달아난다. 그렇다. 내가 숲에서 관찰하기를 피한 것은 잘한 일이었다. 숱한 햇볕 밑의 털가시나무 사이에서 그렇게 오래 머물렀다면 견딜 수 없는 고통이었을 것이다.

10월 내내, 필요하면 조수들의 협력을 받았고, 산란 없는 수많은 시추가 목격되었다. 작업 시간은 다양했다. 대개는 2시간 정도, 때로는 한 나절, 또는 더 걸렸다.

그렇게 많은 노력을 들여 구멍을 뚫은 목적은 무엇이며, 왜 매번 알을 낳지 않고 버릴까? 우선 알은 어디에 있으며 애벌레는 무엇부터 먹는지 알아보면 아마도 해답이 나오겠지.

알이 든 도토리가 떡잎(Cotylédons)[2]에는 전혀 손상이 없고 정상인 도토리처럼 깍정이에 박힌 채 떡갈나무에 매달려 있다. 조금 주의를 기울여 보면 깍정이 근처로 아직 반들거리는 초록색 껍질에서 작은 점 한 개를 어렵지 않게 찾아볼 수 있다. 마치 가는 바늘로 찌른 것 같다. 구멍 둘레에는 멍든 것처럼 좁은 갈색 달무리가 생기는데 이것이 시추공의 어귀이다. 어떤 때, 그러나 드물게는 구멍이 깍정이를 통해서 뚫린 경우가 있다.

시간이 지나면 생길 달무리가 아직은 안 보이며 색깔이 아직 말짱할 만큼 뚫린 지 얼마 안 된 도토리를 찾아서 껍질을 벗겨 보자. 여러 개가 아무것도 안 들어갔다. 바구미가

---

2 밤바구미는 도토리의 육질부를 파먹고, 육질부는 두 장으로 된 미래의 떡잎이다. 원서는 이 육질부를 모두 떡잎으로 썼는데 때로는 살이나 알맹이 등으로 이해하는 것이 좋겠다.

구멍을 뚫었지만 알은 맡기지 않은 것이다. 사육장에서 몇 시간이나 세공을 하고서 이용하지 않은 도토리와 같았다. 그래도 다른 많은 도토리에는 알이 하나씩 들어 있다.

그런데 구멍 입구가 깍정이의 위쪽으로 아무리 멀리 올라갔어도 알은 한결같이 떡잎의 기부인 깊은 바닥에 놓여 있다. 거기는 깍정이가 달린 줄기 끝에서 스민 영양분의 수액이 배어들어 말랑말랑한 곳이다. 눈앞에서 갓 깨어난 어린 애벌레가 첫 입에 그 말랑말랑한 곳을, 즉 타닌(tanin) 양념이 되어 있어 신선한 빵 과자를 잘근잘근 씹는 것을 보았다.

새로 태어난 유기체(생명체)에게 소화가 잘되며 맛있는 즙이 많은 곳은 거기 밖에 없다. 밤바구미는 오직 거기, 깍정이와 떡잎의 기부 사이에만 알을 낳는다. 어미는 갓난애의 허약한 위장에 가장 알맞은 것이 어디에 있는지 기막히게 잘 알고 있다는 이야기인 것이다.

그 위쪽에는 비교적 거친 빵인 떡잎이 있다. 처음 몇 시간 동안 간이식당에서 튼튼해진 애벌레가 거친 빵 속으로 들어간다. 하지만 떡잎을 직접 파고들어 가는 게 아니라 어미가 시추기로 뚫은 협로를 따라간다. 협로에는 절반쯤 씹어 놓은 빵 부스러기가 가득 차 있다. 적당한 길이의 기둥처럼 마련해 놓아 부담 없는 이 녹말가

루를 먹으니 힘이 생긴다. 애벌레는 그 다음에야 비로소 단단한 도토리(떡잎) 안으로 들어간다.

이제는 산모의 전술을 설명해 보자. 구멍을 뚫기 시작하기 전에 도토리의 앞뒤, 위아래를 조심성 있게 면밀히 검사하는 목적은 무엇일까? 도토리에 벌써 알이나 애벌레가 들어 있는지 알아보는 것이다. 식량창고는 분명히 풍족하나 두 마리 몫으로는 충분치 않다. 사실상 같은 도토리에 애벌레가 두 마리인 경우는 한 번도 보지 못했다. 오직 한 마리뿐, 언제나 한 마리만 땅으로 내려오기 전에 푸짐한 덩어리를 소화해 버려 올리브색 거친 가루로 만들어 놓는다. 떡잎에는 기껏해야 굳은 빵의 하찮은 덩이만 남을 뿐이다. 각 애벌레에게는 자신의 빵 덩이가 있고, 각 손님에게는 한 알의 도토리가 배급되는 것이 규칙인 것이다.

그래서 알을 도토리에 맡기기 전에 검사해서 그 안에 벌써 임자가 들어 있는지 확인하는 게 좋다. 누가 들어 있다면 거기는 도토리의 지하실 밑바닥이다. 밑바닥은 곤두선 비늘로 덮인 깍정이 속이라 이 은신처만큼 보이지 않는 곳은 없다. 만일 도토리 표면에 찔린 자국이 없었다면 그 안에 틀어박힌 녀석을 알아보지 못했을 것이다.

찔린 자국이 겨우 보이는 점에 불과해도 내게는 안내자였다. 점이 있으면 속에 알이나 애벌레가 들어 있거나, 적어도 산란과 관계된 시도가 있었다는 표시이다. 없다면 아직 아무도 안 들어갔음을 천명해 주는 것이다. 밤바구미 역시 틀림없이 그 점으로 사정을 알아낼 것이다.

나는 사물을 위에서 넓은 시선으로 내려다보거나, 필요에 따라 돋보기의 도움을 받는다. 웬만한 것은 손가락 사이에서 돌려 보기만 해도 검사가 끝나지만, 시야 면적이 좁은 탐색자 바구미가 정보 지점을 정확히 찾으려면 사방에 현미경[3]을 갖다 대야 할 판이다. 더욱이 녀석은 가족의 이해관계가 달린 문제이니 호기심으로 조사하는 나보다 훨씬 꼼꼼하게 조사해야 할 것이다. 그래서 도토리를 지나치게 오랫동안 검사한다.

됐다. 도토리가 적당한 것으로 인정되어 송곳으로 뚫기가 몇 시간 계속된다. 그 다음, 해 놓은 일을 무시하고 훌쩍 떠나 버리는 경우가 여러 번이었다. 왜 그런 노력을 그렇게 오랫동안 했을까? 녀석이 단지 즙을 마시고 기운을 얻으려고 구멍을 냈을까? 빨대인 부리가 그 구석에서 영양가 높은 음료수 몇 모금을 마시려고 술통 깊숙이 내려갔을까? 그 일 자체가 자신의 영양 섭취 문제였을까?

처음에는 그렇게도 생각해 보았지만 한 모금 마시자고 그토록 꾸준히 노력하는 게 참으로 이상했다. 더욱이 수컷의 가르침을 받고 그 생각을 버렸다. 수컷 또한 구멍을 뚫을 수 있는 긴 부리가 있으나, 도토리 위로 올라가 송곳질하는 경우는 한 번도 보지 못했다. 식사를 절제하는 이 녀석들에게는 별 것 아닌 양으로도 충분하다. 부리 끝으로 잎의 표면만 갉아먹어도 충분한 영양이 공급되는데 왜 그토록 많은 고생을 할까?

수컷은 할 일이 없으니 실컷 먹는 일이나 생각해도 될 텐데, 녀석마저 더는 먹으려 하지 않는다. 그러니 알 낳기에 전념하는 어미

3 옮긴이의 생각에는 현미경을 갖다 대기보다는 망원경으로 훑어보는 것이 좀더 합리적일 것 같다.

야 오죽할까? 더구나 그녀가 먹고 마실 시간이 있는가? 아니다. 뚫리는 도토리는 한없이 눌러앉아 찔끔거리며 마시는 간이식당이 아니다. 부리를 박아 조금 떼어 먹을 수는 있겠지만 그것이 원래의 목적은 아니다.

진짜 목적이 어렴풋이 보이는 것 같다. 알은 언제나 도토리 밑바닥으로, 줄기에서 스민 진에 젖어 말랑말랑한 곳에 있다고 했다. 알에서 깨어났으나 아직은 단단한 도토리를 공격할 능력이 없는 어린 녀석이 깍정이 밑바닥을 씹어 그 진에서 영양을 취한다.

그러나 열매가 여물어 감에 따라 빵 과자가 점점 단단해진다. 맛과 퓌레(야채 죽)의 질이 변한다. 연하던 것이 단단해지고 축축하던 것이 마른다. 갓난이 애벌레에게는 안락한 조건을 충족시키는 시기가 따로 있다. 그때보다 이르면 원하는 정도의 빵이 준비되지 않았고, 늦으면 너무 여물었을 것이다.

겉에서는 초록색 도토리 껍질 저 안에서 진행되는 주방 사정을 알려 주지 않는다. 어미가 어린 새끼에게 불편한 음식을 주지 않으려 해도 눈으로만 보아서는 물건을 알 수가 없으니, 먼저 대롱 끝으로 식량 창고 밑바닥에 있는 즙의 맛을 봐야 한다.

아기를 돌보는 여인은 아기에게 죽을 한 숟갈 먹이기 전에 입술로 맛을 본다. 밤바구미 어미 역시 같은 애정으로 그렇게 한다. 우선 시추기를 밑바닥까지 박은 어미는 새끼에게 물려주기 전에 그 내용물을 맛본다. 만족스런 음식으로 인정되면 알을 낳고, 아니면 시추공에서 그칠 뿐 버려진다. 정성스럽게 시험한 밑바닥의 빵이 요구한 상태가 아니었다. 송곳으로 고생스럽게 뚫어 놓고 전혀 안

쓰이는 구멍은 이렇게 설명될 것이다. 밤바구미가 새끼의 첫 요리 문제일 때는 얼마나 까다롭고 꼼꼼하더냐!

즙이 많고 가벼워서 갓난애에게 소화가 잘되는 음식이 발견될 지점에 산란해야 하는 그녀에게 확실한 선견지명은 없다. 하지만 보살핌은 더 멀리까지 간다. 어린것에게는 초기의 맛있는 것에서 단단한 빵으로 인도할 중간 과정이 있어야 유리할 것이다. 그런 과정, 즉 부리 끝 가위로 씹어 놓아 연하고 부드러워진 빵 부스러기는 어미의 시추기가 갱도 안에 작업해 놓았다. 결국 갱도는 아직 너무 어려서 단단한 벽을 공격하지 못하는 큰턱에게 유리한 것이다.

애벌레는 실제로 떡잎을 깨물기 전에 갱도로 들어간다. 가면서 만나는 녹말가루로 영양을 취하고, 벽에 매달려서 갈색으로 변한 알맹이를 따먹는다. 마침내 적당히 힘이 생겨 떡잎의 둥근 빵에 흠집을 내며 들어간다. 위장은 준비되었다. 나머지 일은 편안히 먹는 것뿐이다.

초기의 요구를 만족시켜 주려면 보육실인 갱도가 어느 정도 길어야 한다. 어미는 그래서 긴 송곳으로 작업했다. 만일 시추 작업이 단순히 물질의 맛을 보고 도토리 바닥의 성숙도를 알아보는 것뿐이었다면, 거기서 멀지 않은 곳의 깍정이를 뚫어서 공정을 훨씬 줄였을 것이다. 이 장점 역시 무시되지는 않아 껄끄러운 컵(깍정이)을 직접 공격한 경우가 있었다.

이런 경우는 산모가 급히 사정을 알아보려고 그런 것 같다. 그래서 적당한 도토리로 판단되면 깍정이의 훨씬 위쪽에서 다시 채굴

할 것이다. 실제로 산란하는 경우는 연장의 길이가 허락하는 한 도토리 위쪽을 뚫는 것이 규정으로 되어 있다.

언제나 한나절로는 끝나지 않는 긴 시추공의 목적이 무엇일까? 태어나는 새끼는 줄기와 멀지 않은 곳에서 마시게 될 생명의 샘까지 도달된다. 거기는 송곳이 시간과 피로를 훨씬 줄이고 도달할 수 있는 지점인데, 무슨 일로 그렇게 끈질기게 채굴을 계속할까? 어미가 지치면서 그렇게 하는 것은 나름대로 이유가 있다. 그렇게 함으로써 규정에 맞는, 즉 새끼가 도토리 바닥에 도달함과 긴 자루의 녹말가루까지 마련해 주는 일을 하는 것이다.

모두 하찮은 것이잖아! 천만의 말씀이다. 큰일, 즉 작은 것의 보존을 무한히 보살피는 일은, 매우 작은 세부사항을 조정하는 것이 아주 중요하다는 것을 증언해 준다.

양육자로서 그토록 많은 영감을 받은 밤바구미는 제 역할이 있고, 존중되어야 할 가치가 있다. 이것은 적어도 장과(漿果)가 줄어드는 늦가을에 긴 부리의 이 곤충을 즐겨 잡아먹는 지빠귀(Merle: *Turdus merula*)의 의견이다. 녀석은 아주 작은 한입감에 불과하지만 맛은 대단히 좋다. 게다가 추위에 아직 우려지지 않은 올리브의 떫은맛에서 기분 전환이 된다.

자, 그런데 지빠귀와 그 상대인 바구미가 없어도 봄에 수풀이 깨어나더냐! 인간은 제 어리석음으로 소멸되어 사라져도 지빠귀의 군악대로 찬양되는 재생의 기쁨은 여전히 장엄할 것이다.

떡갈나무는 수풀의 즐거움, 즉 새에게 맛있는 음식을 대접하는 커다란 공로의 즐거움에 식물의 체증을 조절하는 밤바구미의 역할

하나가 또 추가되었다. 모든 강자가 그렇듯이 떡갈나무 역시 제 능력에 어울리게 참으로 너그럽다. 그래서 도토리를 몇 말씩 만들어 낸다. 지나치게 많은 도토리를 땅은 어떻게 할까? 지나치게 많은 것은 거기의 필수 요인을 망칠 것이며, 또 거기는 자리가 없어서 수풀 자체가 질식할 것이다.

하지만 그렇게 풍부하게 넘쳐 나는 식량 생산에 균형을 맞추려는 소비자들이 사방에서 급히 몰려온다. 본토박이인 들쥐(Mulot: *Apodemus*→ 등줄쥐)는 도토리를 제 건초 침대 옆의 돌무더기 속에 모아 둔다. 나그네 새 어치(Geai: *Garrulus glandarius*)*는 어떻게 통지를 받았는지, 멀리서 떼 지어 찾아와 이 나무 저 나무로 몇 주 동안 돌아다니며, 즐거운 기쁨과 감격을 목멘 고양이 소리로 나타낸다. 저희 사명을 끝낸 다음에는 떠나왔던 북쪽으로 되돌아간다.[4]

밤바구미는 저들 모두를 앞질러서 아직 푸른 도토리에 자기 알을 맡겼다. 둥근 구멍이 뚫린 도토리는 때 이르게 갈색이 되어 땅바닥에 흩어진다. 속을 다 파먹은 애벌레가 뚫린 구멍을 통해 밖으로 나온다. 단지 한 그루의 떡갈나무 밑에 속이 빈 도토리가 바구니 하나를 쉽게 채운다. 밤바구미는 어치보다, 들쥐보다 훨씬 넘치는 양을 처치하는 데 힘썼다.

곧 자기 돼지를 위하려는 사람이 온다. 어느 날 마을에서 면의 포고를 알리는 고수(鼓手)가 면 소유 도토리 수확을 시작한다는 북을 치면, 그 자체가 바로 큰 사건이다. 제일가는 열성분자는 좋은 자리를 골라잡으려고 전날 미리 현장 답사

[4] 어치는 철에 따라 작은 집단이 평지나 산, 숲, 특히 도토리를 찾아 몰려다닌다. 그러나 계절에 따라 장거리를 이동하여 번식하는 철새는 아니다.

를 한다. 이튿날 새벽부터 온 집안 식구가 몰려온다. 아버지는 장대로 높은 가지를 때리고, 어머니는 앞치마를 두르고 우거진 숲 속까지 들어가 손이 닿는 가지에서 도토리를 딴다. 아이들은 땅에 떨어진 것을 줍는다. 이렇게 해서 작은 바구니, 다음은 큰 바구니가 가득 차고, 그 다음은 부대가 가득 찬다.

들쥐, 어치, 바구미, 그 밖에 많은 동물의 기쁨거리가 된 다음에는 이 수확에서 비계가 얼마나 생길까를 계산하는 삶의 기쁨이 따른다. 그런데 이 기쁨에 한 가지 섭섭함이 섞인다. 땅에 떨어진 아주 많은 도토리가 구멍이 뚫리고 썩어서 쓸모가 없다는 섭섭함이다. 사람들은 그렇게 손해를 입힌 녀석에게 욕설을 퍼붓는다. 그 사람의 말을 듣고 있노라면, 수풀은 오직 그만의 것이고, 떡갈나무가 열매를 맺는 것은 오직 그의 돼지만을 위한 것이다.

그에게 이렇게 말하고 싶다. 이보시게, 친구. 산림 감시원이라도 경범죄인인 그 녀석에게 조서를 꾸미지 못한다네. 그것은 다행한 일이지. 만일 도토리 수확을 한 줄에 꿰어 놓은 소시지로밖에 보지 않는다면, 우리의 이기주의 성향이 바로 난처한 결과를 가져올 것이네. 떡갈나무는 누구든 제 열매를 이용하라고 청했네. 그런데 우리 인간은 가장 힘이 세서 제일 큰 몫을 차지하지. 그것만 우리의 유일한 권리라네.

무한히 높은 저 위는 여러 소비자 사이에 공평한 분배가 지배한다. 소비자는 작은 것이든 큰 것이든, 이 세상에서 그들 나름의 역할이 있다. 지빠귀는 휘파람을 부는 듯 노래를 불러 봄의 새싹을 즐겁게 하는 훌륭함이 있다. 하지만 밤바구미가 도토리를 파먹은 벌레라고 해서 나쁘게만 생각하지는 말자. 얼마만큼의 바구미는 새의 디저트로 준비되어 있다. 그래서 새의 엉덩이에 기름이 붙게 하고, 목구멍에는 아름다운 울림을 넣어 주는 것이다.

지빠귀가 노래 부르게 놔두고 다시 바구미의 알로 가 보자. 우리는 알이 놓인 곳을 안다. 도토리의 아래쪽으로 살이 가장 연하고 물이 가장 많은 곳이다. 입구는 깍정이 둘레의 위쪽인데 어떻게 그렇게 먼 곳에 알이 놓였을까? 이 문제가 유치하다고 생각할 만큼 아주 하찮은 것은 사실이다. 하지만 문제를 무시하지 말자. 과학이란 유치한 것들로 이룩되는 것이다.

소매에 문지른 호박(琥珀) 조각이 지푸라기를 끌어당김을 맨 먼저 안 사람은 분명히 전기에 대한 이 시대의 희한한 일들을 짐작도 못했다. 그는 순진하게 놀이만 했다. 다시 다양하게 다루어지고, 또 조사된 어린이 놀이가 세상의 커다란 에너지가 되었다.

관찰자는 어느 것 하나도 소홀해서는 안 된다. 가장 하찮은 것에서 어떤 사건이 나타날지 결코 모르는 일이니 다시 질문해 본다. 밤바구미의 알은 어떤 방법으로 입구에서 그렇게 먼 곳에 자리 잡았을까?

아직 알의 위치를 모르며, 애벌레가 도토리의 밑부터 먼저 공격함을 아는 사람이라면 이런 대답을 할 것이다. 알은 표면의 입구 근처에 낳았고, 깨어난 애벌레는 어미가 뚫어 놓은 갱도로 기어 내려갔다고, 즉 초기에 자양분이 있었던 그 먼 지점까지 스스로 내려갔단다.

충분한 자료를 얻기 전에는 나의 해석 역시 그랬다. 하지만 잘못

된 생각은 곧 사라졌다. 방금 부리로 뚫은 어미가 통로 어귀에 배 끝을 잠시 댔다가 물러갔을 때의 도토리를 주워 본다. 알은 입구, 즉 표면과 가까운 곳에 있어야 할 것 같았으나 그게 아니었다. 거기가 아니라 통로의 저 안쪽 끝에 있다. 내가 만일 감히 이렇게 말할 수 있다면, 마치 돌이 우물 속으로 떨어지는 것처럼 알 역시 그렇게 떨어졌다고 할 것이다.

이런 어리석은 생각 또한 빨리 버리자. 너무도 좁고 갈아 낸 부스러기가 가득 찬 통로에서 그렇게 떨어지기란 불가능하다. 더욱이 자루에 따라서는 알이 바로도 거꾸로도 되어 있다. 즉 도토리의 방향에 따라 내려가거나 올라오게 되어 있는 것이다.

두 번째 해석으로 사람들은 이렇게 말하지만 그 역시 위험한 생각이다.

뻐꾸기(Coucou: *Cuculus*)는 풀밭의 아무 곳에나 알을 낳고, 부리로 물어다 휘파람새(Fauvette: *Sylviidae*)의 좁은 둥지에 넣는다.

밤바구미가 이와 비슷한 방법을 썼을까? 녀석이 부리로 알을 물어 도토리 밑까지 가져갈까?

밤바구미에서 깊은 은신처까지 닿을 수 있는 연장이라곤 부리밖에 보지 못했다. 그렇지만 그렇게 절망적인 이상한 방법으로의 해석은 빨리 버리자. 밤바구미는 결코 가려진 게 없는 곳에 알을 낳았다가 나중에 부리로 옮기는 일이 없다. 그랬다가는 연약한 알이 절반쯤 막힌 좁은 통로에 밀려서 으깨졌을 것이다.

나는 몹시 당황했다. 바구미의 구조에 정통한 독자든 아니든 모두가 당황할 판이다. 베짱이(Sauterelles)는 땅속으로 원하는 깊이까지 내려가서 알을 낳는 칼 모양 산란관이 있다. 착암기를 가진 밑들이벌(Leucospis)은 진흙가위벌(Chalicodoma) 둥지의 벽을 뚫어 좁고 있는 고치 속으로 알을 들여보낸다. 그런데 바구미는 장검이든 단검이든, 꼬챙이 하나 가진 게 없다. 배 끝에는 아무것도, 절대로 아무것도 없다. 그런데도 배 끝을 구멍에 갖다 대기만 하면 즉시 알이 저 아래의 먼 안쪽에 가 있게 된다.

어떻게 풀어 볼 수 없는 수수께끼의 해답을 해부학이 가져다 줄 것이다. 산모의 배를 갈랐다. 눈앞에 나타난 것을 보고 깜짝 놀랐다. 안에는 몸길이 전체에 걸쳐 이상한 각질(角質) 기구인 뻣뻣한 다갈색 꼬챙이가 있었다. 머리에 달린 부리와 어찌나 비슷하게 생겼던지, 웬만하면 부리라고 말할 정도였다. 말총처럼 가는데 분리된 끝 부분은 나팔처럼 벌어졌고, 붙어 있는 쪽은 알 모양의 작은 병처럼 부풀어 오른 관이었다.

길이가 송곳과 맞먹는 산란 기구였다. 구멍을 뚫는 부리가 들어가는 만큼 몸 안의 부리, 즉 알을 내려 보내는 착암기 또한 그만큼 들어갈 수 있다. 곤충이 도토리를 다룰 때 서로 보완하는 두 기구가 함께 원하는 지점인 도토리 밑바닥에 닿을 정도의 공격 지점을 골라잡는다.

이제 남은 문제는 저절로 설명된다. 송곳의 임무가 끝나 갱도가 준비되면 어미는 돌아서서 배 끝을 구멍 입구에 갖다 댄다. 그리고 몸속 기계장치를 뽑아서 비죽이 내보내는데, 그 장치는 갈아 내서 유동성인 부스러기 사이로 어렵지 않게 박힌다. 몸의 움직임 없이 재빨리 조심스럽게 작동했기 때문에 알을 인도하는 착암기는 어디서든 보이지 않았다. 알을 제자리에 갖다 놓은 기구가 다시 올라오고, 그와 동시에 뱃속으로 들어가 아무것도 보이지 않았다. 이제 끝났다. 산모는 돌아갔고, 우리는 녀석의 작은 비밀을 아무것도 보지 못했다.

내가 꾸준히 계속하길 잘하지 않았는가? 겉에서 보이는 하찮은 사실들이 벌써 바구미의 진정한 사실을 알려 준 셈이다. 긴 부리를 가진 밤바구미는 밖으로는 조금도 드러나지 않는 배 안의 부리인 내부 착암기를 가지고 있었다. 녀석은 배의 비밀 속에 베짱이의 칼과 맵시벌(Ichneumon)의 꼬챙이 비슷한 것을 장착하고 있었다.

# 9 서양개암밤바구미

완전히 행복해지려면 조용한 집, 튼튼한 위장, 그리고 식량이 확실히 보장되어야 한다. 만일 그렇게 보장된 자라면 정말로 네덜란드의 치즈 속에 들어간 쥐(Rat)보다 더 행복하다. 숨어 있는 우화 작가는 권태증의 근원인 세상과 어떤 관계를 유지하고 있었다. 어느날 쥐 족속 대표가 치즈 속 쥐를 찾아와 동냥을 좀 청했다. 녀석의하소연을 악의의 귀로 듣는 쥐는 도와줄 수 없다고 했다. 대신 기도를 드려 주겠다는 약속만 했을 뿐 그대로 문을 닫아 버렸다.

그 녀석이 아무리 매정했더라도 기근으로 굶주린 자의 방문에분명히 소화가 좀 안 되었을 것이다. 물론 우화에서는 그렇게 말하지 않았지만 그런 생각은 했을 것이며, 은둔의 이 박물학자에게는불쾌할 수밖에 없는 일이다.

녀석(밤바구미)의 주거지는 침범할 수 없는 집이다. 곤경에 빠진바구미가 찾아와 성가시게 두드릴 문도, 창문도 없는 방인 궤짝 하나뿐이다. 밖의 소음이나 걱정 따위가 전혀 들어오지 않는 그 안은

152

완전한 평온함이 있다. 각각의 모두에게 너무 덥지도 춥지도 않으며, 조용하게 달린 훌륭한 집이다. 식사도 푸짐하고 훌륭하다. 그 이상 무엇이 필요할까? 행복한 녀석은 자라며 뚱뚱해진다.

누구나 모두 이 녀석을 알고 있다. 소년 시절에 단단한 어금니로 개암(Noisette)을 깨뜨리다가 무엇인가 쓰고 끈적끈적한 것을 깨물어 보지 않은 사람이 있는가? 퉤! 개암벌레였다. 불쾌감을 빨리 잊어버리고 벌레를 자세히 살펴보자. 그럴 만한 가치가 있다.

통통하게 살찐 애벌레가 활처럼 굽었고 다리는 없다. 누르스름한 뿔모자를 쓴 머리 말고는 전체가 유백색이다. 집에서 꺼내 탁자에 놔두면 구부리며 팔딱팔딱 뛰지만, 녀석에게는 이동이 거절되어 자리를 옮기지는 못한다. 그렇게 좁은 둥지 속에서 무엇하러 움직이겠나? 더욱이 애벌레 때는 모두 한자리에 눌러 있기를 좋아하는 특성이 바구미 족속의 공통 특징이다. 이제 이야기하려는 은둔자는 엉덩이가 포동포동하며 반짝이는 서양개암밤바구미(Balanin des noisettes: *Balaninus→ Curculio nucum*) 애벌레이다.

개암나무(Noisetier: *Corylus avellana*) 씨앗이 녀석의 과자인데, 덩어리가 풍부해서 대개는 먹다 남긴 것을 버려도 건강의 한도를 넘어설 정도인 식량이다. 그렇게 넓은 곳에서 단 한 마리만 3~4주 동안 기분 좋게 살아간다. 하지만 식솔이 두 마리이면 모자랄 것이다. 그래서 식량이 세심하게 배급되어 개암 한 개에는 애벌레 한 마리, 그 이상은 안 된다.

애벌레가 두 마리인 경우를 만나는 일은 극히 드물었다. 정보가 부족했던 어미의 새끼라 늦게 들어온 애벌레라면 주인 옆의 식탁을 차지할 수 있다. 하지만 이미 케이크가 모두 사라질 판이니 소득이 없다. 이런 침입자는 아직 허약하지만 힘세고 자기 재산을 소중히 여기는 소유주에게 냉대를 받을 것이다. 정원을 초과한 허약자는 죽게 되어 있으며, 이 현상은 쉽게 알 수 있다. 이 밤바구미 역시 치즈 속을 차지한 쥐처럼 종족 사이에 구제라는 것을 모른다. 각자는 자기를 위한 것, 이것이 짐승처럼 개암 속까지 통용되는 사나운 법칙이다.

집은 침입자가 뚫고 들어갈 이음매나 갈라진 틈이 없이 완전히 연속된 요새이다. 호두나무(Noyer: *Juglans regia*)는 두 개의 판을 합쳐서 열매 껍데기를 만들어, 그 판 사이에 저항력이 덜한 면을 남겨 놓았다. 하지만 개암나무는 둥근 천장처럼 구부러진 작은 드럼통 한 개를 균일한 강도로 만들었다. 바구미 애벌레가 어떻게 이런 요새로 들어갔을까?

광택 나는 대리석만큼이나 반들거리는 표면에서 외부의 침입자가 들어간 흔적을 우리 눈은 전혀 찾아내지 못한다. 구멍이 전혀 없는 말짱한 개암 속의 이상한 내용물을 처음 눈여겨본 사람의 놀라움과 순진한 상상력으로 짐작을 한다. 그 안에 사는 포동포동한 애벌레가 외부에서 들어간 녀석일 수 없다는 것이다. 따라서 녀석은 열매 자체가 불행한 날을 맞아 태어나게 된 것이며, 안개가 품어 준 타락의 더러운 자식이라는 것이다.

옛날 믿음을 충실히 지켜 오는 오늘날의 농부 역시 벌레 먹은 개암처럼 곤충에게 상한 열매를 여전히 달과 관련시키거나 나쁜 공기가 지나간 탓으로 돌린다. 이런 생각은 농촌에 학교가 즐거움과 활기를 주는 공부라는 명예의 자리를 주지 않는 한 끝없이 계속될 것이다.

그렇게 지독한 무식을 현실로 바꿔 보자. 애벌레는 분명히 외부에서 들어간 침입자이다. 그렇다면 틀림없이 어디서든 통로가 발견될 것이다. 첫 조사에서 못 찾은 통로를 확대경으로 찾아보자.

찾기까지 오래 걸리지는 않았다. 깍정이가 붙어 있던 개암 밑 연한 빛깔의 넓고 거친 함몰부 경계선 조금 밖에 아주 작은 갈색 점이 있다. 거기가 성채의 입구였고, 수수께끼의 해답이었다.

나머지는 별도의 증거 조사 없이도 코끼리밤바구미($B. \rightarrow C.$ *ele-phas*)가 보여 준 자료로 명백하게 해석된다. 이 밤바구미 역시 약간 구부러진 부리 송곳을 가졌으며 지나치게 길다.

녀석에서 도토리를 뚫던 바구미의 모습이 연상된다. 그 본대로 딱지날개와 뒷다리 발목마디 삼각대에 의지해서 몸을 일으키는 게 아주 잘 보인다. 터무니없는 것 그리기를 즐기는 친구의 연필로 초상화 그리기에 알맞은 자세를 취하고 줄기차게 돌리고 또 돌린다.

개암은 단단하다. 도토리 껍질보다 훨씬 두껍고 질겨서 매우 단단하다. 새끼에게 더 맛있고 풍부한 식량을 주려고 거의 여물어 가는 열매를 선택해서 더 그렇다. 앞의 녀석은 도토리를 뚫는 데 한나절이 걸렸으니, 느리고 끈질긴 이 녀석의 인내력은 과연 어떻겠더냐! 어쩌면 녀석의 꼬챙이가 특별히 단단한지 모르겠다. 우리는 화강암을 뚫을 때 착암기를 갖다 댈 줄 안다. 녀석 또한 틀림없이 꼬챙이에 삼중의 단단한 판을 갖다 댔을 것이다.

도래송곳은 빠르든 느리든, 연한 우유 제품이 풍부한 개암의 밑창까지 내려간다. 비스듬히 박히는데, 애벌레의 첫 양육에 유리한 녹말가루 기둥을 마련하려고 매우 긴 통로를 만든다. 개암이든 도토리든, 그것을 뚫는 녀석은 모두 가족을 위해 세심하게 준비한다.

마침내 구멍 바닥에 산란할 때가 왔고, 우리가 이미 알고 있는 독창적 방법이 되풀이된다. 산모는 앞쪽 부리와 같은 길이이며, 사용할 때까지 뱃속에 비밀히 감추어 두었던 뒤쪽 부리로 알을 개암의 밑바닥까지 들여보낸다.

애벌레 기르는 정성을 나는 아직 머리로만 보았다. 그러나 요람이 되었던 개암을 검사해서, 특히 도토리에서 큰밤바구미(B. des glands: B.→ C. glandium)[1]의 방법을 알게 되어 매우 확실하게 본 것이다. 아주 좋은 재료에서의 작업 모습을 직접 보고 싶지만 별로 희망은 없는 야심이다.

사실상 여기는 개암나무가 드물고 그 나무에 유인되어 이용하는 녀석이 없다. 다행히 전에 울타리 안에 심어 놓은 6그루로 시험해 보자. 우선 거기서 바구미가 살도록 해야 한다.

세리냥의 야산보다 햇볕이 덜 뜨거운 가르(Gard)[2] 지방의 어느 계곡에서 이 곤충 몇 쌍을 얻었다. 4월 말에 우편으로 왔는데, 이 시기의 개암은 빛깔이 매우 엷고 부드럽게 압축된 상태의 껍질인 깍정이가 나타나기 시작할 때이다. 어렴풋한 씨앗 형태의 희망만 가졌을 뿐, 살이 붙으려면 아직 멀었다.

기막히게 좋은 날씨의 아침나절, 녀석들을 정원의 개암나무 잎에 내려놓았다. 녀석들은 여행에서 시련을 겪지 않았으며 수수한

---

1 이 종은 조사하지 않았으므로 언급될 수 없다. 아마도 코끼리밤바구미(B. éléphant)를 이 이름으로 잘못 표기했을 것이다.
2 보클뤼즈 서쪽에 인접한 주

갈색 복장이 훌륭했다. 자유를 얻자 딱지날개를 절반쯤 열고 날개를 폈다가 다시 접는다. 또 펴지만 아직은 날지 않는다. 오랫동안 갇혔다가 힘을 회복하는 데 유리하도록 몸을 유연하게 하는 연습이다. 내 식민지의 주민이 햇볕을 이렇게 즐거워하니 좋은 징조 같으며 녀석들은 떠나지 않을 것이다.

그러는 동안 개암은 나날이 부풀어 올라 아이들에게 매혹적인 유혹거리가 되는데, 아주 작은 꼬마들 손이 닿는 곳에 있다. 아이들은 그것을 호주머니에 가득 채웠다가 나중에 돌로 깨뜨려 먹기를 아주 좋아한다. 이제는 그것을 건드리지 말라고 분명하게 주의를 주었다. 내가 그 바구미의 이야기를 알고 싶으니 수확의 기쁨은 없어졌다는 말이다.

이런 금지가 천진난만한 아이들에게 어떤 생각을 불러왔을까? 내 말을 이해할 나이라면 이렇게 말했겠지.

친구들아, 마술사인 위대한 과학에 유의해라. 그런 일이 있어서는 안 되겠지만, 만일 너희 중 누가 조심을 하고도 유혹당한다면 과학이 우리 삶에 넘겨줄 조그마한 비밀 대신 한 줌 이상의 막대한 개암에게 희생을 요구할 것이다.

금지령이 이해되어 유혹거리 열매가 거의 그대로 보존되었다. 나는 열심히 녀석을 찾아보았지만 쓸데없는 정성이었다. 구멍 뚫기 작업이 꾸준한 바구미를 발견하지 못했다. 고작해야 해질녘에 거드름을 피며 높이 앉아서 연장을 박아 보려는 녀석을 만나는 것뿐이다. 그 행동은 이미 도토리의 바구미가 보여 주었지만 약간의 확인에서 새로 알 수 있는 것은 없었다.

게다가 그것은 짤막한 시도였다. 녀석은 찾는 중일 뿐 아직 적당한 것을 찾지는 못했다. 어쩌면 개암 구멍 뚫기 작업은 밤에 하는지 모르겠다.

한편 내게는 유리한 것이 있다. 처음부터 알이 들어 있는 개암 몇 개가 연구실에 따로 보관되어 있어서 자주 가 볼 수 있었고, 부지런한 내 성격 덕분에 관찰에 성공하게 되었다.

8월 초, 눈앞에서 애벌레 두 마리가 제 상자를 떠난다. 아마도 오랫동안 인내력이 강한 큰턱 끌로 단단한 벽을 쪼았을 것이다. 가느다란 톱밥이 먼지처럼 떨어졌다. 곧 탈출할 것임을 감지했을 때 출구가 완성되었다.

해방용 하늘창과 들어갔을 때의 좁은 통로가 혼동되지는 않았다. 아마도 작업이 계속되는 동안 통로를 막지 않은 것이 집안 환기에 좋았을 것 같다. 하늘창은 씨앗의 밑 부분으로 개암이 깍정이와 연결되는 우툴두툴한 부분과 아주 가까운 곳에 있다. 완전히 여물 때까지 새로 생겨나는 재료로 만들어진 이 부분은 다른 부분보다 밀도가 낮다. 따라서 거기서는 저항을 덜 받았을 것이며, 그래서 뚫을 지점으로 훌륭하게 선택되었을 것이다.

갇혀 있던 녀석은 미리 청진해 보거나 답사용 시추를 해보지 않고도 감옥의 어디가 약한지 알고 있다. 녀석은 성공을 확신하고 억세게 일한다. 시험 목적으로 다른 곡괭이질에 연연함 없이 첫 곡괭이질을 계속 이어간다. 꾸준함은 약자에게 힘이 된다.

됐다. 창이 둥글게 뚫려 상자 안으로 빛이 들어간다. 안쪽은 약간 넓게, 구멍 둘레는 정성스럽게 닦였다. 조금 뒤의 탈출을 힘들게 방해할지 모를 거친 것들이 이빨로 정성스럽게 다듬어진 것이다. 우리가 강철 다이스 선반으로 뚫은 구멍이 겨우 이보다 조금 더 정확할 정도였다.

애벌레가 사실상 철사의 제조처럼 해방되니, 여기서는 다이스 선반이란 용어가 아주 적절하다. 녀석의 몸통 굵기에 비하면 너무 좁은 구멍인데, 녀석이 철사 제조 때 빠져 나오는 놋쇠 줄처럼 가늘어지며 껍데기의 하늘창을 빠져나온다. 철사는 직공의 집게나 기계의 회전으로 세차게 잡아당겨지며, 당겨지는 동안 가늘기를 유지하는데, 애벌레는 다른 방법을 알아서 스스로의 노력으로 늘어났다가 좁은 통로를 통과한 다음 다시 원래의 굵기로 돌아간다.

출구는 꼭 녀석의 머리통만 하다. 머리는 각질 모자를 뒤집어써서 단단하며 변형되지 않는다. 몸집은 아무리 뚱뚱해도 머리가 지나간 곳을 통과해야 한다. 탈출이 끝난 다음 그렇게 굵은 원기둥처럼 살찐 녀석이 그 좁은 통로를 어떻게 통과했는지 참으로 놀라웠다. 탈출을 목격하지 않았다면 그런 체조의 쾌거를 짐작조차 못했을 것이다.

결국 구멍은 머리 지름과 꼭 맞게 뚫렸다는 이야기이다. 순전히 탈출용으로 계산된 구멍인데, 그 넓이가 기껏해야 몸통 지름의 1/3밖에 안 되는 단단한 머리와 같은 폭이다. 어떻게 세 곱이 하나 안으로 지나갈 수 있을까?

대문은 머리의 본에 맞춰 만들어졌으니 머리의 탈출은 어려움이 없다. 다음, 조금 굵은 목이 따르지만 조금만 수축해도 빠져나온다. 이번에는 가슴, 다음은 뚱뚱한 배의 차례로 조작이 가장 힘든 때이다. 애벌레는 발도, 의지할 곳에 걸 갈고리나 강모(剛毛)도 없다. 흐느적거리는 순대 모양인 것이 스스로 거기를, 그토록 어울리지 않게 좁은 통로를 거쳐야 한다.

개암 껍데기는 불투명해서 안에서 일어나는 일을 볼 수가 없다. 하지만 밖에서 보이는 상태가 안 보이는 부분을 쉽사리 알려준다. 즉 애벌레의 피가 뒤쪽에서 앞쪽으로 흘러든다. 조직의 체액이 이렇게 옮겨져서 이미 빠져나온 부분으로 몰린다. 나온 부분은 머리 지름의 5～6배가 될 만큼 부풀어 오른다.

구멍 둘레에 하나의 커다란 똬리 모양의 에너지 덩이 띠가 형성된다. 이런 팽창과 자체의 탄력으로 내부의 액체가 옮겨짐에 따라 부피가 줄어든 뒤쪽 마디들을 빼낸다.

과정은 매우 느리고 힘들다. 애벌레는 탈출된 부분을 구부렸다 다시 세우며 흔들어 댄다. 박혀 있는 못을 뽑을 때 흔드는 격이다. 큰턱을 넓게 벌렸다 다시 닫고 또 다시 벌린다. 하지만 무엇을 깨물겠다는 뜻이 아니라 지친 애벌레가 힘을 모아 쏟아 내려는 '영차!' 소리이다. 나무꾼이 도끼질할 때 내는 소리와 같은 것이다.

영차! 애벌레가 용을

쓰면 순대 한 금이 올라온다. 빠진 똬리가 부풀며 근육을 긴장시키는 동안, 아직 개암 속에 들어 있는 부분은 가능한 한 체액을 줄여서 탈출된 부분으로 몰려가는 것이 당연하다. 이렇게 해서 다이스 선반에 물려 들게 하는 것이다.

부풀어 오른 띠의 지렛대를 한 번 움직이고, 큰턱을 벌려 한 번 더 '영차!' 소리를 지른다. 됐다. 애벌레가 개암 껍데기에서 미끄러져 떨어진다.

이 광경을 보여 준 개암은 몇 시간 전에 나뭇가지에서 따온 것이다. 따라서 개암이 나무에 그대로 달려 있었다면 녀석이 땅바닥으로 떨어졌다. 만일 우리가 이렇게 떨어졌다면 소름이 끼칠 정도로 으스러졌을 것이다. 하지만 아주 유연하고 등판이 매우 나긋나긋한 녀석에게 그런 것은 사건도 아니다. 나무 꼭대기에서 재주넘기로 세상에 들어오든, 얼마 뒤 여문 개암이 떨어져서 땅에 깔렸을 때 조용히 이사를 하든, 녀석에게는 별로 상관이 없는 일이다.

애벌레는 해방되는 즉시 좁은 범위의 흙을 조사한다. 쉽게 파이는 지점을 찾아 큰턱으로 파내고 엉덩이를 흔들어서 땅속에 묻힌다. 별로 깊지 않은 곳의 흙가루를 밀어내서 둥근 둥지를 마련한 것이다. 거기서 겨울을 나며 봄의 소생을 기다릴 것이다.

제 일에 관한 한 누구보다도 정통한 밤바구미에게 주제넘게 충고를 해도 좋다면 나는 이런 말을 하련다.


지금 개암을 떠나는 것은 어리석은 짓이다. 좀 늦게 4월의 봄 축제가 돌아와서, 개암나무가 늘어뜨린 보석 귀걸이 대신 새로 태어날 열매의 분홍빛 암술이 생길 무렵이라면 얼마든지 좋다. 지금은 가장 용감한 녀석조차 일을 쉴 수밖에 없는 불볕더위 기간이다. 이런 때 한가하게 낮잠을 자기에 그렇게 좋은 집을 왜 버린단 말이냐?

가을비와 차갑고 짙은 겨울 안개가 닥쳐올 때 개암 상자 속보다 더 좋은 집을 어디서 찾겠느냐? 어디가 여기보다 안전해서 까다로운 탈바꿈을 잘 해낼 수 있겠느냐?

더욱이 땅속에는 위험이 아주 많다. 또 습하고 춥다. 흙이 거칠어서 너처럼 고운 피부는 접촉하기가 괴롭다. 또 거기는 땅속의 어떤 벌레에게든 뿌리를 내리는 은화식물(Cryptogamique: Cryptogames)이, 즉 무서운 적들이 은밀히 활동하고 있다. 내 사육병조차 흙 속 애벌레를 보호하는 게 무척 힘들다. 오래지 않아 유리 안벽에 흰색 술이나 솜 따위로 감긴 것들이 나타난다. 그 바탕은 불쌍한 애벌레인데, 둘둘 감아서 양분을 빼내는 중이다. 이런 애벌레는 결국 자연의 석고덩이로 바뀌고 만다.[3] 그 술이나 솜은 곰팡이의 균사(菌絲)로서 땅속에서 번데기가 되려는 곤충의 몸을 이용하는 적군이다. 위생적 독방인 개암 속에는 피해를 주는 그런 싹들이 전혀 없다. 그 안에서는 두려울 것이 하나도 없는데 너희는 왜 거기를 떠나느냐?


이런 이유들에 대한 밤바구미의 답변은 거절이며, 녀석의 이사는 잘한 짓이었다. 개암이 떨어져 놓여 있는 땅에서는 우선 핵과를 많이 채취하는 공포의 들쥐(Crainte du mulot → Apodemus)를 겁내야 한다. 들쥐는 야경을 돌다가 걸려드는 것이면 무엇이든 다 주어

[3] 살아 있던 곤충에게 백강균(白殭菌)이 기생하면 죽어서 흰 분필 토막, 즉 석고덩이 같은 모습으로 변한다.

다 돌무더기 속의 집안에 감춰 둔다. 다음, 틈나는 대로 끈질긴 이빨이 그 껍데기에 구멍을 뚫고 살을 빼낸다.

개암은 맛이 아주 좋은 식품이라 쥐란 녀석이 그것을 만나면 대환영인데, 속은 바구미가 파먹어서 비었다. 하지만 개암이 늘 보유하던 물질 대신 애벌레가 들어 있으니 오히려 더 비싼 음식이 되었다. 벌레는 지방질이 많아 기분전환을 시켜 주는 순대로서, 전분질 식품만 먹던 녀석에게는 행운인 셈이다. 결국 밤바구미는 들쥐가 무서워서 땅속으로 들어간 것이다.

훨씬 중대한 동기가 개암을 떠나라고 권한다. 공략당하지 않을 개암의 작은 탑 속에서 자는 게 좋을 것은 사실이나, 미래의 성충이 해방되는 문제까지 생각해야 한다. 하늘소 애벌레가 조심성을 버리고 위험하게 떡갈나무 속을 떠나 딱따구리(Pic: Picidae)가 노리고 있는 표면으로 나온다. 하지만 녀석이 성충이 되어 긴 더듬이를 갖게 되면 길을 뚫지 못한다. 그래서 미리 솟아나올 길을 준비하려고 위험한 곳으로 이사하는 것이다.

이런 조심성이 밤바구미 애벌레에게도 필요하다. 녀석은 모아 놓은 지방 성분이 새 조직으로 녹아들려는 졸음을(번데기 되기를) 기다리지 않고, 큰턱의 힘이 한창 왕성할 때 성충이 뚫지 못할 상자를 뚫는 것이다. 녀석이 밖으로 나와서 땅속에 묻히는 것은 슬기롭게 미래를 대처하는 일이다. 이제 성충은 지하실에서 대명천지로 지장 없이 나올 수 있다.

밤바구미가 개암 속에서 결정적인 자신의 형태를 갖추게 되는 날이면 스스로 해방될 수 없다고 했다. 그렇지만 알을 낳으려 할 때는 녀석의 송곳이 개암 껍데기를 아주 잘 뚫었다. 밖에서 안으로 작업할 줄 아는데 왜 안에서 밖으로, 즉 반대 방향으로는 뚫지 못할까? 하지만 조금만 깊이 생각해 봐도 엄청나게 큰 어려움이 있음을 깨닫게 될 것이다.

알을 제자리에 정착시킬 때는 나사송곳 굵기의 가는 통로만 있으면 된다. 그렇지만 단단하게 성충이 된 바구미에게 통로를 만들어 주려면 상당히 커다란 창문이 필요하다. 그런데 뚫어야 할 재질은 무척 단단해서 애벌레 역시 겨우 머리나 빠져 나올 정도의 구멍밖에 뚫지 못했으며, 몸통은 고달픈 노력을 해야만 딸려 나올 수 있었다.

훨씬 훌륭한 연장을 갖춘 애벌레가 하늘창을 뚫는 데 그토록 고생했는데, 어떻게 그 연약한 송곳으로 자신이 충분히 빠져나올 문을 뚫을 수 있겠나? 둥글게 원을 그린 선을 따라 뚫는 방법으로 필요한 넓이의 조각을 떼어낼 수는 없을까? 엄밀하게 말해서, 이 곤충이 가진 끈기를 엄청나게 쓴다면 가능은 한 문제이다.

그렇지만 여기서는 시간을 많이 소비한다고 해서 해결될 문제가 아니다. 개암 안에서는 뚫기 연장이 너무 길어서 절대로 조작할 수가 없다. 녀석이 밖에서 일할 때도 너무 길어서 뚫을 자리에 송곳을 박으려면 몸을 한껏 일으켜야만 했다. 그런데 아주 낮은 천장의 개암 껍데기 밑은 넓이가 부족해서 그런 자세도, 교대로 돌리기도 불가능하다.

아무리 끈질기고 칼끝에 달린 연장이 아주 좋더라도, 좁은 집안에 있는 곤충은 나사송곳을 쓸 수가 없다. 결국 자신의 너무 긴 기계장치에 희생된 녀석은 쓰러질 것이다. 긴 것이 알을 제자리에 정착시킬 때는 훌륭했지만, 갇힌 녀석이 해방되는 일에는 아주 거추장스럽게 된다.

너무 긴 부리가 아니라 짧고 단단한 송곳을 가진 애벌레였다면 들쥐의 위험을 무릅써 가며 개암을 떠나지는 않을 것으로 생각할 수 있다. 그 안은 탈바꿈으로 몸이 다시 만들어지기에는 더없이 기분 좋은 실험실이다. 물론 땅바닥에 놓인 개암은 의지할 곳이 없고 북풍을 그대로 받는다. 하지만 몸이 젖지만 않으면 추위 따위가 무슨 상관인가? 이 곤충은 0℃ 이하의 온도를 별로 무서워하지 않는다. 생명이 소생될 무렵에 낮은 온도로 마비 상태가 겹쳐지면 단잠이 더 길어지는 것뿐이다.

송곳이 덜 거추장스런 바구미는 개암 속을 파먹는 즉시 이사하지 않을 것을 나는 확신한다. 확신은 다른 바구미, 특히 경작지에 흔하며 우단담배풀(*Verbascum thapsus*)⁰의 모예화 꼬투리를 이용하는 담배풀꼭지바구미(*Gymnetron*→ *Rhinusa thapsicola*) 따위의 습성에 근거를 둔 것이다. 이 꼬투리가 집으로서의 부피는 작지만 보호능력은 거의 개암과 맞먹는다.

우단담배풀 남덕유산, 11. IX. 05

그 꼬투리는 두 쪽이 꼭 달라붙어서 바깥과는 전혀 연락이 없는 단단한 껍데기이다. 크기도 변변찮고 복장도 수수한 바구미가 5, 6월에 그것을 차지해서 애벌레를 맡긴다. 녀석은 아직 덜 여문 열매의 태좌(胎座)[4]를 갉아먹는다.

8월에는 풀들이 햇볕에 말라 갈색이 된다. 하지만 줄기는 여전히 꼿꼿이 서 있고, 단단한 방추형 꼬투리가 위쪽에 그대로 매달려 있다. 거의 버찌씨만큼 단단한 껍데기 몇 개를 쪼개 보자. 성충 상태의 바구미가 들어 있다. 겨울에도 쪼개 보자. 바구미가 나가지 않았다. 4월에 마지막으로 한 번 더 열어 보자. 녀석은 여전히 제 집안에 있다.

그동안 근처에서 새 모예화가 돋아났다. 꽃이 피고 꼬투리가 적당한 성숙기에 이른다. 지금이야말로 길을 떠나 새 가족을 자리 잡게 할 때이다. 이제야 비로소 은둔자가 은신처를, 즉 이제까지 자신을 그토록 잘 보호해 준 꼬투리를 부순다.

어떻게 부술까? 아주 간단하다. 부리가 짤막한 송곳이라 좁은 방안에서 쉽게 조작할 수 있다. 게다가 껍데기의 저항력이 대단치 않다. 벽이 단단한 나무라기보다 바싹 마른 양피지 싸개 같다. 갇힌 녀석은 손잡이가 짧은 곡괭이로 찍어서 구멍을 내고 벽을 쳐서 벽돌을 무너뜨린다. 이제는 태양의 기쁨이다, 만세! 수술에 보랏빛 털이 돋은 노란 꽃들도 만세!

저기는 너무 낮은 천장 밑에서 너무 긴 연장이었고, 여기는 자유로운 공간의 집 안에서 마음대로 쓰기에 알맞게 짧은 치수의 연장이었다. 저 녀석은 일

4 포유동물의 태반에 해당하는 자리

찌감치, 즉 애벌레의 힘센 가위가 해결할 수 있을 때 개암을 떠나고, 이 녀석은 원하는 식물에서 짝짓기하면서 1년의 3/4을 그 식물의 안전한 껍데기 속에 틀어박혀 있다. 두 녀석 모두 훌륭하게 착상한 것이 아닐까? 가장 작은 곤충까지 이처럼 본능의 완전무결한 논리가 나타나는 법이다.

# 10  버들복숭아거위벌레

일반적으로 바구미과 곤충의 어미는 새끼가 알맞은 양식을 얻을 수 있는 곳에 알을 맡긴다. 어떤 때는 식물학적 면에서 기막히게 확실한 요령으로 먹이의 종류를 다양화시킨다. 하지만 어미의 지식은 이것에 한정되어 또 다른 솜씨는 별로 없거나 아주 없어서 기저귀 갈아 주기, 우윳병 물려 주기 따위의 자상함과는 거리가 멀다. 이 거친 모성애에서 나는 단 하나의 예외를 알고 있다. 어린것에게 식량 통조림을 마련해 주려고 나뭇잎을 돌돌 말아 집과 양식을 동시에 만들어 주는 바구미의 일종이다.

이렇게 식물로 소시지를 제작하는 곤충 중 솜씨가 가장 훌륭한 종은 버들복숭아거위벌레(Rhynchite du peuplier: *Rhynchites populi*)인데, 크기는 보잘것없어도 등은 금빛과 구릿빛으로 반짝이고 배는 청남색이라 복장이 화려하다.[1] 녀석의 작업 모습을 보고 싶으면 5월

---

[1] 이 바구미는 납작한 큰턱 안팎에 이빨을 가진 주둥이거위벌레과(Rhynchitidae)에 속하며, *Rhynchites*속의 우리말 이름은 '복숭아거위벌레'이다. 머리의 뒷부분이 특히 길게 늘어난 거위벌레과(Attelabidae)도 성충이 잎을 말거나 주머니처럼 짜며, 제12장에서 여러 종이 다루어진다.

말 풀밭 둘레의 흑양버들(Peuplier noir: *Populus nigra*) 아래쪽 잔가지를 찾아보면 된다.

저 위에서는 납작한 방추형에 초록색 꼬리의 장엄한 잎들이 다정하게 흔드는 봄의 미풍으로 떨린다. 하지만 아래의 공기층은 고요해서 그해 새로 돋아난 연한 싹들이 얌전히 있다.

저 위는 흔들려서 고된 작업을 해야 하는 곤충에게 아주 불리하다. 그런 높은 가지와는 멀리 떨어진 여기서 특히 버들복숭아거위벌레들이 작업한다. 작업장이 사람의 키 높이에 있어서 녀석의 활동을 관찰하기에 그야말로 편리하다.

편하긴 하지만 작업 방법을 세밀히, 또한 진행 과정을 모두 관찰하고 싶을 때는 문제가 있다. 머리를 어지럽힐 만큼 내리쬐는 햇볕 아래는 참기 어려울 정도의 고역이 따르는 것이다. 하루 중 수시로 부지런히 찾아가야 하는데, 자주 왕래하자니 시간을 아주 많이 잡아먹는다. 이렇게 한없는 시간의 요구는 정확한 관찰에 불리하다. 오히려 집안에서 편안하게 수행하는 연구가 훨씬 낫다. 그렇지만 곤충이 집안에서의 연구에 적합해야 함이 우선이다.

복숭아거위벌레는 이 조건을 훌륭하게 충족시켜 준다. 녀석은 내 탁자 위에서 제가 살던 버들잎과 똑같은 열의와 평온함을 유지하면서 열심히 일하는 곤충이다. 철망뚜껑 밑 사육장의 신선한 모래에 버들가지를 꽂아 놓고, 시들면 즉시 연한 새잎 몇 개가 달린 가지로 갈아 준다. 전혀 겁을 먹지 않는 거위벌레는 돋보기 밑에서 제 솜씨에 전념하여, 돌돌 만 잎을 내가 원하는 만큼 만들어 준다.

녀석의 작업을 지켜보자. 말기는 그해에 줄기 밑동에서 무더기로 돋아난 잎 중 위쪽 것을 골라서 만다. 지금 한창 자라는 중인 꼭대기 쪽 잎은 너무 어리고 넓이가 모자란다. 이미 초록빛이 완연하고 조직이 단단해진 아래쪽 잎은 너무 늙어서 질기며 정복하기 힘들다.

그래서 중간의 잎이 선택된다. 크기는 다 자란 잎과 거의 같지만 아직 노란빛이 많아 초록색이 덜 뚜렷하고 연하며 반들반들 윤이 난다. 잎 둘레의 톱니는 가는 선이 테두리를 이루는데 거기는 싹의 껍질이 터질 때 새순에 윤을 냈던 점액의 흔적이 조금 남아 있다.

이제 연장을 보자. 다리에는 구부러진 이중 갈고리발톱이 있고, 발목마디 아랫면에는 흰 섬모가 빽빽한 솔처럼 나 있다. 이런 신발을 신은 곤충은 아무리 미끄러운 절벽이라도 날쌔게 기어오른다. 유리 천장에서 거꾸로 기어 다니는 파리처럼 등을 아래로 향해 정지하거나 뛰어다닐 수 있다. 이것만 보아도 녀석의 작업에 미묘한 균형이 필요함을 짐작하겠다.

녀석 역시 부리가 있으나 밤바구미(Balanins: *Curculio*)처럼 지나치게 길지는 않다. 짧고 강하며, 얇은 주걱처럼 퍼진 끝 쪽 가는 절단기가 바로 훌륭한 송곳이며 제일 먼저 작동한다.

사실상 잎에 수액이 몰려들어서 조직에 탄력성이 있는 지금의 상태로는 잎을 말 수가 없다. 곤충이 얇은 판자를 애써서 구부려도 되살아나 본래의 편평한 윤곽을 되찾는 것이다. 잎이 생명의 탄력을 그대로 유지하고 있으면, 난쟁이 곤충에게는 그것을 정복해서 소용돌이 꼴로 만들 힘이 모자란다. 이는 우리 눈에도 거위벌레 눈에도 명백한 실상이다.

이런 상황에서 필요한 조건은 생기가 없는 연한 잎인데, 어떻게 해야 이런 것을 얻을 수 있을까? 사람이라면 이렇게 말할 것이다.

잎을 떼어 내 땅에 떨어뜨린 다음, 적당히 시들었을 때 땅바닥에서 조작해야 한다.

그러나 이런 일에 우리보다 빈틈이 없는 거위벌레의 의견은 다르다. 녀석의 생각은 이렇다.

나는 자유롭게 행동할 수 있어야 하는데 땅바닥에서는 풀에 걸려서 자유롭지 않다. 그래서 아무런 방해가 없는 공중에 매달려 있어야 한다.
더 중대한 조건은, 어느 정도 신선도가 유지된 식량이 필요한 내 아기가 오래되고 말라빠진 소시지는 거절한다는 것이다. 따라서 아기에게 주려는 두루마리가 죽은 잎이면 안 된다. 또 잎이 연약해졌어도 나무가 부어 주는 수액 통로가 완전히 막히지는 않아야 하고, 내 새끼가 아주 어린 며칠 동안은 죽어 가는 잎이 제자리에 붙어 있어야 한다. 그래서 나는 잎을 줄기에서 잘라 내긴 하지만 완전히 죽이지는 않는다.

잎을 선정한 어미는 잎자루에 올라앉아 거기에 부리를 끈질기게 박고 꾸준히 돌린다. 작지만 상당히 깊은 상처 하나가 생기며 곧 멍든 점처럼 되는데, 이는 송곳의 찌름이 얼마나 이해관계가 큰 것인지 보여 주는 것이다.
끝났다. 이제는 수액 통로가 조금 끊어져 잎에는 소량의 수액만 스며든다. 상처를 입은 자리가 무게를 이기지 못해 잎이 꺾인다. 약간 시들고 수직으로 늘어진 것에 곧 적절한 유연성이 와서 가공할 때가 된 것이다.

송곳의 찌르기 동작은 사냥벌의 독침 찌르기를 연상시키나 기술은 그보다 훨씬 못하다. 새끼를 위한 벌은 죽거나 마비된 사냥물을 원하며, 노련한 해부가의 정확성으로 어디에 독침을 꽂아야 즉사하는지, 또는 못 움직이게 되는지를 알고 있다.

복숭아거위벌레 역시 새끼를 위할 줄 알아서 연해졌지만 절반쯤 살아 있는 잎, 즉 마비되어 쉽게 두루마리가 될 잎을 원한다. 이 어미는 잎에 힘을 분배한 가는 잎맥이 무더기로 모인 잎꼭지를 기막히게 잘 안다. 그래서 결코 다른 곳이 아닌 거기에만 송곳을 들여보낸다. 별로 비용을 들이지 않고 단번에 수도관을 파괴시킨다. 부리를 가진 이 곤충은 도대체 어디서 샘을 정확하게 말리는 솜씨를 배웠을까?

버들잎은 불규칙한 마름모꼴이며, 둘레는 뾰족한 지느러미처럼 팽창한 창들이 있다. 오른쪽이든 왼쪽이든 상관없이 옆면 중 하나부터 두루마리가 시작된다.

잎은 윗면이든 아랫면이든 똑같이 구부러들게 늘어진 모습인데, 녀석은 언제나 틀림없이 윗면에 자리 잡는다. 역학(力學) 법칙의 명령에 따른 나름대로의 동기가 있어서 그런 것이다. 더 매끄럽고 구부림에 덜 저항하는 윗면이 소용돌이의 안쪽에, 강한 잎맥으로 탄력성이 큰 아랫면은 바깥쪽에 있어야 한다. 작은 두뇌의 거위벌레이지만 정역학(靜力學)은 우리네 학자와 일치한다.

이제 작업 모습을 보자. 녀석이 말려는 선 위에 자리 잡았는데 한쪽 세 다리는 이미 접힌 부분 위에 있고, 다른 세 다리는 아직 말리지 않은 부분에 놓였다. 이쪽이나 저쪽이나 모두 갈고리발톱과 솔로 단단히 고정되어, 한쪽 편 다리에 몸을 의지하고 반대편 다리로 힘을 쓴다. 기계의 두 반쪽이 발동기처럼 교대로 이어지는데, 만들어진 원기둥이 아직 남아 있는 부분으로 나가거나, 남아 있던 부분이 이미 만들어진 두루마리 위에 와서 달라붙게 된다.

물론 이 교대는 그 곤충만이 아는 상황 때문에 규칙적이진 않다. 어쩌면 중단해서는 안 되는 일을 중단하지 않은 상태에서 조금씩 쉬는 방법인지 모른다. 우리가 짐을 양손이 번갈아 들게 해 서로의 피로를 덜어 주는 것처럼 말이다.

몇 시간 동안의 계속적인 작업에 지쳐서 바들바들 떨다가 어느 것 하나라도 잡은 것을 놓치는 날이면 모든 게 원점으로 돌아간다. 이런 위협을 받는 다리들이 얼마나 끈질기게 긴장하는지 보지 않고는 모른다. 잎을 마는 곤충은 5개의 다리가 단단히 박혀 있을 때 비로소 한 다리를 뗀다. 이런 어려움에 이겼다는 심성을 가지려고 얼마나 신중을 기하는지는 보지 않고서는 모른다. 지금 견인점은 3개인데 6개의 다리가 각각 조금씩 움직이면서 제 기계 체계를 잠시도 약화시키지 않는다. 잠시라도 잊거나 무기력해지면 다루기 힘든 잎이 소용돌이를 풀어서 작업자 손아귀를 벗어난다.

게다가 작업장의 위치 역시 별로 편한 자리가 아니다. 잎이 매우 기울었거나 완전히 수직으로 매달렸고, 그 표면은 유리처럼 반들거리며 매끄럽다. 그래서 일꾼은 거기에 알맞은 신발을 신었고, 솔 모양인 발바닥은 수직의 매끈한 곳을 올라갈 수 있다. 또 12개의 갈고리로 미끄러운 표면을 찍기도 한다.[2]

이렇게 연장 한 벌은 훌륭하지만 작업상의 어려움을 모두 해소시키지는 못한다. 잎말이의 진전이 회중시계 바늘보다 느려서 확대경으로도 안 보일 정도였다. 같은 지점에 갈고리를 박고는 오랫동안 머문다. 주름이 길들어 다시는 반작용이 없기를 기다리는 것이다. 새로 접촉된 표면끼리 붙여서 굳힐 풀이 없는 실정이라, 안정성을 얻는 것은 오로지 구부림에 달렸다.

일꾼의 노력을 잎의 탄력성이 압도해서 얼마간 진전된 것이 도로 펼쳐지는 일 역시 드물지 않다. 하지만 곤충은 끈질기다. 냉정하며 일정하게 느린 동작으로 다시 시작해서 반항한 부분을 도로 제자리에 가져다 놓는다. 그렇다. 바구미는 실패했다고 해서 마음이 흔들리는 일은 없다. 인내와 긴 시간이 무엇을 해낼 수 있는지 녀석은 너무나 잘 알고 있다.

복숭아거위벌레가 때로는 뒷걸음질하며 일을 한다. 작업하던 줄이 완성되었을 때 마지막에 접힌 부분은 아직 충분히 길들지 않아, 너무 빨리 놔 버리면 다시 펼쳐질 수 있다. 그래서 방금 접힌 주름을 버리고 출발점으로 돌아가 다시 작업하지 않으려고 조심하는 것이다.

다른 곳보다 위험이 큰 끝 부분에 역점을 두어, 잡았던 곳을 놓지 않은 상태에서 뒷걸음질로 반대쪽을 향한다. 행동은 여전히 느리며 꾸준하다. 이렇게 해서 갓 생긴 주름이 덜 움직이는 상태에서 다음 주름이 준비된

2 각 다리 끝에 발톱이 2개씩이므로 갈고리가 12개이다.

다. 새 줄의 끝에 와서 다시 오랫동안 머물렀다가 다시 말기가 시작된다. 마치 밭고랑을 번갈아 파는 밭갈이 모습이다.

아주 드물지만 잎의 유연성에 위험이 없다고 판단한 곤충이 방금 만든 주름의 반대방향으로 누르는 게 아니라 그곳을 놓고 빨리 원점으로 돌아가 다른 주름을 만들 때도 있다.

마침내 완성되었다. 거위벌레는 상하로 오르내리면서 끈질김과 능란함으로 잎을 다 말았다. 그리고 지금은 작업을 시작했던 잎의 맞은편 끝 측면 각에 와 있다. 여기야말로 나머지 부분의 안정성이 달린 핵심의 위치로서 정성과 인내력을 배로 늘린다.

이번에는 주걱처럼 넓은 주둥이로 고정시켜야 할 가장자리를 한 땀씩 누른다. 마치 양복 직공이 바느질한 이음매를 다리미로 밀착시키는 격이다. 오래, 아주 오랫동안 꼼짝 않고 누르며 잘 달라붙기를 기다린다. 모퉁이의 가장자리가 한 땀, 한 땀 세심하게 봉해졌다.

어떻게 해야 들러붙을까? 쉽게 생각해서, 녀석의 부리는 우리가 실로 꿰맬 때 옷감에 바늘을 수직으로 꽂는 것처럼 재봉틀 노릇을 한다고 할 것이다. 하지만 여기서는 어떤 실도 쓰이지 않아 이런 비교가 허락되지 않는다. 들러붙기는 다른 것으로 설명된다.

잎이 어리다고 했는데, 어린잎 가장자리 톱니의 얇은 테두리는 아주 소량의 풀을 내보내는 분비샘이다. 소량의 이 점성 물질이 아교 겸 봉랍(封蠟)이다. 곤충은 작은 샘을 부리로 눌러 더 많이 나오게 한 아교로 낙인찍은 자리에 고정시키고 점액성 봉인이 굳기를 기다린다. 전체적으로는 우리가 편지를 봉하는 방법과 같다. 조금만 붙어 있으면 점점 시들어서 탄력성을 잃은 잎이 반항하지 못한다. 그래서 강요당한 말림 상태가 유지될 것이다.

작업이 끝났다. 작품은 굵은 볏짚 굵기에 길이는 1인치가량의 여송연(Cigar, 담배)과 비슷하다. 상처 입은 곳의 잎맥이 팔꿈치처럼 꺾여서 잎꼭지 끝에 수직으로 매달린다. 그것 하나를 만드는 데 하루 종일이 너무 긴 시간은 아니다. 어미는 조금 쉬고 나서 두 번째 잎에서 작업을 시작한다. 밤새 일해서 또 하나의 두루마리를 얻었다. 24시간 동안 2개, 이것이 가장 부지런한 어미가 올릴 수 있는 성과의 전부였다.

자, 그런데 어미가 두루마리를 만든 목적은 무엇일까? 자신의 통조림을 마련했을까? 물론 아니다. 곤충은 자신을 위한 것, 즉 제가 먹을 것 마련에는 결코 이토록 정성을 쏟지 않는다. 모든 솜씨를 발휘하며 축재하는 것은 오직 가족을 위할 때뿐이다. 복숭아거위벌레의 여송연은 미래의 지참금인 것이다.

여송연을 펼쳐 보자. 두루마리의 층 사이에 알 하나가 들어 있다. 흔히 2, 3, 4개까지 있다. 알은 타원형이며 약간 노란 호박색(琥珀色) 진주 같다. 잎에 아주 약하게 붙어 있어서 조금만 흔들려도 떨어진다. 특별한 배치 순서는 없다. 여송연의 깊은 곳에도, 얼마간 멀리도, 잎을 말기 시작한 소용돌이 꼴의 가운데도, 각 층 사이에도, 부리가 아교로 봉인한 가장자리 근처에도 언제나 따로따로 한 개씩 있다.

어미는 알이 적당히 성숙해서 수란관 끝에 도달한 느낌에 따라 산란한다. 두루마리 작업의 중단 없이, 갈고리의 긴장 풀기 없이

176

제작 중인 주름 사이에 낳는다. 잠깐만 쉬어도 해체될 기계의 톱니바퀴 사이에서 작업 도중에 산란하는 것이다. 결국 잎말기와 산란이 동시에 이루어지는 것이다. 2~3주라는 짧은 일생의 거위벌레 어미는 희생이 따르는 가족의 정착 작업에 전념해야 한다. 그녀에게 산후 잔치 따위는 시간 낭비만 염려될 뿐이다.

그뿐만이 아니다. 힘들게 말리는 잎에서 멀지 않은 곳에 거의 언제나 수컷이 있다. 할 일도 없는 녀석이 왜 거기에 있을까? 우연히 지나가다 기계장치가 어떻게 작동하는지, 단순히 구경만 하려고 걸음을 멈춘 구경꾼일까? 작업에 관심을 가졌을까? 필요하면 좀 도와주겠다는 막연한 생각을 했을까?

가끔 수컷이 원통에 매달려서 조금 협력하는 것을 보았으니 그런 것 같기도 하다. 잎을 마는 암컷의 뒤를 따라 주름 잡힌 골에 나란히 들어서서 도왔다. 하지만 열성이 없고 서툴 뿐이다. 녀석은 겨우 반 바퀴면 끝이다. 사실상 이 작업은 녀석의 업무가 아니라서 그곳을 떠나 잎의 끝으로 가서 기다리며 지켜본다.

비록 이런 정도의 시도였지만 수컷의 공로라고 생각해 두자. 곤충 세계에서 가족 정착에 아비의 도움이란 극히 드문 일이니 봐주자. 지원도 칭찬해 주자. 하지만 크게 칭찬하지는 말자. 녀석의 도움에는 계산이 있었다. 암컷에게 제 고민을 고백하면서 재주를 과시하는 방법이었다.

실제로 두루마리 말기에 잠깐 협력하며 은근히 손을 써 본다. 초조한 수컷은 여러 번 퇴짜를 맞다가 겨우 허락받는다. 작업장에서 일을 치러 말기가 약 10분간 중단된다. 그래도 다리의 힘쓰기를 중단하면 소용돌이가 즉시 펴질 테니, 암컷은 잔뜩 당기는 다리를 놓치지 않도록 매우 조심한다. 어미의 유일한 기쁨인 짧은 환희 동안마저 일을 쉴 수가 없는 것이다.

말썽꾸러기 두루마리가 꼼짝 못하게 긴장했던 기계의 중단이 오래가지는 않는다. 그런데 수컷은 잎을 떠나지 않고 근처로 물러갔다가 다시 올 것이다. 농땡이 수컷이 머지않아, 즉 제품에 봉인이 되기 전에 다시 찾아온다. 협력한다는 핑계로 다가와 감기는 잎에 잠시 갈고리를 박고 대담해진다. 아직 아무 일 없었던 것처럼 활기의 무공을 다시 펼친다.

단 한 개의 여송연을 만드는 동안 이 행위가 서너 번 반복된다. 그래서 알을 낳을 때마다 매번 욕심 사납게 서두르는 수컷의 직접적인 협력이 요구되었다는 생각이 든다.

분명히 햇볕에서, 그리고 아직 누비지 않은 잎에서 많은 짝이 이루어진다. 짝짓기의 기분 풀이는 정말로 준엄한 업무의 요구에 따라 변질되지 않는 즐거움이다. 마음껏 즐기고 경쟁자끼리 서로 떠민다. 잎을 반쪽만 갉아먹고 거기다 제멋대로 갈겨쓴 글씨를 이어

**하늘소** 우리나라에서 장수하늘소 다음으로 큰 종이다. 예전에는 도시 근처에서도 많이 볼 수 있었으나 요즈음은 무척 드물어졌다. 시흥, 28. VII. '92

놓은 것 같은 줄들이 나타난다. 작업장의 피로가 오기 전에 반가운 동반자끼리의 환희였다.

곤충의 일반 법칙을 따르면 결혼 축제가 끝난 다음 모든 것이 조용해지고, 어미는 이제부터 방해 없이 여송연 제작에 전념해야 할 것이다. 하지만 여기서는 일반 법칙이 깨졌다. 잎말이 작업 때 근처에서 수컷이 망을 보지 않는 경우는 한 번도 없었다. 내게 기다림의 인내력만 있었다면 분명히 여러 번 짝짓기를 보았을 것이다. 개개의 알마다 짝짓기가 반복되는 바람에 어리둥절해졌다. 책을 믿고 단일성을 기대하던 곳에서 무한정을 확인했으니 말이다.

그렇지만 녀석들의 예가 특수한 경우는 아니다. 훨씬 충격적인 두 번째 예로 유럽장군하늘소(Grand Capricorne: *Cerambyx heros*)가 제공한 것을 적어 놓겠다. 하늘소 몇 쌍을 사육장에서 기르며 먹이는 배 조각, 산란 장소로는 떡갈나무 토막을 주었다. 짝짓기가 거의 7월 한 달 내내 계속되었다. 긴 뿔(더듬이)의 수컷은 4주 동안 끊임없이 암컷에 올라타 있었고, 녀석에게 안긴 암컷은 산란에 유리한 껍질의 벌어진 틈을 산란관으로 찾으며 돌아다녔다.

수컷이 가끔 바닥으로 내려가 배 조각을 먹었다. 그러다 갑자기 질겁한 듯 발을 구른다. 격렬한 돌진으로 되돌아와 다시 올라타고 제 자세를 취한다. 밤낮 언제든 이 자세였다.

산란하는 순간, 수컷은 잠자코 있다. 털이 난 혀로 산모의 등에 윤을 내는 것이 녀석의 애무였다. 하지만 잠시 뒤 새로운 시도가 있고 대부분 성공한다. 도대체 끝이 없구나!

한 달이나 계속된 짝짓기는 난소가 바닥나야 비로소 끝난다. 이제 두 녀석이 모두 지쳤다. 떡갈나무 토막에서 할 일이 없어지자 서로 헤어져서 며칠 동안 기운 없이 지내다 죽는다.

하늘소와 거위벌레, 그 밖에 여러 곤충에서 보이는 이런 놀라운 끈질김에서 어떤 결론을 끌어내야 할까? 그저 이것뿐이다. 지금의 우리 진리는 잠정적인 것이라며 내일의 진리가 맹공격을 퍼붓더라도, 너무도 많은 모순된 사실의 가시덤불에 덮인 지식의 마지막 답변은 '의심'이라고 해야 할 것 같다.

# 11 포도복숭아거위벌레

버들잎이 말리는 봄철에 역시 화려한 복장의 복숭아거위벌레
(Rhynchite: *Rhynchites*)로서 포도나무(Vigne: *Vitis vinifera*) 잎으로 여
송연을 마는 종이 있다. 녀석은 좀더 큰 몸집에 복장은 금속성 파
란빛이 도는 금록색이다. 혹시 몸집의 화려함만 관심거리라면 포
도나무의 이 찬란한 녀석이 보석 곤충 가운데서 매우 명예로운 지
위(Très honorable), 즉 최고 등급을 차지할 것이다.

　녀석이 내게 관심을 끈 이유는 광택이 아니라, 자기 재산을 소중
히 여기는 포도 경작자에게 미움을 살 만한 솜씨를 가진 것에 있
다. 농부는 녀석을 알며 특별한 이름으로 부르기까지 한다. 이렇게
작은 짐승의 세계에서 이름을 받는 것은 보기 드물게 영광스러운
일이다.

　농촌에서 풀이름은 풍부하나 곤충에 대한 어휘는 매우 빈약하
다. 프로방스(Provence) 지방의 방언은 너무 일반적인 이름이라 혼
동을 일으키는 10~20개가 곤충 이름의 전부를 대표한다. 식물에

포도복숭아거위벌레
실물의 3배

관한 방언은 때로 식물학자나 알 정도로 망측한 이름의 풀까지 그토록 표현력이 강하고 풍부하지만 곤충의 경우는 그렇지 못하다.

흙의 경작자는 무엇보다 먼저 위대한 유모인 식물을 알아본다. 나머지는 모두 그들의 관심 밖이다. 찬란한 몸치장, 이상한 습성, 희한한 본능, 이런 모든 것이 그들에게는 아무런 흥밋거리가 못 된다. 하지만 포도나무를 건드리는 짓, 남의 풀을 먹는 짓은 얼마나 고약한 범죄행위더냐! 빨리 이름 하나를 지어 그 악한의 목에 걸어 줄 진짜 목걸이를 만들지어다!

프로방스의 농부가 이번에는 대단히 노력해서 특별한 이름 하나를 만들었다. 여송연을 마는 녀석에게 베까뤼(Bécaru)라는 이름을 준 것이다. 여기서는 학자의 의견과 농부의 표현이 일치했다. 복숭아거위벌레와 베까뤼는 양쪽이 모두 긴 부리의 소유자임을 암시한다.

그러나 단순성을 명쾌하게 지닌 농부의 이름이 종(種)에게 순전히 의무적 규정에 따른 수식어, 즉 학명보다 얼마나 더 정확하더냐! 나는 아무리 머리를 쥐어짜도 포도 잎을 마는 곤충에게 포도(자작나무)복숭아거위벌레(Rh. de la vigne: *Rh. betuleti* → *Byctiscus betulae*)[1]라는 이름을 붙인 동기를 알아낼 수가 없다.

자작나무(Bouleau: *Betula*) 잎을 마는 거위벌레가 실제로 존재한다면 녀석은 분명히 포도나무를 이용치 않는 종일 것이다. 두 잎은 모양과 크기가 너무

1 종명 betula는 자작나무를 뜻한다.

달라서 둘 다 한 일꾼에게 적합할 수가 없다.

곤충을 돋보기로 꼼꼼히 들여다보면서 형태를 묘사하고 호적등본을 작성하는 그대들, 즉 특징 기록자들아, 핀에 꽂힌 곤충에게 이름을 붙여 주기 전에 생활양식을 좀 알아보시라. 그렇게 하면 그대들 역시 분명하게 알게 되어 가증스런 반대의 뜻을 피할 것이다. 초보자가 포도나무의 거위벌레를 자작나무의 거위벌레로 동정(분류)하지 않고, 망설임에 사로잡히는 일 또한 없을 것이다. 투박한 음절과 자음의 시끄러운 소리는 기꺼이 용서하겠으나 사실을 변질시킨 이름에 나는 격분하며 거부한다.[2]

포도복숭아거위벌레 역시 작업 방법은 버들복숭아거위벌레와 같다. 우선 부리로 잎 꼭지의 한 지점을 찌른다. 그러면 수액의 분출이 중단되어 잎이 시들며 노글노글해진다. 말기는 아래쪽 열편(裂片)의 모퉁이에서 시작하는데, 푸르게 반들거리는 윗면을 안으로 들여보내고, 솜털이 많으며 단단한 잎맥이 있는 아랫면은 바깥이 된다.

그러나 잎이 넓고 굴곡이 심해서 두루마리의 양쪽 끝까지 일정하게 말리는 경우는 거의 없다. 갑작스런 주름이 생기고, 마는 방향은 여러 번 달라진다. 마치 우연히 그렇게 된 것처럼 순서 없이 푸른 윗면이나 솜털 많은

2 이 복숭아거위벌레에게 가장 대표적인 식물은 자작나무와 너도밤나무이며, 다음으로 포도나무, 배나무, 벚나무 따위의 과실수가 이용된다. 따라서 자작나무라는 뜻의 종명이 주어진 것은 지극히 당연한 일이다. 파브르는 자신이 우물 안 개구리라는 사실을 모르면서, 곤충 이름이 나올 때마다 흥분 상태에 빠지며 분류학자를 맹공격해 왔다. 혹시 『파브르 곤충기』 제1권 말미에서 4종의 벌에게 자기 아들과 딸의 이름을 종명으로 붙여 신종을 발표했다가 모두 폐기된 것에 따른 자격지심의 결과는 아닌지 의심된다. 그 종들이 폐기된 원인은 형식이나 규정 문제가 아니라, 타인이 이미 명명한 종인 줄 모르고 다시 새 이름을 준 것에 있다. 옮긴이가 이 종의 우리말 이름을 포도나무에 맞춘 것은 파브르의 프랑스 어명과 일치시키려 한 것이다. 그러나 이 종이 우리나라에서 발견되면 '자작나무복숭아거위벌레' 라고 지어야 할 것이다.

아랫면이 밖이나 안으로 온 것이 발견된다.

별로 넓지 않고 단순한 형태인 버들(흑양)잎으로는 멋진 여송연이 제작되었으나, 거추장스럽게 넓고 굴곡이 복잡한 포도 잎으로는 꼴불견 여송연, 즉 부정확한 꾸러미가 나온다.

물론 재주가 부족해서 그런 게 아니라 잎 다루기와 억제하기가 너무 어려워서 그런 것이다. 사실상 기교적 솜씨는 버들잎의 경우와 같다. 베까뤼 역시 세 다리는 주름 가장자리 이쪽에 올려놓고 의지점으로, 다른 세 다리는 저쪽에 올려놓고 힘쓰기에 이용한다.

꾸러미 제작자 역시 경쟁자인 여송연 제작자처럼 방금 접혀서 아직 단단하지 않은, 어쩌면 다시 손질해야 할지 모르는 것을 내려다보면서 뒷걸음질해 가며 일한다. 결과가 안정성을 보이지 않아 그렇게 감시하는 것이다.

또 여송연 제작자처럼 부리로 눌러 마지막 층의 톱니 모양을 봉인한다. 잎에서 스미는 접착제는 없지만 솜털이 많아 털끼리 얽혀 달라붙게 된다. 따라서 전체적으로는 두 곤충의 방법이 같다.

가정 습성 또한 다른 게 없다. 어미가 꾸준히 소용돌이를 마는 동안 아비는 가까운 곳에서 암컷의 작업을 바라보고 있다. 그러다가 급히 주름 속으로 달려와 나란히 서며, 호의적인 협력자처럼 갈고리로 보조한다. 녀석 역시 끈기 있는 조수는 아니다. 잠시의 협력은 일하는 암컷과 희롱하며 아주 끈질기게 졸라서 제 목적을 달성하려는 핑계이다.

만족하고 물러난 녀석을 지켜보자. 말기 작업이 끝나기 전에 여러 번 같은 뜻을 품고 오지만 뜻이 무시당하는 일은 드물었다. 곤충학에서 가장 미묘한 것의 하나로서 우리의 전통적 자료와 다른 짝짓기 행위, 즉 한없이 반복되는 행위의 연속적 설명은 의미가 없다. 수백 개의 누에나방(*Bombyx*)이나 3만 개가 넘는 여왕봉(*Apis*) 알에게 생명을 확실히 전해 주는 아비는 단 한 번만 개입한다. 이런 개입을 거위벌레는 거의 모든 알마다 요구한다. 이렇게 희한한 문제를 나는 담당자에게 맡기련다.

아직 싱싱한 꾸러미를 펼쳐 보자. 가느다란 호박색 진주 같은 알 5~8개가 소용돌이의 서로 다른 깊이에 한 개씩 퍼져 있다. 버들잎 여송연이든 포도 잎 꾸러미든, 두루마리 하나에 식솔이 많은 것은 극도의 소식(小食)을 의미한다.

두 종의 잎말이 곤충은 빨리 부화해서 5~6일 뒤에 어린 애벌레가 태어난다. 관찰자에게는 이제부터 사육 견습생의 난제가 시작된다. 게다가 어려움의 예고가 전혀 없어서 그만큼 더 약을 올린다. 여기서는 사실상 일련의 진행이 가장 단순할 것 같았다.

두루마리가 집인 동시에 식량인 만큼 버드나무나 포도나무에서 적당한 재료를 따다 표본병에 넣고 필요한 시간에 꺼내 보면 될 것 같았다. 불안정한 대기 속에서 잘 진행되고 있으니 고요한 병 속에서는 당연히 더 잘될 것이다. 의심의 여지없이 쉽게 성공할 것이다.

그러나 이게 웬일이냐? 가끔 여송연 몇 개를 펼쳐서 벌레의 상태를 알아본다. 보이는 것은 나를 극도로 불안하게 만드는 보육실의 운명이다. 어린 녀석이 잘 자라는 것과는 아주 거리가 멀었다. 말라서 주름 잡혀 작은 방울처럼 오그라든 녀석, 쇠약해졌거나 죽

건조한 병

식량을 베고 굶어 죽는구나~

은 녀석이 있다. 참고 기다려 봐야 소용이 없었다. 여러 주가 지났는데 한 마리도 자라거나 팔팔한 기운을 보여 주지 않았다. 나날이 죽어가는 두 종의 애벌레 수가 줄어든다. 7월이 되자 표본병에는 살아남은 녀석이 하나도 없다.

모두 죽었다. 왜 죽었을까? 굶어서 죽었다. 그렇다. 풍성한 식량 창고에서 굶어 죽었다. 두루마리가 거의 그대로 남아 있으니 먹지 않아 굶어 죽은 것이다. 고작해야 멸시의 이빨에 긁힌 자국 몇 개가 주름 속에서 구별된다. 아마도 건조로 요리가 너무 말라서 먹지 못한 것 같다.

자연환경 역시 낮에는 뜨거운 햇볕이어서 식량이 딱딱해진다. 하지만 밤에는 안개와 이슬로 연해진다. 그래서 소용돌이 꼴의 가운데는 연약한 애벌레에게 필요한 식량 뭉치가 부드러운 기둥처럼 유지된다. 하지만 표본병은 항상 건조해서 그 안에 놓인 두루마리는 너무 굳은 빵 껍질이 되어 버렸다. 그래서 녀석들이 먹고 싶지 않은 것이 되었으며 실패는 거기서 왔다.

이번에 잘 알았으니 내년에 다시 시작해 보기로 마음먹었다. 두루마리가 며칠 동안은 포도나무와 버드나무에 매달려 있다. 잎꼭지가 부리에 찔렸다고 해서 수액 통로가 완전히 끊긴 것은 아니므로, 약간의 수액이 계속 흘러들어 얼마 동안 잎의 유연성이 유지된다. 특히 햇볕을 직접 받지 않는 소용돌이의 가운데까지 흘러들어 갓난이 애벌레가 싱싱한 식품을 먹을 수 있다. 자라며 힘이 생기면 덜 연한 식품이라도 만족하기에 적당한 위장을 갖게 된다.

두루마리는 날이 갈수록 밤색으로 변하며 마른다. 무한정 가지에 매달려 있으면, 또한 자주 그렇듯이 밤의 습기가 부족하면, 두루마리가 완전히 말라서 그 안의 애벌레는 표본병에서처럼 죽을 것이다. 그렇지만 조만간 바람에 흔들려 가지에서 탈락되며 땅으로 떨어진다.

이렇게 떨어지는 것이 완전 성장과는 아직 거리가 먼 애벌레에게 구원의 손길이 된다. 버드나무 밑은 자주 비를 맞은 풀밭 아래의 흙이 언제나 축축하다. 포도나무 밑의 땅 역시 나뭇가지가 가려서 지난번 소나기의 시원한 기운이 매우 잘 보존된다. 축축한 땅바닥에 누웠으나 강렬한 햇볕을 직접 받지 않는 식량은 필요한 정도의 부드러운 상태를 보존한다.

나는 이렇게 추론하면서 새로운 실험을 생각했다. 그런데 예측이 정확했음을 사실이 확인시켜 주었다. 이제는 소원대로 일이 진행된다.

싱싱해서 푸른 두루마리보다는 머지않아 땅에 떨어질 갈색 여송연을 땄다. 나이가 더 많은 여송연의 애벌레가 사육에 훨씬 덜 까다로웠다. 어쨌든 따온 것들을 전처럼 표본병에 넣되 축축한 모래 위에 놓았다. 다른 조건 없이 완전히 성공했다.

이번에는 여송연과 꾸러미 더미에 곰팡이가 침범해서 모두 위태로울 것 같았다. 그렇지만 애벌레는 지장 없이 잘 자랐다. 썩는 것이 녀석들 마음에 든 것이다. 처음에는 썩는 것을 매우 경계해서 그것을 피하려고 건조 상태로 보존시켰다. 지금은 분해 중인 넝마 조각이 거의 부식토가 된, 즉 썩기 시작한 잎을 녀석들이 한입 가득히 물고 먹는 것을 보는 듯하다.

첫 실험에서 내 하숙생이 굶어 죽은 것을 이제는 이상하게 생각하지 않는다. 잘못 판단한 위생 문제의 충고를 받아들였던 나는 곰팡이가 피지 못하는 공기 속에서 훌륭한 상태로 보존되는 식량만 유의했다. 하지만 그와는 반대로 질긴 조직을 흐물흐물하게 만들며 맛을 돋우는 발효가 일어나도록 놔두었어야 했다.

6주 뒤인 6월 중순, 제일 오래된 두루마리는 소용돌이 꿀을 보호하는 지붕인 바깥 층 말고는 별로 남은 게 없는 오두막이 되었다. 펼쳐 보니 안쪽은 완전히 황폐한 상태인데, 보기 흉한 허섭스레기

와 엽총의 고운 화약 같은 검정 알갱이가 섞여 있다. 바깥은 여기저기 구멍이 뚫려서 무너져 가는 싸개였다. 구멍은 안에 살던 녀석이 떠나 땅으로 내려갔음을 뜻한다.

실제로 표본병의 모래 속에서 애벌레를 발견했는데, 녀석들은 제각각 등으로 밀어서 변변찮은 공간의 둥근 둥지를 파냈다. 그 안에서

쭈그리고 있는 녀석은 새로운 탄생의 준비를 하고 있었다.

비록 작은 방이 모래알로 이루어지긴 했지만 벽이 무너지지는 않는다. 갇혀 있는 녀석은 탈바꿈의 잠이 들기 전에 집을 튼튼하게 해 두는 것이 슬기롭다고 생각했다. 내가 조금만 정성을 들이면 완두콩 크기의 알맹이 형태인 집을 분리해 낼 수 있다.

그런데 집의 골재들이 고무풀 같은 물질로 접착되었음을 알았다. 유동적인 물질이 배출되면 모래알로 제법 깊게 스며들며 접착시켜 어느 정도의 두께를 가진 벽이 된다. 별로 많지 않고 색깔 없는 물질의 기원을 나는 망설이게 된다. 이 물질이 송충이의 명주실 제조 관이나 샘에서 온 것은 분명히 아니다. 거위벌레 애벌레에게는 그런 것이 없다. 그렇다면 재료(먹이)가 드나드는 구멍인 소화관의 협력이다. 두 구멍 중 어느 쪽일까?

접착제 문제는 세밀히 조사하지 않아도 다른 바구미가 제법 그럴 듯한 답변을 주었다. 뭉툭해서 둔해 보이며, 검은색에 갈고리 털 돌기가 가득 덮인 마늘소바구미(*Brachycerus algirus*→ *muricatus*)[3]를 봄에 만나면 거의 언제나 흙투성이였다. 이런 복장은 녀석이 땅속에서 뚫고 나왔다는 표시이다.

마늘소바구미 실물의 3배

사실상 이 바구미는 애벌레 시대의 유일한 식품인 마늘을 찾아 땅속을 자주 드나든다. 변변찮은 내 채소밭의 한 귀퉁이에 프로방스 사람에게 소중한 마늘이 심겨진다. 마늘을

---

3 소바구미과(Anthribidae)에 속하는 종이므로 습성이 다를 수 있다.

캐는 7월에는 대부분의 마늘통이 기름이 자르르 흐르는 애벌레를 제공했다. 훌륭한 애벌레는 마늘쪽 하나에만 넓은 둥지를 틀어 놓고 다른 쪽은 건드리지 않는다. 녀석은 프로방스의 요리사보다 먼저 아이올리(aïoli = alloli)[4]를 발명한 마늘소바구미 애벌레였다.

라스파유(Raspail)[5]는 생마늘이 가난한 사람의 장뇌(樟腦)라는 말을 했다. 장뇌라면 좋지만 빵은 아니다. 그런데 이 애벌레는 일생 동안 다른 것은 영양으로 취하지 않을 만큼 독한 향신료를 몹시 좋아하는 부조리가 식탁이 되었다. 이런 화끈거리는 음식을 먹고 어떻게 그런 훌륭한 지방층을 몸속에 저장했을까? 그 문제는 녀석의 비밀이다. 뿐만 아니라 세상의 모든 취미가 다 비밀이다.

마늘 농축액을 좋아하는 애벌레는 자기 마늘쪽을 다 먹은 다음 더 깊은 땅속으로 들어간다. 아마도 곧 닥칠 마늘 뽑기 시기가 걱정되어 그럴 것 같다. 채소 경작자가 제게 가져올 재난을 예방하려고 태어난 마늘통에서 멀리 내려가는 것이다.

모래를 절반쯤 채운 표본병에서 애벌레 12마리를 길렀다. 어떤 녀석은 바로 벽에 자리를 잡아서 유리를 통해 땅속 방안에서 일어나는 일을 막연하게나마 보여 주었다. 집을 짓는 애벌레는 몸을 활처럼 구부렸는데 가끔씩 오그려 고리 모양이 된다. 그때는 밤바구미가 그랬던 것처럼 뒤쪽 끝에서 방울져 나오는 점액을 큰턱으로 받는 것 같았다. 그것을 모래 벽 속으로 배어 들게 하고 유리에도 바른다. 그 자리가 흐릿하게 담황색의 긴 자국으로 굳는다.

결국 완성된 시멘트 모양, 애벌레의 조작

4 프랑스 남부 지방에서 잘게 다진 마늘과 올리브유, 레몬 따위로 만든 일종의 마요네즈
5 François Vincent. 1794~1874년. 프랑스 과학자, 정치가

을 조금은 보았다. 복숭아거위벌레가 방을 단단히 보호할 오두막을 짓는 방법은 밤바구미와 같을 것으로 생각된다. 녀석 또한 수경성(水硬性) 모르타르 공장으로 변하는 창자의 비밀을 알고 있다. 이렇게 모래를 굳혀서 얻은 껍데기는 제법 단단하며, 8월에 완성된 성충은 다음 마늘 철이 다가올 때까지 그곳에 머문다.

이렇게 애벌레, 번데기, 성충 상태로 한 해의 일부를 땅속에 만든 껍데기 안에서 웅크리고 지내는 방법은 바구미과의 여러 종에서 일반적일 수 있다. 잎을 마는 곤충들, 특히 버들복숭아거위벌레와 포도복숭아거위벌레는 아무리 접착제가 빈약해도 제 창자 속에 시멘트 창고를 가지고 있을 것 같다. 더 알아내기는 어려울 것 같으니 의문은 그대로 남겨 두고 우리 이야기를 계속하자.

여송연을 만들던 넉 달 뒤인 8월 말, 성충이 된 포도복숭아거위벌레를 처음으로 껍데기에서 꺼내 본다. 금빛과 구릿빛으로 찬란하게 반짝이는 녀석을 파낸 것이다. 나의 방해가 없었다면 녀석이 좋아하는 4월까지, 즉 새싹이 돋아날 때까지 지하 성채에서 졸고 있었을 것이다.

흰색이며 쪼글쪼글한 딱지날개를 펼치려고 절반쯤 벌린, 하지만 말랑말랑해서 힘이 없는 녀석까지 파 보았다. 이렇게 창백한 모습으로 소생하는 녀석과 가장 빨라서 새까만 것에 자줏빛이 반사하는 부리를 가진 녀석이 심한 대조를 이루었다. 마지막 형태를 갖추기 시작한 왕소똥구리(Scarabaeus)는 작업용 연장을 먼저 굳히며 물을 들인다. 즉 팔받이의 톱날과 반짝이는 햇빛 모습의 머리방패가 그런 것들이다. 거위벌레 역시 제일 먼저 송곳을 단단하게 굳히며 물들인다. 부지런한 이 곤충이 자신을 준비하는 것이 흥미를 끈다. 몸의 나머지 부분은 겨우 엉겨 붙어 결정체가 되었을까 말까 한데, 장차 쓰일 연장인 부리는 벌써 오래 전부터 계속적인 담금질로 아주 뛰어난 재질을 얻는다.

깨뜨린 껍데기에서 번데기와 애벌레를 꺼냈다. 애벌레는 아무래도 금년에 그 단계를 넘지 못할 것이다. 서둘러서 무엇하겠나? 애벌레 역시 성충처럼 혹독한 겨울 추위 동안 졸고 있으며, 어쩌면 그 상태가 더 적합할지 모른다. 버들이 끈적이는 새싹을 펼치고, 귀뚜라미가 풀밭에서 단조롭게 첫 노래를 울릴 무렵, 지각생이든 빠른 녀석이든 모두가 준비되어 있을 것이다. 좋아하는 나무로 서둘러 올라가, 햇볕을 받으며 잎말기의 즐거움을 다시 시작하려고 소생의 부름에 충실히 응답한다. 그래서 모두가 땅속에서 나올 것이다.

돌이 많고 가뭄을 타는 땅에 사는 포도복숭아거위벌레의 양식인 두루마리가 빨리 마른다. 녀석은 적당히 부드러운 식량이 없어서 쉴 수밖에 없고, 이런 위험을 겪어 발육이 늦어진다. 그래서 9, 10월이 되어야 첫 성충을 얻을 수 있었다. 이 찬란한 보석 역시 봄까지 녀석의 땅속 껍데기인 보석 상자 안에 틀어박혀 있다. 이 계절에는 땅속에 묻혀 있는 번데기와 애벌레가 많다. 많은 애벌레는 아직 두루마리를 떠나지 않았는데, 어떤 녀석은 몸 크기로 보아 곧 떠날 것 같다. 첫 추위가 닥쳐오면 모든 것이 마비될 뿐, 더 이상의 변화는 궂은 날씨로 끝날 때까지 미루어진다.

# 12 다른 잎말이 딱정벌레들

곤충의 솜씨는 제 마음대로 쓸 수 있는 연장의 구조로 결정될까?
아니면 연장과는 무관할까? 기관의 구조가 본능을 지배할까? 아
니면 다양한 적성이 해부학 자료로 설명할 수 없는 기원까지 거슬
러 올라갈까? 이 문제에 대해 또 다른 두 종의 잎말이 거위벌레인
개암거위벌레(Apodère du noisetier : *Apoderus coryli*)●와 상비앞다리톱
거위벌레(Attelabe curculionoïde : *Attelabus curculionoides* → *nitens*)가 답변
을 주려 한다. 녀석들 역시 버들과 포도나무 잎으로 여송연을 마는
곤충과 열렬한 경쟁자이다.

　그리스 어 사전에 거위벌레(Apodère)란 '벗
겨진 피부(*écorché*)'를 나타내는 것 같다. 이 표
현의 이름을 만들어 낸 사람은 이 점을 염두에
두었을까? 모두를 갖추지 못한 촌구석 박물학
자의 책 몇 권으로는 대답할 수가 없다. 어쨌든
나는 이 단어를 이 곤충의 색깔로 이해하려다.

개암거위벌레
실물의 4배

거위벌레는 살갗이 벗겨져 핏빛 어린 비참한 꼴을 송두리째 드러낸 곤충이다. 스페인 봉랍(封蠟)만큼이나 선명한 빨간색이다. 마치 암녹색 잎 위에 동맥에서 흘러내린 피 한 방울이 엉겨 붙은 것 같다.

곤충 중 보기 드물게 눈에 거슬리는 복장에다 그에 못지않게 유별난 특징이 보태졌다. 바구미 무리는 모두 머리가 작은데 이 녀석은 터무니없이 더 줄였다. 마치 머리가 없이 지내려 했던 것처럼, 없어서는 안 될 최소한의 것들만 간직하고 있다. 미미한 뇌가 들어 있을 두개골은 아주 새까맣고 반들거리는 알갱이 같다. 앞쪽에는 긴 부리가 아니라 매우 짧고 넓은 콧방울이 있고, 뒤쪽에는 멋없이 긴 목이 있는데 무슨 고삐에 졸린 목이 상상될 정도이다.

다리는 길어서 걸음이 서툰데, 제가 머문 잎에서 한 걸음씩 거닐며 둥근 하늘창을 뚫어 놓는다. 뜯어낸 것은 녀석의 식량이다. 정말로 이상한 곤충이다. 어쩌면 생활의 진보로 폐기된 고대 섭조개(Moule: Mytiloida, 홍합목)의 흔적인지도 모르겠다.

유럽 동물 목록에는 거위벌레(*Apoderus*)가 3종뿐인데, 그 중 가장 잘 알려진 개암거위벌레를 다뤄 보련다. 여기서 그 곤충을 발견했으나 녀석의 정당한 영역인 개암나무(Noisetier: *Corylus*)가 아니라 오리나무(Verne), 특히 검정오리나무(Aulne glutineux: *Alnus glutinosa*)에서였다. 이렇게 이용 대상이 변화한 경우는 좀 연구해 볼 가치가 있다.

개암나무에게는 내 고장의 기후가 너무 덥고 건조해서 생존에 좀 불리하다. 이 나무가 방뚜우산(Mt. Ventoux)의 산마루에는 드문

**거위벌레** 5월부터 9월까지 활동하며, 먹이식물은 오리나무, 밤나무, 자작나무, 장미, 딸기 등으로 매우 다양하다.
포천, 11. VII. '96

**등빨간거위벌레** 먹이식물이 거위벌레에 비해서는 약간 드물며 주로 한여름에 느릅나무류에 기생한다. 잎말이는 두 종 모두 캔 모양으로 한다. 옥천, 5. VIII. '95

드문 있으나 낮은 곳은 내 뜰에 심어 놓은 몇 그루밖에 없다. 길러 줄 나무가 적어서 이 곤충이 전혀 존재할 수 없는 것은 아니지만 어쨌든 극히 드물다.

나는 아주 오래전부터 우산을 뒤집어 놓은 모습의 이 고장 관목 숲을 뒤지고 다녔지만 개암거위벌레는 이번에 처음 만났다. 3년에 걸친 봄 동안 오리나무에서 이 빨간 녀석과 그 작업을 관찰했다. 아이그(Aygues) 하천가의 버드나무숲(Oseraies)에서 언제나 한 그루의 그 나무만 잎말이 곤충을 제공했다. 근처의 다른 오리나무에는 없다. 내가 처음 본 생생한 곤충은 타지에서 우발적으로 들어온 작은 집단이 특혜를 받은 이곳의 이 나무에 작은 마을을 세운 것이다. 그 주민은 저희 영역을 넓히기 전에 새 환경에 적응했다.[1]

녀석들이 어떻게 여기로 왔을까? 급류를 타고 왔을 것임에는 의심의 여지가 없다. 지

1 우리나라에서 기록된 개암거위벌레의 숙주식물만 해도 여러 자작나무, 물오리나무, 밤나무, 상수리나무, 떡갈나무 등이 있다.

리학자는 아이그 물줄기를 하천으로 정의한다. 목격자인 나는 더 정확하게 자갈 줄기로 부르련다. 하지만 내 말이 마른 곳에 남겨진 자갈이 저절로 흘러내린다는 것은 아니니 말뜻을 잘 이해하자. 개울의 경사가 완만해서 그런 일은 있을 수 없다. 그러나 비가 오면 자갈이 흘러내리는데, 그때는 2km 밖의 우리 집까지 돌 부딪치는 소리가 요란하게 들린다.

하천가는 1년의 대부분 흰 자갈을 깔아 놓은 넓은 식탁보 같다. 급류에서 남은 것은 막강한 이웃의 론(Rhône) 강 유역과 비교되는 엄청난 넓이의 개울 바닥뿐이다. 줄기차게 비가 오거나 알프스산에서 눈이 녹아내리면 목말랐던 이 고랑에 며칠 동안 물이 가득 찬다. 더욱이 우르릉거리며 멀리까지 넘쳐서 조약돌 무더기를 요란스럽게 옮겨 놓는다. 일주일 뒤에 다시 와 보시라. 요란한 홍수 대

신 고요가 깃들었다. 무서운 물은 사라졌고 지나간 흔적으로 개울가에 초라한 흙탕물 구덩이 몇 개가 잠깐 생기지만 그것마저 곧 해가 마셔 버린다.

이렇게 갑자기 불어나는 물은 산허리에서 휩쓸린 수많은 씨앗을 가져와 말라붙었던 하천가는 아주 이상한 식물의 수집장이 된다. 그래서 고지대에서 내려온 수많은 식물을 채집할 수 있다.

어떤 것은 한 계절만 살다가 없어져 일시적이나, 끈질기게 버티면서 새 풍토에 적응하는 것도 있다. 멀리서 또한 높은 곳에서 온 낯선 식물을 그들의 진정한 품안에서 채집하려면 방뚜우산에서 유럽너도밤나무(Hêtres: *Fagus sylvatica*) 지대를 지나 목본식물이 끝나는 높이까지 올라가야 한다.

특별히 큰 홍수로 고요가 무너진 버드나무숲에는 외지 동물 대표가 있다. 나는 특히 전형적으로 집안에 틀어박혀 사는 육상 연체동물 쪽에 관심이 간다. 프로방스 사람의 말처럼, 천둥이 우르릉거리는 뇌우(*lou tambour di cacalauso*)의 계절에는 미로 같은 저택인 바위에서 나와 소나기로 부드러워진 문 앞의 풀이나 이끼, 지의류 따위를 뜯어먹는 이 달팽이가 거리낌 없이 자리를 옮기는 것의 전부이다. 녀석은 대홍수가 있어야만 여행시킬 수 있다.

미친 듯이 불어난 아이그 하천 물이 그렇게 할 수 있다. 불어난 물은 이곳 달팽이 중 제일 굵고 부르고뉴(Bourgogne) 지방의 영광인 로마달팽이(*Helix pomatia*)를 여기까지 데려와 버드나무숲이 우거진 곳에 내려놓는다. 소나기로 추방당해 풀 덮인 산비탈을 굴러내려온 달팽이는 석회질 뚜껑 덕분에 물에 잠기는 것이 문제되지 않았고, 충돌은 단단한 껍데기가 견뎌 냈다. 녀석은 자기 숙영지에서 이 버드나무, 저 버드나무 숲의 숙영지로 왔다. 론 강까지 떠내려 가 아이그 하천이 흘러드는 어귀의 쥐 섬과 비둘기 섬에서 새끼를 친다.

올리브나무(Olivier: *Olea*)가 자라는 땅에서는 찾아봐야 소용없을 이 강제 이주자가 어디서 왔을까? 녀석은 온화한 기후, 푸른 잔디

(Gazons: *Poa*), 서늘한 그늘을 좋아한다. 녀석이 태어난 곳은 분명히 여기가 아니다. 멀리 산 위에서, 알프스산이 마지막 굴곡을 이룬 곳에서 살았다. 그래도 산골 촌놈이 귀양살이에 기분이 좋은가보다. 커다란 이 달팽이는 급류 가장자리의 아마릴리스(Amarines: *Amaryllis*, 백합과) 덤불이 우거진 곳에서 곧잘 성장한다.

개암거위벌레 또한 이 고장 곤충이 아니라 개암나무가 많은 산에서 온 조난자였다. 작은 보트로, 즉 애벌레가 태어난 나뭇잎 두루마리로 여행한 것이다. 아주 잘 봉해진 배 덕분에 여행할 수 있었다. 개울가의 어느 지점에 착륙했다가 하지 때 자신의 두루마리를 뚫었다. 그러나 좋아하는 나무가 없어서 오리나무에 자리 잡았다. 녀석은 거기서 그 집안의 시조가 되었고, 내가 녀석과 관계를 맺은 3년 전부터 같은 나무에 충실했다. 물론 이 마을의 기원은 어쩌면 좀더 거슬러 올라갈지 모르는 일이다.

외지에서 온 이 곤충의 내력이 흥미를 끈다. 그 조상은 온화한 기후에서 살면서 개암나무 잎을 먹었으나 녀석에게는 생활의 가장 중요한 조건인 기후와 식량에 변화가 생겼다. 과거 세대가 꾸준히 이용해서 익숙해진 잎을 원기둥으로 가공했

오리나무의 개암거위벌레 두루마리

는데, 고향을 떠난 이 녀석은 찌는 듯한 하늘 밑에서 맛과 영양 특성이 가족의 전통 요리와는 크게 다른 오리나무 잎을 먹고 살게 되었다. 그래서 알지 못하던 잎을 가공했으나 형태와 크기는 규정된 것과 비슷했다. 식량과 기후의 혼란이 녀석의 특성에 어떤 변화를 일으켰을까?

절대로 어떤 변화도 일어나지 않았다. 오리나무를 이용하는 이 곤충과 코레즈(Corrèze)[2] 지방의 벽지에서 우송해 온 개암나무 이용 곤충을 확대경으로 아무리 살펴봐도, 둘 사이에서 아주 미세한 차이조차 발견하지 못했다. 재주의 솜씨가 변했을까? 개암나무 잎으로 작업한 것은 아직 보지 못했다. 하지만 오리나무 잎의 두루마리와 같다고 나는 과감하게 단언하련다.

식량과 기후를 바꾸고 가공 재료까지 바꿔 보시라. 만일 곤충이 새로 강요된 것에 만족할 수 있으면 솜씨, 습성, 자질을 그대로 고수하지만 그렇지 못하면 죽는다. 뒤를 이은 수많은 급류의 조난자 곤충은 이렇게 전처럼 보존하거나 사라지거나 둘 중의 하나라고 말해 준다.

개암거위벌레가 오리나무 잎에서 작업하는 모습을 보자. 그러면 개암나무에서의 방법까지 알게 될 것이다. 빨간 일꾼이 말아야 할 잎의 유연성을 얻으려고 잎꼭지를 깊이 찌르는 복숭아거위벌레(*Rhynchites*)의 방식은 모르지만, 그것과는 다른 특수 방법을 가졌다.

좁은 잎꼭지에 꽂기 좋은 송곳인 부리가 없는 게 작업 방법 변화의 원인일까? 그럴 수 있겠다. 하지만 콧방울 역시 훌륭한 가위

2 툴루즈(Toulouse) 시 훨씬 북쪽에 있는 리모주(Limoges) 시와 인접한 주

라서 확실치가 않다. 이 가위로 한 번 깨물면 잎꼭지가 절반쯤 잘려 똑같은 효과를 얻을 수 있을 것이다. 나는 전문가별로 새롭게 알려지는 방식의 선택 쪽을 생각하고 싶다. 업무를 결코 연장으로 판단하지 말자. 곤충은 어떤 기구라도, 또 그것에 결함이 있어도 사용할 줄 아는 능란한 일꾼이다.

개암거위벌레는 잎의 기부에서 조금 떨어진 곳을 큰턱으로 비스듬히, 가운데 잎맥까지 아주 깔끔하게 자른다. 남은 부분은 커다랗게 잘려 나간 조각이 시들어서 매달린 끝 쪽이다.

이제 잎의 대부분에 해당하는 조각이 굵은 잎맥을 따라 둘로 접히는데 더 푸른 윗면이 안쪽이 된다. 이제 두 겹이 된 잎이 뾰족한 끝 쪽부터 원통처럼 말린다. 위쪽 구멍은 잘리지 않은 잎으로 막히고, 아래쪽 구멍은 안으로 밀려들어 간 잎의 가장자리로 막힌다.

통조림 깡통처럼 짧고 멋진 원기둥 모양이 수직으로 매달려 바람이 조금만 불어도 흔들린다. 위쪽 끝에 돌출한 가운데 잎맥이 작은 통의 핵심이다. 겹쳐진 두 잎 사이인 소용돌이 꼴의 가운데쯤에 송진 같은 갈색 알이 들어 있는데 이번에는 한 개뿐이다.

마음대로 조사할 수 있는 통조림이 몇 개밖에 없어서 안에 든 녀석의 변화를 자세히 관찰하는 것은 허락되지 않았다. 몇 개가 알려준 것 중 가장 흥밋거리는 애벌레가 다 자랐지만 다른 종류처럼 땅으로 내려오지 않는다는 점이다. 녀석은 짧은 통조림 캔 속에 그대로 남아 있지만 캔은 곧 바람에 흔들려서 수풀 사이로 떨어진다. 날씨가 나쁠 때는 절반쯤 썩은 이 은신처가 안전하지 못할 것이다. 빨간 거위벌레 역시 그것을 알고 있어서 서둘러 성충의 형태인 빨간 옷으로 갈아입는다. 그리고 초여름에 누추해진 집인 통조림 깡통을 떠나 들춰진 나무껍질 밑에서 더 좋은 은신처를 찾아낼 것이다.

상비앞다리톱거위벌레(*At. nitens*) 또한 잎으로 통조림 깡통 만드는 솜씨가 덜하지 않다. 녀석의 빨간 정도는 이상할 만큼 개암거위벌레와 같다. 아니, 더 정확하게 말해서 카민 색이며, 부리는 매우 짧은 콧방울처럼 퍼졌다. 닮은 점은 이것뿐이다. 개암거위벌레는 몸이 좀 길고 늘씬한데 이 녀석은 땅딸막하고 작은 방울처럼 옴츠러들었다. 답답한 모습이 작업은 서투를 것 같아 기대하지 않았다가 작품을 보고 깜짝 놀랐다.

녀석은 만만한 가공 재료가 아닌 털가시나무(Chêne vert : *Quercus ilex*) 잎을 말았다. 물론 돋아난 지 얼마 안 된 잎이라 너무 뻣뻣하지는 않지만 질겨서 잘 구부러지지 않으며 시듦 역시 더디다. 내가 아는 여송연 제조공 4종 중 가장 작은 녀석이 제일 힘든 몫을 차지했다. 게다가 아주 서툴러 보이는 난쟁이가 꾸준히 작업해서 가장 멋있는 집을 지었다.

때로는 보통 참나무인 털가시나무보다 더 넓고 깊게 패인 유럽

상비앞다리톱거위벌레
실물의 3.5배

떡갈나무(Ch. rouvre: *Q. robur*) 잎을 마는데, 봄에 꼭대기에서 새로 돋은 중간 크기의 새싹 중 단단하지 않은 잎을 선택한다. 거기가 적당하면 같은 가지에 5~6개, 또는 더 많은 통조림 깡통을 매단다.

어느 떡갈나무든, 거기에 자리 잡은 곤충은 잎의 기부와 조금 떨어진 곳의 가운데 잎맥 좌우를 찢는다. 즉 든든한 부착점을 제공할 맥의 가운데 부분은 건드리지 않는다. 이제 개암거위벌레의 방식이 다시 나타난다. 양옆을 찢어서 좀더 다루기 쉽게 된 잎을 길이로 접는데 윗면을 안으로 들여보낸다. 여송연이든, 캔이든, 두루마리 제조 곤충은 모두 잎의 탄력성이 찌르거나 찢기 중 어느 방법으로 억제되는지를 알고 있다. 탄력성이 더 큰 면을 구부러짐의 윗면으로 보내야 하는 정역학(精力學)의 원리에 모두가 정통했다.

잎의 양면이 맞닿은 곳 사이에 알이 놓였는데 이번에도 하나뿐이다. 두 겹의 잎은 뾰족한 끝 쪽에서 기부 쪽을 향해 말린다. 맨 마지막 주름의 톱니 모양 굴곡은 주둥이로 꾸준히 눌러서 봉한다. 캔의 양끝은 가장자리를 밀어 넣어서 막힌다. 이제 끝났다. 완성된 캔의 길이는 1cm가량이며, 고정된 꼭지는 가운데 잎맥이다. 작지만 단단하고 제법 멋지다.

땅딸막한 이 깡통 제조공은 나름대로 재주가 있다. 제가 만든 깡통 위에서 주둥이를 주름에 갖다 대고 꼼짝 않는 것을 여러 번 만났다. 녀석의 작업장인 들에서 보는 것은 거의 일도 아닐 것 같았다. 그래서 작업 모습을 직접 보면서 재능을 더욱 분명하게 설명하고 싶었다.

녀석은 거기서 무엇을 하고 있을까? 햇볕을 받으며 졸고 있다. 하지만 사실은 제 작품의 마지막 주름을 오랫동안 눌러서 안정성을 얻으려고 기다리는 것이다. 내가 조사하려고 너무 가까이 접근하면 즉시 다리를 배 밑으로 오그려서 떨어진다.

찾아다니며 관찰하는 게 별로 성과가 없어서 사육을 시도했는데 녀석은 쾌히 승낙했다. 철망뚜껑 밑 사육장에서 참나무에서와 똑같은 열성으로 일했다. 그러나 녀석은 밤 일꾼이었다. 결국 잎말이 조작을 자세히 지켜보겠다는 내 희망을 몽땅 빼앗아 버린 것이다.

밤이 이슥한 9~10시쯤 되어야 잎에 상처 내기 가위질을 시작하고, 이튿날 아침에는 작은 통조림이 완성되었다. 희미한 빛의 등불로, 게다가 잠이 필요해서 불편한 시간이니 녀석의 미묘한 손재간을 제대로 보지는 못하겠다. 그러니 직접 보겠다는 생각을 포기하자.

밤에 일하는 습성에는 나름대로의 동기가 있을 텐데 그것이 어렴풋이 보일 것 같다. 참나무 잎, 특히 털가시나무 잎은 오리나무, 흑양, 포도 잎보다 훨씬 말썽꾸러기이다. 낮에 뜨거운 햇살을 받으며 가공하려면 별로 연하지 않다는 어려움에 잎이 마르는 문제까지 겹칠 것이다. 서늘한 밤에는 반대로 이슬이 찾아와 잘 구부러진 잎이 그대로 있을 것이다. 다시 말해서 작업 곤충의 노력에 적당히 복종할 것이다.[3] 해가 다시 돌아왔을 때는

3 이 설명과 반대로 마르면 더 잘 구부러지고 이슬을 맞으면 더 팽팽해지는 것은 아닌지 실험으로 확인해 봐야 할 일이다.

## 왕거위벌레의 잎말기와 산란 시흥, 1. VI. 06

1. 암컷이 밤나무 잎을 말려는데 수컷이 찾아와 돕는 척한다.

2. 암컷은 잎말이 작업을 계속하는데 수컷은 짝짓기 기회를 노린다.

3. 잎을 말다가 알을 한 개씩 낳으며 그때마다 수컷은 짝짓기를 한다.

4. 잎을 절반으로 접어 돌려 말기를 한다.

5. 작업 공정이 중간 단계를 넘어섰다.

6. 작업이 끝난 잎은 거의 캔 모양이며 작업이 끝나도 수컷은 떠나지 않는다.

7. 캔이 완성된 뒤에는 잎맥을 잘라 땅으로 떨어뜨린다.

8. 잎은 캔 제조에 2/3가 베어졌고, 1/3만 나무에 남아 있다.

9. 땅바닥에 캔 무더기가 떨어져 있다. 캔은 알의 집인 동시에 부화한 애벌레의 먹이이다.

10. 캔의 절단면에서 산란된 알이 보인다.

11. 펼쳐 본 캔은 말기 시작한 곳 근처에 산란되었다.

12. 새로 말 나뭇잎을 찾아다닌다.

이미 깡통이 완성되었으며, 햇볕의 뜨거운 열은 아직 싱싱한 제작물을 굽은 형태로 고정시켜 줄 것이다.

서로 다른 잎말이 곤충 4종의 솜씨는 기관의 구조 문제가 아니며, 연장이 작업 형태를 결정하는 것은 아니라고 말해 준 셈이다. 부리가 길든 짧든, 다리가 길든 짧아서 종종걸음을 치든, 몸집이 늘씬하든 땅딸막하든, 송곳으로 찌르든 가위로 자르든, 이상의 4종은 모두 같은 결과에 도달했다. 즉 두루마리 집과 애벌레 식량 창고를 제작했다.

녀석들은 또 이렇게 말했다. 본능의 기원은 기관이 아니라 더 높이 거슬러 올라가야 있다. 생명의 기본 법전에 기입되어 있는 본능은 연장 한 벌에 예속된 것이 아니라, 그 연장을 지배하는 것이다. 연장 한 벌로 여기서는 이 물건, 저기서는 저 물건을 만든다.

참나무 잎 깡통 제조 곤충이 알려 준 게 또 있다. 녀석을 상당히 자주 대해 보고 식량의 질에 대해서 얼마나 까다로운지 안 것이다. 마른 것은 영양실조로 죽는 한이 있어도 절대로 거절한다. 되레 연하고 축축하게 저려졌거나 썩기 시작해서 흐느적거리며 곰팡이로 양념까지 되어 주길 바란다. 표본병의 식량은 젖은 모래 위에 올려놓아 녀석 입맛에 맞게 요리되었다.

이렇게 처리하면 6월에 깬 어린 애벌레가 빨리 자라서 두 달이면 충분히 훌륭한 주황색 애벌레가 된다. 집이 뚫린 녀석은 구부렸던 몸을 그 안에서 용수철 튀듯이 갑자기 확 펴며 심하게 움직인다. 형태는 다른 보통의 거위벌레보다 훨씬 살이 덜 쪄서 날씬한 것에 유의하자. 애벌레가 이렇게 날씬한 것만으로 성충이 특별한 종류에 속함을 알 수 있다. 하지만 녀석의 특징 설명은 별로 흥미가 없을 테니 그만두자.

형태보다는 이것에 더 조사할 가치가 있다. 지금은 9월 말인데 불볕더위와 가뭄으로 예사롭지 않은 여름의 연속이다. 삼복더위가 물러갈 기미를 보이지 않는다. 아르데슈(Ardèche), 보르도(Bordeaux), 루시용(Roussillon) 등지에서 산불이 났다.[4] 알프스 지방에서는 여러 마을이 완전히 불탔다. 어느 행인이 우리 문 앞에서 아무렇게나 던진 성냥불이 이웃 밭들을 태웠다. 이건 계절이 아니라 태우는 철이다.

이런 재난 중에 거위벌레는 어떻게 하고 있을까? 식량을 부드럽게 해준 사육장에서는 편안히 잘 자라고 있다. 하지만 화덕처럼 뜨거운 기운에 오그라든 참나무 밑의 풀숲에서 석회처럼 굳어 버린 땅 위의 가엾은 곤충들은 어떻게 되었을까? 가서 알아보자.

녀석들이 6월에 이용했던 참나무 밑의 죽은 풀밭에서 12개의 깡통을 찾아냈다. 너무도 급히 말라서 잎의 초록색이 그대로 남아 있고, 손가락으로 누르자 바삭 소리가 나며 가루가 된다.

깡통 하나를 갈랐다. 그 안의 어린 녀석이 모양은 맞는데 이 얼마나 작더냐! 알에서 깨어났을 때의 크기보다 크거나 말거나 할 정도였다. 저렇게 작은 노란 점이 죽었을까 살았을까? 안 움직여서 죽은 것 같기도, 빛깔은 바래지 않았으니 산 것 같기도 했다. 두 번째, 세 번째 깡통 역시 갈라 본다. 가운데는 언제나 안 움직이며 갓 난 모양의 아주 꼬마인 노란 벌레가

4 처음과 끝의 지방은 프랑스 남동부와 남서부의 도 이름으로 우리나라의 영남과 호남 지방에 해당한다. 가운데는 대서양 연안의 프랑스 최대 도시이다.

있다. 이쯤 해두자. 수집한 나머지는 지금 생각난 실험을 위해서 그대로 놔두자.

미라처럼 움직이지 않는 녀석이 정말로 죽었을까? 아니다. 바늘로 찔러 보면 즉시 꿈틀거린다. 녀석은 그저 발달이 정지한 상태일 뿐이다. 캔이 말린 직후 얼마 동안 나무에 매달려 수액을 얻었던 집에서 처음의 성장에 필요한 양식을 얻었다. 그러다가 캔이 땅에 떨어지고 빨리 말라 버렸다.

말라서 굳은 양식을 외면한 애벌레는 먹기와 자라기가 중단되었다. 녀석은 잠자기와 먹기가 같다고 생각했다. 그래서 혼수상태에서 비가 빵을 부드럽게 해주길 기다린 것이다.

넉 달 전부터 짐승과 사람이 갈망하는 비를, 적어도 나는 녀석에게 필요한 만큼은 해결해 줄 능력이 있다. 마른 캔을 물에 띄웠다. 물이 적당히 배었을 때 유리관으로 옮기고 관의 양끝은 젖은 솜으로 막아 축축한 공기를 유지시켰다.

책략의 결과는 기록해 둘 가치가 있었다. 잠들었던 녀석이 깨어나 연해진 빵을 파먹는다. 허비한 시간을 어찌나 빨리 보충해서 회복하던지 몇 주도 안 되어 축축한 표본병에서 쉬지 않고 자란 애벌레만큼 자랐다.

식량이 적당히 연하지 않을 때, 다른 잎말이곤충은 이렇게 여러 달의 생명 정지시키기 적성을 보이지 않았다. 알에서 깬 지 석 달 뒤인 8월 말, 마르게 놔둔 포도복숭아거위벌레(*Byctiscus betulae*)의 여송연에서는 한 마리도 살아남지 못했다. 바짝 마른 버들복숭아거위벌레(*Rhynchites populi*)의 꾸러미에서는 훨씬 빨리 죽었다. 오

리나무 잎 깡통의 개암거위벌레
는 재료가 부족해서 건조에 대한
애벌레의 저항력을 조사하지 못
했다.

**포도거위벌레** 암컷은 초여름에 포도
나무 잎을 말아 14개 정도의 알을 낳
는 포도밭의 대해충이다. 하지만 곤
충 수집가에게는 화려함을 보여 주기
도 한다. 서산. 1. Ⅶ. '96

　잎말이 곤충 4종 중 건조에 가
장 위험한 종은 참나무의 녀석(상
비앞다리톱거위벌레)이었다.[5] 나무
에서 떨어진 깡통은 비가 안 오면
바싹 마른 땅 위에 놓인다. 또 작
아서 해가 비치면 바로 가운데까
지 말라 버린다.

　포도밭의 흙 역시 마르기는 마찬가지다. 하지만 잎이 우거진 식
물 밑은 항상 그늘이며, 또한 푸짐한 여송연은 두꺼워서 서늘한 기
운이 오래 간다. 즉 애벌레에게 필요한 조건이 빈약한 참나무 잎
깡통보다 더 잘 유지된다. 포도복숭아거위벌레는 장시간 음식을
전폐하는 점에서 작은 깡통을 만드는 상비앞다리톱거위벌레와 비
교감이 아니다. 버들복숭아거위벌레는 더욱 비교되지 않는다. 하
지만 버드나무 두루마리는 쥐꼬리처럼 초라하고 옹색할지라도 대
개는 개울가 풀밭의 축축한 흙에 떨어져서 마를 염려가 없다. 오리
나무를 이용하는 개암거위벌레 역시 별로 위험하지 않다. 시냇물
을 좋아하는 나무 밑의 캔 역시 양호한 상태
에 필요한 서늘함이 늘 유지된다. 하지만 개
암나무를 이용할 때는 어떻게 곤경을 벗어

5 앞의 설명과 다른 점으로 보아
숙주식물 이름이나 문장 중 어느
하나가 틀렸다.

나는지 모르겠다.

최근의 가장 어리석은 짓은 모든 것을 요란하게 소문내는 신문에서 볼 수 있다. 신문들은 어느 떠돌이가 밥벌이를 하려고 30~40일간 먹지 않은 위장의 만용에 대해 얼마간 떠들어 댔다. 부질없는 구경거리지만 즐기는 일에서는 으레 그렇듯이, 이런 하찮은 일을 감탄하며 격려하는 사람이 있다.

먹기를 절제한 속물들아, 여기 훨씬 기찬 게 있다. 별것 아닌 곤충, 신문이 찬양하지 않은 벌레가 갓 태어나 먹이를 몇 입 먹었다. 하지만 그 다음은 식량이 너무 말라서 넉 달 또는 더 오랫동안 굶었다. 녀석의 밥통은 어느 때보다 풍성한 양식을 요구하는데도 굶은 것이지 병적 무기력 때문에 그런 것이 아니다. 즉 한창 자라고 싶을 때 굶은 것이다. 제 지붕인 이끼 사이에서 한 계절 내내 말라서 무기력해진 윤충(Rotifère: Rotifera, 輪蟲)[6]은 물 한 방울이면 그 속에서 팔을 다시 뱅뱅 돌린다. 네댓 달을 죽음과 이웃해 있던 거위벌레 애벌레 역시 빵을 적셔 주면 생기가 다시 살아나 아귀아귀 먹어 댄다. 도대체 이렇게 정지시킬 수 있는 생명이란 어떤 것일까?

[6] 물속에 사는 하등동물로서 윤형동물(輪形動物)문의 대표 동물이다.

# 13  버찌복숭아거위벌레

개암거위벌레(*Apoderus coryli*)°와 상비앞다리톱거위벌레(*Attelabus nitens*)는 연장이 다르지만 잎을 마는 솜씨는 포도복숭아거위벌레(*Rhynchites betuleti*)나 버들복숭아거위벌레(*Rh. populi*)처럼 능란함을 증명했다. 기관이 달라도 같은 적성이 양립할 수 있음을 천명한 셈이다. 반대로 같은 연장으로 다른 일을 할 수 있다. 형태가 같다고 해서 본능까지 반드시 같은 것은 아니다.

누가 그런 말을 했을까? 이렇게 파괴적 명제를 내놓은 자는 누구일까? 대담한 녀석은 바로 버찌복숭아거위벌레(Rhynchite du prunellier: *Rhynchites auratus*)였다.[1]

금속성 광택이 포도나무나 흑양버들을 이용하는 복숭아거위벌레와 경쟁적이며, 잎꼭지를 찌른 다음 잎 가장자리를 말아 고정시키기에 적당하도록 굽은 송곳을 지닌 점 역

1 프랑스 어 곤충 이름에 해당하는 학명은 찾지 못했다. 한편 학명 *Rh. anratus*에 해당하는 프랑스 어 이름은 220쪽에 나오는 Rh. doré이다. 이 점과 양쪽 곤충의 버찌 식성을 고려할 때, 두 프랑스 어 이름은 같은 종 *auratus*일 것으로 유추된다. 하지만 확정을 지을 근거가 좀 미흡한 것 같아, 뒤에서는 우리말 이름을 일단 '금빛복숭아거위벌레'로 처리한다.

시 녀석들과 똑같다. 땅딸막한 녀석은 좁게 주름진 고랑 안에서 작업하기에 적격일 것 같고, 발에는 미끄러운 표면에서 안정된 받침이 되어 줄 스파이크 샌들을 신었다. 여송연 제조 곤충을 아는 사람이 녀석을 보았다면 즉각 그들과 같은 속(屬)의 이름으로 부르기에 충분하다. 학명 명명자 또한 혼동 없이 일치해서 녀석을 복숭아거위벌레(Rhynchites)라고 했다. 또 모습을 보고 직업을 서슴없이 판단하여 다른 복숭아거위벌레와 동업자인 제3의 경쟁자로 분류했다.

자, 그런데 우리는 여기서 녀석의 겉모습에 꼼짝없이 속았고, 구조가 같은 것에 속았다. 형태적 특성에만 근거를 둔 이름인 버찌복숭아거위벌레 습성에는 다른 복숭아거위벌레와의 공통점이 전혀 없다. 게다가 녀석의 작업 모습을 보지 않고는 누구도 직업이 무엇인지 짐작조차 못한다. 녀석은 전적으로 유럽벚나무(Prunellier: *Prunus spinoza*) 열매만 공략한다. 새끼의 식량으로 (유럽)버찌(Prunelle)의 살이, 집으로 좁은 핵과(核果)인 씨앗이 필요하다.

말하자면 이 곤충은 여송연 제조 곤충들과 같으면서 동료의 작업에는 경험이 없다. 게다가 연장을 전혀 바꾸지 않고 작은 상자를 뚫는 녀석이 된 것이다. 동료는 두루마리의 마지막 주름을 고정시킬 때 사용하는 송곳을 이 녀석은 상아처럼 단단한 껍데기 표면에 작은 구멍을 뚫는 데 사용한다. 구부린 판자를 모으는 연장이 여기서는 길들일 수 없는 껍데기를 부식시키는 굴착기로 작용한다. 더 이상한 것은 송곳으로 어렵게 일한 다음, 알 위에 작고 이상한 것을 세워 놓는다. 섬세하고 멋진 그것을 본 우리는 당연히 감탄하게 될 것이다.

애벌레는 식사 방식이 달라서 또 나를 놀라게 했다. 포도나무와 버들에 사는 애벌레는 잎을 먹는데, 유럽벚나무에 사는 애벌레는 전분질 식품에서 영양분을 얻는다. 해방되는 방법도 다르다. 앞의 두 녀석은 자라서 땅으로 내려올 시간이 되었을 때 앞에 놓인 것은 썩어서 흐느적거리는 잎의 집 표면층, 즉 저항력 없는 장애물밖에 없었다. 그런데 이 버찌의 애벌레는 서양개암밤바구미의 본을 따서 매우 단단한 벽을 뚫는다.

만일 복숭아거위벌레 무리의 습성이 많이 알려지면 이렇게 이상한 실상의 대립 현상이 얼마나 더 찾아질까? 나와 친숙하며 네 번째 예가 되는 북방복숭아거위벌레(Rh. de l'abricot: *Rh. bacchus*)●의 형태는 여송연 제조 곤충이나 씨앗을 공략하는 곤충과 같다. 말하자면 모든 면에서 복숭아거위벌레라는 이름을 갖기에 충분한 이 녀석이 할 줄 아는 것은 무엇일까? 잎을 말까? 아니다. 제 새끼를 열매의 씨앗 속에 자리 잡게 할까? 아니다.

녀석의 작업은 아주 단순하다. 아직 파란 살구(Abricots)의 살 여기저기에 알을 낳는 방식이니 극복해야 할 어려움이 없다. 저항력이 약한 과일을 부리로 뚫고 그 구멍 밑에 알을 들여보내는 것뿐이다. 결국 애벌레도 어미도 특별한 재주가 없다. 가족을 자리 잡게 하는 일이 그야말로 간단해서 길쭉바구미(*Larinus*)의 방식을 기억나게 한다.

애벌레가 재주를 부릴 게 없는데 솜씨를 가져 봤자 무엇에 쓰겠나? 녀석은 과육을 먹는데 그 열매는 곧 땅에 떨어져 일종의 마멀레이드가 된다. 이렇게 녹아 버린 환경에서 일종의 썩은 젖이 어린 것을 감싸니 사는 것 역시 쉽다. 잼을 잔뜩 먹고 땅속으로 숨어들 때는 살구의 살이 한줌의 갈색 먼지처럼 되어 버리니 베일을 찢거나 벽을 뚫을 필요가 없다.

전에 일부는 무명 자루를 짜고 다른 녀석은 송진을 반죽하는 가위벌붙이(*Anthidium*)가 어려운 문제를 제기했다. 한참 뒤에 식량 통조림을 배 모양의 소똥 케이크로 마련하는 소똥구리들(Bousiers)과 돼지고기를 진흙 항아리에 넣어서 신선하게 보존하는 남아메리카 팜파스(Pampas) 초원의 반짝뿔소똥구리(*Phanaeus*)가 또다시 문제를 제기했다. 이쪽저쪽 모두가 어려운 문제를 제기한 것이다. 형태는 매우 닮았으나 습성과 솜씨는 서로 무관한 녀석들 사이에서 공통 기원 인정하기를 설명할 수 있을까? 4종의 복숭아거위벌레에서 이 질문이 더욱 절실하게 다시 제기된다.

**반짝뿔소똥구리** 남아메리카에도 크고 화려한 소똥구리들이 있다. 희한하게 동물성 재료로 경단을 만드는 반짝뿔소똥구리 이야기는 『파브르 곤충기』 제6권 5장에서 상세히 다뤘고, 제5권 143쪽에서도 소개했다.
Tucurui-Pará, Brézil, 11~24. II. '87, 김진일

환경 영향이 겉모습을 어느 정도 변화시킨다는 점, 즉 광선이 색깔을 더 선명하게 하거나, 식량의 양이 몸집 크기를 어느 정도 다르게 하거나, 추운 기후가 털을 더 빽빽하게 하거나, 또한 이런 모든 변화 자체가 어떤 사람을 즐겁게 만족시켰다면, 나 역시 다른 많은 변화까지 순순히 인정하겠다. 그러나 제발 좀더

높이 올라가서 생물 세계를 소화관의 집합체로만, 즉 채웠다 비웠다 하는 배를 모아 놓은 것에 불과한 것으로만 생각하지는 말자.

동물 기계 안에서 모든 것을 작동시키는 으뜸의 작용에 관해 생각해 보자. 형태를 지배하는 본능을 살펴보고 '정신이 물질을 휘젓는다(Antiquité: *mens agitat molem*).'는 옛날의 훌륭한 표현을 떠올려 보자. 곤충 4종이 형태는 서로 동질의 물방울처럼 같은데, 어떻게 해서 두 종은 잎을 말고, 한 종은 씨앗을 끌로 쪼고, 또 한 종은 썩은 열매 마멀레이드를 이용하는지를 이해할 이론들이 혼합되어 풀 수 없다는 어려움을 깨달을 것이다.

같은 모습이 단언했듯이, 그토록 분명히 한 가족 같은 곤충들 사이에 친자 관계가 있을까? 또 서로 친척 관계라면 누가 이 가계를 시작했을까? 잎말이 곤충일까?

여송연 제조 곤충이 잎말기에 싫증나서 어느 날 어리석게 씨앗 뚫기 발명자가 되었고 그래서 단단한 상자를 뚫기 시작한 것으로 인정할 사람은 공상으로 만족하지 않는 한 아무도 없을 것이다. 이토록 다른 솜씨 사이에는 서로를 끌어들일 수가 없다. 잎이 모자라는 일은 절대로 없다. 어쩌면 처음에 잎을 말던 곤충이 제 식물에서 약간 비슷한 다른 식물로 옮아갔는지는 모르겠다. 그러나 그토록 얻기 쉬운 잎의 소용돌이 꼴을 포기하고, 또 그래야 할 필요성이 전혀 없음에도 불구하고, 단단한 나무를 악착같이 쏠아 내는 녀석이 된다는 것, 그런 일은 그 녀석이 보아도 어리석은 짓일 것이다. 첫 직업을 버린 이유에 대한 그럴듯한 설명거리 역시 아무것도 없을 것이다. 그런 어리석음이 곤충 세계에는 알려지지 않았다.

버찌를 이용하는 곤충은 여송연 제조 기술 배우기를 거절한다. 녀석은 내게 이렇게 말한다.

새콤하면서 그렇게 맛있는 파란색 버찌를 버리다니! 끌로 쪼아 컵을 만들던 내가 잠깐 엉뚱한 생각으로 끌을 버리고 잎말이가 되다니! 아니, 나를 무엇으로 아는 거야? 내 새끼는 전분질 씨앗을 무척 좋아한단 말이다. 다른 요리를 주면, 특히 버들잎을 마는 친구의 말라빠졌고 싱거운 두루마리를 주면, 그 애가 굶어서 죽을 거다. 버찌나 그 비슷한 열매가 있는 한, 우리 종족은 그 동안 만족했던 것을 버리고 잎을 찾아갈 만큼 어리석은 짓은 안 할 거다. 그 열매가 있는 한 우리는 그것에 충실할 거야. 혹시 열매가 모두 없어지는 날이면 우리는 하나도 남지 않고 전부 죽을 거다.

살구를 좋아하는 곤충 역시 단정적이다. 연한 살 속에 그토록 쉽게 자리 잡을 수 있는 녀석이 새끼에게 단단한 씨앗을 뚫거나 잎을 길들여 여송연을 말라는 권고는 철저히 모른 체한다. 장소나 열매가 풍부한 정도에 따라, 살구에서 자두(Prune, 프룬)로, 복숭아로, 버찌로 옮겨 가는 것조차 무척 과감한 혁신이다. 그런데 옛날부터 오늘날까지 몹시 좋아하던 과육이 무한정으로 주어져서 풍요한 삶에 아주 만족하고 있는데, 녀석더러 연한 것을 버리고 단단한 것을 선택하라고, 즙이 많은 것을 버리고 마른 것을 택하고, 쉬운 것을 버리고 어려운 것을 택하라니. 어떻게 이런 위험을 무릅썼다고 인정할 수 있을까?

이 혈통의 조상은 4종 중 어느 종도 아니다. 그렇다면 공동 조상은 아직 알려지지 않은 곤충인데, 어쩌면 전에 우리가 매우 오래된 고문서를 참조했던 편암(片岩)의 얇은 판에 박혀 있을지 모를 일이다. 거기에 있더라도 돌판 도서관이 형태는 보관했어도 본능은 간직하지 않았으니, 우리에게 알려 줄 것이 아무것도 없다. 편암 도서관은 솜씨에 대해서 아무 말이 없다. 곤충의 연장은 직업에 관해 아무것도 알려 주지 않으니 말이다. 같은 부리를 가진 바구미 무리가 서로 아주 다른 직종의 일을 할 수 있다는, 이 말을 끊임없이 반복하자.

우리는 복숭아거위벌레의 조상이 무엇을 했는지 알지 못하며, 또 언젠가는 알게 될 것이라는 희망조차 없다. 그래서 학설이란 항상 추측이라는 막연한 터전에 자리 잡는다. 학설은 이렇다라고 인정하자, 저렇다라고 생각하자, 이럴지도 모른다고 말한다. 사랑하는 내 학설아, 이것이 우리가 원하는 이러저러한 결과에 이르는 편리한 방법이다. 나는 치밀한 논리적 두뇌를 가진 사람은 아니다. 그래도 적당히 선택한 가상의 꽃다발로 그대들에게 흰색을 검정색으로, 모호한 것을 명백한 것으로 증명할 수 있음을 자부한다.

명백하고 이론의 여지가 없는 진리를 너무나 사랑하는 나는 그대들의 거짓 가정을 따르지 않으련다. 내게는 자세히 관찰하고 꼼꼼히 조사해서 틀림없는 사실이 필요한데, 그대들은 본능의 기원에 관해 무엇을 가졌나? 아무것도, 다시 아무것도, 영원히 아무것도 갖지 못했다.

그대들은 엄청나게 큰 돌덩이로 기념 건물을 지었다고 생각한다. 하지만 진실은 실존하는 바람에 무너지는 골판지 성채를 지은 것에 불과하다. 상상의 거위벌레가 아니라 실제의 거위벌레가, 즉 얼마든지 조사해도 괜찮다는 각각의 곤충이 순진한 진실성으로 그대들에게 감히 그런 것을 말해 줄 것이다.

복숭아거위벌레가 그대들에게 말한다.

이렇게 반대인 내 기술은 어느 하나에서 다른 것으로 파생될 수 없다. 우리 재주는 공동 조상의 유산이 아니다. 만일 각각의 기술이 유산이었다면 그런 유산을 남겨 줄 최초의 창시자는 잎말이 재주, 열매의 씨앗 뚫기 재주, 잼이 된 과일의 이용 재주 따위처럼 서로 양립할 수 없는 기술에 동시에 능통했어야 할 것이다. 만일 공동 조상이 모든 것을 동시에 실행하는 게 서툴렀다면, 적어도 오랜 세월을 거치며 첫 기술을 버리고 두 번째 기술을 익히고, 다음은 세 번째, 또 그 다음은 미래의 관찰자나 보게 될 여러 기술을 익혀야 할 것이다. 자, 그런데 여러 솜씨를 동시에 발휘하거나 또는 이런 종류의 전문가가 완전히 다른 저런 종류의 전문가가 된다는 것은, 복숭아거위벌레의 명예를 걸고 말하지만 곤충에게는 어리석은 짓이다.

거위벌레 무리가 한 말을 보충해 보자. 그런 내력이 문제된 세 작업단의 본능은 결코 공동 기원으로 귀착될 수 없다. 따라서 복숭아거위벌레끼리는 구조가 매우 비슷함에도 불구하고 같은 근원에서 갈라져 나왔다고 할 수가 없다. 각 종족은 형태와 적성의 제조 공장에서 특수 주형을 이용하여 독립적으로 찍어 낸 메달이다. 그래서 닮지 않은 본능에 닮지 않은 형태[2]가
첨부된 것이 아니겠더냐!

---

2 '닮은 형태'라고 해야 맞다.

이제 논쟁은 충분했다. 그러니 버찌를 이용하는 곤충을 좀더 자세히 알아보자. 7월 말, 적당히 통통해진 애벌레가 씨앗에서 나와 땅으로 내려온다. 등과 이마로 옆의 흙가루를 밀어붙여 둥근 둥지를 마련한다. 건축사 애벌레가 스스로 제공한 접착제로 조금 단단하게 뭉쳐서 무너짐까지 예방한다. 번데기 상태의 유지와 동면 준비는 포도복숭아거위벌레나 버들복숭아거위벌레가 서로 비슷한 방식이다. 녀석들은 더 빨리 자라서 대부분 9월이 끝나기 전에 성충 형태를 갖춘다. 표본병 모래 속에서 천연 귀금속처럼 반짝이며 살아 있는 녀석들이 보인다. 이런 작은 금 알갱이들은 대개 빨리 닥칠 겨울 추위를 예측하고 지하 잠복소에서 움직이지 않는다. 하지만 그 해의 막내이며 따뜻한 햇살에 유인된 버들복숭아거위벌레는 다시 자유로운 공기로 올라와 기상 조건을 알아본다. 이 모험가는 첫 북풍이 불어오면 죽은 나무껍질 밑으로 피해 들어가거나 어쩌면 죽을지 모른다.

버찌의 숙박 손님은 이렇게 서두르지 않는다. 꺼내 본 녀석은 가을이 끝나가도 아직 애벌레 상태였다. 녀석이 좋아하는 나무에 꽃이 만발할 때는 모든 것이 준비되어 있을 텐데, 이렇게 늦은들 무슨 상관이더냐! 실제로 5월부터 유럽벚나무에는 이 곤충이 많다.

이때는 근심걱정 없는 환희의 시기이다. 아직 너무 작고, 씨는 덜 단단하며, 살은 투명한 젤리 모양의 열매라서 애벌레에게는 맞지 않을 것이다. 하지만 성충에게는 맛있는 요리가 된다. 녀석은 과육에 송곳을 박아 절반쯤 들여보내고 맛있게 마신다. 하지만 꼼짝하지 않아 박히는 송곳의 움직임을 전혀 느낄 수 없을 정도였다.

즙이 구멍 가장자리로 스며 나온다.

신맛에 대한 사랑은 배타적이 아니다. 금빛복숭아거위벌레(Rh. doré: *Rh. auratus* ＝버찌복숭아거위벌레[3]) 사육장에는 규정에 맞는 열매가 있어도 파란 버찌나 겨우 올리브만큼 자란 재배 자두(Prune, 프룬)를 잘 접수한다. 하지만 버찌처럼 작고 둥근 마할렙벚나무(Cerisier mahaleb: *Prunus mahaleb*)나 근처 덤불에서 많이 자라는 자연목 산타루치아벚나무(C. de Sainte-Lucie)[4]의 버찌는 약품 맛이 비위에 거슬려서 절대로 거절한다.

알의 경우는 재배된 프룬을 수용시킬 수 없었다. 보통 버찌(Cerise ordinaire)[5] 역시 혐오감을 주는 것 같았다. 어미의 위장은 수렴제가 든 과육이라도 만족하지만, 저항력이 별로 없는 애벌레는 좁은 궤짝 속에 들어 있는 달콤한 씨앗을 요구한다. 청산(靑酸)으로 약간 쓴맛이 나는 서양자두(Prunier: *Prunus domestica*) 씨앗은 망설이며 겨우 받아들인다. 애벌레는 그렇게 두껍고 단단한 벽을 뚫고 들어간 다음 외출은 절대로 거절한다. 따라서 제 가정 사정을 잘 아는 어미는 유럽벚나무 열매의 핵인 버찌 씨앗 말고는 모두 사절한다.

어미의 작업 모습을 보자. 산란은 6월 전반기에 한창 활발하다. 이 시기에는 유럽벚나무 열매가 보랏빛을 띠기 시작한다. 버찌가 단단하고 거의 콩알만 해서 완전히 자랐을 때와 거의 비슷한 크기이다. 나무 성질이라 칼이 잘 들어가지 않는 핵인 씨앗 역시 단

3 같은 종으로 보이나 확실하지는 않다.
4 두 벚나무는 서로 같은 종이며 품종만 다르다.
5 어떤 버찌인지 정확히 알 수 없다. 프랑스에서 Cerisier commun이라고 하는 *P. cesarus*의 열매일 것 같다.

220

단해졌다.

공격당한 열매는 조직이 멍들어서 갈색이 되는데, 그런 작은 구멍은 두 종류였다. 숫자가 아주 많은 구멍은 별로 깊지 않은 깔때기 모양이며, 거의 언제나 굳은 고무풀 같은 수지가 채워졌다. 이런 구멍은 어미가 요기만 한 것으로 과육 층의 절반 정도밖에 들어가지 않았다. 먹은 다음 상처에서 스민 수액이 고무 같은 마개가 되어 홈에 꽉 채워진 것이다.

다른 구멍은 더 넓고 불규칙한 다각형이며 씨앗까지 들어갔다. 구멍 어귀는 거의 4mm에 가깝고, 그 벽은 요기를 했던 구멍처럼 경사진 게 아니라 드러난 핵까지 수직으로 뚫렸다. 조금 뒤에 그 모양의 중요성을 알게 될 세부 사항 하나를 유의해 두자. 다른 구멍에서는 당연히 차 있던 고무풀이 여기서는 매우 드물었다. 이렇게 안 막힌 구멍이 가족의 거처이다. 버찌 하나에서 2, 3, 4개, 때로는 1개뿐인 구멍이 발견되는데, 깔때기 모양인 구멍 표면에 썩어 문드러진 자리가 매우 자주 나타나는 곳은 어미가 배부르게 파먹은 자리들이다.

이건 내 식사용~!

핵까지 내려간 넓은 구멍은 일종의 불규칙한 분화구 같고, 그 가운데는 언제나 젖꼭지 모양의 갈색 과육이 곤두서 있다. 이 과육을 돋보기로 보면 곧잘 꼭대기에 가는 구멍이 뚫려 있다. 때로는 구멍 입구가 막혔으나 느슨하게 막혀서 깊은 곳과 연락이 될 것 같다.

젖꼭지 모양 원기둥을 세로로 갈라 보자. 그 밑창은 핵 두께의 작은 컵처럼 귀엽게 파였다. 파는 과정에서 생긴 고운 가루가 깔려 있고, 그 위에 노란 타원형 알 한 개가 놓였다. 알의 넓은 쪽 지름은 1mm가량이다. 알 위에 보호용 지붕처럼 세워진 갈색 마멀레이드 원기둥은 가늘지만 횡하게 뚫려 있는 관이다. 가끔 절반쯤 막혔지만 서로는 끝까지 통한다.

제작물의 구조로 보아 작업의 진행 과정을 알 수 있겠다. 어미는 살찐 과육을 파먹는데, 너무 많으면 버려 가면서 벽이 똑바르게 구

이쪽은 오벨리스크 제작 과정!

멍을 판다. 핵 위의 넓은 표면에서 적당한 넓이를 완전히 드러낸 다음, 그 표면의 가운데를 송곳으로 판다. 껍데기 두께의 절반쯤 파서 작은 컵 모양을 만들며, 거기를 갈아 내 곱게 부스러기가 된 요 위에 알을 낳는다. 산모는 마지막에 컵과 그 안에 든 알 위에 뾰족한 지붕, 즉 구멍의 벽에서 얻은 젖꼭지 모양의 마멀레이드를 보호 장치로 세워 놓았다.

이 곤충은 넓은 공간, 햇볕, 버찌가 달린 가지만 주면 갇힌 상태지만 일을 아주 잘한다. 그래서 산모의 활동을 관찰하기는 쉬웠으나 열심히 관찰해서 얻어 낸 것은 별게 아니었다.

어미는 거의 하루 종일 열매의 어느 자리에 머물러서 부리를 과육에 박고는 꼼짝 않는다. 대개는 움직이려 한다는 노력조차 보이지 않는다.

가끔 수컷이 찾아와서 등에 올라타 껴안는다. 녀석의 흔듦에 따라 자신까지 조용히 흔들린다. 포옹당한 암컷은 중요한 임무를 잊지 않은 상태에서 수동적으로 흔들림에 응하는 것이다. 어쩌면 이것이 알을 낳는 데 필요한 장시간의 지루함을 잊는 방법일지 모르겠다.

부리는 보이지 않는 과육 속에서 일하고, 구멍이 뚫림에 따라 어미의 몸 앞부분이 거기를 가려서 더는 관찰이 힘들다. 오목한 홈이 마련되면 어미가 물러나 몸을 돌린다. 잠깐 분화구 밑에 드러난 핵과 텅 빈 표면 가운데 작은 컵이 희미하게 보인다. 그 안에 알을 낳은 즉시 몸을 돌린다. 다음은 일이 끝날 때까지 아무것도 안 보인다.

어미는 어떻게 행동하기에 알 위에 보호용 뭉치인 원기둥을 솜씨 있게, 또한 구멍이 그렇게 좁아서 부정확하고 아주 이상한 모양의 오벨리스크(방첨탑, 方尖塔)를 세워 놓았을까? 무엇보다 무른 덩어리 속에 어떻게 연락 통로를 마련할 수 있었을까? 그녀가 이리 신중하게 작업한 것들은 알려고 해서는 안 될 세부 사항이다. 그저 다리의 보조 없이 부리로만 분화구를 파고, 그 가운데 원기둥 오벨리스크를 세워 놓은 것을 안 것에서 그치자.

6월의 더위가 오면 1주일도 채 안 걸려서 알이 완전히 깬다. 미약한 내 인내력을 지치게 할 만큼 촉구된 실험이긴 했지만 흥미 있는 광경을 보는 행운은 얻었다. 눈앞에 갓 난 애벌레 한 마리가 있다. 녀석은 방금 알껍질을 벗어 던지고 가루투성이의 컵 속에서 매우 바쁘게 움직인다. 왜 이렇게 요동질을 칠까? 꼬마가 제 양식인 씨앗에 도달하려면 들어갈 구멍을 마저 파서 하늘창으로 바꿔 놔야 하는 것이 이유였다.

달걀 흰자위의 점 하나 같은(한 점의 단백질 같은) 녀석에게는 뚫기가 엄청난 일이다. 하지만 이렇게 허약한 점이 목수의 연장 한 벌을 가졌다. 둥글고 가는 끝인 큰턱은 이미 알 시대에 필요한 담금질을 받아 어린것이 즉시 작업에 착수한다. 이튿날이면 보통 굵기의 바늘이 겨우 통과할 만큼 가는 통로를 통해 약속의 땅으로 들어가 씨앗을 차지한다.

또 다른 행운으로 굴뚝이 뚫린 가운데 원통의 유용성을 알게 되었다. 어미에게는 버찌 살에 구멍을 파면서 스미는 즙은 마시고 과육은 먹는 것이 일에 방해받지 않고 파낸 부스러기를 처분하는 가장 좋은 방법이었다. 핵 표면을 쪼아 알이 안착할 컵을 만들 때 생긴 고운 나무 가루는 그 자리에 남는다. 그것이 알에게 훌륭한 요의 구실은 하지만 식량은 될 수 없다.

한편 어린것이 씨앗 속으로 들어가려고 파낼 때 생긴 나무 가루는 어떻게 했을까? 빈 공간이 없으니 주변으로 흩어 버릴 수 없다. 먹어서 위 속에 집어넣는 것은 더욱 안 될 일이다. 씨앗의 젖을 기다리는 판에 이렇게 거칠고 메마른 가루가 첫 입질감이 될 수는 없다.

갓 태어난 녀석에게는 더 훌륭한 방법이 있다. 거추장스런 부스러기를 등으로 몇 번 밀어 올려서 원통 굴뚝을 통해 밖으로 내보낸다. 실제로 젖꼭지 모양 원기둥의 꼭대기에서 흰 점 같은 가루가 보였다. 결국 가는 관이 뚫린 젖꼭지 모양 오벨리스크는 파낸 부스러기를 내보내는 승강기였다.

이상한 물건의 용도가 이것 하나에 국한될 수는 없다. 항상 절약하는 녀석이 애벌레의 작업 때 귀찮은 가루의 승강기를 만들어 줄 목적으로 높은 오벨리스크 건설에 대단한 노력을 들이지는 않는다. 이것이 목적이라면 비용을 덜 들이고 달성할 수 있다. 너무도 빈틈없는 거위벌레가 간단한 것이면 충분한 일에 복잡한 건물을 짓지는 않는다. 좀더 잘 알아보자.

핵 표면의 컵에 낳은 알에게 보호용 지붕이 필요함은 분명하다. 또 거기서 씨앗에 도달하려는 애벌레가 파낸 부스러기를 내보낼 문 역시 필요하다. 낮고 작은 돔 지붕에 쓰레기를 내보낼 하늘창이 달린 조건이면 모든 요구가 해결될 것 같다. 그렇다면 왜 분화구

가운데 원기둥 분출기가 서 있는 것처럼 구멍 위까지 올라간 엄청난 굴뚝으로 사치를 부렸을까?

분화구에는 나름대로의 용암이 있다. 상처 입은 곳에서 스며 나와 덩어리로 굳는 고무풀 같은 것이 밀려온다. 이렇게 흘러나온 것은 파인 구멍을 모두 메우겠지만 곤충이 먹어서 가운데의 원통에는 그런 고무풀이 없다. 벽에서 스민 액은 대단치 않은 것뿐이다.

이런 고무풀의 침입에서 보호할 목적으로 어미가 알의 숙소에 예방조치를 했음이 분명하다. 우선, 점액성 액체가 스미는 벽을 알과 적당히 떼어 놓으려고 더 넓은 공동을 만들었다. 과육 부분은 핵에 다다르기까지 파냈고, 넓은 핵의 표면에는 아무것도 없게 아주 깨끗이 해놓았다. 그래서 위험한 것이 전혀 스미지 못하게 한 것이다.

이것으로는 충분치 않다. 멀리까지 아무것도 없이 빤빤하게 깎아지른 것처럼 서 있는 구멍의 내벽 역시 항상 염려된다. 혹시 언젠가 어느 버찌에서 고무풀이 너무 많이 나올지 모른다. 알이 위험을 피할 유일한 방법은 분화구의 윗면까지 풀이 흘러듦을 막아 줄 장벽을 높이 세우는 것이다. 가운데의 원기둥이 존재한 이유는 바로 이런 것이다. 풀이 많이 분출되면 고리 모양의 공간을 메울 것이다. 그러나 적어도 알의 숙소까지 덮지는 않을 것이다. 결국 가라앉지 않는 높은 오벨리스크는 매우 영리하게 생각해 낸 보호용 구축물이다.

오벨리스크는 축을 따라 속이 비어 있다. 방금 어린것이 태어난 자리를 파내 핵 안으로 들어갈 통로를 만들면서 밖으로 밀어낸 부스러기는 이 오벨리스크가 승강기 노릇을 했음을 보였다. 그러나 이것은 아주 부차적인 역할로서, 승강기에는 더 중요한 역할이 주어졌다.

어느 싹이든 숨을 쉰다. 컵 속의 나무 가루 요 위에 누워 있는 거위벌레의 알 역시 공기의 유입이 필요하다. 비록 소량이겠지만 전혀 안 들어오길 끝까지 바라지는 않을 것이다. 혹시 운이 나빠서 분화구에 고무풀이 꽉 차는 일이 생겨도 공기는 원통 꼭대기에 뚫린 통로를 통해서 애벌레에게 도달한다. 즉 오벨리스크로 환기가 되는 것이다.

모든 생물은 숨을 쉰다. 가장 정확한 우리네 도래송곳도 그토록 정확하게 뚫지 못할 정도의 정확한 구멍을 방금 어린 애벌레가 뚫고 열매의 핵 속으로 들어갔다. 지금은 상자가 밀폐되어 있어 물이 스며들지 않는다. 더욱이 녀석은 고무풀 같은 과육으로 타르 칠을 한 작은 통 속에 들어 있다. 그런데 애벌레는 알보다 훨씬 많은 공기가 필요하다.

환기는 애벌레 자신이 벽에 뚫은 환기창을 통해서 이루어지며, 환기창은 아무리 작아도 막히지만 않으면 된다. 환기창 위에는 방어용 오벨리스크가 서 있어서 고무풀이 지나치게 많이 나와도 막힐 염려가 없으며 그 통로로 바깥과의 연락을 계속한다.

버찌에 갇혀 있는 애벌레보다는 매우 한정된 공기에 환기가 잘 안되는 곳에서 활기찬 녀석이 어떻게 하는지 알고 싶었다. 성장을 끝내고 탈바꿈 전의 휴식기에 있는 애벌레가 필요했다. 그런 녀석은 이제 먹지도 거의 움직이지도 않는다. 싹이 트는 씨앗처럼 아주 적은 비용을 들이며 살아 있어서 필요한 공기를 한계선까지 줄인다.

재료를 고를 게 아니라 지금 내게 있는 것으로 당장 해보자. 마늘을 먹는 마늘소바구미(Brachycère: *Brachycerus muricatus*) 애벌레를 이용해 본다. 녀석은 1주일 전에 갉아먹던 마늘쪽을 떠나 땅속으로 들어가 그 둥지에서 꼼짝 않고 탈바꿈 준비를 한다. 유리관에 6마리를 넣고 한쪽 끝을 에나멜 직공의 램프처럼 봉했다. 코르크 칸막이로 각각을 분리해서 자연 상태의 둥지 넓이와 비슷한 방을 마련해 주었다. 이렇게 채워진 유리관을 마개로 단단히 막고 봉랍을 입혀서 완전히 밀폐시켰다. 안팎 사이의 가스 교환은 전혀 불가능하다. 결국 각 애벌레는 오두막의 용량과 거의 비슷한 소량의 대기 속이라는 엄격한 조건에 놓인 것이다.

탈바꿈하려는 껍데기에서 꺼낸 점박이꽃무지(Cétoine: *Cetonia→Protaetia*) 애벌레와 번데기 또한 같은 준비를 해놓았다. 감금당해 생명이 일시 중단될, 즉 환기를 가장 덜 요구할 녀석은 어떻게 될까?

2주일 뒤의 광경은 결정적이었다. 유리관에는 끈적이며 불쾌감을 주는 시체밖에 없었다. 수분을 발산할 수 없었고, 새 공기가 들어와 그것을 깨끗하게 하거나 애벌레와 번데기에 생기를 주지 못했다. 그래서 모두가 죽었고 모두가 썩었다.

작은 버찌 상자는 밀폐되었음에도 불구하고 유리 감옥만큼 빈틈없는 그릇이 아니다. 역시 살아 있는 물체인 씨앗이 거기서는 순조롭게 유지될 만큼 가스 교환이 이루어진 것이다. 그러나 씨앗의 생명에는 충분한 양일지라도 훨씬 활발한 동물의 생명에는 부족할 게 틀림없다. 여러 주 동안 씨를 깨물어 먹으며 보내는 거위벌레 애벌레에게 교체가 별로 없이 아주 한정된 핵 안 공기 외의 호흡 수단이 없다면 매우 위험할 것이다.

갇힌 애벌레가 끌로 뚫어 놓은 환기창이 스민 고무풀로 막히는 날이면 죽거나, 적어도 기운 없는 생명을 겨우 유지할 것이다. 그래서 필요한 시기에 땅속으로 옮겨갈 수 없을 것임을 모든 것이 단언하는 것 같았다. 이 추측은 확인해 볼 가치가 있다.

버찌 한 줌을 준비했다. 그러고 어미의 예방 조치가 없다면 자연히 일어날 일을 내가 대신했다. 즉 분화구와 중앙의 원기둥을 고무풀 용액에 담갔다. 이 점성물질은 버찌의 생성물과 맞먹는다. 고무풀이 굳은 다음 풀칠을 더해서 원기둥 끝이 두꺼운 칠 안에 잠기게 했다. 열매의 나머지 부분은 그대로 놔두었다.

버찌가 나무에 달려 있는 것처럼 공기가 멋대로 왕래하게 놔둔다. 이렇게 준비해 놓고 기다리자. 굳은 고무풀이 저절로 연해지는 않을 것이다. 하지만 표본병에서는 열매에서 생기는 습기만으로 틀림없이 누그러들 것이다.

7월 말이 되자 자연 상태로 놔둔 버찌에서 최초 이주자가 나온다. 8월에도 얼마간은 탈출이 계속된다. 탈출구는 서양개암밤바구미(Balaninus nucum)의 구멍에 비교될 만큼 분명히 둥글었다. 해방도 밤바구미 애벌레와 똑같이 철사 제조 공정처럼 빠져나온다. 아직 갇혀 있는 몸 쪽에서 밀어 올린 체액으로 먼저 빠진 부분 부풀리기의 체조 방법으로 탈출한다.

탈출용 하늘창이 때로는 가느다란 입구와 혼동되지만 그 옆에 있을 때가 더 많다. 분화구의 바닥만 만들어져 비어 있는 표면의 밖에서 출구가 뚫리는 일은 절대로 없다. 녀석은 큰턱이 무른 버찌의 살을 만나는 게 싫은 모양이다. 단단한 나무 쪼기에 적합한 연장이 끈적이는 덩이에는 엉겨 붙는지 모르겠다. 살은 숟갈로 저을 물건이지 구멍 뚫는 끌로 저어서는 안 되는가 보다. 어쨌든 탈출은 언제나 어미가 아주 깨끗하게 치워 놓은 표면의 한 지점에서 이루어진다. 거기는 연장의 원활한 작동에 방해되는 고무풀이나 과육이 없다.

고무풀로 막힌 버찌에서 어떤 일이 벌어질까? 아무 일도 안 일어난다. 한 달을 기다렸다. 역시 아무 일도 없다. 두 달, 석 달, 넉 달을 기다렸지만 여전히 아무 일도 없다. 조작된 버찌에서는 어떤 애벌레도 나오지 않았다. 결국 12월, 안에서 어떤 일이 벌어졌는지 알아보기로 했다. 그래서 환기창을 고무풀로 막았던 핵을 깨뜨려 보았다.

대부분의 핵 안에 아주 어린 상태로 말라 죽은 애벌레가 들어 있었다. 어떤 것은 잘 발육했고 살아 있으나 기운이 없다. 씨가 거의 모두 먹힌 것으로 보아 녀석은 식량으로 고생한 게 아니라 다른 요구로 고생했음을 알 수 있다. 끝으로, 소수는 살아 있는 애벌레와 제대로 뚫린 출구가 있다. 운 좋은 녀석은 완전히 자라서 고무풀에 갇힌 상자를 뚫을 힘까지 있었다. 하지만 나의 배신으로 목질부에 씌워진 물질인 불쾌한 접합제를 발견하고는 구멍 뚫기를 완강히 거부했다. 고무풀 장애물이 녀석을 딱 정지시켜 버린 것이다. 빈 분화구 바닥의 밖에서 틀림없이 고무풀처럼 싫어하는 과육을 만날 텐데, 녀석의 관습에는 다른 곳으로 옮겨가 해방을 시도하는 일도 없다. 결국 내 책략에 말려든 버찌에서는 어느 애벌레든 제대로 진전되지 못했다. 즉 고무풀로 막은 것이 녀석들에게는 치명적이었다.

이 결과로 나의 망설임은 끝났다. 구멍 가운데 세워진 오벨리스크는 핵 속에 갇혀 있는 애벌레의 생명에 필요한 것이다. 그 도관은 환기용 굴뚝이었다.

만일 애벌레가 공기 교환이 너무 어렵거나 심지어 불가능한 환경에서 살아야 하는데 예방 조치가 취해지지 않았다면, 그런 종은 분명히 외부와의 관계를 유지할 독특한 기술을 갖췄다. 일반적으로는 애벌레가 틈이나 약간 자유로운 통로를 만들어서 집안은 충분히 환기가 된다. 때로는 어미가 이 위생적 요구에 유의한다. 이 때의 이용 방법은 놀라울 만큼 정교하다. 이 문제는 경탄할 만한 소똥구리의 경우를 기억해 보자.

새끼의 빵을 진왕소똥구리(*Scarabaeus sacer*)는 배, 스페인뿔소똥구리(*Copris hispanus*)는 알 모양으로 빚는다. 그것들은 시멘트로 만든 물건만큼이나 균질의 꽉 찬 것으로 공기가 스며들지 못한다. 그 집 안에서는 분명히 숨쉬기가 무척 어렵겠으나 이런 위험에 대비가 되어 있다. 배 모양에서 젖꼭지처럼 생긴 쪽이나 알 모양인 것의 위쪽 끝을 들여다보자. 조금만 곰곰이 생각해 봐도 당신은 놀라움과 감탄에 사로잡힐 것이다.

거기, 그리고 그곳만의 반죽은 다른 부분처럼 물이나 공기가 차단되지 않는다. 거기에는 섬유질 마개인 작은 섬유들이 거칠게 곤두선 우단 모양의 원반이나, 성긴 펠트로 된 둥근 조각이 있다. 그것들은 빽빽한 게 아니라 여과 장치로서, 거기를 통해 가스 교환이 이루어진다. 모양만 봐도 그 기능을 충분히 알 수 있다. 의심되면 이를 일소시킬 실험이 있다.

작은 섬유 덩이의 넓은 표면에 바니시를 여러 번 칠한다. 다른 곳은 전혀 손대지 않고 여과 장치의 구멍만 막는다. 이제 가만 놔두자. 가을비가 처음 오기 시작할 무렵으로 녀석의 탈출 시기가 되었을 때 경단을 깨뜨려 보자. 안에는 마른 시체밖에 없다.

달걀에 바니시를 칠하면 알이 죽는다. 그런 알은 부화기에 넣어도 생명 없는 조약돌에 불과하다. 병아리가 알 속에서 죽고 말았다. 이와 마찬가지로 호흡용 환기창 노릇을 하는 펠트 조각에 바니시 칠을 하면 왕소똥구리, 뿔소똥구리, 그 밖의 다른 곤충 역시 죽는다.

공기가 통하는 마개의 방법은 그 효과가 너무나 널리 인정되어서 아주 멀리 떨어진 고장의 소똥구리에서도 일반화되었을 정도이다. 부에노스아이레스(Buenos-Aires)의 화려한 반짝뿔소똥구리(*Phanaeus splendidulus*)와 적록색볼비트소똥구리(*Bolbites onitoides*) 역시 프로방스(Provence)의 소똥구리와 같은 열성으로 이런 일에 전념했다.[6]

남아메리카 팜파스(Pampas) 대초원에 사는 곤충 중 하나는 취급하는 물질이 달라서 어쩔 수 없이 다른 방법을 썼다. 녀석은 질그릇 제조 기술자인 동시에 돼지고기 제품을 마련하는 밀론뿔소똥구리(*Phanaeus milon*)였다. 고운 진흙으로 호리병을 만들고 안에는 시체의 혈농이 제공한 둥근 완자를 넣어 둔다. 이 요리를 먹을 애벌레는 진흙 칸막이로 분리

6 『파브르 곤충기』 제6권 5장 참조

된 식량 보관 창고의 위층에서 깨어난다.

애벌레가 처음에는 윗방에 있다가 바닥을 뚫고 완자에 도달했을 때, 아랫방에서 어떻게 호흡할까? 집의 벽은 때로 손가락 두께의 질그릇이고 벽돌처럼 단단한 항아

밀론뿔소똥구리

리이다. 이런 성벽으로는 공기가 절대로 들어갈 수 없다. 그것을 아는 어미는 미리 대비해 놓았다. 호리병 목의 축을 따라 좁은 관을 만들어 놓아 그리 공기가 드나들 수 있게 한 것이다. 바니시나 다른 물질로 막는 방법을 써 보면 작은 관이 환기용 굴뚝임을 아주 분명하게 알 수 있다.

자신이 사는 열매에서 고무풀의 위험에 직면한 버찌복숭아거위벌레의 자상한 조심성은 팜파스 초원에서 돼지고기를 다루는 곤충을 앞지른다. 녀석은 알집 위에 오벨리스크를 세웠고, 이것은 밀론뿔소똥구리 작품의 병목에 해당한다. 또 질그릇 제조 곤충이 알에게 공기를 공급하려고 만든 것처럼 젖꼭지의 축을 비워 두었다. 갓난 두 애벌레는 처음에 힘든 일을 해야 한다. 한 녀석은 핵을 쪼아야 하고, 다른 녀석은 벽돌 칸막이를 뚫어야 하는 것이다. 이제 전자는 씨앗, 후자는 완자에 도달했다. 녀석들 뒤에 남겨진 둥근 하늘창은 어미가 마련해 놓은 통로의 연속이다. 이렇게 해서 구조물 안팎으로 공기의 유통이 확보된다.

고무풀로 질식할 위험이 있는 버찌복숭아거위벌레의 솜씨는 질그릇 안처럼 완전히 안전하므로 더는 비교할 수가 없다. 거위벌레는 자신을 잠기게 해서 질식시키겠다고 위협하는 무서운 삼출(滲

出)을 예방해야 한다. 그래서 어미는 흘러나오는 고무풀이 이르지 못할 높이까지 방어용 원기둥과 환기용 굴뚝을 올렸다. 그런 다음 마멀레이드 성벽 둘레에 넓은 참호를 파 삼출된 위험 물질이 벽에서 멀리 떨어지게 해놓았다. 만일 삼출이 너무 강하면 점성 액체가 분화구 안에 쌓이게 되며, 호흡용 구멍의 입구는 위험에서 벗어날 것이다.

질식의 위험에 대해, 버찌복숭아거위벌레가 만일 경쟁자 곤충은 성공하지 못한 방어 수단보다 만족스런 수단으로 옮겨 갔다면, 또는 스스로 단계를 거쳐서 배웠다면, 그리고 실제로 녀석 작품의 소산물이라면 녀석의 기술을 서슴없이 인정하자. 비록 이런 것들로 우리 자존심이 상할지라도, 녀석이 면허증 소지자보다 훨씬 훌륭한 기술을 지닌 기사임을 인정하자. 작은 두뇌의 거위벌레를 강력한 두뇌, 놀랄 만한 발명가라고 선언하자.

당신들은 감히 거기까지는 못 가고 우연의 행운에 의지하기를 더 좋아한다. 아아! 교묘한 수단이 이처럼 합리적인 문제일 때 우연이란 정말로 빈약한 방편이로다. 알파벳 활자를 공중에 던져, 떨어지며 이리저리 선택된 활자로 어떤 시구(詩句)가 만들어지길 바라는 격이 아니더냐!

자기 이해력 안에 비뚤어진 개념을 만들어 내는 대신 '질서가 물질을 지배한다.'고 말하는 것이 얼마나 간단하며, 특히 얼마나 더 진실된 말이더냐! 버찌복숭아거위벌레가 겸손하게 우리에게 이렇게 주장한다.

# 14 긴가슴잎벌레 1

성 토마스(St. Thomas)[1]의 제자인 나는 무엇이든 바로 그렇다고 인정하지 않는 고집통이이다. 그런 불신은 증언이라는 무거운 짐에 눌려 굴복할 때까지, 그것도 한 번이 아니라 두 번, 세 번, 무한정보고 만져 본 다음 인정하는 습관이 있다. 암 그렇고 말고, 형태가본능을 결정하지 않으며, 연장 한 벌이 직업을 강요하지 않지. 이제 복숭아거위벌레 다음으로 긴가슴잎벌레 (Crioères: *Crioceris*)가 또다시 그런 것을 증명해 준다. 모두 울타리 안에서 자주 만나는, 너무 자주 만나는 긴가슴잎벌레 3종을 조사해보자. 적당한 계절이면 일부러 찾지 않아도, 또한 자료를 부탁하고 싶을 때는 언제든 녀석들을 만날 수 있다.

백합긴가슴잎벌레
실물의 3배

1 Aquinas. 1225~1274년.
가톨릭 신부, 철학자

첫번째 종은 백합긴가슴잎벌레(C. merdigera: *C.→ Lilioceris merdigera*)[●]이다. 라틴 어가 예의를

갖추지 못한 학명(*merdigera*)에 대해 말해 보자.[2] 하지만 우리 품위가 말하길 금하니 이 단어를 번역하거나 더욱이 반복하지는 말자. 박물학이 이처럼 멋진 꽃, 이처럼 귀여운 곤충을 불쾌한 용어로 괴롭힐 필요가 있었는지 나는 도저히 모르겠다.[3]

학술 용어로는 이렇게 손해를 입은 백합긴가슴잎벌레가 실제로는 찬란하며 모양 역시 잘생겼다. 너무 크거나 작지 않은 녀석이 찬란한 산홋빛 빨간색에 머리와 다리는 새까맣다. 봄에 벌써 장미꽃 모양의 잎 가운데서 꽃대가 생기기 시작한 백합을 슬쩍만 들여다본 사람이라면 누구나 다 알아보는 녀석이다. 평균보다 작은 크기의 딱정벌레로서, 스페인산 봉랍의 진홍색인 녀석이 완전히 대조적 색깔의 식물 위에 자리 잡았다. 그대가 손을 뻗어 녀석을 잡으려 한다. 공포심에 마비된 녀석이 벌써 땅바닥에 떨어졌다.

며칠 기다렸다가 차차 길어지며 무더기로 모인 꽃망울을 보이기 시작한 백합으로 다시 가 보자. 빨간 곤충은 여전히 거기에 있다. 하지만 잎들은 한층 더 깊게 손상을 입어 누더기 꼴이며, 작고 푸르스름한 오물 덩이로 더럽혀졌다. 어떤 요술로 잎을 짓이기고 나서 여기저기에 마멀레이드를 뿌려 놓은 것 같다.

그런데, 이런 오물덩이가 움직이면서 천천히 전진한다. 혐오감을 꾹 참고 밀짚으로 무더기를 헤쳐 보자. 그러면 옷이 벗겨진 애벌레가 연한 주황색의 살찌고 보기 흉한 몸통을 드러낸다. 이것이 백합긴가슴잎벌레의 애벌

2 원문에서 프랑스 어 이름은 C. du lis; C.→ L. *lilii*(서양백합긴가슴잎벌레)로, 학명은 C. *merdigera*(백합긴가슴잎벌레)로 써 놓았다. 어차피 후자가 대상이었으므로 번역은 모두 후자의 이름으로 한다.
3 *merdigera*의 뜻은 배설물, 즉 똥이다. 파브르가 품위를 지키느라 직역하지 못하고 '불쾌한 용어'라고 둘러댔다.

레이다.

애벌레에서 방금 벗겨 낸 플란
넬의 기원을 이 곤충과 관련 없
이 말하려면 쑥스럽겠지만, 플
란넬 직조 기술자는 수치심이
없으니 상관없겠다. 꼭 끼는 저
고리는 사실상 녀석의 배설물로
만든 것이다. 백합긴가슴잎벌레
애벌레는 똥을 아래쪽으로 싸
는 낡은 방식 대신 위쪽으로 싼
다. 창자에서 나온 찌꺼기인 옷감

재료를 등판으로 받는데, 뒤따라 생기는 새 똬리가
밀어붙여서 계속 앞쪽으로 밀려 나간다. 레오뮈르(Réaumur)[4]는 엉
덩이에서 머리 쪽으로 미끄러져 나가며 담요가 만들어지는 방법,
즉 파동 치는 등판의 변화로 경사면 위에 담요가 생기는 방법을 친
절하게 설명했다. 대가가 이미 이런 구조를 설명했는데 또 다루는
것은 의미가 없다.

이제는 백합긴가슴잎벌레가 왜 공공의 고문서에 부끄러운 이름
으로 올랐는지 그 이유를 알았다. 애벌레가 제 배설물로 겉옷을 만
들어 입어서 그랬던 것이다.

옷이 완성되어 애벌레의 등 표면을 완전히 덮었다고 해서 방직
공장이 쉬지는 않는다. 앞에서는 남아도는
데, 뒤에서 가끔씩 새 똬리가 나와서 보태져

---

4 18세기 초 프랑스 학자. 『파브
르 곤충기』 제1권 319쪽 참조

새것이 또 얹힌다. 그렇게 되면 앞쪽이 제 무게로 떨어져 나간다. 똥으로 만든 옷은 이렇게 한쪽 끝에서는 새롭게 늘어나고 반대쪽 끝에서는 낡아서 잘려 나가며 끊임없이 수선된다.

때로는 천이 너무 두꺼워서 더미가 뒤집힌다. 옷이 벗겨진 애벌레는 친절한 창자가 곧 재난을 회복시켜 줄 것이라 잃어버린 외투를 걱정하지 않는다.

베틀에 여전히 걸려 있는 옷감이 너무 넓어서 끝을 잘라 내 그렇게 되었든, 쌓였던 것 전부나 일부가 떨어진 사고로 그랬든, 긴가슴잎벌레 애벌레는 지나간 자리에 오물 더미를 남긴다. 그래서 순결의 상징인 백합이 분뇨 수집장으로 바뀐다. 잎이 갉아먹힐 때 꽃자루까지 깨물려 껍질이 벗겨지며 누더기 자락처럼 되어 버린다. 그때 꽃이 피었다면 역시 피해를 면치 못한다. 그 아름다운 상앗빛 컵이 벌레의 뒷간(변소, 화장실)으로 변하는 것이다.

못된 짓을 하는 애벌레는 더럽히는 속도 역시 빠르다. 녀석이 오물로 처음 제작하는 피복의 첫 기초 작업을 꼭 보고 싶다. 녀석은 수습 과정을 거칠까? 처음에는 서툴게 하다가 점점 기술이 좋아져서 나중에는 잘할까? 지금은 알았다. 수습 기간은 없고, 서툰 작업 과정 역시 없다. 단번의 조작이 완전해서 배출된 생성물이 엉덩이에 얹힌다. 본 것을 말해 보자.

산란은 5월에 하는데 잎의 뒷면에 보통 3~6개의 알을 짧게 이어 놓는다. 알은 양끝이 둥근 원통 모양이며, 선명한 붉은색에 주황빛이 감돈다. 점액성 칠이 되어 있어서 반들거리며, 그 끈적임으로 알의 전 길이가 잎에 붙어 있다. 부화에는 약 10일이 걸린다.

알껍질은 조금 주름이 잡혔지만 여전히 선명한 주황빛이며, 제자리에 그대로 남아 있다. 무더기가 약간 윤기를 잃은 모습 말고는 처음의 상태대로 보존된 것이다.

어린 애벌레의 몸길이는 1.5mm 정도, 머리와 다리는 까맣고, 몸통은 대부분 호박색을 띤 갈색이다. 몸통 첫째 마디에는 가운데가 끊긴 갈색 목도리를 걸쳤고, 뒤에서 세 번째 마디의 뒤쪽은 양옆에 검은색 작은 점이 찍혀 있다. 이것이 처음의 복장이다. 이렇게 엷은 호박색이 나중에는 주황색으로 변한다. 아주 통통한 애벌레가 짧은 다리로 잎에 달라붙었고, 더욱이 엉덩이로 달라붙는다. 엉덩이 부분이 지렛대 역할을 하며, 포동포동 살찐 배를 앞쪽으로 내민다. 말하자면 녀석은 앉은뱅이이다.

같은 무리에서 나온 어린것들이 즉시 먹기 시작하는데, 각자 제 알껍질의 옆쪽을 먹는다. 거기서 두꺼운 잎을 갉아 작은 구멍을 파내지만 반대쪽 표피는 건드리지 않아 반투명한 마룻바닥처럼 된다. 그래서 파낸 구멍으로 곤두박질칠 위험 없이 파먹을 수 있는 의자가 된다.

녀석들이 굼뜨게 자리를 옮기며 더 맛있는 부분을 찾아간다. 긴 구덩이 하나에 소수의 몇 마리가 아무렇게나 흩어져서 작은 무리를 이룬 것을 보았으나, 레오뮈르의 말처럼 나란

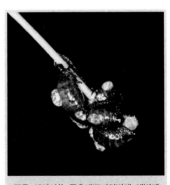

**똥을 뒤집어쓴 주홍배큰벼잎벌레 애벌레**
양평, 22. V. 07, 강태화

히 갉아서 경제적으로 먹는 것은 한 번도 보지 못했다. 비록 같은 알 무더기에서 줄줄이 있다가 같은 시간에 나와 함께 사는 녀석들이지만 서로는 어떤 질서와 협조가 없었다. 게다가 경제적인 걱정조차 없었다. 백합은 그렇게도 너그럽지 않더냐![5]

그러는 동안 배가 부풀고 창자가 작동한다. 됐다. 첫 옷감의 둥근 뭉치가 빠져나오는 것을 보았다. 아주 어릴 때는 으레 그렇듯이 매우 소량의 똥이 흘러나온다. 하찮은 양이지만 잘 이용되어 등판의 제일 끝에 차례대로 얹힌다. 그냥 놔둬 보자. 어린 녀석은 한 조각씩 모아서 한나절이 가기 전에 옷 한 벌을 지어 입었다.

처음 해보는 일인데 벌써 기술의 대가였다. 어린것의 플란넬이 벌써 훌륭하니 적당히 성숙해서 옷감의 질이 더 좋아진 미래의 망토는 어떨까? 더 가 보자. 이제 똥으로 만든 플란넬 다루는 기술자의 재간을 알 만큼 알았다.

애벌레는 더러운 겉옷이 왜 필요할까? 몸을 시원하게 유지시켜 일사병을 예방하려는 것일까? 그럴 수 있겠다. 녀석의 연한 피부는 이렇게 완화의 찜질이 베풀어져 터짐을 염려할 필요가 없어질 수 있겠다. 적에게 불쾌감을 주려는 것이 목적일까? 그것도 가능하겠다. 누가 더러운 똥 뭉치에 감히 이빨을 대겠나? 혹시 녀석의 단순한 기호로 변덕을 부려, 이상야릇하게 엉뚱한 짓을 한 것은 아닐까? 그렇지 않다고 말할 수도 없다.

우리도 말총 같은 철사로 방호벽처럼 받쳐 입어 스커트를 엉뚱하게 부풀려 보이려 했고, 단단한 케이스에 머리를 맞추고 싶어서

5 갉아먹는 습성이 레오뮈르가 관찰한 종과 이 정도로 다르다면 각각은 서로 다른 종일 것이다.

240

이상야릇한 난로의 연통 같은 것을 아직도 가지고 있다. 그러니 똥을 덮은 녀석에게 너그러운 마음을 가질 것이며, 옷에 관해서 이상한 짓을 하더라도 욕하지 말자. 우리도 우리 나름대로 엉뚱한 짓을 하지 않더냐.

미묘한 이 문제를 좀더 알아보려고 녀석의 이웃을 조사했다. 손바닥만한 돌투성이 텃밭에 아스파라거스(Asperges: *Asparagus*)를 조금 심었다. 채소의 수확은 결코 내가 들인 정성을 보상하지 못하겠지만 다른 방식으로 충분히 보상받았다. 봄에 초록색 고운 깃털장식을 멋대로 펼치도록 놔뒀더니 야윈 싹에 들판긴가슴잎벌레(C. champêtre: *C. campestris*)와 점박이잎벌레(C. douze à points: *C. duodecimpunctata*)[6] 두 종의 긴가슴잎벌레가 많았다. 아스파라거스 한 단보다 훨씬 훌륭한 횡재의 보상이었다.

전자는 삼색 옷을 입어 제법 멋있다. 파란색 딱지날개에는 흰색가로 띠무늬 세 줄이, 빨간 앞가슴의 가운데는 푸른색 둥근 점무늬가 있다. 올리브 빛깔에 원통 모양인 알은 백합에 사는 녀석의 관습처럼 작은 집단으로 모이지 않았다. 아스파라거스에서 잎, 줄기, 꽃망울 등으로 무질서하게 분산되어 한쪽 끝으로 서 있다.

들판긴가슴잎벌레 애벌레는 비록 제 식물의 잎에서 자유롭게 살지만, 백합의 애벌레와 똑같은 수준으로 당할 수 있는 모든 위험으로부터 위협을 받는다. 그런데도 녀석은

들판긴가슴잎벌레
실물의 4배

6 '열두점박이긴가슴잎벌레'라는 뜻의 학명이나 우리말의 무리별 이름이 지어지기 전에 얻은 이름이다.

**곰보날개긴가슴잎벌레** 딱지날개의 점 각열이 뚜렷하고 다리가 모두 질은 흑 색이라 백합긴가슴잎벌레보다 두드러 져 보인다. 잎벌레는 대개가 예쁘거나 화려해 보이지만 모두가 식물 잎을 갉 아먹어서 농림업 종사자에게는 환영 받지 못한다.
성남, 31. V. 07, 강태화

오물 덮개로 보호 받는 기술을 전 혀 몰라서 일생 동안 완전히 깨끗 하게 벗고 있다.

엷은 황록색 애벌레는 뒤쪽이 상당히 뚱뚱하고 앞쪽은 날씬하 다. 녀석의 주요 이동 기관은 창 자의 끝이다. 거기가 비죽 나와서 나긋나긋한 손가락처럼 구부러져 줄기에 감기며, 몸통을 지탱하고 앞으로 내민다. 몸길이에 비해서 너무 짧고 앞쪽에 위치한 다리만 으로는 뒤쪽의 무거운 덩어리(몸

통)를 끌고 가기가 너무 힘들 것이다. 다리의 도우미인 항문 손가 락은 놀랄 만큼 힘이 세다. 가는 끈 같은 이 줄기 저 줄기로 옮겨 다닐 때는 몸통을 특별히 의지함 없이, 머리를 아래쪽으로 향해 거 꾸로 매달린다. 이 앉은뱅이는 아주 능숙한 줄타기 곡예사이며 재 주꾼이라, 가느다란 잎에서 떨어질 염려 없이 잘 이동한다.

쉴 때는 자세가 이상하다. 무거운 엉덩이를 뒷다리 두 개와 창자 끝의 갈고리 손가락에 의지한다. 몸의 앞부분을 멋진 곡선으로 일 으키며 검은색 작은 머리를 쳐든다. 그래서 마치 쭈그리고 앉아 있 는 옛날 스핑크스의 모습을 약간 닮았다. 해가 내리쬘 때, 낮잠 잘 때, 편안히 소화시킬 때, 자주 이런 자세를 취한다.

맑게 갠 날, 뜨거운 햇살 아래서 졸고 있는 토실토실한 애벌레는

방어 수단이 전혀 없이 벌거벗고 있어서 남에게 쉬운 사냥감이 된다. 몸집은 작아도 어쩌면 무서울 정도로 위험한 여러 종의 파리(Moucherons: Diptera)가 아스파라거스 잎을 찾아온다. 스핑크스 자세로 꼼짝 않는 애벌레는 파리가 엉덩이 위로 와서 윙윙거려도 주의를 기울이는 것 같지 않다. 평화롭게 뛰어 논다고 말한 것처럼 정말 해롭지 않을까? 매우 의심스럽다. 파리 떼가 풀에서 스미는 변변찮은 냄새를 맡겠다고 이리 온 것은 아니다. 못된 짓에는 이골이 난 녀석들이니 아마 다른 목적으로 달려왔을 것이다.

대부분의 들판긴가슴잎벌레 애벌레의 피부에는 매우 작고 하얀 점, 도자기 빛의 흰 점 같은 것이 단단하게 붙어 있다. 그것들이 깡패가 뿌려 놓은 씨앗인 파리의 알은 아닐까?

이렇게 하얀 낙인이 찍힌 애벌레를 수집해서 가두어 길러 보았다. 한 달 뒤인 6월 중순, 애벌레가 주름이 잡히며 갈색으로 퇴색한다. 마른 허물만 남았는데 어느 한쪽 끝이 터지면서 파리 번데기가 솟아난다. 며칠 뒤 번데기에서 기생충(기생파리)이 나온다.

사납게 곤두선 털이 드문드문 난 회색의 작은 파리들이다. 집파리(*Musca domestica*)●와 대체로 비슷한 모습이나 크기는 녀석의 절반이다. 기생파리(Tachinaire: Tachinidae) 족속에 속하는 녀석들로, 애벌레는 주로 여러 종의 송충이 몸속에 기생한다.

들판긴가슴잎벌레 애벌레에 심어 놓은 흰 점들은 분명히 이 밉살스런 기생파리가 낳은 알이었다. 그 알에서 나온 기생충은 숙주의 뚱뚱한 배를 뚫고 들어간다. 숙주는 별로 아프지 않고 뚫린 상처는 즉시 아문다. 몸속으로 들어간 기생충은 내장을 둘러싼 체액

기생파리
실물의 4배

속에 자리 잡는다. 침범당한 애벌레가 처음에는 위험하지 않았다. 아무 중대한 일이 없는 것처럼 줄타기 곡예사의 체조, 잎으로 배 채우기, 햇볕을 즐기며 낮잠 자기를 계속했다.

기생충이 침입한 애벌레를 유리관에서 기르며 돋보기로 자주 살폈으나 불안한 기색은 전혀 없었다. 악마 같은 파리의 새끼들이 처음에는 얼마나 조심성이 많더냐! 제 숙주가 탈바꿈 준비가 되었을 때까지는 여전히 싱싱하게 살아 있어야 한다. 그래야 숙주가 장차 완전한 곤충으로 개조되려고 비축했던 지방을 기생충이 실컷 먹게 된다. 지금 당장은 생명에 필수가 아닌 것을 먹을 뿐, 지금 없어서는 안 될 기관은 건드리지 않도록 매우 조심한다. 그런 기관을 깨무는 날이면 숙주가 죽을 것이고, 그러면 자신까지 죽는다. 숙주가 성장 말기에 도달해서 조심성과 신중성이 필요 없게 되면 철저하게 파먹어, 제 은신처 노릇을 할 허물밖에 남겨 놓지 않는다.

이런 잔인한 대향연에서 한 가지는 나를 만족시켰다. 이번에는 기생파리가 엄격하게 솎음질당하는 꼴을 본 것이다. 잎벌레 애벌레의 등에 녀석이 몇이나 있었을까? 알이 8개, 10개, 어쩌면 더 있었을 것이다. 그런데 희생된 숙주의 허물에서 나오는 파리는 한 마리, 언제나 한 마리뿐이다. 식량 뭉치가 너무 작아서 여럿을 먹여 살리기는 부족했다. 다른 녀석은 어떻게 되었을까? 불쌍한 애벌레의 뱃속에서 저희끼리 싸웠을까? 서로 잡아먹다가 가장 힘이 세거나 싸움 운이 좋았던 녀석만 살아남았을까? 혹시 제일 빨리 자란 녀석이 자리를 차지했고, 다음 녀석은 어차피 굶어 죽을 판이니 차라리 숙주에게 뚫고 들어가기보다 밖에서 죽기를 택했을까? 내 생각은 서로 잡아먹었다는 편으로 기운다. 들판긴가슴잎벌레의 뱃속에서 우글거리는 기생충의 이빨에는 숙주의 살이든 동족의 살이든 똑같았을 테니 말이다.

깡패들 사이의 경쟁이 아무리 심해도 종 자체가 소멸될 만큼 위협을 받지는 않는다. 아스파라거스 밭에서는 언제나 셀 수 없이 많은 잎벌레 무리가 점검된다. 그런데 절반 이상이 푸르스름한 피부에서 흰색 작은 흔적으로 분명하게 알아볼 수 있는 기생파리 알을 지니고 있다. 얼룩진 애벌레는 벌써 배에 침입당했거나 침입당할 순간에 와 있음을 분명하게 말해 주는 것이다. 한편, 무사한 애벌레 역시 모두가 안전한 상태를 유지할지는 의심스럽다. 깡패는 끊임없이 기회를 엿보며 얼룩점 애벌레 위로 돌아다닌다. 파리의 계절이 계속되는 한, 오늘은 점이 찍히지 않은 애벌레라도 내일이나 다른 어느 날에는 찍히게 될 것이다.

내 짐작에 애벌레 무리의 대부분이 결국은 감염당한다. 이는 사육 과정이 여실히 말해 주었다. 녀석들을 사육장으로 옮길 때 주의 깊게 가려 내지 않았거나 줄기를 닥치는 대로 꺾어다 놓으면 긴가슴잎벌레의 성충을 별로 얻지 못하고, 거의 전부가 작은 파리 떼로 변한다.

만일 우리가 곤충과의 투쟁을 효과적으로 수행하겠다면, 아스파라거스 경작자에게 기생파리의 도움을 청하라고 권하겠다. 하지만 이 방법의 결과를 착각하지는 않는다. 곤충학적 보조자의 배타적 취미는 우리를 순환논증(循環論證)으로 빠져들게 한다. 약은 병을 쫓아낸다. 그러나 약에게는 병이 필요 불가결하다. 아스파라거스의 해충을 없애려면 많은 기생파리가 필요한데, 파리를 많이 얻으려면 먼저 많은 해충이 필요하다. 자연은 사물을 전체적으로 균형 잡히게 해 놓았다. 만일 잎벌레가 많으면 기생파리가 많이 와서 수를 줄인다. 잎벌레가 줄어들면 파리의 수가 준다. 상대편이 다시 번성하면 아군은 군단이 되어 상대편의 지나친 증가를 억제할 준비가 갖춰졌다.

두꺼운 오물 망토를 입은 백합긴가슴잎벌레는 아스파라거스의 친구들처럼 치명적인 불행을 당하지는 않는다. 녀석의 겉옷을 벗겨 보시라. 피부에서 공포의 흰 자국을 결코 발견하지 못할 것이다. 그러니 녀석의 예방 조치는 대단히 효과적이었다.

같은 효과를 얻되 불쾌한 오물의 보조가 없는 방어 수단은 없을까? 물론 있다. 들판긴가슴잎벌레와 섞여 사는 점박이잎벌레처럼 파리의 산란을 걱정할 필요가 없는 곳에 숨어 있으면 된다. 이 잎

점박이잎벌레
실물의 4배

벌레는 좀더 큰 몸집에 전신이 철분을 함유한 붉은색이며, 딱지날개에 12개의 점무늬가 대칭으로 배열되어 있다.

짙은 올리브색 원통 모양에 한쪽 끝은 뾰족하고 반대편은 뭉툭한 알은 들판긴가슴잎벌레의 알과 매우 비슷하다. 게다가 녀석처럼 뭉툭한 쪽으로 바탕 표면에 서 있는 게 보통이다. 그래

서 알이 차지한 자리가 안내해 주지 않으면 두 종의 알을 곧잘 혼동할 것이다. 들판긴가슴잎벌레는 잎과 가는 줄기에 알을 붙여 놓는데, 점박이잎벌레는 아직 완두 크기의 푸른색 작은 구슬 모양인 열매에만 낳는다.

어린 애벌레는 직접 좁은 통로를 만들고 열매 속으로 들어가 연한 과육을 먹는다. 구슬 하나에는 애벌레가 한 마리뿐이다. 식량이 모자라서 더는 없다. 그러나 같은 열매에 알이 2, 3, 4개나 있는 것을 여러 번 보았다. 제일 먼저 깬 녀석이 우대를 받아 그 열매의 소유주가 된다. 너그럽지 못한 소유주는 옆에 찾아와 같이 먹겠다는 녀석의 목을 비틀어 버릴 것이다. 어디든 언제나 냉혹한 경쟁이 있는 법이다.

점박이잎벌레 애벌레는 흰색에 광택은 없고 검은색 목도리는 앞가슴마디에서 끊겼다. 한 자리에만 눌러 있는 녀석에게 흔들리는 아스파라거스 잎을 먹는 곡예사의 재주는 없다. 꽁무니가 둘둘 감는 손으로 변해서 붙잡는 방법 역시 모른다. 식량을 찾아 돌아다닐 필요가 없이 제 상자에서 살찌기로 되어 있고, 휴식을 즐기는 녀석에게 그런 특전이 있어 보았자 무엇하겠나? 같은 곤충 무리 안에서도 각자는 제 생활양식에 따라 타고난 재주가 각각이다.

침략당한 열매는 머지않아 땅에 떨어지며, 연한 살이 파먹힘에 따라 초록색을 나날이 잃어 간다. 침범당하지 않은 열매는 식물에서 익어 화려한 주홍색을 띠는데, 이런 열매는 마침내 반투명하며 예쁜 유백색 구슬이 된다.

구슬 안의 먹을 것이 모두 없어진 애벌레는 구멍을 뚫고 땅속으로 내려간다. 기생파리는 녀석에게 피해를 입히지 못한다. 이 애벌레에게는 유백색 상자 모양 열매의 질긴 껍질이 더러운 겉옷 역할을, 어쩌면 그보다 훌륭한 역할을 해서 구원을 가져다준 것이다.

# 15 긴가슴잎벌레 2

점박이잎벌레(*Crioceris duodecimpunctata*)[*]는 구슬에서 구원을 찾았다. 구원? 아아! 나는 지금 막 비운을 표현했구나! 이 세상에서 사기꾼에게 당함을 면했다고 우쭐댈 자가 있더냐?

점박이잎벌레가 땅속에서 성충이 되어 올라올 무렵인 7월 중순, 표본병은 내게 아주 꼬마인 벌 떼를 안겨 주었다. 푸른빛이 감도는 검정의 호리호리하고 멋있는, 그러나 겉으로 드러난 도래송곳은 없는 꼬마인 좀벌(Chalcidien: Chalcidoidea)이다. 하찮은 녀석들이 이름은 있을까? 명명자가 녀석을 등록시켰을까? 모르겠다. 나와는 별로 상관없는 일이다. 중요한 것은 애벌레가 속을 파먹을 때 유백색 구슬로 변한 아스파라거스 열매가 제 상자 속 식구를 보호하지 못했음을 알게 된 것이다. 기생파리는 재빠른 녀석이 혼자서 희생물을 바싹 말렸으나, 이 꼬마는 여럿이 함께 먹었다. 애벌레 하나를 이용한 녀석이 20마리도 넘었다.

모든 것이 조용한 생활을 예고하는 듯, 처음에는 열매 상자로,

다음은 땅속 애벌레의 작품인 껍데기로 보호받은 곤충을 몰살시키라는 명백한 임무를 받은 난쟁이 중의 난쟁이가 나타난 것이다. 점박이잎벌레를 먹는 것이 녀석의 존재 이유였으며 역할이었다. 어느 순간에 어떻게 일을 저질렀을까? 그것은 모르겠다.

어쨌든 꼬마는 제 역할을 자랑스럽게 생각하고, 삶이 즐겁다며 더듬이 끝을 구부러진 지팡이처럼 꺾어서 흔들고 다닌다. 만족스럽다는 표시로 발목마디를 서로 비비며 배를 쓰다듬는다. 겨우 보일락 말락 한 크기인데 전반적인 박멸 요원이며, 수확한 포도를 으깨듯이 목숨을 으깨는 저 무자비한 압착기의 톱니바퀴였다.

배의 절대적인 지배력은 세상을 강도의 소굴로 만들어 놓았다. 먹는다는 것은, 즉 죽이는 것이다. 위장의 증류 솥으로 증류하면 학살로 빼앗은 생명에서 새 생명이 얻어진다. 죽음의 탐욕스러운 도가니 속에서는 모든 게 녹아서 새로워지고, 모든 게 다시 시작된다.

먹는다는 관점에서, 강도 중 으뜸인 인간은 살았거나 살 수 있는 것은 모두 먹어 버린다. 인간을 위해 싹을 틔워 햇볕에 푸르러지며, 길게 늘어나 밀짚이 되고, 이삭의 관을 쓰기만 요구하는 밀알 몇 알이 나타났다. 이 밀알은 우리를 살리려고 죽었다.

여기 달걀이 있다. 안전하게 암탉에게 맡기면 병아리의 즐거운 삐약 소리를 들려 줄 것이다. 하지만 그것은 우리를 살리려고 죽었다. 여기 소, 양, 가금의 고기가 있다. 소름끼치는 일이로다! 이 점을 생각하면 끔찍한 제물의 제단인 식탁에 앉지 못할 것이다.

가장 평화로운 예를 들어 보면, 제비(Hirondelle)가 한 번만 날아도 하루에 얼마나 많은 생명을 한꺼번에 쓰러뜨리더냐! 아침부터 저녁까지 햇살을 받으며 즐겁게 춤추는 각다귀(Tipules), 모기 (Cousin), 작은 파리(Moucherons) 따위를 무더기로 집어삼킨다. 화살처럼 빠른 제비가 지나가면 춤추던 녀석들이 무더기로 죽는다. 죽은 다음은 참혹한 폐물이 되어 제비 새끼의 둥지 밑으로 떨어졌다가 풀이 물려받을 구아노(Guano)[1]가 된다. 동물 계열의 끝에서 끝까지, 크든 작든, 동물이 존재하는 한 모두가 이렇게 된다. 끝없이 계속되는 학살이 생명의 흐름을 영속시키는 것이다.

이런 살육을 가슴 아파하는 사상가는 공포의 입에서 해방되는 상태를 꿈꾼다. 하찮은 우리의 본성이 힐긋 볼 수 있듯이, 악의 없는 이 사상이 불가능한 것은 아니다. 사람이든 짐승이든, 모두에게서 부분적으로 실현되고 있으니 말이다.

가장 절대적인 요구는 숨쉬기이다. 우리는 빵으로 살기 전에 공기로 산다. 공기로 사는 것은 힘든 싸움이나 어려운 수고 없이, 또 우리가 거의 의식하지 못하는 사이에 이룩된다. 그래서 공기를 정복하고자 약탈, 폭력, 수단, 거래, 억척스러움으로 중무장하지는 않는다. 생명유지에 필요한 최고의 원소가 스스로 우리에게 다가와, 우리 안으로 스며들어 생명을 준다. 이 문제에 대해서는 전혀 걱정하지 않아도 각자가 제 몫을 충분히 받는다.[2]

그지없이 완전한 것은 공기가 공짜라는 사실이다. 그리고 언제나 약삭빠른 국세청에서 밸브를 한 번 누르는 데 얼마씩 받고 공기를

---

1 새똥 = 비료의 원료
2 독자는 공기 문제에 현혹되지 말아야겠다. 숨쉬기란 이미 먹은 음식물을 분해하여 에너지로 바꾸는 데 필요한 생리작용이므로 공기가 빵보다 우선할 수는 없다. 게다가 공기의 오염 속도가 요즘처럼 빠르게 진행된다면 금세기 안에 공기 정복 전쟁이 일어날지도 모르는 일이다.

배급해 줄 공기 분배 꼭지나 공기 주머니를 발명하지 않는 한, 이것은 무한정 계속될 것이다. 우리는 이런 과학의 진보가 면해지길 바라자. 그렇게 되지 않으면 불쌍한 우리는 끝장이다. 세금이 납세자를 죽이는 꼴처럼 될 것이다.

즐거운 세월의 미래에는 화학이 우리에게 영양분의 정수가 농축된 환약을 주겠다고 약속한다. 증류기의 노력으로 만들어진 유식한 환약이 그 소원에 종지부를 찍지는 못할 것이다. 그 소원이란 허파에 짐이 덜 되는 숨쉬기처럼 위장이 양분을 취하는 것이다.

식물은 이 비결을 부분적으로 알고 있어서, 개개의 잎이 자라며 파래질 것(엽록소, 즉 영양분 제조 공장)이 평화롭게 빨아들인 공기에서 탄소를 얻는다. 하지만 식물은 행동을 하지 않아 악의 없는 생명을 누린다. 행동에는 매우 짙은 양념이 필요하며, 양념은 싸움으로 쟁취해야 한다. 동물은 행동을 한다. 그러므로 죽여야 한다. 어쩌면 자신을 안다고 하는 지능의 첫 단계인 인간 역시 더 찬양거리가 되지는 못한다. 짐승과 똑같이 행동을 거역치 못할 동인인 배에게 절대적으로 지배당한다.

그런데 내가 어디서 길을 잘못 들었나? 벌레의 뱃속에서 우글거리는 작은 점 같은 생명이 생명의 강도질에 대해 말하지 않았더냐! 녀석은 전멸시키는 자로서의 직업을 얼마나 잘 알고 있더냐! 저기를 보시라! 점박이잎벌레가 아무리 난공불락의 상자 속으로 피해 들어갔어도, 그 사형 집행자는 대단히 작아져서 녀석이 머문 곳까지 따라갈 수 있게 되었다.

불쌍한 애벌레들아, 잔가지에서 위협적인 스핑크스 자세로 조심하며 버티든, 은밀한 상자 속에 숨어 있든, 똥 갑옷을 입고 있어 보라. 그래도 너희는 집요하게 얽힌 조공을 바치게 될 것이다. 수단, 크기, 연장을 바꿔 가며 너희에게 죽음을 가져다주는, 즉 배아에 알을 찔러 넣는 접종자(接種者)가 늘 존재할 것이다.

백합에서 그렇게 더러운 방법으로 사는 녀석 역시 안전하지 않다. 들판긴가슴잎벌레의 기생파리보다 큰 파리의 먹이가 되는 일이 허다하다. 희생물이 불쾌한 겉옷을 입었을 때는 파리가 산란하지 않았어도 조심하지 않은 잠깐 사이에 기회가 주어진다는 것을 나는 확신한다.

어쩌면 애벌레가 땅속에 묻혀 탈바꿈하려고 식물에서 내려올 때, 또는 몸을 가볍게 하고 싶었을 때, 축축한 담요 밑에서 즐기지 못하다가 상쾌한 일광욕을 하고 싶었을 때, 망토를 벗어던졌을 것이다. 애벌레 생활의 마지막 기쁨인 옷을 벗고 식물 위를 산책하던 때의 떠돌이에게 그 순간은 치명적이었다. 기생파리가 갑자기 들이닥친 것이다. 살이 쪄서 반짝이며 깨끗한 피부를 발견하자 급히 알을 낳아 붙여 놓았다.

무사한 애벌레와 침입당한 애벌레의 목록은 생활양식에서 예측했던 것과 일치하는 자료를 제공했다. 즉 기생충에 가장 많이 노출된 종은 애벌레가 허공에서 아무 보호 없이 살던 들판긴가슴잎벌레였다. 다음은 어릴 때 아스파라거스 열매 속에 자리 잡은 점박이잎벌레였고, 가장 혜택을 받은 녀석은 제 똥으로 외투를 만들어 입은 백합긴가슴잎벌레였다.

두 번째 문제는 녀석들끼리 형태적으로 어찌나 닮았는지, 우리 눈에는 3종이 같은 거푸집에서 나왔다고 할 정도였다. 복장과 크기가 약간 다른 점 말고는 녀석들을 구별할 수 있는 방법을 모르겠다. 형태는 그토록 닮았는데 동반된 본능은 반대로 아주 달랐다.

등을 똥으로 더럽힌 애벌레가 구슬 속에 전신을 틀어박고 있는 애벌레에게 자기 생각을 불어넣을 수는 없다. 또 아스파라거스 열매 속 애벌레가 세 번째 녀석에게 잎에 노출되어 곡예사처럼 돌아다니며 살라고 권하지는 않았다. 세 녀석 중 어느 누구도 다른 두 애벌레 습성의 창시자가 아니다. 이 모든 것이 내게는 바위틈에서 솟아나는 샘물처럼 맑아 보인다. 녀석들이 같은 근원에서 나왔다면 도대체 어떻게 그토록 다른 재주를 얻었을까?

게다가 각각의 재주는 단계적으로 발달했을까? 답변은 백합긴가슴잎벌레가 해준다. 녀석의 애벌레가 기생파리의 괴롭힘으로 일찌감치 등에다 똥을 내보낼 단춧구멍 제작을 생각했다고 가정해보자. 정해진 목적은 없는데 우연한 사고로 창자의 배설물을 등에 부었다는 가정 또한 해보자. 깔끔한 파리가 더러운 것을 보고 망설였다. 약아빠진 애벌레는 시간이 지나면서 그 찜질 방법에서 얻어낼 수 있는 이득이 무엇인지 알게 되었다. 그래서 처음에는 계획적이 아니었던 오물 뒤집어쓰기가 신중한 습관으로 정착되었다.

이런 발명에는 언제나 수많은 세기(世紀)가 걸린다. 그야말로 세월의 도움으로 성공에 성공을 거듭하며, 똥 망토를 뒤쪽에서 앞쪽으로 펼치다가 이마 위까지 이르게 되었다. 자기 방법에 만족한 백합긴가슴잎벌레는 제 담요 밑에서 기생충을 비웃었고, 우연이던 것을 엄밀한 법으로 만들었다. 그리고 혐오감을 일으키는 겉옷을 후손에게 충실하게 물려주었다.

여기까지는 그럴듯하다. 하지만 이제는 일이 얽힌다. 만일 곤충이 정말로 자신의 보호 수단을 발명했다면, 또 오물 밑에 숨는 것이 얼마나 유리한지를 그 자신이 알아냈다면, 나는 녀석에게 계략의 연구심을 땅속에 묻히는 순간까지 꾸준히 계속하라고 요구하겠다. 그런데 녀석은 반대로 훨씬 먼저 옷을 벗어 버렸다. 어느 때보다 통통하게 부른 배가 파리를 유혹할 때, 알몸으로 잎사귀 위로 돌아다니며 바람을 쐬었다. 여러 번에 걸친 오랜 훈련으로 얻어진 조심성을 마지막에 완전히 잊어버린 것이다.

이런 갑작스런 돌변, 위험 앞에서 보이는 그 태평함은 내게 이렇게 말한다.

곤충은 아무것도 배우지 않았고, 아무것도 발명하지 않았다. 따라서 아무것도 잊어버리지 않았다. 본능을 분배할 때 녀석은 제 몫으로 똥 옷을 받았고, 그것의 장점을 이용하지만 가치는 몰랐다. 그것은 단계적으로 얻은 것이 아니다. 따라서 가장 위험하고 가장 경계심을 일으켜야 할 순간 갑작스런 일이 뒤따랐다. 녀석은 처음부터 이렇게 타고났고, 기생파리나 다른 적군에 대한 전술에 아무런 변화를 가져올 능력이 없었다.

그렇다고 해서 오물 옷을 기생충에 대한 방어 역할로만 급하게 결론짓지는 말자. 백합의 애벌레가 아무런 방어책도 갖지 못한 아스파라거스의 애벌레보다 어느 면에서 더 큰 공을 들였는지는 알수 없다. 어쩌면 생식력이 덜해서 빈약한 난소를 보충하려고 종족의 보호 수단을 가졌는지 모른다. 피부가 너무 민감해서 햇볕을 막아 주는 은신처인 동시에 부드러운 담요인지도 모른다. 또 단순한 장식으로, 즉 애벌레가 멋을 부리겠다며 야하고 지나친 장식물로 똥을 이용했더라도 나는 놀라지 않을 것이다. 곤충은 우리네 취미가 심판할 수 없는 취미를 가졌다. 의문을 결론으로 내리고 지나가자.

적당히 자란 애벌레가 백합을 떠나 그 밑에 낮게 묻히는 것으로 일이 끝난 것은 아니다. 이마와 꽁무니로 흙을 둥글게 밀어내서 완두콩만 한 둥지를 만든다. 무너질 염려가 없으며 속이 빈 구슬처럼 만들려고 모래와 빨리 굳는 접합제를 벽에 스며들게 할 일이 남았다.

튼튼한 축성 작업을 관찰하려고 미완성 둥지를 파내서 일꾼이 보이게 구멍을 뚫었다. 안에 든 녀석은 지금 창가에 와 있는데 입에서 많은 거품이 나온다. 거품은 마치 달걀흰자를 휘저어서 일으킨 것 같다. 많이 뱉은 침 거품을 벌어진 틈의 가장자리에 놓는다. 이렇게 몇 번 내뿜자 틈이 막혔다.

땅에 묻힐 애벌레를 꺼내서 받침에 필요한 작은 종잇조각과 함께 유리관에 넣었다. 관에는 애벌레의 침과 약간의 종잇조각뿐 모래나 다른 건축자재는 없다. 이런 상황에서 구슬 모양의 집을 만들 수 있을까?

그렇다. 만들 수 있다. 더욱이 별로 어렵지도 않다. 녀석은 유리에 조금, 종이에 조금씩 의지해서 주변에 침으로 많은 거품을 낸다. 몇 시간 동안 한 번 일해서 단단한 껍데기 속으로 사라졌다. 껍데기는 눈처럼 희고 구멍이 많으며, 부풀린 흰자위의 작은 구슬 같다. 애벌레는 모래를 엉켜서 구슬 같은 집을 지을 때 이런 식으로 거품이 이는 단백(蛋白)성 물질을 썼다.

이제는 작업 중이던 애벌레를 갈라 보자. 상당히 길고 부드러운 식도 둘레에는 침샘도 없고, 명주실 분비 기관도 없다. 따라서 거품 같은 시멘트는 침이나 명주실이 아니다. 어떤 기관, 즉 부피가 매우 큰 모이주머니에 주의가 끌린다. 불규칙하게 울퉁불퉁 부풀어 올라 흉해 보이는 주머니에 무색 점성 액체가 가득 차 있다. 분명히 이것이 거품을 이는 침 같은 물질이며, 모래알을 서로 연결시켜 둥근 덩어리로 굳혀 놓는 접합제이다.

탈바꿈을 준비할 때가 되면 위장 주머니는 소화 실험실로 작동할 필요가 없다. 이때는 다용도 공장이나 창고로 쓰인다. 돌담가뢰(Sitaris)는 거기다 요(尿) 찌꺼기를 쌓아 놓고, 하늘소(Cerambyx)는 출구에 돌담이 될 백악질의 점성 액체를 모아 둔다. 송충이는 고치를 단단하게 할 가루와 고무풀을 예비로 보관하며, 벌은 거기서 비단 고치의 내벽에 벽지로 쓰일 옻칠을 얻는다. 그런데 백합긴가슴잎벌레는 거품이 이는 시멘트 창고로 이용했다. 이 주머니는 정말로 친절한 기관이로다!

아스파라거스의 두 종 역시 똑같이 능란하게 침을 뱉으며, 집짓

**뽕나무하늘소** 지구의 환경이 대형 동물에게는 불리하게 바뀌어 가고 있다. 그래서 하늘소 중 대형인 뽕나무하늘소도 옛날처럼 번성하지 못하는 것 같다. 진도, 4. IX. '96

기 기술은 백합의 애벌레와 당당한 경쟁자였다. 세 애벌레의 땅속 둥지는 모두 같은 모양이며 같은 구조였다.

백합긴가슴잎벌레가 땅속에서 두 달 동안 머물렀다가 성충의 형태로 올라올 때, 남아 있는 식물학 문제를 해결해야만 녀석의 이야기가 완전히 보충된다. 그때는 삼복중이라 백합은 한물갔다. 잎은 없고 너덜너덜한 꼬투리 몇 개가 꼭대기에 달려 있는 말라빠진 막대기, 이것이 찬란했던 봄 식물에서 남은 전부이며, 땅속에는 비늘 같은 구근만 남아 있다. 여기서 중단된 성장은 끈질긴 가을비가 다시 기운을 북돋아 주어 잎다발로 피어나길 기다린다.

녀석은 선호하는 식물이 돌아올 때까지의 여름 동안 어떻게 살까? 한창 더운 계절에는 안 먹을까? 만일 식물이 부족한 계절에 절식하는 것이 녀석의 규정이라면, 왜 먹기에서 해방되어 조용히 졸고 있을 땅속 껍데기를 버리고 나왔을까? 딱지날개가 빨간색을 띠자마자 먹어야만 해서 땅속에서 쫓겨나 햇빛으로 나온 것일까? 매우 있을 법한 일이다. 알아보자.

형편없어진 백합 줄기에서 한 부분이 아직 푸른 껍질로 덮여 있는 것을 발견하고는 이틀 전 모래층에서 탈출한 표본병의 포로에게 주었다. 그것은 틀림없는 식품이라 녀석이 달려들어 목질부까지 갉아먹었다. 굶주린 포로에게 규정에 맞는 먹이를 더 주어야 하는데 남은 게 없다. 마르타공백합(Lis Martagon: *Lilium martagon*), 칼체도니아백합(L. de Chalcédoine: *L. chalcedonicum*), 얼룩무늬백합(L. Tigré: *L. lancifolium*), 토박이든 외래종이든 그 밖의 모든 백합이 녀석의 구미에 잘 맞는다는 것을 알고 있다. 왕관초(Fritillaire couronne impériale: *Fritillaria imperialis*, 일명 이란패모), 페르시아패모(F. de Perse: *F. persica*) 역시 잘 접수함을 안다. 그러나 돌투성이인 내 텃밭은 대부분의 까다로운 식물의 초대를 거절했다. 내가 좀 가꿀 수 있는 것은 이제 모두 상해서 초록색은 아무것도 남지 않았다.

식물학은 백합에게 과명(Lilacées: Liliaceae)[3]을 주었고, 백합(Lis)이 그 계열에서 으뜸이다. 백합을 먹는 곤충이 부득이할 때는 같은 무리의 다른 종까지 받아들일 게 틀림없다. 처음의 내 생각은 그랬지만 식물의 효능에 대해 나보다 정통한 곤충의 생각은 달랐다.

백합과는 크게 백합류(Lis), 수선화류(Asphodèles), 아스파라거스류(Asperges)의 세 그룹으로 나뉜다. 조사된 수선화류는 어느 종이든 허기진 녀석에게 맞지 않았다. 시험이 가능한 식물은 내 울타리 안의 변변찮은 자원인 수선화(Asphodèle: *Asphodelus*), 산옥잠화(Funkia: *Funkia*→ *Hosta*), 자색 군자란(Agapanthe: *Agapanthus*), 트리텔레디아(Tritéledia), 원추리(Hémérocalle: *Hemerocallis*), 트리토마(Tritoma: *Kniphofia uvaria*), 마늘(Ail: *Allium*), 대감채(Ornithogale: *Ornithogalum*), 무릇(Scille: *Scilla autumnalis*), 히아신스 두 종류(Jacinth: *Hyacinthus*와 Muscari: *Muscari*) 등인데 모두 영양실조로 죽었다.[4] 백합긴가슴잎벌레가 수선화에 대해 확실한 의견을 가졌다는 점은 무시할 것이 아니다. 녀석은 수선화 족속과 백합 족속을 잘 구별해서 우리보다 더 자연 분류를 잘함을 보여 주었다.

이 곤충이 좋아하는 첫째 먹이 식물은 흰 백합(Lis blanc: *Lilium candidum*), 다음은 거의

3 현재는 Liliales목으로 분류한다.
4 이 장에 출현하는 식물은 모두 우리나라에 분포하지 않아 이름 짓기는 생략했다.

같은 수준의 패모였다. 그 다음은 튤립(Tulips: *Tulipa*)을 들 수 있으나 철이 너무 늦어서 평가를 받아 보지는 못했다.

세 번째에서는 크게 놀랐다. 녀석은 다른 두 잎벌레가 좋아하는 아스파라거스 잎을 아주 못마땅한 이빨로 씹는 반면, 은방울꽃(Muguet: *Convallaria maialis*)과 대잎둥굴레(Salomon: *Polygonatum vulgare*)는 맛있게 실컷 먹었다. 그런데 식물에 대해 자세히 훈련받지 않은 사람이면 누구나 이 두 종류를 백합과로 보지 못한다.

백합긴가슴잎벌레는 엉뚱한 짓까지 했다. 칡덩굴(Féroce Liane: *Smilax aspera*)을 분명히 만족스럽게 갉아먹었다. 이 식물은 병따개처럼 생긴 덩굴손으로 울타리에 얽히며, 늦가을에서 초겨울에 걸쳐 빨간색 작은 포도송이 모양 열매를 제공해 성탄절에 구유를 꾸밀 수 있게 한다. 이 곤충에게는 연하게 돋아나는 꼭대기 잎이 필요한데 이렇게 거친 덤불식물을 백합처럼 조심히 먹고 살아남았다.

이렇게 칡까지 받아들이자 나는 험하게 생긴 관목, 루스커스(*Ruscus aculeatus*)나 다른 관목에 대해서 자신을 갖게 되었다.[5] 이 나

무는 푸른 잎과 굵은 산호 알
모양의 빨간 열매가 아름다워
서 성탄절에 가족의 즐거움에
한몫한다. 너무 단단한 잎은 먹
는 녀석에게 불쾌감을 줄 것 같
아 어린 싹을 골랐다. 영양분을
공급하는 호리병 모양의 둥근
씨가 아직 아래쪽에 달려 있는

호랑가시나무 완도, 10. VIII. '95

것이다. 하지만 이런 조심성도 성공하지 못했다. 취을 받아들였으
니 믿을 만하다고 생각했던 루스커스는 한사코 거절했다.

우리에겐 우리 식물학이 있고, 긴가슴잎벌레에겐 제 식물학이
있다. 그런데 유사점의 평가는 녀석이 더 치밀했다. 이 곤충의 영
역에는 아주 자연스럽게 백합과 취의 두 무리가 포함되어 있다. 취
은 과학의 발전과 더불어 새로운 과(Smilacées)[6]가 되었다. 이 두 종
류에서 제일 많은 종이 접수되었다. 이 현상은 분류학에서 결정적
인 위치를 결정하기 전에 재고해야 할지 모
르겠다.

새로운 과의 대표 식물 중 하나인 아스파
라거스는 배타적이나, 다른 두 잎벌레는 재
배된 아스파라거스를 열심히 이용하는 게
특징이다. 야생 아스파라거스(*Asparagus acuti-*
*folius*)에서 녀석들을 제법 자주 만났는데, 이
식물은 줄기가 길어서 잘 휘며 가지가 많고

5 루스커스는 백합과 식물이다.
원문에선 아스파라거스 종류인
Petit houx(*Ruscus aculeatus*)
로 쓰였는데 불한사전에는 petit
houx가 없고, houx는 참나무
계통인 호랑가시나무로 풀이되어
있어서 잘못 알기 쉽다.
6 아스파라거스, 밀나물 따위를
포함했는데 현재는 소멸된 과이
다. 백합과였던 루스커스를 지금
은 Ruscaceae과로 분류하기도
한다.

아스파라거스 전주, 20. VII. '93

거친 소형 관목이다. 프로방스 지방의 포도 경작자는 루미에(Roumiéu)라는 이름으로 수확 때 양조통 꼭지 앞에 여과 장치처럼 달아서 포도즙이 새는 것을 막는 데 쓴다. 두 잎벌레가 7월에 탈바꿈 도중 오랫동안 굶어 허기진 배로 땅속에서 나왔을 때도 이 식물들 외에는 절대로 거절했다. 야생 아스파라거스에는 가장 작은 종이며 다른 식물은 거들떠보지 않는 네 번째, 무늬긴가슴잎벌레(*Cr. paracenthesis*)가 산다. 이 종의 습성은 충분히 알지 못해서 자세한 설명은 할 수가 없다.

식물학상의 세밀한 사항은 한여름에 일찍 알에서 깨어나는 긴가슴잎벌레에게 기근을 염려할 필요가 없음을 말해 준다. 백합긴가슴잎벌레가 선호하는 식물을 만나지 못하면 장소에 따라 대잎둥굴레, 칡, 은방울꽃 따위를 먹을 수 있으며, 또 같은 과의 다른 식물까지 먹을 것임을 나는 의심치 않는다. 다른 긴가슴잎벌레 3종은 더 혜택을 받아, 먹여 살릴 식물은 초겨울까지 항상 푸른 잎이 달려 있는 것들이다. 큰 추위에 끄떡없는 야생 아스파라거스는 일년 내내 아주 싱싱하게 남아 있다. 게다가 각 잎벌레는 짧은 여름의 해방 기간이 지나면 월동기를 맞아 낙엽 밑으로 숨어들기 때문에 철늦은 자원은 없어도 된다.

# 16 가라지거품벌레

곤충의 삶에 관심이 있는 관찰자라면 당연한 일이지만 제비와 뻐꾸기가 찾아오는 4월에는 땅바닥을 보고 들판을 좀 살핀다. 그러면 틀림없이 여기저기의 식물에서 작은 무더기의 흰 거품 덩이를 발견할 것이다. 마치 지나가던 사람이 뱉은 침 같다는 생각이 들지만 수가 너무 많아서 그 생각은 곧 사라진다. 할 일 없는 사람이 유치하고 아주 불쾌하게 그런 짓을 정성껏 했더라도 결코 그렇게 많은 거품을 내놓을 만큼의 침은 없을 것이다.

사람이 이 일과 무관함은 잘 안다. 그런데 북부 지방 농부는 그 모양이 암시하는 이름을 쓰지 않고, 노래로 봄의 소생을 알리는 새를 생각하여 그 희한한 무더기를 뻐꾸기(Coucou: *Cuculus*) 침이라고 한다. 즐겁게 둥지 짓기에는 무능한 철새가 제 알을 의탁하려고 피곤하게 날아다니며 남의 집을 살필 때마다 그렇게 멋대로 뱉었단다.

이런 해석이 뻐꾸기는 침이 많다는 근거로는 설득력이 있을지 몰라도, 그렇게 풀이한 사람은 생각이 좀 없다는 느낌이 든다. 개구리(Grenouille: *Rana*) 침이라는 이름은 훨씬 못하다. 순진한 양반들! 여기서 개구리, 개구리 침이 무슨 상관이란 말인가?

좀 약삭빠른 프로방스(Provence)의 농부 역시 봄에 만나는 침을 알지만 이상한 이름으로 부르기는 피한다. 이웃에게 개구리 침과 뻐꾸기 침에 대해 물어보면 그건 그저 저속한 농담이라는 생각으로 빙그레 웃을 뿐이다. 또 성질을 물어보면 대답은 이렇다. "모르겠는데요."

됐다. 나는 괴상한 설명으로 비비 꼬이지 않은 이런 대답을 좋아한다.

실제로 침의 제작자를 알고 싶은가? 그러면 지푸라기로 침 뭉치를 긁어내 보자. 거기서 매미(Cigale: Cicadidae)처럼 생겼으나 날개는 없고 누르스름하며, 배는 뚱뚱해서 땅딸막한 벌레를 보게 될 것이다. 자, 이 벌레가 침을 만든 녀석이다.

참매미 매미목은 크게 매미아목과 진딧물아목으로 나뉘며, 매미아목은 대략 4개의 상과로 나뉘는데 종수로 보면 거품벌레상과가 압도적으로 많다. 시흥, 10. VIII. '92

녀석을 잎에 내려놓으면 포동포동하게 살찐 배의 뾰족한 끝을 아래위로 흔들어 댄다. 이런 흔듦 자체가 벌써 조금 뒤에 보여 줄 이상한 작동의 기계를 드러낸 셈이다. 여전히 거품에 둘러싸여 일을 하는 꼬마가 나이를 먹으면 번데기

(Nymphe)가 된다.[1] 몸통은 초록색으로 물들었고, 몽당날개처럼 작은 날개의 옆구리에는 띠무늬가 있다. 작업할 때는 뭉툭한 머리에서 매미의 침과 비슷한 주둥이인 도래송곳이 아래쪽으로 비죽 나온다.

가라지거품벌레●
실물의 4배

성충은 매우 작게 줄여 놓은 매미의 형태이며 실제로 그 종류에 속한다. 하찮은 이름 문제에서 해방될 줄 아는 곤충학자라면 녀석을 거품벌레라고 부른다. 그런데 음조가 좋은 이 이름이 매미(*Cicada*)의 축소판이라는 불쾌한 이름, 아프로포라(Aphrophora: *Aphrophora*)로 대체되었다. 공식적 학명 아프로포라 스퍼마리아(*Aphrophora*→ *Philaenus spumaria*, 가라지거품벌레●)는 거품을 가졌고 또 거품을 내뿜는다는 뜻이다. 이렇게 완전하게 지어졌다고 해서 귀가 덕을 보는 것은 아니다. 우리 고막을 손상시키지 말고 거품이란 말이 겹치지 않게 그냥 거품벌레(Cicadelle)라는 이름으로 만족하자.

거품벌레의 습성에 관해 내가 가진 책 몇 권을 찾아보았더니 식물을 찔러서 진이 거품 덩이로 스며 나오게 하며, 그것을 덮개 삼아 시원하게 산다고 했다. 또 새벽에 농작물을 살펴보고 거품으로 덮인 새싹은 즉시 모두 거둬다 끓는 물이 가득한 냄비에 담가야 한다고 했다.

저런, 불쌍한 내 거품벌레! 그 사람은 용서가 없으니 네가 조심할 수밖에 없다. 그가 바퀴 달린 화덕에 불을 지펴서 개자리풀

---

1 이 곤충은 불완전변태를 하는 종류이므로 번데기 시대가 없다. 그런데 프랑스 어권에서는 불완전변태 곤충의 애벌레에게도 Nymphe란 용어를 쓴다. 어린 개체였다면 애벌레로 번역했을 것이다.

거품벌레 애벌레와 녀석이 만든 거품
덩이 거품 덩이가 마치 침을 크게 뭉
쳐서 뱉어 놓은 꼴이다.
시흥, 20. VII. '93

노랑무늬거품벌레 몸길이가 12~13mm로 우리나라
거품벌레 중 가장 큰 종이다. 주로 습한 지역의 버드나
무류에 살지만 쑥이나 다른 풀에서도 관찰된다.
시흥, 10. VII. '96

(Luzernes: *Medicago*), 토끼풀(Trèfle: *Trifolium*), 완두(Pois) 사이로 끌
고 다니며, 그 자리에서 너희를 뜨거운 지옥불의 물에 담그는 것을
보았다. 거의 모든 줄기에 거품 덩이가 있는 잠두(Sainfoin: *Onobry-
chis caputgalli*, 사료용) 밭을 본 기억이 난다. 그러니 그 사람은 일거
리가 또 생기겠다. 거기서 냄비의 도움이 필요하다면 차라리 모두
베어서 탕약으로 바꾸는 편이 낫겠다.

왜 그런 가혹한 짓을 할까? 꼬마 매미야, 너는 농작물에게 그렇
게 무서운 존재란 말이더냐? 너는 네가 침범한 식물을 말려 버린
다는 비난을 받는다. 그건 사실이다. 벼룩이 개에게 하는 짓과 비
슷하게 식물을 말려 버린다. 너도 알다시피, 남의 풀을 건드리는
것은 우화 작가의 말처럼 아주 나쁜 죄악이다. 끓는 물의 형벌만이
속죄할 수 있는 커다란 죄악인 것이다.

농부의 곤충학과 전멸시킨다는 그의 말을 그냥 놔두자. 하지만

그 말을 듣고 보면 곤충은 살 권리가 없다. 나는 말린 자두를 파먹는 벌레를 학살하려고 사나운 꿈을 꾸는 주인처럼 행동할 수가 없구나. 그래서 네게 잠두(Fève)와 완두 밭 몇 두둑을 관대하게 넘겨주겠다. 물론 너 역시 내 몫을 남겨 줄 것을 확신한다.

곤충은 비록 하찮지만, 한없이 다양한 본능을 알려 주기에 적당한 재주나 독창적 창의력이 풍부하다. 특히 거품벌레는 나름대로의 청량음료 제조법이 있다. 녀석이 자기 산물을 어떤 방법으로 그토록 거품이 잘 일게 하는지 물어보자. 책들은 여기서 유일하게 다뤄질 문제 대신 끓는 냄비와 뻐꾸기 침에 대한 이야기뿐이니 말이다.

거품 덩이는 정확한 형태가 없고 개암보다 큰 경우는 거의 없다. 그런데 곤충이 거품 속에서 작업하지 않을 때 역시 계속 그대로 유지되는 것이 주목거리이다. 거품 제조자가 없는 거품 덩이를 유리잔으로 옮겼더니 24시간 이상 증발이나 거품의 터짐이 없이 보존되었다. 가령 빨리 없어지는 비누 거품과 비교해 보면 그 안정성이 대단히 놀라웠다.

거품벌레에게는 이런 안정성이 필요하다. 만일 제작물이 보통 거품과 같다면 끊임없이 새로 만들다가 지칠 것이다. 녀석도 거품 담요를 얻은 다음에는 먹고 성장하기 외에 얼마간 편히 쉬는 게 좋을 것이다. 그래서 거품으로 변한 액체는 오랫동안 보존되기에 유리한 점성을 어느 정도 가졌고, 약간 미끈거리며 물을 많이 탄 고무풀처럼 손가락 밑으로 흘러내린다.

각 거품은 작고 지름이 균일해서 그것들 하나하나의 용적이 꼼꼼하게 계량되었음을 알 수 있다. 그래서 용적을 재는 임무의 뷰렛(burette)[2]을 추측하게 된다. 곤충 역시 우리네 약국의 조제실처럼 약 방울을 떨어뜨리는 스포이트를 가졌을 것이다.

거품 속이라 안 보이는 거품벌레가 보통은 한 마리뿐이다. 가끔 2~3마리나 더 있는 경우가 있는데, 이때는 개별 작업이 공동 건축물로 합쳐져서 이웃끼리 우연한 사회를 이룬다.

작업의 시초를, 그리고 진행 방법을 돋보기로 지켜보자. 빨대를 밑동까지 박은 거품벌레는 짧은 다리 6개로 잘 버텨서 숙주식물의 잎에 배를 찰싹 붙이고 꼼짝 않는다.

처음에는 서로 비벼지는 매미의 바늘처럼 침을 교대로 오르내릴 때 스민 수액을 제조 공정에서 거품으로 만들며, 그것이 구멍 가장자리로 분출되는 것을 볼 것으로 기대했다. 즉 찌른 구멍에서 거품이 완성되어 나올 것이라는 생각이었다. 책들은 일반적으로 거품벌레에 대해 이렇게 가정했고, 나도 저자들의 말을 믿고 그렇게 생각했다.

하지만 이런 생각은 터무니없이 틀렸다. 현실은 매우 정교했다. 구멍에서 올라오는 것은 거품의 흔적 없이 이슬방울처럼 아주 맑은 액체였다. 같은 연장을 가진 매미 역시 거품의 흔적이 전혀 없는 맑은 수액을 스미게 하여 마신다. 거품벌레의 입틀인 빨대는 액체 빨아올리기에는 능숙하지만 거품 요를 만드는 것과는 무관했다. 그 기구는 원료만 제공했고 가공은 다른 연장이 했다. 어떤 연장일까? 참고 기다려보자. 그러면 알게 될 것이다.

2 일정량의 액체를 분배할 수 있도록 눈금과 콕을 갖춘 막대 유리관

곤충 밑으로 스며드는 맑은 액체가 조금씩 올라가 마침내 녀석의 몸이 절반쯤 잠긴다. 곧 작업이 시작된다. 달걀 흰자위로 거품이 일게 할 때는 두 가지 방법이 있다. 점성의 흰자위를 얇게 나누어서 펴고 그 속에 공기가 들어가도록 휘젓는 방법과 덩어리 속으로 공기 방울을 불어서 넣는 주입 방식이다. 거품벌레는 이 두 방법 중에서 보다 부드럽고 더 맛있는 두 번째 방법을 썼다. 즉 공기를 불어넣었다.

하지만 어떻게 불까? 이 곤충은 공기의 내통 장치인 허파 같은 게 없으니 그럴 수 없을 것 같다. 기관(Trachées, 氣管 = 곤충 호흡기관)은 숨쉬기와 풀무질을 동시에 할 수 없다.

좋다! 곤충이 만일 재능을 발휘하려고 공기를 쏘아 보낼 필요가 있다면 아주 교묘하게 구상된 통풍 기계가 없지는 않을 것이라고 생각하자. 거품벌레는 실제로 이런 기계가 배 끝의 창자가 끝나는 곳에 있다. 거기서 길게 Y자 모양으로 갈라진 작은 주머니가 교대로 여닫히는데, 두 입술 모양이 서로 가까워지면 완전히 닫힌다.

이쯤해서 녀석의 조작을 지켜보자. 배 끝을 자신이 잠긴 수액 밖으로 들어 올린다. 주머니가 열리며 공기를 빨아들여, 가득 차면 닫고 다시 수액에 잠긴다. 그 속에서 주머니를 수축시켜 갇혀 있던 공기를 쏟아 내 첫번째 거품 방울을 만든다. 다시 주머니가 공중으로 올라와 열리며 공기를 채운 다음, 다시 닫고 잠겨서 가스를 불어 내 새 거품 방울이 생긴다.

이렇게 통풍조절판을 밑에서 위로 옮기고, 열어서 공기를 가득 채우고, 다시 아래의 액체 속으로 옮겨 공기 쏟아 내기가 정밀 시계처럼 규칙적으로 계속된다. 거품 방울이 균일함을 설명해 주는 가스 측정 뷰렛과 스포이트는 이런 것이었다.

신들의 사랑을 받은 율리시스(Ulysse)는 폭풍 분배자 아이올로스(Éole)로부터 바람을 가둔 가죽 부대를 받았다. 조심성 없는 승무원이 안에 든 것을 알아보려고 풀었다가 폭풍이 일어 선단이 난파당했다. 바람에 부푼 이 신화의 가죽 부대를 나는 어릴 때 본 적이 있다.

칼라브리아(Calabre)[3]의 행상(行商)인 금속 제련공이 주석으로 만든 수프 그릇과 접시를 다시 녹일 도가니를 두 돌멩이 사이에 걸어 놓았다. 아이올로스가 바람을 보내고 있었다. 그는 무릎을 꿇고 앉아서 두 염소 가죽 부대 중 하나는 오른쪽, 또 하나는 왼쪽으로 번갈아 눌러서 화덕으로 바람을 보내는 갈색 머리 어린 소년의 모습으로 나타나 있었다. 선사시대의 옛날 사람이 구리를 녹일 때 이렇게 했을 것이다. 나는 옛날에 구리를 녹이던 그 사람의 작업장과 구리 찌꺼기를 우리 집 근처의 야산에서 발견했다. 그들은 바람을 보내는 가죽으로 화덕의 불을 세게 했을 것이다.

내 아이올로스 기계는 소박하고 간단해서 아직 털이 그대로 붙어 있는 염소 가죽이었다. 아래쪽은 통풍관에 묶였고 위쪽은 열린다. 입술에 해당하는 작은 판자 두 개가 서로 가까워지면서 속에 든 것을 가두어 놓는다. 뻣뻣한 입술에는 각각 구리 손잡이가 달렸는데, 거기의 한쪽은 엄지가 다른 쪽은 나머지 손가락 4개가 들어가게 되어 있었다.

손이 올라오면서 벌어지면 자루의 입술이 ___3 이탈리아 서남부 지방

270

열리며 공기가 가득 찬다. 손이 내려가면 얇은 판자가 닫히고 자루가 밀린다. 그래서 안에 있던 공기를 오므라든 통풍관으로 내보낸다. 가죽 부대 두 개를 번갈아 작동시켜 바람이 계속 일어나게 되는 것이다.

공기를 작은 기포로 배출해야 할 때는 불리한 조건인 연속성만 아니면 거품벌레의 풀무가 칼라브리아 제련공의 풀무 같다. 그것은 부드럽고 작은 주머니인데, 뻣뻣한 입술을 교대로 여닫는다. 열리면서 공기가 들어가고 닫으면 갇힌다. 주머니가 잠길 때, 주머니 벽의 수축이 가죽 부대의 밀어내는 역할을 해서 들어 있던 가스를 바람으로 불어 주게 된다.

신화가 아이올로스 이야기를 한 것처럼 바람을 자루에 가둘 생각을 제일 먼저 착상한 사람에게는 확실히 다행한 사건이며, 풀무가 된 염소 가죽은 훌륭한 재료인 금속을 가져왔다.

엄청난 진보의 원천인 공기 송풍 기술은 거품벌레가 우리보다 앞서서 두발카인(Tubalcaïn)[4]이 가죽 주머니로 대장간 화덕의 불 키우기를 생각하기 전에 벌써 거품을 불어넣었다. 공기 송출기의 발명은 거품벌레가 시대적으로 가장 앞선 것이다.

거품이 하나씩 모여서 두꺼운 거품 덮개가 되고, 그것이 녀석을 감싸서 배 끝이 밖으로 나올 수 없게 되면 공기 얻기와 거품 만들기가 중단된다. 하지만 영양 섭취가 필요해서 수액 뽑는 송곳이 계속 작동한다. 이때는 대개 넘치는 액체가 거품으로 바뀌지 않고, 가장 깊은 자리에 모여서 아주 말간 눈물방울처럼 된다.

4 기계 제작자의 조상

이렇게 맑은 액체가 하얀 거품이 되려면 무엇이 필요할까? 불어 넣을 공기가 없을 뿐이라는 말을 할 것이다. 그렇다면 내 계략이 거품벌레의 송풍기를 얼마든지 대신할 수 있을 것이다. 아주 가느다란 유리관으로 입김을 살짝 불어서 액체 속으로 들여보내면 되는 것이다. 하지만 아주 놀랍게도 액체에서 거품이 일지 않았다. 마치 샘에서 길어 온 물처럼 맑았다.

곤충을 덮은 것처럼 많고 점착력이 있어서 천천히 사라지는 거품 대신 변변찮게 생기자마자 터지는 것밖에 얻지 못했다. 거품벌레가 처음 자리 잡을 때처럼, 즉 풀무를 작동시키기 전에 배 밑에 모여 있던 액체처럼 실패한다. 여기든 저기든 무엇이 부족했을까? 거품이 이는 생성물과 그것을 발생시키는 액체가 답변해 주려 한다.

거품을 만져 보면 미끄럽고 끈적이며 실처럼 늘어난다. 예를 들면 단백질의 묽은 용액 같다. 그런데 거품이 될 액체는 맑은 물처럼 깨끗하게 흘러내린다. 따라서 거품벌레는 구멍으로 바람을 불어넣는 작은 주머니만으로 거품이 이는 수액을 퍼낸 것이 아니다. 찌른 구멍에서 나온 액체에 접착력을 주고 거품을 일게 하는 어떤 점성 성분을 보탠 것이다. 마치 어린이가 물에 비누를 풀어서 밀짚 끝에 알록달록한 거품 방울을 부풀린 격이다.

도대체 곤충에게 거품을 일으키는 기관인 비누 공장은 어디에 있을까? 물론 바람을 불어넣는 주머니의 바로 밑에 있을 것이다. 거기서 창자가 끝나며, 소화관이나 어느 특별한 샘에서 제공되는 극미량의 단백성 물질이 부어질 것이다. 그렇게 해서 공기를 불 때마다 접착제가 조금씩 곁들여져 물속에 퍼지며 끈적이게 한다. 또한 지속적으로 방울 속에 갇히기에 적합해질 것이다. 거품벌레는 창자가 부분적으로 제조공이 되어 거품을 덮는다.

이 방법은 백합에서 더러운 똥으로 옷을 해 입는 애벌레의 솜씨를 기억나게 한다. 그러나 등판을 덮은 녀석의 오물 뭉치와 거품벌레의 공기 담요는 얼마나 거리가 멀더냐!

설명하기 더욱 어려운 사실 하나가 또 주목을 끈다. 4월에 처음 진이 올라오는 많은 초본류는 종(種), 무리, 또는 과(科)의 구별 없이 모두가 거품을 내는 곤충에게 적합했다. 이 곤충을 만날 수 있는 식물의 목록을 만든다면, 많든 적든 이웃의 거의 모든 식물 목록에서 목본만 제외될 것이다. 몇몇 실험으로 식물의 성질과 특성은 거품벌레가 정착하려고 선택하는 것과 무관함을 알게 될 것이다.

붓으로 거품 속 곤충을 꺼내 맛이 반대인 식물 위에 내려놓았다. 부드러운 맛에는 강한 맛이 오게 했고, 싱거운 맛은 매운맛, 단맛은 쓴맛을 뒤따르게 한 것이다. 하지만 조금의 망설임 없이 새 야영지가 접수되어 거품이 일기 시작한다.

예를 들어 아무 맛도 없는 잠두에서 꺼낸 거품벌레가 뜨거운 젖으로 부풀어 오른 대극과 식물, 특히 땅빈대(*Euphorbia serrata*)에서 아주 순조롭게 잘 자란다. 땅빈대의 독한 양념에서 싱거운 잠두로 옮겨도 역시 만족스럽게 넘어간다.

다른 곤충이 제 식물에 그토록 섬세하게 충실했음을 생각하면 녀석의 무관심이 더욱 놀랍다. 분명히 부식제까지 마시며 독을 뜯어먹도록 특별히 만들어진 위장이 있다. 등대풀꼬리박각시(Sphinx des tithymale: *Hyles euphobiae*) 애벌레는 대극(Euphorbe: *E. characias*)을 먹고, 해골박각시(Achérontie: *Acherontia atropos*) 송충이는 솔라닌(Solanine) 독으로 양념한 감자 잎을 먹는데, 그 수액을 혀에 대 보면 벌겋게 달군 쇠를 댄 것과 비슷한 결과를 낸다. 어느 녀석이든 이런 마취제나 부식제에서 싱거운 풀로 옮겨 가지는 않을 것이다.

거품벌레는 어떻게 해서 아무것이나 먹게 되었을까? 무슨 풀이든 분명히 거품을 일게 하면서 영양을 섭취하니 말이다. 녀석이 스스로든 내 계략에 의해서든, 맛이 오직 붉은 고추를 닮은 애기미나리아재비(d'or des Prairies: *Ranunculus acris*, 일명 금황화)*, 잎 한 조각만으로 입술이 얼얼해지는 이태리반하(Gouet: *Arum italicum*), 종덩굴(Clématite des haies: *Clematis vitalba*), 피부를 벌겋게 하며 거지 세계에서 궤양을 일으키는 것으로 유명한 망초(Miracle: *Erigeron*)에서까지 잘 자라는 것을 보았다.

카엔(Cayenne)[5]의 후추를 먹던 녀석이 과도기적 전환 없이 부드러운 잠두(Sainfoin), 향기로운 유럽광대나물(Sarriette: *Satureia*), 쓴 민들레(Pissenli: *Taraxacum*), 단 에린지움(Panicaut: *Eryngium paniculatum*), 요컨대 맛이 있든 없든 내가 주는 것은 무엇이든 다 받아들인다.

이렇게 무엇이든 마시는 것이 실제로는 겉보기에만 그럴지 모른다. 어떤 종류의 풀이든 거품벌레가 뚫을 때는 뿌리가 땅속에서 빨아들인 거의 중성 액체만 스밀 수 있을 것이다. 그리고 주요한 성분으로 가공된 액은 받

5 프랑스령 기아나(Guiana)의 수도

274

아들이지 않는다. 곤충의 송곳에 찔려 스민 것, 즉 거품 덩이 밑에서 스미는 것은 완전히 맑은 액체일 수 있을 것이다.

이 물방울을 땅빈대, 반하, 종덩굴, 기는미나리아재비(Bouton d'or: *Ranunculus repens*)에서 채취했다. 이 식물들의 즙은 뜨거운 부식성 물이라고 했는데 사실은 아무 맛이 없었다. 그저 물 밖에는 아무것도 아니었다. 황산염 탱크에서 맛없는 물이 되어 나오는 것이다.

만일 바늘로 땅빈대를 찌르면 거기서 나오는 즙액은 흰 젖빛의 불쾌하고 매운 맛이다. 그런데 거품벌레가 침을 박으면 싱겁고 맑은 액이 나온다. 이 두 작용은 서로 다른 샘에서 물을 길어 올림을 뜻한다.

내 바늘은 젖빛 부식성 액체를 끌어냈는데, 곤충은 어떻게 맑고 해가 없는 것을 끌어낼까? 비교할 게 없는 녀석의 증류기로 험한 액체를 이중 분해해서 중성인 것은 받아들이고, 고추로 양념한 것은 거절했을까? 아직은 동화작용이 없었고, 그래서 결국은 갖게 될 독성이 아직 없는 액을 어떤 물관에서 빨아올리는 것일까? 이 작은 짐승의 펌프 앞에서 섬세한 식물해부학으로 궁지에 몰린 나는 이 문제를 포기하련다.

흔한 경우지만 거품벌레가 대극을 이용할 때, 내 바늘 자국이 보여 준 물질을 수용하지 말아야 하는 중대한 이유가 있다. 그 유액은 녀석에게 치명적인 것이다.

줄기 하나를 잘라서 흘러내린 것을 받아 거품벌레 한 마리를 담갔다. 빠진 녀석이 나오려고 애쓴다. 결국 편안하지 않다는 이야기

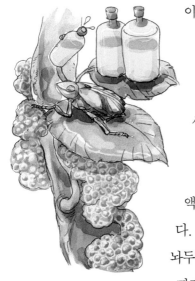

이다. 도망치는 곤충을 붓으로 탄성고무가 많이 녹아든 유액의 늪에 다시 빠뜨렸다. 머지않아 고무가 엉겨서 흰 치즈 토막처럼 된다. 녀석의 다리에 카세인 제품 같은 각반이 채워진다. 또 고무질 도료가 숨구멍을 막는다. 어쩌면 몹시 연약한 피부가 일종의 발포성 유액인 부식제에 괴롭힘을 당했는지 모르겠다. 거품벌레를 얼마간 그 환경에 그대로 놔두면 죽는다.

따라서 녀석의 송곳이 내 바늘처럼 대극에서 유액을 끌어낸다면 그 역시 죽을 것이다. 그래서 샘에서는 거의 맑은 물이 솟아나도록 미리 관을 분류해서 거품을 만들 재료만 얻는 것이다. 기계장치는 우리의 호기심에 잡히지 않는 미묘한 배수 펌프이며, 그야말로 섬세한 펌프의 작용으로 희한한 정화 작업을 하는 것이다.

역한 냄새를 풍기는 늪에서 왔든, 맑은 시냇물에서 왔든, 독성 액체에서 왔든, 양질 액체에서 왔든, 물은 증류 과정에서 불순물이 제거되어 언제나 똑같은 특성을 갖게 된다. 마찬가지로 땅빈대나 잠두가 제공했든, 종덩굴이나 다른 잠두가 제공했든, 미나리아재비나 서양지치(Bourrache: *Borago officinalis*, 일명 보리지)가 제공했든, 진액이 우리에게는 부러운 증류기인 거품벌레의 흡수기에서 분류된다. 그래서 서로 아주 다른 식물의 특수 생성물이라도 분류된 다음은 물의 성질이 같아진다.

이 곤충이 어떤 풀이든 거품을 일게 한 방법은 이렇게 설명될 것이다. 녀석의 기계장치는 어떤 즙액이든 맑은 물로 바꿀 수 있어서 모든 식물이 다 수용된다. 비길 데 없는 우물파기 일꾼은 흐린 물에서 맑은 물, 독성에서 무독성 물을 솟아나게 할 줄 안다.

엄밀히 말해서 이 곤충의 우물이 맑은 물을 제공하지는 않았다. 거품에서 스민 물방울을 유리병에서 증발시켰더니 약간의 흰 물질이 남는다. 이것은 질산에서 부글부글 끓으며 분해되니 어쩌면 탄산칼륨일지 모른다. 또한 단백질의 흔적이 있을 것으로 추측된다.

물론 거품벌레가 찌른 구멍 밑에는 섭취할 양분이 있다. 그런데 녀석은 무엇을 먹을까? 가냘픈 곤충 자체는 대부분 같은 물질 입자로 구성된 것에 불과하니 십중팔구는 주성분이 단백질인 물질을 몇 모금 마실 것이다. 이 성분은 모든 식물에 풍부하게 존재하며, 거품 제조에 필요한 점성 성분 역시 거기서 충분하게 이용할 가능성을 생각할 수 있다. 어쩌면 송풍기인 작은 주머니가 공기 방울을

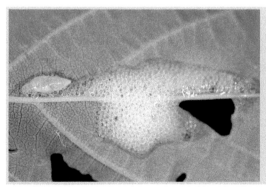

**거품벌레류의 애벌레**
애벌레 시대를 끝내고 성충이 되고자 거품을 떠나는 중인 것 같다.
의왕, 15. V. 08, 한태만

밀어낼 때 소화관에서 완성된 어떤 단백질 생성물을 내보냈고, 이것이 장시간 보존되는 거품으로 부풀기에 적당한 성질의 액체일 수 있을 것이다.

거품벌레가 거품 뭉치에서 무슨 이익을 얻느냐고 묻는다면 곧바로 그럴 듯한 답변이 나온다. 그 담요를 덮고 있으면 시원하게 지내면서 악당들의 눈에 띄지 않는다. 그것으로 일사병과 천적의 침입에 용감히 맞서는 것이다.

오물 망토를 걸친 백합긴가슴잎벌레(*Lilioceris merdigera*)도 그랬지만 그것을 벗어던지고 알몸으로 풀에서 내려와, 껍데기 만들려고 침투할 땅으로 왔다가 큰 손해를 본다. 기생파리가 위험한 순간을 노렸다가 산란하여, 배를 파먹을 기생충 싹을 맡겨 놓은 것이다.

잎벌레보다 빈틈없는 거품벌레는 이런 위험을 모르지만 활동은 결코 중단 없이 간단한 손질이 계속되어야 한다. 녀석은 어떤 공격자에게든 불쾌할 점성 성곽에 둘러싸인 보루에서 성충 형태를 갖춘다. 거기에는 낡은 피부를 벗고 예쁘게 꾸민 새 허물을 입는 위험한 시기까지 완전한 안전이 있다. 허물벗기와 성년의 복장을 과시할 때 평온함이 있는 것이다.

녀석은 시원한 거품 속에서 갈색 얼룩이 있는 매미 형태의 성충이 되어 솟아 나온다. 이제는 갑자기 엄청나게 뛰어오르기에 알맞은 몸이 되었다. 그래서 공격자로부터 멀리 뛰어 올라, 별로 방해받지 않고 쉬운 생활을 영위한다.

사실상 방어 수단으로는 거품 탑이 백합긴가슴잎벌레의 천한 망토보다 훨씬 훌륭한 발명품이다. 그런데 거품벌레와 무척 닮았지만 펌프 방법을 본받은 종은 전혀 없다는 점이 이상하지 않더냐!

아스파라거스(*Asparagus*)에 사는 긴가슴잎벌레 애벌레는 백합에 사는 녀석과 같은 종류인데 똥 망토를 만들어 입을 본은 뜨지 않았다. 덕분에 기생파리에게 휩쓸리는 피해를 입었다. 다른 거품벌레 (autres Cicadelles)[6] 역시 이처럼 풀이나 연한 잎을 펼친 나무에서 새끼의 부드러운 먹잇감을 찾는 꾀꼬리(Fauvette：Sylviidae)로부터 커다란 위험을 맞는다. 위험이 아무리 커도 빨대로 찔러서 스민 즙으로 거품이 일게 할 생각을 가진 녀석은 전혀 없다.

다른 종들 역시 거품벌레와 똑같은 일을 하는 흡입 펌프를 가졌음에도 불구하고 창자 끝으로 바람을 보내는 송풍기를 모른다. 왜 그럴까? 본능은 구해지는 것이 아니라 여기서는 주어지고, 저기서는 거절된 타고난 적성이라서 그렇다. 장시간의 알 품기로 만들어질 수도, 비슷한 조직체(동물체)가 그것을 받아들이게 할 수도 없다.

6 다른 거품벌레란 정확히 어떤 종류를 말하는 것인지 알 수가 없다. 넓은 의미의 Ciadelle이라면 세계적으로 1만 종 이상이 알려진 매미충상과(Ciadelloidea) 전체를 나타낸 것이며, 여기에는 거품을 만들지 않는 매미충 따위까지 포함된다. 이 경우라면 이하의 내용을 그대로 수용하면 된다. 하지만 좁은 의미의 Cicadelle, 즉 세계적으로 800여 종이 알려진 거품벌레과(Aphrophoridae)를 말한 것이라면 autre를 다른 종의 거품벌레로 해석해야 한다. 그런데 이 장의 서두에서는 '가라지거품벌레' 한 종만 다룬 것으로 되어 있다. 이 경우라면 이하의 내용을 그대로 인정할 수 없으며, 여러 종의 거품벌레를 섞어서 실험한 것으로 보아야 한다. 그렇다면 파브르가 또다시 곤충 종의 구별에 둔했했다는 이야기가 된다.

# 17 큰가슴잎벌레

백합긴가슴잎벌레(*Lilioceris merdigera*)˚는 옷을 입는다. 부드러운 플란넬이 제 오물의 제품이라 추잡하긴 하지만 기생충과 일사병을 상대하기에는 훌륭했다. 똥으로 옷감을 짠 녀석을 흉내 낸 곤충은 별로 없다. 집게(Bernard-l'ermite : Paguroidea) 역시 옷을 입는데, 파도에 이가 빠진 고둥 껍데기를 찾아 연해서 불쌍한 배를 그 안으로 밀어 넣는다. 껍데기 밖에는 굵은 짝짝이 권투 무기가 되는 두 주먹에 돌장갑을 끼고 있다. 이것 역시 흉내 낸 자가 별로 없다.

동물은 옷을 입을 필요가 없다. 다만 흔치 않아서 그만큼 눈에 잘 띄는 몇몇 예외가 있을 뿐이다. 공업 기술을 투자하지 않고 필요한 복장을 물려받은 동물은 그 싸개에 보호용 도구를 추가하는 기술을 모른다.

새는 깃털을 걱정할 필요가 없고, 털 달린 짐승(포유류)은 털을, 파충류는 비늘을, 달팽이는 집을, 딱정벌레는 몸에 꼭 맞는 갑옷을 걱정할 필요가 없다. 이런 동물은 가혹한 대기 불순에 대한 보호 목적으로 어떤 기술을 갖출 필요가 없다. 깃털, 솜털, 비늘, 나선형 껍데기, 그 밖에 짐승의 옷과 관계되는 것은 모두 스스로 작동하는 자신의 베틀에서 저절로 만들어진다.

한편 알몸인 인간은 가혹한 기후에서 보호될 인공 피부의 제작 의무를 짊어졌다. 이런 불행에 따라 우리의 가장 아름다운 산업 중 하나가 생겨났다.

추위에 떨면서 곰 가죽을 벗겨 어깨 덮을 생각을 맨 먼저 한 사람이 옷의 발명자이다. 원시의 망토 뒤를 먼 장래까지 점차적으로 이어 온 것이 우리 기술의 직물이다. 그러나 따뜻한 하늘 아래서는 오랫동안 정숙함을 나타내는 전통적 베일인 무화과(Figuier: *Ficus*) 잎으로 충분했다. 이 시대에도 문명 세계와 멀리 떨어진 곳에서는 이것으로 충분하나, 코뼈를 뚫고 꽂은 물고기 가시, 머리에 꽂은 붉은 깃, 허리에 늘어뜨린 가는 끈 따위로 장식을 보충한다. 모기 (Moustique: Culicidae)를 막아 준다며 썩은 냄새의 버터 바르기, 즉 기생파리(Tachinaire: Tachinidae)를 경계하는 애벌레가 향수를 연상 시키는 냄새를 바른다는 것 역시 잊지 말자.

가혹한 기후에서 솜씨와 무관하게 보호받은 동물 중 맨 앞줄에 오는 것은 털이 난 짐승이다. 즉 비용을 들이지 않고 털, 덥수룩한 털, 털 덮인 가죽을 입은 포유류인 것이다. 타고난 겉옷 중에는 우 리의 가장 부드러운 우단보다 더 부드럽고 훌륭한 것도 있다.

직조 기술의 발달에도 불구하고 사람은 여전히 그런 털을 부러 워한다. 지금도 겨울에는 바위 동굴에서 살던 시대처럼 모피를 중 히 여기며, 계절과 무관하게 장식용 액세서리를 매우 중히 여긴다.

어느 불쌍한 짐승에서 벗겨 낸 가죽 한 조각을 자기 옷에 꿰매 붙이는 것을 영광으로 생각한다. 왕과 법관의 흰담비(Hermine: *Mustela erminea*) 모피, 대학교수가 성대한 의식이 있는 날 왼쪽 어깨에 장식하는 흰토끼(Lapin: *Oryctolagus*) 꼬리는 우리 생각을 동굴 시대로 거슬러 올라가게 한다.

털 난 짐승은 좀 간단한 형태의 다른 방법으로 계속 우리에게 옷을 입혀 준다. 모직물은 서로 얽어 놓은 짐승의 털이다. 어느 시대든 사람은 더 훌륭한 것을 구할 희망이 없었기에 포유동물의 희생으로 옷을 해 입었다.

더욱 활동적이라 열의 유지가 불편한 새는 기왓장처럼 배열된 깃털로 몸을 감쌌고, 피부는 솜털과 깃털이 유지시키는 두꺼운 공기 담요를 둘렀다. 꽁무니에는 화장품 단지, 화장용 기름병, 지방 주머니를 가졌으며, 부리로 그것을 깃에 찍어 발라 윤을 내고 습기가 스며들지 않게 한다. 날아다니느라 많은 에너지를 소모하여 열을 빼앗기는 새는 다른 어느 동물보다 열의 보존에 훌륭히 타고난 재주를 가졌다.

행동이 느린 파충류는 비늘로 충분하다. 비늘은 접촉에서 생길 수 있는 상처를 보호해 준다. 하지만 온도 변화의 장애에는 거의 아무 역할을 하지 못한다.

물고기는 공기보다 훨씬 안정된 물속에 살므로 더는 요구가 없다. 제 스스로 노력하거나 격렬하게 운동하지 않으면서 헤엄치는 물고기는 물의 압력만으로 균형이 잡힌다. 그다지 변함없는 온도에서의 목욕은 녀석들이 춥거나 더운 계절을 모르고 지내게 한다.

대부분 바다에 사는 연체동물은 껍데기 속에서 편히 사는데, 그것은 옷이기보다 방어용 요새이다. 끝으로 갑각류(Crustacea, 갑각강, 甲殼綱)는 광물질(무기물) 갑옷 피부로 만족한다.

포유류에서 연체동물까지 모두가 특별한 솜씨로 만든 참다운 옷이 없다. 털, 깃털, 비늘, 조가비, 광물성 갑옷은 그것을 지닌 동물을 개입시키지 않았다. 즉 자연의 생성물일 뿐 동물의 기술이 만들어 낸 것은 아니다. 생체가 거절한 것을 만들어 내는 제작자, 즉 등에 걸치기 적당한 것의 제작자를 실제로 발견하려면 사람에서 어떤 곤충들로 내려가야 한다.

우리가 매우 자랑스러워하는 옷은 하찮게도 어느 애벌레의 침이나 어리석은 양의 털에서 왔다.[1] 옷을 발명한 동물은 우선 똥으로 망토를 해 입는 긴가슴잎벌레가 있지 않았더냐! 녀석의 제복 기술은 바다표범(Veau marin: *Phoca vitulina*)의 창자를 긁어내고 입은 이누이트보다 앞섰고, 동굴 시대의 곰 털을 외투로 빌려 입은 우리네 조상인 혈거인(Troglodyte, 穴居人)보다 앞섰다. 우리는 아직 무화과 잎으로 앞을 가리는 단계였는데, 녀석은 벌써 부드러운 플란넬의 제작 기술이 뛰어났고, 원료의 수집과 동시에 그 원료를 직접 제공했다.

넉점큰가슴잎벌레
실물의 2배

녀석의 방식이 천하긴 하지만 얻기 쉬워 경제적이며 아주 멋있게 만든다. 딱정벌레 중 통잎벌레(Cryptocéphale: *Cryptocephalus*)와 큰가슴잎벌레(Clythres: *Clythra → Clytra*) 족속은 아름다운 색깔의 멋있는 녀석들인데, 애벌레는

**넉점박이큰가슴잎벌레** 우리나라의 큰 가슴잎벌레 중 가장 큰 종이다. 전에는 야외에서 쉽게 관찰되었는데 근래에는 무척 회귀해졌다.
화천, 13. VII. 07, 강태화

제가 만든 긴 항아리 속에서 알몸으로 산다. 마치 달팽이가 껍데기 속에서 살듯이 이 겁쟁이들은 항아리를 옷과 집으로 이용했다. 아니 그보다 제 기술로 작고 멋있는 항아리를 제작했다.

애벌레는 거기서 결코 나오지 않는다. 만일 어떤 불안한 기미가 보이면 급한 뒷걸음질로 항아리 속 깊숙이 들어가고, 입구는 납작한 원반 모양의 머리로 막는다. 조용해지면 머리와 다리를 가진 세 마디의 가슴을 다시 내민다. 하지만 연약한 뒷부분은 조심하며 안 나온다.

무거운 짐인 항아리 뒤쪽을 비스듬히 쳐들고 발을 조금씩 떼어 놓으며 전진한다. 흙 제품 통을 자기 집으로 끌고 다니던 디오게네스(Diogéne)[2]를 생각나게 한다. 집이 무거워서 다루기가 무척 어렵고, 무게중심이 너무 높아서 뒤집히기 쉽다. 그래도 귀 위로 멋있게 기울여 쓴 모자처럼 흔들며 전진한다. 낮은 탑 모양의 긴 패각을 가진 육상 연체동물인 제브리나고둥(Bulime radié: *Zebrina detrita*)도 이와 비슷하게 곤두박질치며 돌아 다닌다.

큰가슴잎벌레의 맵시 있는 항아리는 도자기 제조 기술로 녀석을 명예롭게 한다. 흙덩

2 Laertius. 고대 그리스(알렉산더 대왕 시대)의 철학사가로 평생 집 없이 지낸 것과 10권의 저서로 유명하다.

이 같은 모습에 손가락으로 눌러도 부서지지 않으며, 안쪽은 회반죽을 칠한 것처럼 매끈하다. 겉에는 가늘게 경사진 맥처럼 불거졌는데, 균형 잡히면서 계속 늘어난 흔적임을 알 수 있다. 뒤쪽은 조금씩 넓어지며 끝은 약간 둥글게 두드러진 두 개의 혹 모양이다. 혹의 중간은 골이 파여 좌우가 똑같이 갈라졌으며 길게 이어진 흔적의 맥과 일치한다. 결국 항아리 제작자가 아름다움의 첫째 조건인 좌우대칭 규칙에 따라 양쪽을 작업했다는 증거가 된다.

약간 가늘어진 앞쪽은 비스듬하게 잘려 쳐들린 항아리가 전진하는 벌레 등판에 얹히게 된다. 입구는 둥글고 둘레는 무디다.

떡갈나무 밑 돌무더기에서 이런 항아리를 처음 발견하고 그 출처를 생각해 본 사람은 식물이 정확성을 모두 갖추어 멋지게 제작한 것에 무척 당황한다. 떨어지며 껍데기가 터져 씨앗이 빠진 식물의 꼬투리일까? 들쥐(Mulot: *Apodemus*)가 파먹고 난 어떤 열매의 씨앗일까?

항아리의 기원을 알았다면 그 재료, 아니 그보다 물에 물러지거나 풀어지지 않는 그 시멘트에 대해 또다시 망설일 것이다. 그래야 할 것이다. 그렇지 않으면 비를 한 번만 맞아도 애벌레의 옷은 곤죽이 되어 버릴 테니 말이다. 불 역시 큰 지장이 없었다. 촛불에 갖다 대면 항아리의 모양에는 변화가 없고 갈색이 사라진다. 즉 철분 함유물을 고열로 태운 것처럼 흙빛이 된다. 따라서 물질의 바탕은 광물성이다. 이제 흙 성분을 갈색으로 바꾸어 단단하게 굳힌 접합제가 무엇인지 알아볼 차례이다.

벌레처럼 인내력을 갖자. 그러면 언젠가는 녀석이 작업하는 모습을 보여 줄 것이다. 실제로 작업 중인 것을 발견했다. 갑자기 뒷걸음질 쳐서 항아리 속으로 완전히 사라진다. 조금 뒤, 갈색 둥근 뭉치를 큰턱에 물고 다시 나타나 그 뭉치를 집 어귀에서 가져온 약간의 흙과 섞어서 반죽한다. 알맞게 이긴 다음, 항아리 입구의 테두리에 예술적으로 올려놓는다.

발은 필요 없다. 큰턱과 입술 수염만 함지박, 흙손, 반죽 연장, 압연(壓延) 기구 역할을 한다.

다시 뒷걸음질로 들어갔다 두 번째 흙덩이를 물고 나와 같은 모습으로 준비해서 사용한다. 입구 둘레 전체에 층 하나가 완성될 때까지 대여섯 번 계속해서 반복한다.

도기 제조공의 제작에는 두 가지 요소가 있음을 알았다. 하나는 가능한 한 점토질로서 작업장 어귀에서 가져간 흙이고, 또 하나는 항아리 속에서 가져온 것이다. 애벌레가 거기서 올라올 때마다 갈색 뭉치를 이빨에 물고 나왔는데, 그 뒤쪽 창고에 무엇이 있을까?

그것을 직접 관찰할 수는 없지만 최소한 짐작은 할 수 있다. 항아리 뒤쪽은 완전히 막혔다. 그러니 애벌레에게 면제되지 않은 생리 현상의 불행한 것을 내보낼 마개(변기 뚜껑)가 분명히 없는 것이다. 집안에 갇혀서 한 번도 나오지 않는 애벌레는 배설물을 어떻게 했을까? 물론 항아리 밑에 내놓는데 꽁무니가 조용히 움직여서 벽에 칠해진다. 그렇게 하면 집안에 우단을 댄 셈이니 집이 그만큼 튼튼해진다.

그곳은 귀중한 접합제 창고이며, 배설물은 매우 훌륭한 안감이다. 애벌레는 집을 보수할 때나 나날이 자람에 따른 집 안 넓히기가 필요할 때, 그 구덩이의 오물을 치워 청소한다. 녀석이 다시 밑으로 내려가 큰턱으로 갈색 뭉치를 물어 와 그것에 흙을 조금 섞으면 고급 도자기용 반죽이 된다.

애벌레의 제작물은 어린이의 팽이처럼 뒤쪽이 뚱뚱하고 그 안쪽 지름이 입구 지름보다 넓은 점에 유의하자. 이렇게 안쪽이 넓은 것은 분명히 장점이다. 분뇨처리장의 물품을 새 층으로 이용할 필요가 있을 때 몸을 자유자재로 구부려서 가져올 수 있는 것이다.

옷은 너무 짧거나 좁으면 안 된다. 몸이 자라면 옷에 한 자락을 덧붙여서 길이만 늘리면 안 된다. 넓이에 주의해서 녀석이 거북하지 않으며 자유롭게 움직일 수 있어야 한다.

달팽이(Colimaçon→Escargot)와 팽이 꼴 껍데기를 가진 모든 연체동물은 나선의 경사면 지름을 차차 늘린다. 그래서 끝내는 현재 크기와 나선층이 항상 꼭 맞게 한다. 사실상 아주 어릴 때 것인 끝 쪽 나선까지 버리지 않는다. 여기는 생명 활동에 덜 중요한 기관을 가느다란 부속물로 늘려서 보관하는 광이 되며, 벌레의 본체는 공간이 넓어진 앞쪽 층에 들어 있다.

햇볕을 받아 무너져 내리는 담이나 불쑥 솟은 석회질 바위를 좋아하며, 일부의 나선이 잘린 대형 제브리나고둥은 이득을 보겠다고 규칙성인 멋을 희생시켰다. 뒤쪽 나선이 필요한 넓이를 벗어나면 거기를 버리고 새로 만든 나선 층으로 오는 것이다. 몸통 뒤쪽은 단단한 칸막이로 막은 다음, 못 살게 된 오두막 부분을 돌에 부딪쳐서 깨뜨린다. 일부가 잘려 나간 껍데기는 정확성에 손해를 보지만 전보다 가벼워지는 이점이 있다.

큰가슴잎벌레는 제브리나고등의 방식을 따르지 않았다. 또한 여인들이 너무 작아진 옷을 갈라 그 사이에 적당한 너비의 옷감을 덧대서 바느질하는 방식도 무시한다. 모자라게 된 항아리를 깨뜨리는 것은 재료를 낭비하는 난폭한 짓이다. 또 길게 가른 사이에 천을 대서 넓히는 방법은 수선 기간이 길어서 위험한 일을 당할 수 있으니 조심성 없는 짓이다. 항아리에 숨어 사는 녀석에게는 이런 것들보다 더 좋은 방법이 있다. 바지의 길이 말고는 전에 있던 대로 놔두고 크게 만들 줄 아는 것이다.

녀석의 희한한 방법은 옷의 안감이 되었던 안쪽 벽을 밖으로 끌어내는 것이다. 애벌레가 점점 큰 집의 필요성을 느끼면 껍데기 안쪽을 긁어서 벗겨 낸다. 창자가 제공한 접합제를 조금씩 쓰는 방법으로 탄력성 있는 흙 반죽의 벽 재료를 입구 둘레에 바른다. 허리가 유연해서 별로 힘들이지 않고, 또 자리를 옮기지 않고 거기까지 나를 수 있다.

옷은 세심하며 정확하게 감겼다. 그래서 장식 같은 맥이 대칭적 배열을 유지하게 된다. 결국 재료를 안에서 차차 밖으로 옮김으로써 용적을 넓힌 것이다. 낡은 것을 새롭게 하는 이 방식이 너무 정확해서 버려지거나 무용지물이 된 것은 전혀 없다. 갓 난 애벌레 때의 초라한 옷마저 쓸모없지 않고 건물의 최초 중심인 대들보에 언제까지나 끼여 있는 것이다.

만일 항아리의 넓어짐에 새 자재가 보태지지 않았다면 분명히 두께를 희생시켜야 할 것이다. 안을 넓히겠다고 계속 파내면 부실해진다. 이 점에 주의한 녀석의 앞에는 흙이 얼마든지 있다. 또 배설 공장이 결코 쉬지 않으므로 뒤쪽 창고에는 항상 접합제가 있다. 건축물을 마음대로 두껍게 하고, 긁어낸 안쪽을 적당히 보충하는 데 방해가 될 것은 아무것도 없다.

언제든 너무 크거나 작지 않게 꼭 맞는 옷을 입은 애벌레가 추운 계절이 오면 흙 반죽과 똥 시멘트의 혼합물 뚜껑으로 항아리 입구를 막는다. 이제 몸을 돌려 머리는 항아리 밑바닥 쪽으로, 꽁무니는 다시는 열리지 않을 입구 쪽으로 향하고 탈바꿈 준비를 한다. 4, 5월에 털가시나무(*Quercus ilex*)의 가지가 연한 잎으로 덮이면 성충이 되어 껍데기 뒤쪽을 깨뜨리고 밖으로 나온다. 따사로운 아침 나절의 햇볕을 받으며 잎에서 누리는 환희의 날들이 뒤따른다.

큰가슴잎벌레의 항아리는 제작이 상당히 까다로운 작품이다. 애벌레가 어떻게 그것을 늘리고 넓히는지를 아주 잘 관찰했으나 어떻게 시작했는지는 상상할 수가 없다. 만일 거푸집이나 받침대 같은 게 전혀 없다면 어떻게 반죽의 첫 층을 정확히 재단해서 모아 쌓았을까?

우리네 옹기장이는 그릇 모양을 결정하는 기구인 회전 선반에 흙덩이를 받치는 받침대가 있다. 그런데 이 벌레는 예외적인 옹기장이라서 받침대나 유도장치 없이 일할까? 내게는 이것이 극복할 수 없는 난제라고 생각된다. 곤충이 솜씨를 발휘할 때 많은 재주를 부린다는 점은 안다. 하지만 아무 바탕 없이 만들어진 항아리를 인정하기 전에, 갓 난 예술가가 어떻게 시작하는지를 보는 게 좋겠다. 어쩌면 애벌레는 어미가 물려준 능력을 가졌을지 모른다. 또 어쩌면 수수께끼를 푸는 비결의 특성이 알 속에 들어 있는지도 모른다. 곤충을 길러서 녀석의 알을 수집해 보자. 그러면 최초의 도자기가 그 비밀을 말해 줄 것이다.

모래를 간 철망뚜껑 밑 사육장의 물병에 시들면 갈아 주는 털가시나무 어린 가지를 꽂고, 흔한 장다리큰가슴잎벌레(Cl. à longs pie-ds: *Clytra longipes*), 넉점큰가슴잎벌레(Cl. à quatre points: *Cl. quadri-punctata*), 통큰가슴잎벌레(Cl. taxicorne: *Cl.→ Labidostomis taxicornis*)의 3종을 넣었다.[3]

저들과 매우 유사한 통잎벌레 역시 사육장을 차렸다. 털가시나무통잎벌레(Cr. de l'yeuse: *Cr. ilicis*)와 어깨두점박이잎벌레(Cr. à deux points: *Cr. bipunctatus*)◗, 색깔이 화려한 금록색통잎벌레(Cr. doré: *Cr. hypochaeridis*)였는데, 앞의 2종에게는 털가시나무 잔가지의 잎을, 살아 있는 보석인 마지막 종에게는 녀석이 좋아하는 천박수레국화(*Centaurea aspera*) 꽃을 주었다.

포로들의 습성에서 특별한 점은 없었다. 아침에는 아주 조용히, 앞의 5종은 떡갈나무 잎을, 마지막 종은 수레국화 꽃을 갉아먹는다. 해가 따뜻해지면 가운데의 식물 다발과 철망 사이를 아주 불안하게 날아다니거나, 뚜껑 꼭대기까지 올라가 돌아다녔다.

아무 때나 쌍이 이루어진다. 예비 행위도 없이 서로 희롱하며 잡았다가 미련 없이 헤어지고 다른 곳에서 다시 시작한다. 생은 즐

장다리큰가슴잎벌레
실물의 2배

3 첫 종은 1800년대 문헌에서만 나타나는데 아마도 *Crytoce-phalus longpies→ Lachnaia sexpunctata*인 것 같고, 끝 종은 *Cr. taxicornis*의 오기 같다. 두 번째도 속명이 잘못 쓰였다. 결국 3종 모두 학명이 틀렸거나 오기되었다.

겁고 선택감은 충분하니 여러 쌍이 계속한다. 암컷 등에 올라탔으나 그녀는 몰아치는 정욕에 관심이 없다는 듯 머리를 숙였다. 그러면 수컷이 결단성 없는 암컷을 갑자기 세차게 흔들어서 반한 열정을 고백하고 동의를 얻어 낸다.

그때 한 쌍의 자세는 큰가슴잎벌레 어떤 특유 기관의 상세한 사용법을 보여 준다. 모든 종이 다 그렇지는 않으나 여러 종의 수컷이 턱없이 긴 앞다리를 가졌다. 한도를 넘어선 이 팔이 곤충에게는 어울리지 않는다. 그런데 이렇게 이상한 팔, 게다가 갈고리까지 달린 팔이 어디에 쓰일까? 베짱이(Sauterelle)와 메뚜기(Criquet)는 뒷다리를 뻗어서 도약에 유리한 지렛대로 삼는다. 그런데 여기는 그런 쓰임새가 없다. 앞다리가 지나치게 길지만 그것이 이동에 쓰이지는 않는다. 너무 길어서 쉬고 있을 때나 걸을 때 거북해 보일 정도이다. 그것을 어찌할지 모르는 녀석이 서툴게 굽히거나 재주껏 끌어들인다.

짝짓기를 기다려 보자. 그러면 정상을 벗어난 것이 되레 합리적일 것이다. 한 쌍은 T자 형태로 배치된다. 수컷은 수직이나 거의 수직으로 일어서서 글자를 가로지른 획처럼 된다. 암컷은 뒤집힌

통큰가슴잎벌레
실물의 2배

어깨두점박이잎벌레
실물의 4배

글자의 축처럼 된다.[4] 보통 곤충이 짝지을 때의 정지 상태와는 반대 자세에서 안정을 유지하려는 수컷이 의지할 닻(팔)의 갈고리를 앞으로 내밀어 암컷의 어깨와 앞가슴 앞 가장자리, 그리고 머리까지 꽉 붙잡는다.

성충의 생애에서 유일하게 중요한 순간에는, 정말로 학명이 지적한 것처럼 팔이나 손이 긴 잎벌레〔장다리큰가슴잎벌레와 긴손큰가슴잎벌레 (Cl. à longues mains: *Clythra→ Labidostomis longimana*)〕가 유리하다. 비록 학명이 모든 점을 말하지는 않았어도 통큰가슴잎벌레와 육점큰가슴잎벌레(Cl. six taches: *Cl.→ Tituboea sexmaculata*)[5], 또 그 밖의 많은 곤충이 턱없이 긴 앞다리를 가지며 같은 방법으로 짝짓기를 한다.

비스듬한 짝짓기 자세의 어려움이 길게 뻗은 갈고리의 이유일까? 넉점큰가슴잎벌레가 단호하게 부정할 테니 너무 단정하지는 말자. 이 수컷은 정상 길이의 앞다리를 가졌지만 비스듬한 자세를 취하는 녀석들과 같은 목적을 달성한다. 껴안는 동작을 조금만 바꾸면 되며, 다리가 짧은 여러 종의 통잎벌레 역시 그렇다. 어떤 점에서나 한 곤충은 알고 다른 곤충은 모르는 특별한 방법들이 나타난다.

4 설명이 부정확하다. 옮긴이라면 T자보다는 L자로, 암컷의 자세는 수평이라고 썼을 것이다.
5 초기 속명은 *Cryptocephalus* 의 잘못이다.

292

# 18 큰가슴잎벌레-알

팔이 길든 짧든 요염이나 실컷 부리게 놔두고, 우리는 사육의 주목
적인 알을 보러 가자. 5월 말, 가장 빨리 나온 통큰가슴잎벌레(*La-*
*bidostomis taxicornis*)의 작업을 보았다. 아아! 무슨 산란이 이렇게 이
상하더냐! 내가 어리둥절할 판이다. 이게 정말 알 뭉치일까? 아
니, 은화식물의 새싹 무더기는 아닐까? 이상한 알이 느리고 힘들
게 나와서 그런지, 산란관에서 마저 빼내는 데 뒷다리의 도움을 받
는다. 이 어미를 발견한 순간, 나는 망설였다.

그것은 분명히 통큰가슴잎벌레의 알이다. 10~30개가 다발을
이루었는데, 각 다발은 약간 길고 투명하며 가는 섬유로 고정되었
다. 철망이나 먹던 잎의 가지에 매달려
서 바람이 조금만 불어도 흔들리는
다발이 마치 일종의 산형화서
(傘形花序)를 거꾸로 세워
놓은 모습이다.

**풀잠자리 알** 사진의 가운데처럼 부화한 알껍질을 '우담바라' 꽃으로 오해한 일이 있었다. 시흥, 8. VII. '88

미숙한 눈으로 보면 풀잠자리(Hémerobe: Hemerobiidae, 뱀잠자리붙이과) 알로 잘못 알겠다. 눈이 금빛인 꼬마 맥시목(Neuroptera, 脈翅目, 풀(뿔)잠자리목) 곤충은 잎 위에 거미줄처럼 가늘고 긴 기둥 다발을 세워 놓고, 각 기둥의 머리에 알을 하나씩 얹어 놓는다. 마치 잎자루 끝에 장식처럼 매달린 곰팡이 모습을 상당히 닮았다.[1] 호리병벌(*Eumenes*) 알도 사냥물 무더기에서 처음 먹을 애벌레의 보호용 가는 섬유 끝에 매달려 흔들리는 시계추 같았음을 기억하자. 통큰가슴잎벌레의 알은 실 끝에 매달린 세 번째 예가 된다. 그러나 아직은 끈의 역할과 유용성을 추측할 자료가 없다. 산란한 어미의 생각은 알 수 없으나, 적어도 그 제작물을 어느 정도 자세히 설명할 수는 있다.

알은 커피빛 갈색에 매끈한 골무 모양이다. 투명해서 껍질 속에 다른 곳보다 짙은 5개의 고리 모양 구역이 보이는데 마치 작은 통의 테두리 같다. 실에 매달린 쪽 끝은 약간 원뿔 같고, 반대편 끝은 예리하게 잘렸다. 잘린 자리는 파여서 둥근 입구처럼 보인다. 강력한 확대경으로 보면 입구 둘레 조금 안쪽에 북의 가죽처럼 흰색의 얇고 팽팽한 막이 보인다.

1 실기둥 위에 낳는 산란법은 뱀잠자리붙이가 아니라 풀잠자리과(Chrydopidae)에서 볼 수 있다.

더욱이 구멍 둘레에 섬세하고 희끄무레한 막상(膜狀)의 넓은 홈이 있어서 마치 뚜껑을 열어 놓은 것처럼 보인다. 그렇지만 산란한 다음에도 뚜껑이 열리지는 않았다. 알이 산란관 밖으로 나오는 자리에 입회는 했으나 너무 늦었고, 그때의 색깔은 단지 조금 덜 짙은 것뿐이다. 어쨌든 이렇게 복잡한 물건이 돛을 최대한으로 활짝 펼치고 어미의 좁은 산란관을 빠져 나올 수는 없겠다는 생각이다. 태어나는 순간까지 뚜껑 모양의 부속물이 내려져 입구를 막은 것만 상상할 수밖에 없었다. 때가 되어야 비로소 쳐들렸다는 생각이 났다.

내가 아는 다른 종의 큰가슴잎벌레와 통잎벌레 알은 구조가 덜 복잡했으므로 이렇게 이상한 알을 떼어 내 보고 싶었다. 그럭저럭 떼어 냈다. 5개의 테를 둘러 작은 통을 형성한 갈색 집 밑에 흰색 막 한 개가 있다. 입구를 통해서 보이며 북의 가죽에 비교했던 막인데, 늘 알 전체를 둘러싼 정규의 속옷이라고 판단했다. 따라서 끝이 파이고 들춰진 뚜껑이 달린 갈색 작은 통은 일종의 예외적이며 부수적인 껍질일 것이다. 또 달리 이런 예는 모른다.

넉점큰가슴잎벌레(*Cl. quadripunctata*)와 장다리큰가슴잎벌레(*Lachnaia sexpunctata*)는 알을 작은 꽃자루 묶음처럼 모아 놓는 법을 모른다. 이 두 종은 6월에 줄기에서 알을 한 개씩 여기저기의 땅으로 아무렇게나 떨어뜨린다. 어디에 떨어졌는지는 전혀 걱정하지 않는다. 마치 관심거리가 못 되어 아무렇게나 버리는 배설물 덩이 같다. 알 조제실 역시 똥 조제실처럼 생성물을 무관심하게 뿌리는 것이다.

비록 그렇게 모욕적인 취급을 당했지만 그 작은 물체에 돋보기를 들여대 보자. 놀라울 만큼 멋지다. 두 종의 알은 한쪽 끝이 잘린 타원형으로 길이는 1mm 정도였다. 장다리큰가슴잎벌레 알은 매우 짙은 갈색 골무를 연상시켰다. 녀석의 알에는 일련의 나선형 줄이 멋지고 정확하게 서로 엇갈려서 사각형 홈들로 가득 채워진 것과 비교된다.

넉점큰가슴잎벌레 알은 빛깔이 연하며 일련의 경사로 서로 겹쳐져 볼록한 비늘로 덮였다. 끝은 뾰족한데 아래쪽 끝은 자유롭고 다소 갈라졌다. 이렇게 모인 비늘은 홉(맥주 원료가 되는 식물) 열매의 원뿔 모양과 약간 비슷하다. 좁은 수란관을 부드럽게 내려오기는 어려울 것 같은 정말로 이상한 알이다. 틀림없이 매우 섬세한 산란관에서 이렇게 비늘이 돋친 상태로 나오지는 않았을 것이며, 끝까지 거의 다 나왔을 때 그런 비늘 옷을 입었을 것이다.

사육장에서 기른 통잎벌레(*Cryptocephalus*) 3종의 산란은 더 늦은 6월 말에서 7월에 걸쳐진다. 역시 큰가슴잎벌레처럼 어미의 보살핌은 없고, 수레국화 꽃이나 털가시나무 가지에서 아무렇게나 알을 뿌린다. 알의 일반적인 형태는 언제나 한쪽 끝이 잘린 타원형인데 장식은 서로 달랐다. 금록색통잎벌레(*Cr. hypochaeridis*)와 털가시나무통잎벌레(*Cr. ilicis*)의 알은 8개의 얇은 잎이 병따개처럼 둘러선 모양이며, 어깨두점박이잎벌레(*Cr. bipunctatus*)⁑의 알은 일련의 홈이 나선형으로 늘어섰다.

나선형 얇은 막, 골무 모양의 홈, 홉 열매의 원뿔 비늘, 이렇게 눈에 확 띄게 멋있는 껍질들은 무엇일까? 하찮은 사실 몇 가지가 나를 올바른 길로 들어서게 했다. 우선 난소에서 나오는 알은 땅에서 수집된 것과 같은 형태가 아니라는 확신을 얻었다. 그런 장식은 분명히 부드럽게 빠져나올 수 없다. 하지만 지금은 이에 대한 확실한 증거 역시 없다.

금록색통잎벌레나 장다리큰가슴잎벌레 알 중에 이상한 모양이 아니라 보통 곤충의 알 모양인 것이 섞여 있음을 발견했다. 이런 알은 아주 반들거리며 연노랑 색이다. 사육장에는 연구 중인 두 종류의 잎벌레밖에 없어서 이 알의 기원을 오해할 수가 없다.

한편, 아직 의심이 남았다면 다음의 자료가 해결해 줄 것이다. 노란색 알이 매끈하나 그 아래 부분은 우묵한 갈색 깍정이 속에 박혀 있다. 이것 역시 사육장 바닥에 있었으니 금록색큰가슴잎벌레나 장다리큰가슴잎벌레의 작품이 분명하다. 하지만 미완성 작품이다. 난소에서 내려온 알이 절반만 입혀진 다음 감쌀 재료가 부족했거나, 연장이 제대로 작동하지 못한 것 같다. 그래서 깍정이에 박힌 도토리 모습의 알이 산란관 끝을 통과하도록 허용된 것이다.

반숙용 달걀의 예술적인 그릇에 받쳐진 듯한 이 알만큼 멋진 것도 없다. 이 보석이 가공된 장소가 가장 결정적으로 알려 준다. 산란관과 창자가 만나는 공동의 사거리인 총배설강(總排泄腔)[2]에서는 알에 석회질을 입히고 흔히 찬란한 색채로 아름답게 꾸민다. 유럽울새(Rossignol: *Luscinia megarhynchos*, 나이팅게일)는 올리브 초록색,

2 몸 밖으로 배출되는 대소변과 알의 출구가 하나로 통합된 구멍

딱새(Motteux: *Oenanthe*)는 파란 하늘색, 휘파람새(Hypolaïs: *Hippolais*)는 연한 장밋빛으로

착색하고, 두 종류의 잎벌레 역시 여기서 알의 멋진 갑옷을 만들어낸다.

이제 재료의 성질을 판단할 일이 남았다. 각질인 것으로 보아 통큰가슴잎벌레의 작은 통과 넉점큰가슴잎벌레의 비늘은 특수 분비선에서 왔다고 생각된다. 그런데 총배설강 옆에서 샘 찾기에 소홀했으니 너무 늦은 이제 와서 몹시 후회가 된다. 장다리큰가슴잎벌레와 통잎벌레가 그토록 예쁘게 가공했는데, 똥으로 한 것이 창피하다고 해서 거짓말하지 말고 똥 제품을 인정하자.

금록색통잎벌레에서 이런 증거물이 상당히 흔하게 얻어졌다. 흔하게 보이는 갈색 대신 식물성 과육의 표시인 순수한 초록색까지 있었다. 초록색은 시간이 지나면서 갈색으로 변해 다른 알과 똑같게 된다. 아마도 소화 산물을 마저 변질시키는 산화작용으로 그렇게 변했을 것이다. 연하고 벌거벗은 상태로 총배설강에 도달한 알은 거기서 창자의 찌꺼기를 예술적으로 입는다. 마치 달걀이 거기서 석회질 껍데기로 둘러싸이는 것과 같은 것이다.

작품이 재료를 능가했다. 물치베르[3]가 그곳에 들판을 숨겨 놓아서 그렇다.

(Materiem superabat opus, nam Mulciber illic ora celâarat……)

오비디우스(Ovide)[4]는 태양의 궁전을 묘사하면서 이렇게 말했다. 시인은 경탄감인 상상의 건물을 짓는 데 귀금속과 보석을 마음

3 사탄의 궁전인 팬더모니엄 (Pandemonium)을 지은 악마
4 Publlus Ovidius Naso. 기원 전 43~기원후 17년. 라틴 시인

298

대로 쓸 수 있었다. 그런데 큰가슴잎벌레는 이상적 보석을 얻는 데 무엇을 마음대로 쓸 수 있을까? 녀석은 그 명칭이 점잖은 말에서는 추방당할 부끄러운 재료를 쓴다. 그러면 알에 입히는 것을 그토록 멋지게 쪼아서 만드는 예술적 조각가인 물치베르(Mulciber)와 불카누스(Vulcain)[5]는 무엇일까? 그것은 배 끝에 있는 시궁창이다. 총배설강은 얇은 판자를 만들고, 바둑판무늬를 넣고, 나선형으로 틀고, 무늬의 홈을 파놓고, 비늘 갑옷을 짠다. 이토록 자연은 우리의 시시한 평가를 비웃고 더러운 것을 멋진 것으로 바꿀 줄 안다.

새의 알껍데기는 일시적으로 보호하는 독방이다. 부화할 때 깨져서 더는 쓸모없어 버려진다. 그런데 각질 물질이나 똥 반죽 제품의 큰가슴잎벌레와 통잎벌레 알껍질은 곤충이 애벌레로 머무는 동안 결코 떠나지 않을 영구 가림막이다. 여기서 애벌레가 흔치 않은 수준의 멋있고 몸에 꼭 맞는 기성복을 입고 태어난다. 그리고 앞에서 말한 것처럼 옷을 독특한 방법으로 조금씩 늘리면 된다. 작은 통 모양이든 골무 모양이든 껍질은 앞쪽이 열려 있다. 그래도 깨어날 때는 진짜 알 싸개 말고는 깨뜨릴 것도 버릴 것도 없다. 꼬마는 알막을 뚫자마자 어미가 물려준, 그리고 쪼아서 만든 멋쟁이 외투를 걸치고 세상으로 나온 것이다.

말도 안 되는 이런 몽상으로 머리가 드나들 구멍 외의 알껍질을 그대로 보존한다. 작은 새가 자라면서 스스로 넓히는 조건으로 일생 동안 껍데기를 뒤집어쓴 경우를 상상해보자. 말도 안 되는 이런 몽상을 우리가 다루는 애벌레가 실현한다. 녀석은 자신의 알껍질을 그대로 입고 있으며 성장에 맞춰 조금씩 넓힌다.

7월에는 수집한 알이 모두 깨어났다. 각 알의 증발을 막으려고 유리판을 덮은 넓은 잔에 분리시켜 놓았다. 이제 이 가족은 정말로 흥미진진하다. 어린 애벌레가 거기에 가져다 놓은 여러 식물 사이에서 우글거린다. 모두가 껍질을 비스듬히 끌고 다니며 잔걸음으로 전진하는데, 절반쯤 나왔다가 갑자기 도로 들어가곤 한다. 모두가 이끼 같은 잎에만 올라가려 해도 뒤집힌다. 다시 일어나서 다시 걸으며 무턱대고 찾아다닌다.

이렇게 분주한 활동의 원인이 배고픔에 있음은 의심의 여지가 없다. 굶주린 녀석에게 무엇을 주어야 하나? 녀석들이 채식주의자라는 점에는 의혹을 가질 수가 없다. 하지만 식단의 조절이 이것으로는 충분치 않다. 자연환경이라면 어떤 일이 벌어질까? 사육장에서는 알이 땅바닥에 아무렇게나 흩어져 있었다. 어미는 연한 잎을 절도 있게 파내 배를 채우던 어느 가지에서 여기저기 아무렇게나 떨어뜨렸다. 또 새끼에게 작은 꽃자루를 달아서 잎에 무더기로 고정시켜 놓기도 했다. 매달아 놓았던 실이 갓난이에게 잘렸는지 아니면 말라서 저절로 끊어졌는지, 직접 관찰을 못해서 아직은 판단을 못하고 있다. 그러는 사이 잎에 고정되었던 알이 다른 알처럼 땅으로 떨어졌다.

사육장 밖에서 일어나는 일 역시 이와 같을 것이다. 실제로 큰가슴잎벌레와 통잎벌레 알은 성충을 먹여 살리는 나무나 식물 밑의 땅에 흩어져 있었다.

털가시나무 밑에는 무엇이 있을까? 약간 썩어서 연해진 풀잎과 낙엽, 지의류에 둘러싸인 마른 가지, 이끼가 깔린 돌무더기, 그리고 여러 해 동안 풍토에 괴롭혀진 식물성 물질의 최후 찌꺼기인 부식토가 있다. 금록 색통잎벌레가 갉아먹는 수레 국화 무더기 밑에는 그 화초의 부스러기로 만들어진 검은 담 요가 깔려 있다.

오리나무잎벌레 오리나무 잎을 주로 먹지 만 간혹 갈참나무 잎에서도 발견된다. 충남 덕산, 6. VIII. '96

이것저것 모두로 조금씩 시 험해 보았으나 나의 바람에 확 실하게 부응하는 것은 없었다. 그렇기는 해도 여기 조금, 저기 조 금 달갑지 않게 몇 입씩 먹은 것을 확인했다. 그런 행동만으로도 애벌레가 태어난 집에 무엇을 제일 먼저 갖다 붙이는지 알려 주기 에는 충분했다. 하숙생들은 제조법과 용도를, 즉 우리가 이미 알고 있는 반죽과 비슷한 모양의 갈색 반죽으로 껍데기 늘이기의 시작 을 보여 주었다. 다만 작은 꽃자루에 매달린 알이 약간 독특한 습 성을 나타낼 것 같은 통큰가슴잎벌레만 예외였다. 제게 맞지 않은 식량에 마음이 내키지 않고, 또 어쩌면 이례적인 가뭄의 계절에 시 달려서 그런지 어린 옹기장이가 곧 작업을 포기한다. 녀석은 제 항 아리에 변변찮은 테두리를 붙이고는 죽었다.

장다리큰가슴잎벌레만 순조롭게 자라서 사육자인 나의 걱정을 크게 보상해 주었다. 녀석에게는 오래되어 비늘 같은 나무껍질을 참나무(Chêne: *Quercus*), 올리브나무(Olivier: *Olea europaea*), 무화과나무(Figuier: *Ficus*) 등의 여러 나무에서 닥치는 대로 거둬다 물에 잠깐 불려서 주었다. 그러나 녀석이 먹는 것은 코르크질의 굳은 빵덩이가 아니었다. 진정한 식량인 버터 바른 빵의 버터는 표면에 있었다. 거기는 늙은 줄기에 식물성 생명의 시초를 가져다주는 모든 것, 노쇠한 것을 끊임없이 개척해서 다시 젊어지게 하는 것들이 조금씩 있었다.

겨우 한 금(ligne= 1/12인치) 높이밖에 안 될 장미꽃 모양 이끼(Mousse)를 삼복의 햇볕이 무자비하게 말려 버렸는데, 컵의 물에 담갔더니 졸던 이끼가 즉시 깨어났다. 다시 살아난 이끼가 이제는 얼마 동안 작고 푸르며 반들반들한 잎의 생활 주기를 벌려 놓는다. 희거나 노란 가루의 곰팡이가 슬어 회색 가죽 끈처럼 퍼졌으며, 흰 선이 둘러쳐진 청록색 배자(胚子)들로 덮인 얇은 지의류(Lichen)는 죽었던 물건이 되살아난 잎 속에서 우리를 내다보는 커다란 눈 같았다. 비를 맞으면 어두운 색으로 물결치듯 부풀며 가볍게 떨리는 젤리콜레마(collema de la gélatine: Collema, 지의류)가 있다. 또 핵균류(Sphérie, 核菌類 곰팡이)가 있는데 유방 모양 흑단처럼 솟아서 오톨도톨하게 쫙 깔린 수많은 주머니 안에 멋진 씨앗 8개가 들어 있다. 주머니에서는 겨우 인식되는 점 같았는데, 현미경으로 깜짝 놀랄 세계를 발견한 것이다. 미립자 하나 안에 무한히 풍부한 생식력이 들어 있었다. 아아! 손톱보다 작은 고목 껍질 조각에도 생명은 얼마나 아름다운 것이더냐! 이 얼마나 광대한 정원이더냐! 또 얼마나 훌륭한 보물이더냐!

시험해 본 목장 중 가장 훌륭한 목장이다. 큰가슴잎벌레는 좀더 푸짐한 곳 같으면 거기서 빽빽하게 무리지어 먹는다. 마치 금어초 (Muflier: *Antirrhinum majus*)°가 자란 갈색 파편의 씨앗을 조금 뿌려 놓은 것 같다. 그런데 그 씨앗이 흔들리며 움직인다. 하나가 조금만 움직여도 껍데기끼리 부딪친다. 어떤 녀석은 겉옷 무게로 비틀거리며 넘어지면서 좋은 자리를 찾아다닌다. 비록 컵 바닥일망정 녀석에게는 그토록 크고 넓은 세상인데 무턱대고 돌아다닌다.

2주일도 안 되어 처음에 만들었던 테두리가 나날이 자라나는 애벌레의 크기에 맞는 용량의 항아리로 유지된다. 장다리큰가슴잎벌레의 껍데기는 벌써 두 배나 커졌다. 애벌레가 최근에 만든 부분과 어미가 처음에 만든 껍질과는 아주 뚜렷하게 구별된다. 다른 부분은 전체가 매끈하며 작은 홈들이 나선형으로 잘 장식되었다.

너무 좁아져서 안벽이 긁히는 항아리가 넓어지는 동시에 길어진다. 긁어낸 가루는 다시 회반죽으로 이겨져 바깥의 여기저기로 옮겨진다. 마침내 초벽이 되면 처음의 멋짐이 이것에 가려져 사라진다. 홈들로 구성된 걸작품도 한꺼풀의 도료 밑에 가려진다. 그러나 제작물이 최종 크기에 달했을 때도 그렇게 불완전한 것은 아니다. 볼록한 기부 두 개 사이를 돋보기로 잘 찾아보면 곧잘 흙덩이 속에 박혀 있는 알껍질의 잔재가 보인다. 이 옹기장이의 상표인 것이다. 오톨도톨하게 정리된 나선형인지, 홈의 수와 형태는 어떤지에 따라 그것을 제작한 곤충이 큰가슴잎벌레인지 통잎벌레인지를 대강 알 수 있다.

옹기장이가 스스로 도기 제작소를 만들고, 최초의 초안을 다듬지는 못할 것으로 생각했던 처음의 의심이 옳았다. 큰가슴잎벌레 애벌레와 통잎벌레 애벌레는 어미로부터 껍질 겸 옷을 물려받아 그것을 늘리기만 한다. 녀석들은 태어나면서 옷의 기본인 배내옷을 갖춘 부자로서 그것을 넓혔다. 하지만 예술적 우아함은 흉내 내지 못한다. 한창 나이에 엄마가 갓난아기에게 입히고 싶어하는 레이스를 포기한 것이다

# 19 연못

어린 시절을 즐겁게 보내던 곳인 연못에서 늙은 이 나이에도 싫증을 느낄 수 없는 광경이 벌어진다. 녹조류(Conferves, 綠藻類)로 초록빛이 된 그 세계는 얼마나 생기가 넘치더냐! 미지근한 가장자리의 물구덩이에서 두꺼비(Crapaud: *Bufo bufo*)의 새까만 올챙이 군단이 쉬거나 팔딱거린다. 얕은 곳에서는 배가 주황색인 알프스도롱뇽(Triton à ventre orangé: *Triturus alpestris*)이 납작한 꼬리로 넓적한 노를 삼아 흐느적거리며 헤엄친다. 골풀(Joncs: *Juncus*) 사이에는 나뭇조각 무더기나 작은 조가비 탑 같은 집에서 절반쯤 나온 귀여운 날도래(Phryganes: *Phryganea*, Phryganeidae, Trichoptera, 날도래목 날도래과) 애벌레의 작은 함대가 머물러 있다.

깊은 곳에는 물방개(Dytique: *Dytiscus*)가 호흡용으로 비축한 공기 방울을 딱지날개 끝에 매달았고, 얇은 공기 판자는 가슴 아랫면에서 은제품 갑옷처럼 반짝인다. 수면에는 반짝이는 진주 모양의 물맴이(Gyrins: *Gyrinus*)가 맴돌이를 한다. 그 옆의 호수실소금

송장헤엄치게
실물의 2배

쟁이(Hydromètres: *Hydrometra lacus-tris*)는 구두장이가 구두를 꿰맬 때의 팔놀림과 비슷한 모습으로 미끄러져 다닌다.

노 두 개를 열십자처럼 펼치고 배영하는 송장헤엄치게(Notonec-tes: Notonectidae)와 전갈 모습의 장구애비(Nèpes: Napidae)도 있다. 또 이곳에 사는 잠자리(Libellules: Odonata) 중 제일 큰 잠자리 애벌레가 더럽게 진흙을 뒤집어쓰고 있다. 녀석은 앞으로 나가는 방식이 참으로 특이하다. 넓은 깔때기처럼 생긴 엉덩이 속에 물을 가득 채웠다가 내뿜으면, 그 물이 뒤로 물러난 만큼 앞으로 나간다.

많은 수의 연체동물(Mollusque: Mollusca)은 조용하다. 바닥에는 배뚱뚱이 유럽논우렁이(Paludine: *Viviparus*)가 제집 덧문인 뚜껑을 조심스럽게 방긋이 열며, 정원 빈터의 고인 물 표면에는 왼돌이물달팽이(Physes: *Physa*), 물달팽이(Limnées: *Lymnaea*), 또아리물달팽

**송장헤엄치게** 이동할 때 배를 하늘로, 등을 밑으로 향하고 수영을 해서 송장헤엄을 치는 녀석이란 이름을 얻었다. 안산, 16. IV. '96

**장구애비** 가시처럼 생긴 앞다리 끝으로 작은 물고기나 올챙이를 잡아채서 빨아먹고, 쉴 때는 꼬리 끝의 긴 숨관을 물표면 밖으로 내놓고 숨을 쉰다. 광릉, 20. IX. '90

이(Planorbes: Planorbidae)가 나란히 공기를 들이마신다. 검은말거머리(Sangsues noires: *Hirudo sanguisuga*)는 먹잇감인 지렁이 토막에 달라붙어 몸을 뒤튼다. 모기(Moustiques: Culicidae)가 될 수천 마리의 붉은 장구벌레(Vermisseaux)는 멋진 돌고래처럼 몸을 꺾으며 뱅글거린다.

그렇다. 고요하고 폭은 몇 걸음밖에 안 되며, 해가 내려다보는 물속 식탁보는 부지런한 연구원이나 종이배 놀이에 싫증난 어린이에게는 아주 넓은 세상이고, 또 거기서 일어난 일을 모조리 관찰하지 못할 만큼 커다란 보물이다. 7살배기 두뇌에서 사고가 싹트기 시작하던 그때, 처음 본 연못이 내게 남겨 준 추억을 이야기해 보자.

내가 태어난 마을은 기후가 혹독하고 토질은 인색했다. 거기서 어떻게 생활비를 벌었을까? 몇 에이커도 안 되는 풀밭을 가진 사람은 양(Mouton: *Ovis aries*)을 친다. 그의 소유지에서 제일 좋은 곳은 쟁기로 땅을 긁어 평평한 층들을 만들고 돌로 담을 쌓아 흘러내리지 않게 했다. 나귀(Âne)가 외양간의 두엄을 한 바구니씩 옮기

면 감자 농사가 아주 잘된다. 겨
울에는 감자를 삶아서 뜨거운 것
을 밀짚 바구니에 내오면 아주
요긴한 대용 식량이 된다.

수확이 식구의 식욕을 채우고 남
으면 나머지로 돼지(Porc)를 기른다.
돼지는 매우 귀중한 가축으로 삼겹살
과 햄의 보물이 되며 양은 버터와 치즈
재료를 제공한다. 텃밭에 양배추(Choux)와
순무(Raves)가 있고, 바람이 제일 잘 막히는 모퉁이에
는 벌통 몇 개가 있다. 이런 재산을 가졌으면 그런대
로 사태를 지켜볼 수 있다.

그러나 우리는 가진 게 없다. 어머니가 물려받은 작
은 집과 거기에 딸린 작은 뜰뿐이다. 형편없는 집안의
재원이 고갈된다. 이 문제에 주의를, 그것도 빨리 주
의를 기울여야 할 때이다. 무엇을 해볼까? 어느 날 저
녁 아버지와 어머니가 상의하던 어려운 문제였다.

엄지동자(Petit-Poucet, 동화 속 난쟁이)는 나무꾼의 걸

상 밑에 숨어서 빈곤에 승복한 부모님의 말씀을 엿들었다. 탁자에 팔꿈치를 괴고 자는 척했지만 실은 듣고 있었다. 하지만 비참한 계획은 아니었다. 내 마음을 온통 들뜨게 하는 아름다운 계획에 귀를 기울이고 있었다.

마을 아래쪽 성당 근처, 아치형 지붕이 덮인 큰 샘의 물이 지하 배수구에서 흘러나와 골짜기의 개울물과 합쳐지는 지점이 있다. 거기는 전쟁에 나갔다 돌아온 솜씨 좋은 사람이 비계로 양초를 만드는 작은 공장을 차릴 판이다. 그는 양초 냄새가 나는 기름 찌꺼기 냄비를 싸게 팔면서, 오리(Canards: *Anas*)를 살찌우는 데 훌륭한 것이라고 했다.

어머니가 "오리를 기르면 어떨까요? 읍내에서 잘 팔린다는데요? 앙리(Henri)[1]가 녀석들을 지키며 개울로 데려가고 할 거예요." 하시면 아버지께서 "그럽시다, 오리를 기릅시다, 어려운 문제는 좀 있겠지만 해봅시다." 대답하셨다.

그날 밤, 낙원을 꿈꿨다. 꿈속에서 노란 우단 차림의 새끼오리 떼와 함께 있었다. 연못으로 데려가 미역 감는 모습을 보고 집으로 데려온다. 아주 지친 녀석은 바구니에 담아 왔다. 두어 달 뒤, 꿈에서 보았던 작은 새가 24마리라는 현실이 되었다. 암컷 두 마리가 알을 품었는데, 큰 녀석은 집에서 기르던 검정색이고 또 한 마리는 이웃집 부인이 빌려 준 것이다.

새끼의 부양은 우리 오리로 충분했다. 그만큼 이 어미는 양자로 들어온 식구를 극진히 보살폈다. 처음에는 손가락 두 개 너비의 물을 담은 나무통이 연

---

1 이 책의 저자 장 앙리 파브르.

못 노릇을 했고, 일도 순조로웠다. 해가 밝은 날은 거기서 새끼들이 미역을 감고 어미는 걱정스런 눈으로 지켜보았다.

보름쯤 지나자 나무통으로는 부족했다. 거기는 작은 연체동물이 붙어 살 수 있는 흔한 물냉이(Cressons)도 없고 오리가 무척 좋아할 벌레나 올챙이도 없다. 잠수하여 마구 얽힌 수초를 쑤시며 찾을 때가 되었으니 이제 어려운 시기를 맞은 것이다.

개울가 물방앗간 주인은 기르기 쉽고 비용도 덜 들어서 분명히 유리한 오리를 가지고 있었다. 기름 찌꺼기를 자랑하는 양초 제조인 역시 마을 아래로 버려지는 샘물의 혜택을 입어서 훌륭한 오리를 가지고 있었다. 하지만 꼭대기에 사는 우리는 여름에 식수나 겨우 얻을 정도였다. 그런데 어떻게 새끼오리의 물놀이 장소를 마련할 수 있을까?

집 근처에는 돌을 잘라 만든 벽감(壁龕) 밑에서 샘물이 변변찮게 스며 나와 대야처럼 파인 바위에 고인다. 네댓 가구가 그 물을 구리 양동이로 퍼다 먹는다. 학교 선생님의 나귀가 마시고, 이웃들이 그날 식수를 길어 가고 나면 대야가 바닥난다. 다시 고이려면 24시간을 기다려야 한다. 그렇다. 오리가 이 구멍에서는 즐길 수 없으며 특별히 허용될 일도 아니다.

개울이 있다. 하지만 새끼오리 떼를 데리고 그리 내려가는 것은 위험하다. 마을을 지나는 도중 어린 가금을 과감하게 강탈하는 고양이를 만날 것이고, 또 어느 때는 심술궂은 발바리(Roquet)가 오리 떼에 겁을 주어 흩어 놓을 수도 있다. 흩어진 녀석을 한 마리도 남김없이 다시 모으기란 대단히 어려울 것이다. 소동을 피하자. 외지고 조용한 곳으로 피해서 가자.

언덕 위에는 성채 뒤로 지나가는 오솔길이 갑자기 구부러지면서 목장 둘레의 작은 들로 넓어진다. 오솔길은 바위가 많은 비탈을 끼고 가며, 거기서 편평한 곳으로 물줄기 하나가 스미는데 이것이 조금 넓은 연못의 기원이다. 거기는 하루 종일 아주 조용하다. 오리는 거기서 편하게 지낼 것이고, 또 아무도 없는 오솔길로 지나다녀 지장이 없을 것이다.

너, 꼬마야, 새끼오리가 즐길 그곳으로 데려가는 것은 네 임무이다. 아아! 내가 오리 목자를 시작했던 아름다운 날이었구나! 그런데 이렇게 차분한 기쁨에 왜 어두운 그림자가 깃들어야 했더냐! 연한 내 피부가 거친 땅과의 잦은 마찰로 발뒤꿈치에 커다랗게 아픈 물집이 생겼다. 명절이나 주일에 신으려고 장롱 한 구석에 모셔둔 구두를 신고 싶어도 신을 수가 없다. 상한 뒤꿈치를 쳐들고 맨발로 다리를 질질 끌면서 돌무더기 사이로 가야 했다.

손에는 회초리를 들고 절뚝거리며 오리 뒤를 따라가자. 가엾은 오리 역시 발에 민감한 샌들을 신었으니 피곤해서 절룩거리며 꽥꽥거린다. 때때로 서양물푸레나무(Frêne: *Fraxinus*) 그늘에 잠시 쉬지 않으면 녀석들은 더 멀리 가기를 거절한다.

드디어 목적지에 다 왔다. 그곳은 녀석들에게 가장 좋은 곳 중 하나였다. 미지근한 물이 깊지 않으며 군데군데 작고 푸른 진흙 덩이 섬이 널려 있다. 즉시 오리들의 즐거운 미역 감기가 시작된다. 부리를 딱딱딱 마주치면서 물속을 뒤진다. 한 입 문 것을 걸러서 말간 수프는 도로 내뱉고 맛있는 덩어리는 삼킨다. 깊은 곳에서는 꽁무니를 하늘로 솟구치고 부리로 바닥을 뒤진다. 녀석들은 행복한 모습이다. 그런 짓거리를 볼 수 있는 것은 참으로 고마운 일이니 녀석들이 마음대로 하도록 내버려 두자. 이번에는 나도 연못을 즐길 차례이다.

저것이 무엇일까? 진흙에 그을음 빛깔의 매듭진 끈들이 있다. 낡아 풀어진 양말에서 끌어낸 철사 생각이 난다. 어느 목자가 검정 양말을 짜다 잘못해서 새로 시작했는데, 바늘 코의 놀림으로 구불구불해진 실을 짜증 난 손이 버린 것일까? 정말 그렇게 생각할 수도 있겠다.

끈의 한쪽 끝을 집어서 오목한 손바닥에 올려놓았다. 끈적이면서 아주 말랑말랑하고, 미끄러져 손가락 사이로 빠져나가 잡을 수가 없다. 매듭 몇 개가 터져서 내용물을 쏟아 놓는다. 핀 머리만 하며 납작한 꼬리가 달린 까만 알맹이가 나온다. 친숙한 그것을 조금은 안다. 두꺼비의 아주 작은 올챙이였다. 이제 진력이 나니 매듭 끈은 그냥 놔두자.

저 녀석이 더 마음에 든다. 수면에서 뱅글뱅글 도는데 검은 등판이 햇빛에 반짝인다. 녀석을 잡으려고 손을 들면 당장 어디로 사라졌는지 안 보인다. 아깝다. 내가 준비한 작은 대야에서 녀석들이 뱅글뱅글 도는 것을 좀더 자세히 봤으면 좋겠는데.[2]

저기 초록색 섬유 다발을 헤치고 물속을 들여다보자. 거기서 진주 같은 공기 방울이 올라와 거품이 되며 한곳에 모인다. 저 밑에는 별의별 것이 다 있다. 테두리가 촘촘하고 강낭콩처럼 납작한 예쁜 갑각류(甲殼類), 깃

[2] 맴돌이를 하던 물맴이의 이야기일 것이다.

털장식이 달린 작은 벌레가 보인
다. 등에서 계속 돌아가는 작고 부
드러운 날개를 가진 벌레가 보인
다.[3] 모두 무엇을 할까? 이름은 무
엇일까? 나는 모른다. 하지만 이
해할 수 없는 물의 신비에 사로잡
혀 오랫동안 들여다본다.

**물맴이**  물맴이는 신기하게도 여러
마리가 물 표면에서 뱅글뱅글 도는
특성을 지녔다. 수질오염이 심해지
자 녀석들이 눈에 띄지 않아 신기한
모습을 볼 수가 없어졌다.

연못이 옆의 목장으로 흘러내리
는 지점에 오리나무(Aulne: *Alnus*)
숲이 있는데, 거기에서 뜻밖에도
아름다운 것을 발견한다. 풍뎅이

과(Scarabée: Scarabaeoidea) 곤충인데 크지는 않다. 암! 안 컸지. 서양
버찌 씨보다 작았지. 하지만 그야말로 아름다운 파란색이다. 천당
에서 천사들이 이 빛깔의 옷을 입었을 것이다. 작고 찬란한 벌레를
죽은 달팽이 집에 넣고 잎으로 막았다. 살아 있는 보석을 집에서
천천히 들여다볼 참이다. 다른 심심풀이가 또 나를 부른다.

바위에서 맑은 냉수가 스며 나와 연못에 물을 대주는 샘물은 먼
저 두 손바닥 너비의 대야처럼 파인 곳에 괴었다가 넘쳐서 흐른다.
두말할 나위 없이 이 폭포가 물레방아를 부른다.

축 하나에 예술적으로 엇갈려 놓인 두 토막의 밀짚이 기계이며,
지지대 위에 납작한 돌을 얹어 놓으면 된다.
아주 잘 성공해서 물레방아가 훌륭하게 돌아
간다. 이 승리를 다른 사람과 나눌 수 있다면

---

3 섬모관(纖毛冠)으로 수류(水
流)를 일으키는 윤충(輪蟲, Ro-
tifera)의 이야기일 것이다.

완전한 승리가 될 텐데, 친구가 없으니 새끼 오리를 초대한다.

볼품없는 세상에서는 모든 게 곧 싫증난다. 밀짚 두 토막으로 만든 물레방아 역시 마찬가지였다. 다른 것을 찾아보자. 물을 가두어서 대야처럼 만들 둑을 생각해 보자. 담 쌓기에 돌이 모자라지는 않다. 적당한 돌을 고르다가 너무 큰 것은 깨뜨린다. 이렇게 석재를 모으다가 갑자기 둑 쌓기 계획을 잊어버렸다.

깨뜨린 돌덩이 하나에서 주먹이 들어갈 만큼 움푹 파인 곳에 유리와 비슷한 무엇이 반짝인다. 육면체의 결정체가 모여 있는데 햇빛에 광채를 내며 반짝인다. 성당 샹들리에에 늘어뜨린 유리 장식별들이 명절날 촛대의 밝은 촛불에 반짝일 때와 비슷한 것을 본 것이다.

여름 타작마당에서 아이들끼리 밀짚 위에 모였을 때, 용이 땅속 보물을 지킨다는 이야기를 들었다. 내 생각에는 그 보물이 깨어났다. 분명치는 않지만 영광스러운 보석 이름이 기억 속에서 울린다. 또 왕관과 여왕의 목걸이를 생각한다. 돌을 깨다 어머니 반지에서 아주 작고 반짝이던 것, 하지만 그보다 훨씬 풍성한 것을 발견할 수 있을까? 다른 게 더 필요하다.

땅속 보물을 지키는 용은 아주 너그러워서 내게 얼마나 많은 다이아몬드를 넘겨주었던지, 아름답게 반짝이는 보석을 무더기로 얻었다. 게다가 용은 금까지 주었다.

바위에서 가늘게 흘러나오는 물줄기가 가는 모래가 깔린 곳으로 떨어져 모래알이 소용돌이치며 솟아오르게 한다. 해가 있는 쪽에서 몸을 기울이면 물이 떨어지는 지점에서 줄에 쓸린 금가루가 소용돌이치는 것이 보인다. 저것이 정말 우리 집에는 아주 드문 금화를 만들 그 유명한 금일까? 어찌나 반짝이는지 정말 그런 것 같다.

오므린 손바닥에 그 모래를 조금 올려놓는다. 작은 조각이 많이 반짝인다. 그러나 너무 작아서 침에 적신 밀짚 끝으로나 겨우 수확된다. 너무 작아서 모으는 게 귀찮다. 집어치우자. 크고 값비싼 덩어리는 저쪽 두꺼운 바위 속에 있을 거야. 나중에 다시 와서 폭파해야지.

돌을 또 깨뜨린다. 오오! 한쪽이 뭉텅 떨어져 나온 이상한 물건! 비가 올 때 낡은 담의 틈에서 나오는 납작한 달팽이처럼 뱅글뱅글 도는 물건이다. 옆구리에 많은 홈이 마디를 이루어 숫양(Bélier: Ovis)의 작은 뿔과 비슷한 모양이다. 갑각류든 양의 뿔이든 어쨌든 매우 이상하다. 어째서 이런 것이 돌 속에 들어 있을까?

호기심거리 재산인 조약돌로 호주머니가 불룩해졌다. 이제 시간은 늦었고 오리는 배불리 먹었다. 자, 요 녀석들아, 집으로 돌아가자. 기쁨에 겨워 발의 물집마저 잊어버렸다.

돌아오는 길은 즐거웠다. 아주 부드러운 말, 꿈처럼 막연한 말로는 표현할 수 없는 어떤 목소리가 나를 흔들어 댄다. 그 목소리가 처음으로 연못의 신비를 말해 준다. 또 그 목소리는 죽은 달팽이집 속에서 바스락거리는 소리로 낙원의 곤충을 찬양하고 바위의 비밀, 금가루, 육면체의 보석, 돌로 변한 숫양의 뿔에 대해 속삭인다.

아아! 가엾고 천진난만한 어린애야, 너의 기쁨을 억제해야겠노라! 집에 도착했다. 돌을 너무 잔뜩 집어넣어 불룩해진 주머니가 눈에 띄었다. 짐이 무겁고 껄끄러워서 천이 못 견딘다.

"못된 녀석, 오리를 지키라고 보냈더니 돌이나 주우며 시간을 보내. 집 주변이 돌투성이잖아! 어서! 그것을 버려, 멀리." 손해가 눈에 띄자 아버지는 이렇게 말씀하셨다.

나는 애석해하면서 복종한다. 금강석, 금가루, 돌이 된 뿔, 낙원의 풍뎅이가 문 앞 쓰레기 더미에 버려진다.

어머니는 이렇게 한탄했다. "애들을 길러 봤자 나중에 이렇게 못된 꼴이나 볼 걸. 너 때문에 속상해 죽겠다. 풀은 그래도 좀 낫지. 그건 토끼에게 좋은 거니까. 그렇지만 네 주머니를 찢어 놓는 돌이나, 독에 쏘여 손이나 아프게 할 벌레는 어떻게 하겠다는 거냐. 엉, 이 녀석아? 이럴 수는 없어, 아무래도 누가 네게 방자(나쁜 주문)를 건 거야!"

아이고, 불쌍한 어머님, 순박한 어머니께서는 옳은 말씀을 하셨습니다. 오늘 저는 못된 주술에 걸렸던 것을 인정합니다. 빵 조각 벌기가 그토록 힘든데, 지능을 키우는 것은 고생을 보태는 데나 맞는 것 아니겠습니까? 인생에 실패한 사람이 배우려는 고통은 당해서 무엇합니까?

뒤늦은 이제 와서 보니 헛수고만 했구나. 빈곤의 위협은 여전히 받아 왔고, 오리가 놀던 샘의 금강석은 바위 결정체였고, 금가루는 운모(雲母, 돌가루), 뿔 모양인 돌은 암모나이트(Ammonite)였다. 또 파란 풍뎅이는 긴다리풍뎅이(Hoplie: *Hoplia*)라는 것을 이제서 알았으니 말이다! 가난한 우리는 지식에서 오는 즐거움을 경계하자. 평범한 속세의 밭에서 소가 가는 밭고랑이나 타고, 연못의 유혹을 피하고, 오리나 지키면서, 혹시 운명의 혜택을 받은 사람이 마음 내

키면 세상 돌아가는 이치를 설명해야 하는 걱정을 그에게 맡기자.

자, 그런데 그게 아니로다! 생물 중 사람만이 지식에 대한 욕망을 가졌다. 인간만 사물의 신비를 캔다. 가장 시시한 사람에게서 짐승은 모르는 고상한 고통, 즉 질문이 나온다. 질문이 우리 안에서 더 끈질기게, 더 거역 못할 권위로 요구한다. 또 대부분의 사람 눈에는 인생의 유일한 목적인 이익에 등을 돌렸다고 해서, 그것을 싫어하는 게 옳을까? 그렇지 않도록 단단히 조심하자. 그러면 우리의 가장 훌륭한 선물을 거부하는 짓일 게다.

되레 반대로, 우리 적성을 따라 엄청난 무지 덩이에서 약간의 빛이 솟아나도록 힘쓰자. 조사하고 묻고, 여기저기서 진리 몇 조각을 떼어 내자. 우리는 노고로 쓰러질 것이다. 이토록 질서가 안 잡힌 사회에서는 어쩌면 초라한 침대에서 생을 마칠지 모른다. 하지만 그대로 전진하자. 그야말로 인류의 보물, 아는 사실에 원자 하나를 보태는 것이 위로가 될 것이다.

이런 수수한 몫이 내게 돌아왔다. 옛날에는 그것이 합당한 질책과 쓰라린 눈물을 가져왔을망정, 나는 다시 연못을 찾아간다. 하지만 다시 찾아가는 것은 그토록 환상의 꽃이 피었던 어린 오리들의 연못이 아니다. 그런 연못을 일생에 두 번 만날 수는 없다. 그런 행운은 자기의 첫 짧은 바지와 첫 생각을 처음 사용할 때만 가질 뿐이다.

한편, 오랜 세월 뒤에 더 풍부하고, 게다가 경험으로 어느 정도 성숙해진 눈으로 조사하는 다른 연못을 만났다. 그물로 열심히 조사했고, 진흙을 뒤적였고, 더부룩한 수초를 뒤죽박죽으로 만들어 놓았다. 놀라운 세월의 관점에서, 내 추억에는 기쁨과 실패가 찬양 받았던 첫번 연못만 한 것이 없었다.

오늘의 계획에는 어느 연못이든 적합하지 못할 것이다. 그만큼 연못의 세계는 넓다. 무한히 넓은 그곳, 생명체가 마음대로 우글거리는 햇볕 밑의 그곳에서는 갈피를 잡지 못할 것이다. 거기는 생식력이 풍부한 대양처럼 무한한 곳이다. 게다가 공공도로상에서의 관찰은 어떤 끈기로 감시하든 행인의 방해를 받지 않고는 할 수가 없다. 내게 필요한 것은 내 멋대로 약간의 동물만 살려 주는 아주 작은 연못, 즉 작업대 위에서 계속되는 인공 연못이다.

서랍 구석에 20프랑짜리 화폐 한 잎이 잊혀져 있었다. 이 돈은 집안 경제의 균형을 별로 흔들지 않고 내 마음대로 쓸 수 있다. 선심을 과학에 쓰자. 과학이 그것을 고마워하지는 않을 것이다. 사치스런 설비가 비용을 많이 들이며 죽은 자의 세포와 섬유를 조사하는 실험실과는 안 어울릴지도 모른다. 하지만 살아 있는 행동의 연구에서는 사치의 효용성이 의심스럽다. 생명의 비밀은 소박한 사람, 임시변통으로 일하는 사람의 것이고 비용 역시 들지 않는다.

본능에 대한 내 연구의 가장 훌륭한 결과들은 비용이 얼마나 들었을까? 시간과 특히 인내력 말고는 어떤 비용도 들지 않았다. 따라서 헤프게 지출한 돈이, 즉 내 20프랑이 어떤 연구의 기구 장만에 쓰였다면 그것은 대단한 모험이다. 그런데 그것이 새로운 개관을 가져오지는 못할 것 같은 예감이 든다. 그렇지만 어디 한 번 해보자.

대장장이가 철골 몇 개로 연못의 뼈대를 만들었다. 이 마을에서는 1년 내내 수입이 필요하면 온갖 일을 조금씩 다 해야 한다. 목수가 철골을 나무 받침에 올려놓고 작은 판자가 여닫히는 뚜껑을 달았다. 때로는 유리 일꾼이기도 한 그가 옆쪽 사면에 두꺼운 유리를 끼웠다. 자, 밑바닥에 타르를 칠한 함석이 깔렸고 물을 빼는 꼭지가 달린 기구가 되었다.

작품을 만든 사람들의 작업장에서 이상하고 색다른 물건을 만족스럽게 쳐다본다. 거기에 왔던 많은 구경꾼은 유리를 끼운 작은 여물통을 내가 무엇에 쓸 것인지 서로 물어본다. 그래서 소문이 좀 났다. 어떤 사람은 우리 집에 비축할 올리브유를 담아 둘 그릇이라고 했다. 이 지방에서 흔히 돌덩이를 파서 만드는 단지를 내 집에서는 이것이 대신할 거라는 말이다. 그렇게 비싼 기구가 겨우 물속에 사는 시시한 벌레를 넣는 데만 쓰일 것을 알았다면, 그들은 내 정신 상태를 얼마나 이상하게 생각했겠더냐!

대장장이와 유리장이는 자기네 작품에 만족했다. 비록 촌스러운 기구였을망정 나 역시 만족했으며 멋이 아주 없는 것도 아니었다. 하루의 대부분을 해가 비치는 창문 앞 작은 탁자에 올려놓았더니 제법 그럴듯했다. 용량은 50ℓ가량인데 이것을 무엇이라고 부를까? 수족관? 아니다, 그건 너무 건방진 이름 같다. 더욱이 유산계급의 부질없는 구경거리처럼 자갈을 깔고 작은 폭포를 설치했으며, 빨간 물고기가 든 장난감을 연상시킬 것이다. 신중한 물건은 그 중대함을 보존해 주자. 연구용인 여물통을 객실이나 차지하는 쓸데없는 물건으로 만들지 말자. 이 여물통은 유리를 끼운 연못이라고 부르자.

근처의 연못에서 죽은 골풀 무더기를 감싼 석회질 뭉치를 잔뜩 걷어다 그 안에 넣었더니 가볍고 속이 빈 녹석(madréporique, 綠石, 석산호류) 암초(산호초)를 막연히 연상시켰다. 게다가 아주 작은 녹조류가 살아나며 초록색 짧은 실들이 부드럽게 덮인다. 물을 자주 갈아 주면 벌레들의 생활에 방해가 될 것이다. 그래서 물갈이를 않고 적당한 위생 상태로 유지시켜 달라고 하찮은 식물에게 기대를 건 것이다. 여기서는 위생과 안정이 성공의 첫째 조건이다.

동물만 사는 연못에는 머지않아 호흡할 수 없는 가스, 동물의 분해 산물, 그 밖의 찌꺼기가 쌓여서 생명이 생명을 죽이는 불결한 곳이 될 것이다. 이런 찌꺼기는 생기는 족족 태워 버리거나 위생적으로 처리해서 없애야 한다. 산화된 찌꺼기에서 완전한 생기를 불어 줄 가스가 다시 만들어진다. 그래서 물은 항상 호흡에 필요한 산소를 풍부하게 보존하게 되어 있다. 초록색 식물(작은 녹조류)이 세포의 조제실에서 이 정화를 실현시킨다.

해가 유리 연못을 비출 때, 녹조류의 작업 광경은 참으로 볼만한 장관이다. 초록색 양탄자가 깔린 암초에서 수많은 점 모양 불이 켜져 반짝인다. 수천 개의 다이아몬드 핀이 박힌 환상적인 우단 뭉치의 모습이다. 멋진 보석 세공품에서 진주 모양의 빛들이 끊임없이 떨어져 나온다. 진주를 내보낸 보석 상자에 즉시 다른 진주가 나타나 그 자리를 대신한다. 떨어져 나온 진주들이 천천히 올라간다. 마치 물속에서 계속 쏘아 올리는 불꽃놀이 같다.

화학은 이렇게 말한다. 동물의 호흡으로 유기물 찌꺼기가 분해되면 탄산가스가 생겨 물속에 녹아든다. 이 탄산가스를 수초의 엽록소가 태양광선을 이용해서 모으고 새 조직의 원료로 이용한다. 그 대신 진주 방울 같은 산소를 발산한다. 산소 방울의 일부는 물에 녹아들고, 일부의 기포는 수면 위로 올라가 대기 중에서의 호흡에 풍부한 산소로 돌려준다. 이렇게 해서 연못의 동물은 살고 나쁜 생성물은 산화되어 없어진다.

아무리 오래전부터 이런 일에 익숙해진 나였지만, 녹조류 뭉치가 고인 물의 위생을 영속시키는 흔해 빠진 일에 놀라움과 흥미를 느낀다. 한없이 쏘아 올리는 기포 로켓을 황홀한 눈으로 지켜본다. 그리고 대륙에 진흙이 솟아나기 시작할 때 식물의 맏형 격인 수초가 생물의 호흡용 공기를 준비하던 태고 시대를 어렴풋이 상상해 본다. 눈앞의 조그마한 사각형 여물통 안에서 벌어지는 광경이 맑은 공기로 둘러싸이는 지구의 역사를 이야기해 준다.[4]

4 지구가 형성된 초기에는 대기 중에 산소가 없었다. 광합성 생물이 출현하자 산소가 생겨났고 현재 우리가 보는 대부분의 생명체, 즉 유기호흡 생물이 탄생할 수 있었다는 지구 역사 이야기이다.

# 20 날도래

수초의 작용으로 위생 상태가 계속 유지되는 유리 여물통에 무엇을 넣을까? 훌륭한 솜씨로 옷을 만들어 입는 날도래(Phrygane: Trichoptera)를 넣어야겠다. 옷을 입는 곤충 중 차림새가 날도래보다 훌륭한 종류는 별로 없다. 근처의 물에서 5~6종이 왔는데 각 종이 특별한 재주를 가졌다. 하지만 오늘은 한 종만 대상이 되는 영광을 누릴 것이다.

진흙 바닥에 가는 갈대(Roseau)가 자라는 물에서 온 녀석으로, 순전히 주택에 따라 판단된 전문가의 이름은 노랑우묵날도래(*Limnophilus flavicornis*)이다. 녀석이 만든 작품으로 그 노동조합 전체가 프리간느(Phrygane, 날도래)라는 예쁜 이름을 받게 되었다. 이 단어는 그리스 어로 나무토막, 나뭇조각이라는 뜻이다. 프로방스(Provence)의 촌사람들은 '루 포루토 훼(lou Porto-fais)' 또는 '루 포루토 까내우(lou Portoca-

날도래

nèu)'라는 식으로 부르는데, 말하자면 '고인 물에서 갈대 부스러기처럼 작은 짚 무더기를 짊어지고 다니며 사는 벌레'라고 표현한 것이다.

녀석의 케이스인 여행용 주택은 야만적이며 혼합인 작품이다. 덩치는 거대하나 예술성은 꼴불견으로 튼튼함에게 양보했다. 건축 자재는 매우 다양해서 다른 자재끼리의 변화를 보여 주지 않으면 서로 다른 건축가의 작품을 본 것으로 생각될 정도였다.

풋내기 어린 애벌레의 깊은 바구니 같은 집은 촌스럽게 엮는 법으로 광주리를 짠 것이다. 여기에 쓰인 버들가지는 거의 언제나 같은 것으로, 오랫동안 물속에 잠겨 껍질이 벗겨진 뻣뻣한 잔뿌리 토막에 불과했다. 이런 줄기를 발견한 녀석은 큰턱으로 곧은 막대기처럼 썬다. 자른 토막을 바구니 둘레에 하나씩 붙여 놓는데, 언제나 제작물의 축과 수직이 되게 놓는다.

**날도래류** 날도래와 나비류는 같은 조상에서 태어났는데 나비류는 육상에서 화려한 모습으로 살아간다. 하지만 날도래류는 물속에서 살아 생활 방법에 큰 차이가 생겼고, 모양은 덜 예쁘게 되었다. 속리산. 13. VIII. '96

곤두선 접선이 빙 둘러쳐진 동그라미, 아니 그보다 이쪽저쪽이 모두 늘어난 다각형을 상상해 보자. 이렇게 직선을 모아 놓은 것 위에 방향은 생각하지 말고 다른 직선들을 또 층층이 쌓아 보자. 그러면 버들가지가 사방으로 비죽비죽 튀어나온 일종의 텁수룩한 섶 다발이 될 것이다. 어릴 때의 보루는 이렇게 생겼다. 하지만 미늘창이 비죽비죽 솟은 보루는 방어 수단으로 훌륭할지 모르지만 우거진 수초 가운데서 다루기는 어려울 것이다.

애벌레가 이렇게 사방이 걸리는 일종의 덫을 언젠가는 포기한다. 처음에 바구니를 짰던 녀석이 이제 목수가 된다. 작은 들보와 서까래로, 즉 물속에서 갈색으로 변한 통나무로 집을 짓는다. 나무는 대개 굵은 밀짚 굵기이며 손가락 두께 내외의 길이였다. 하지만 우연히 구해지는 대로 이용되기도 한다.

이 고물에 별의별 것이 다 쓰인다. 짚 토막, 구멍 뚫린 골풀 토막, 잔가지 따위의 나무 부스러기, 가는 풀 토막, 나무껍질, 굵은 씨앗, 그 중에서도 붉을 때 꼬투리에서 떨어졌다가 석탄처럼 새까맣게 된 물속의 노랑꽃창포(Iris des marais: *Iris pseudoacorus*)˚ 씨앗 따위였다.

잡다하게 모아진 것들로 아무렇게나 엮인다. 자재에 따라 길이로, 가로로, 또는 비스듬하게 고정된다. 모퉁이가 들어가거나 나오며 갑작스런 굴곡이 생긴다. 굵은 것과 가는 것이 섞이고, 제대로 된 것이 모양 없는 것과 함께 놓여 건축물이 아니라 괴상한 무더기가 된다. 때로는 무질서가 아름다운 예술적 결과를 낳지만 이 경우는 아니다. 날도래의 작품은 말하기조차 창피한 물건인 셈이다.

처음의 규칙적인 광주리 엮기 기술 뒤에 이렇게 우둔하게 쌓인다. 어린 애벌레의 섶 다발은 가는 각재(角材)가 모두 가로로 질서 있게 쌓여서 어느 정도 멋있었지만, 자라며 경험을 쌓아 솜씨가 늘었을 것으로 생각했던 큰 녀석은 질서의 견적을 버리고 무질서의 막연한 견적을 채택한다.

　두 방식 사이에 어떤 과도기적 단계조차 없다. 처음의 바구니 위에 갑자기 형편없는 무더기가 얹혔다. 두 제작물이 겹쳐진 경우를 자주 만나지 않았다면 그것들이 같은 근원에서 왔다는 생각을 전혀 못했을 것이다. 그것끼리 어울리지는 않지만 서로의 연결에서 단일성은 보여 준다.

　그러나 두 층이 무한정 계속되지는 않는다. 서까래 더미 속에 자유롭게 들어 있던 애벌레는 좀 자라자 너무 좁아진 집이며, 거추장스럽게 무거워서 짐이 된 어린 시절의 바구니를 버린다. 처음 작품이었던 제집의 뒤쪽을 잘라 떼어 낸다. 즉 여행 주택을 잘라 내 가볍게 할 줄 아는 것이다. 그 다음은 더 크고 넓은 집으로 이사하는데, 이때 남아 있는 위층은 작은 들보를 만들던 법과 똑같은 건축법으로 질서 없는 입구를 연장시킨다.

　이렇게 꼴불견인 상자뿐 아니라 완전히 작은 조가비로만 꾸며져 아주 멋진 상자 또한 같은 빈도로 나타난다. 이것들이 같은 작업장에서 나왔을까? 여기는 아름다움과 질서가 있는데 저기는 추함과 무질서가 있으니, 이런 공존을 믿으려면 아주 명백한 증거가 필요하다. 한쪽은 조가비를 섬세하게

**띠무늬우묵날도래 애벌레의 집**　다 자란 애벌레는 몸길이가 30mm를 넘으며 집은 훨씬 더 크다. 집 재료는 그림과 같이 다양한 식물질과 모래알이다. 속리산, 13. VIII. '96

상감해 놓았고, 또 한쪽은 통나무를 거칠게 쌓아 놓았다. 그렇지만 모두 같은 종의 일꾼에게서 나온 작품이다.

증거는 얼마든지 있다. 나뭇조각이 무질서하게 뭉쳐져 눈에 거슬리는 상자 위에 가끔 조가비가 규칙적으로 붙은 부분이 있다. 마찬가지로 조가비로 지은 걸작품에 보기 싫은 서까래가 너저분하게 붙어 있는 경우 역시 드물지 않다. 아름다운 집을 이렇게 상스럽게 망친 것을 보면 약간 화가 나기도 했다.

들보를 촌스럽게 혼합물로 쌓던 애벌레가 때로는 조가비를 멋지게 붙이는 기술에 능란했다. 어쨌든 거친 골재나 섬세한 상감세공에 개의치 않고 건축한다는 것을 알게 되었다.

섬세한 상감세공으로 지은 집은 무엇보다 가장 작은 또아리물달팽이(Planorbes: Planorbidae) 중에서 골라 납작하게 배치했다. 꼼꼼하고 규칙적이진 못해도 잘 만들어진 제작물은 어느 정도 가치가 있다. 예쁜 나선 층이 서로 같은 높이에 촘촘히 둘러쳐져 전체가 훌륭해 보인다. 콤포스텔라(St. Jacques de Compstelle) 순례지에서 돌아오는 순례자도 이보다 더 잘 정돈된 망토를 어깨에 걸치고 돌아온 일은 결코 없었다.

그러나 조화에 신경 쓰지 않는 날도래의 급한 성미가 너무 자주

날도래 애벌레의 집

날도래 애벌레의 조가비 집들

나타난다. 큰 것에 작은 것이 합쳐졌고, 갑자기 불쑥 튀어나와 질
서를 마구 해친다. 기껏해야 아주 작은 렌즈콩만 한 또아리물달팽
이 옆에 제대로 끼워 넣기 곤란한 손톱 크기의 것까지 박아 넣는
다. 이런 것이 규칙적인 부분에서 튀어나와 끝마무리를 망치는 일
이 있다.

　날도래가 죽은 조개껍데기를 발견해서 너무 크지만 않으면 종류
의 구별 없이 납작한 나선 층에 갖다 붙여 무질서를 부추긴다. 녀
석이 수집해 놓은 고물에서 왼돌이물달팽이(Physes: *Physa*), 논우렁
이(Paludines: *Viviparus*), 물달팽이(Limnées: *Limnaea*), 뾰족쨈물우렁
(Ambrettes: *Succinidae*), 그리고 귀엽고 패각이 두 장인 산골조개(Pi-
sidies: *Pisidium*)까지 분리해 냈다.

　육상에 살던 달팽이가 죽은 뒤 빗물에 쓸려 웅덩이까지 떠내려
온 것 역시 잘 쓰였다. 이런 하찮은 유물로 지어진 건물에서 방추
형인 입술대고둥(Clausilies: *Clausiliidae*), 작은 통 모양의 불림물달
팽이(Maillots: *Bulimus*), 터빈 모양의 헬릭스달팽이(*Helix*), 입을 딱
벌린 소용돌이 꼴의 비트린호박달팽이(Vitrines: *Vitrina*), 제브리나
고둥(Bulimes: *Zebrina*) 따위가 박혀 있는 게 발견된다.

캬~
예술이네

여긴
더 멋있다!

결국 날도
래에게 식물이
나 연체동물의
사체에서 온 것은
모두가 집 짓는 재료
였다. 이토록 다양한 연못
쓰레기 중에서 거부되는 재료는 단지 자갈뿐이다. 건축에 돌과 자
갈이 쓰이지 않도록 조심하지 않은 경우는 별로 없다. 이는 유체정
역학(流體靜力學)의 문제이니 조금 뒤에 다시 다루기로 하고, 지금
은 집 짓는 모습을 지켜보는 데 힘쓰자.

더 쉽고 정확하게 관찰하려고 서너 마리의 애벌레를 용량이 작
은 유리컵으로 옮겼다. 온갖 조심을 다해 가며 제집에서 방금 빼낸
녀석들이다. 많은 시도 끝에 마침내 어떤 것이 좋은 방법인지 알고
나서, 녀석들 마음대로 이용하도록 나긋나긋한 것과 뻣뻣한 것, 무
른 것과 단단한 것, 즉 성질이 반대인 두 재료를 제공했다. 한편은
살아 있는 수초, 예를 들어 물냉이(Cressons)나 말총 굵기의 흰 뿌

리가 잔뜩 달린 식물(Ombrelle d'eau)을 주었다. 초식성인 애벌레는 연한 식물의 머리채에서 건축자재와 식량을 동시에 찾아낼 것이다. 한편 굵은 핀 굵기의 균일한 나뭇조각의 작은 묶음도 주었다. 이렇게 공급된 필수품의 실과 막대기가 나란히 놓였다. 벌레는 이것들을 형편에 맞추어 선택할 것이다.

케이스에서 끌려 나왔을 때의 충격이 가신 다음인 몇 시간 뒤, 애벌레는 다시 집을 지으려 한다. 얽힌 잔뿌리 다발에 비스듬히 자리 잡고 다리로 모아 적당히 엉덩이를 움직여 대강 정리한다. 튼튼하지도 않고 형태가 잘 갖춰지지도 않은 일종의 띠가 여러 곳에 배치되어 일종의 그물 침대가 만들어진다. 띠가 차차 벌레의 이빨이 건드리지 않은 뿌리의 굵은 끈과 연결될 것이다. 자, 이제 비용이 들지 않은 자연의 끈으로 적당히 고정된 받침점이 생겼다. 명주실 몇 가닥을 여기저기 분배해서 흩어지기 쉬운 수집품을 약간 접착시킨다.

이제 건축하기 시작한다. 묶은 띠에 지탱한 애벌레는 몸을 길게 늘이고, 다른 다리보다 길어서 먼 것을 잡을 수 있는 가운데다리를 앞으로 내민다. 잡힌 잔뿌리 하나를 가지고 높이 올라간다. 마치 필요한 길이에 맞추어서 재려고 오르는 것 같다. 다음 큰턱 가위로 끊는다.

이제 애벌레가 조금 뒤로 물러나 그물 침대 높이로 다시 내려온다. 잘린 토막이 녀석의 가슴에 비스듬히 얹히는데 앞다리로 떠받쳐서 이리저리 돌리고, 들어서 흔들고, 뉘었다가 다시 올린다. 그것을 어떻게 놓는 게 가장 좋은지 알아보려는 것 같았다. 세 쌍 중 제일 짧은 앞다리는 놀랄 만큼 능란한 팔이다. 다른 다리보다 짧아서 가장 중요한 연장인 큰턱과 재빨리 협력하는 출사돌기(filière, 出絲突起)[1] 노릇을 한다. 게다가 재빨라서 작업에 큰 몫을 담당한다. 가는 관절로 이어진 끝의 갈고리가 아주 잘 움직여서 우리네 손 같다.

멋진 다리들이다. 유별나게 긴 가운데다리 쌍은 먼 곳의 재료를 찍어 오고, 재서 가위질할 때 몸을 고정시켜 주기도 한다. 중간 길이인 뒷다리는 다른 다리가 일할 때 몸을 받쳐 준다.

날도래 애벌레를 말해 보자면, 방금 뜯어낸 조각을 가슴에 비스듬히 얹어 놓고 매달린 그물 침대 위로 조금 물러난다. 출사돌기는 어수선하게 엉킨 뿌리를 녀석이 파악한 받침 수준에 머물러 있게 한 다음, 재료를 재빨리 조작해서 대강 가운데 지점을 찾아 양쪽 끝이 좌우로 똑같이 돌출하도록 자리를 고른다. 출사돌기가 작업을 끝내자마자 짧은 앞다리가 가로로 배치한 토막을 제자리에서 움직이지 못하게 한다.

소량의 명주실로 토막 중간에, 또 머리를 최대로 돌린 좌우의 먼 곳에 땜질한다.

즉시 같은 방식으로 다른 토막을 찍어다 재고 다듬어서 제자리에 가져다 놓는다. 근처의 재료가 소비되어 점점 멀리서 가져오려고 몸을 의지한 곳에서 그만큼 더 많이 빠져나온다. 집 안에는 마지막 몸마디만 남는다. 이제 스파이크가 박힌 신발로 근처를 뒤지며 끈을 찾는다. 그동

1 filière는 거미나 누에가 실을 뽑을 때 쓰는 방적돌기 또는 출사돌기이므로 다리를 이 단어로 표현한 것은 부적절하다. 하지만 우리말에서 달리 쓸 만한 단어가 없는 것 같아 원문대로 썼다.

안 유연한 등줄기의 놀림, 즉 집에 매달려서 구불거리며 대단히 고생하던 놀림은 정말로 이상한 체조였다.

이토록 고생한 결과에서 얻은 것은 가는 흰색 끈으로 짠 일종의 토시였다. 제작물은 튼튼하지도, 별로 규칙적으로 정돈되지도 못했다. 하지만 재료가 적합하면 건축기사의 조작으로 쓸 만한 건축물이 지어질 것을 막연히 예감했다. 크기를 아주 잘 재는 녀석이 모든 재료를 거의 같은 길이로 잘라, 토시의 천에 가로놓이게 한 다음 가운데를 고정시킨다.

이것이 전부는 아니다. 작업 방식도 전체적인 조정에 크게 이바지한다. 벽돌공이 좁다란 공장 굴뚝을 벽돌로 쌓을 때는 작은 탑 가운데서 빙빙 돌면서 차차 새 층을 쌓으며 올라간다. 날도래도 그런 식이다.

날도래 애벌레는 집 안에서 빙빙 도는데, 거기서 조금의 부자유스러움 없이 원하는 자세를 취하고 출사돌기를 접착시킬 지점 바로 앞에 가도록 한다. 좌우 어느 쪽으로 돌려고 목을 틀지도, 뒤쪽에 닿으려고 목덜미를 젖히지도 않는다. 물건을 갔다 붙여야 할 자리가 언제든지 제 연장이 정확히 닿는 지점에 오게 하는 것이다.

토막을 붙이고 나면 언제나 앞에 땜질해 놓은 것과 같은 길이만큼 옆으로 옮겨 가서, 거의 그 범위 안에 새 조각을 붙인다. 범위는 머리가 돌아갈 수 있는 정도에 따라 결정된다.

이런 조건들이라면 결과가 기하학적으로 정리되고 구멍이 규칙적인 다각형 건물로 나타나야 할 것이다. 그런데 어째서 잔뿌리 토막으로 이루어진 토시가 이렇게 어수선하고 서툴게 정리되었을까? 그 까닭은 이렇다.

잔뿌리는 형태와 굵기가 아주 다양한 토막이라, 아무리 재주꾼 직공이라도 제공된 재료를 정확한 건물의 건축에 적합하게 만들 수 없었다. 굵은 것, 가는 것, 곧은 것, 구부러진 것, 한 줄기뿐인 것, 여러 가닥으로 갈라진 것까지 있다. 이렇게 잡다한 조각을 규칙적으로 모아 놓기란 거의 불가능하다. 애벌레가 토시를 그렇게 크게 중요시하는 것 같지 않으니 더욱 그렇다. 녀석에게 이것은 안전한 곳에 숨기 위해 급히 만든 임시 제작물에 지나지 않았다. 사정이 급하므로, 톱으로 끈질기게 썰어야 하는 서까래보다 큰턱을 한 번만 움직여도 잘라지는 아주 연하고 가는 실들을 더 빨리 그리고 쉽게 모은 것이다.

토시는 여러 끈으로 움직이지 않도록 부정확하게 묶어 놓은 것에 불과하나, 결국은 머지않아 그 위에 튼튼하고 결정적인 건축물이 세워질 기초였다. 처음의 제작물은 얼마 뒤 무너져서 사라질 폐허의 건물이며, 새로 지어질 건축물은 소유주가 떠난 뒤에 계속 남아 있을 건물이다. 유리컵 사육은 최초의 건설에서 다른 방식을 보여 주었다. 이번엔 잎이 많은 일종의 가래(Potamot: *Potamogeton densum* → *Groenlandia densa*) 몇 줄기와 한 꾸러미의 마른 가지를 건축자재로 주었다. 애벌레는 잎 하나에 올라앉아 가로로 절반쯤 큰턱 가위로 자른다. 안 잘린 부분은 약간의 붙잡는 끈이 되어 잘린 조각에 필요한 안정성을 줄 것이다.

잎의 옆쪽은 상당히 넓은 부분을 모가 나게 완전히 잘라 낸다. 옷감은 얼마든지 있으니 아낄 필요가 없다. 그 조각을 절반만 잘라 명주실로 땜질해서 고정시킨다. 이렇게 서너 번 작업해서 불규칙하게 모가 많이 졌고, 넓은 꽃 장식처럼 열렸으며, 잎을 말아 원기둥처럼 둘러싸인 것 안에 애벌레가 들어 있게 된다. 가위질이 계속된다. 새 조각이 나팔처럼 벌어진 안쪽에 계속 붙여져서 원뿔처럼 말린 것이 길어지고, 애벌레는 몸을 움츠려서 가볍게 나부끼는 휘장 자락에 싸이게 된다.

가래의 고운 비단이나 물냉이의 잔뿌리로 이렇게 임시 옷을 해 입은 애벌레가 더 튼튼한 집을 지으려 한다. 하지만 근처에는 필요한 자재가 드물어서 새것을 찾아 이동해야 한다. 그래서 지금까지 토시가 안 움직이게 묶어 놓았던 잔뿌리를 절반쯤 자르고, 그 위에 원뿔처럼 세워 놓았던 가래 잎을 끊는다.

이제는 녀석이 자유로워졌다. 유리컵 연못은 좁아서 찾던 재료를 바로 만난다. 내가 준 재료는 가늘고 규칙적이며 마른 가지를 골라 놓은 작은 묶음이었다. 목수는 가는 뿌리를 이용할 때보다 작은 서까래에 더 많은 정성을 들여 적당한 길이로 잰다. 잘라야 할 자리에 닿도록 몸을 늘이는 정도가 제법 정확한 거리를 알려 준다.

목 밑에 가로놓인 토막을 움직이지 않게 앞다리로 붙잡고 큰턱으로 꾸준히 자른다. 애벌레가 집안으로 뒷걸음질 쳐서 그 토막이 토시 가장자리로 옮겨지게 된다. 이제 잔뿌리 토막으로 일하던 때와 똑같은 작업 모습이 재연된다. 같은 길이로 가운데는 넓게 붙고 양끝은 붙지 않은 나무토막들이 규정된 높이까지 쌓아 올려진다.

목수가 정선해서 제공된 자재로 어느 정도 멋진 작품을 만들었다. 서까래 방향이 운반과 설치에 가장 편리했으므로 가로로 잘 정리되었다. 그것들의 가운데가 고정된 것은 그동안 두 팔인 출사돌기가 통나무 양쪽을 잘 잡아 주어서 그렇게 되었다. 접착시킨 너비는 대체로 일정한데, 입에서 명주실이 나올 때 머리를 좌우로 돌린 너비에 해당한다. 전체적인 외형은 오각형에 가까운 다각형인데, 벌레가 한쪽을 붙이고 다음으로 넘어갈 때 활처럼 몸을 돌린 길이가 먼저 붙인 너비만 해서 그렇게 된 것이다. 규칙적인 방법은 규칙적인 작품을 만들어 낸다. 물론 자재가 정확한 배열에 적합해야 한다.

대개의 자연 연못에서는 유리컵에 넣어 준 것처럼 정선된 자재의 서까래를 마음대로 쓸 수가 없다. 별의별 것을 다 만나는 애벌레는 만난 그대로 쓴다. 나뭇조각, 큰 씨앗, 속 빈 조가비, 짚 토막, 보기 흉한 조각 따위를 만난 상태대로 톱질 없이 건물에 자리 잡게 한다. 눈에 거슬리게 부정확한 건물은 이런 우연의 결과인 혼합물에서 온 것이다.

목수는 제 솜씨를 잊어버리지 않았다. 다만 훌륭한 재료가 없었을 뿐이다. 녀석이 적당한 작업장을 만났다면 자신만의 견적으로 정확하게 건축했을 것이다. 너비가 똑같은 또아리물달팽이 껍데기를 벽에 붙여서 아름다운 집을 만들기도 한다. 썩어서 곧고 뻣뻣한 목질부의 축만 남은 가는 뿌리 다발로 광주리를 본뜬 섶 다발을 만든다.

선호하는 서까래로 공사할 수 없게 된 애벌레의 작업을 보자. 하지만 투박한 석재를 주면 촌스러운 집을 다시 볼 테니 쓸데없는 짓이다. 이번에는 물에 빠진 씨앗, 가령 노랑꽃창포 씨를 쓴 경우를 보았으니 내 머리가 씨앗으로 시험해 볼 생각을 했다. 쌀을 택했다. 쌀은 단단해서 나무 같고, 흰색의 아름다움, 알 모양의 형태로 예술적 건물에 적합할 것이다.

벌거벗은 애벌레가 이런 석재로 건축에 착수할 수 없음은 분명하다. 첫 토대를 어디로 정할까? 녀석에게는 노력이 덜 들며 빨리 쌓을 수 있는 기초가 필요하므로 임시 토시감으로 잔뿌리를 주었다. 기초 위에 쌀알이 와서 마침내 작고 훌륭한 상아탑이 지어졌다. 또아리물달팽이로 지은 집 말고 애벌레의 솜씨가 이보다 멋진 집을 지은 적이 없다. 규칙적인 자재가 일꾼의 정확한 방법을 도와서 아름다운 질서가 돌아온 것이다.

쌀알과 나무토막은 증명에 충분한 두 재료였다. 연못의 괴상한 건축물로 여겼던 것처럼 무능한 애벌레가 아님이 증명되었다. 괴상하게 모아 놓고 거대하게 쌓아 올린 것은 선택 없이 발견되는 대로 적당히 사용한 것에서 온 어쩔 수 없는 결과였다. 물속의 목수는 자신의 재주와 질서의 원칙을 가지고 있다. 운이 도와주면 얼마든지 아름다운 것을 만들고, 도움을 못 받으면 다른 벌레처럼 꼴불견을 만들어 놓는다. 빈곤은 추함으로 통한다.

날도래 애벌레의 다른 면도 주목감이다. 집을 벗기면 반복적인 시련에 지침 없는 끈기로 다시 짓는다. 이때 기왕에 만들어진 물건으로 재건하지는 않는다. 하던 작업을 계속하는 곤충의 일반적인 관습과는 달리 무너졌거나 없어진 부분을 돌아보지 않는다. 다만 제 습관의 규칙만 따를 뿐이다. 아주 놀라운 이 예외, 즉 다시 시작하는 적성은 어디서 왔을까?

우선 녀석이 위험의 징조가 아주 크면 쉽게 집을 떠난다는 것을 알았다. 연못에서 채집한 녀석들을 양철통에 담았다. 통 안의 습기는 녀석들이 지닌 물기뿐이다. 이용 공간을 가능한 한 아주 넓게 하고, 소란으로 난처해짐을 피하려고 채집 무더기를 살짝 다져 놓았다. 다른 조치 없이 채집에서 돌아오는 2~3시간 동안은 충분히 양호한 상태로 보존된다.

집에 도착해 보니 많은 녀석이 제집을 떠나 빈집과 아직 안 비운 집 사이에서 우글거렸다. 벌거숭이 배와 가냘픈 아가미를 곤두선 나뭇조각 위로 끌고 다닌다. 그런 모습에 불쌍한 생각이 든다. 물론 불행이 크지는 않으며 모두 유리 연못에 쏟아 부었다.

어느 녀석이든 빈집을 차지하지는 않는다. 제 몸에 꼭 맞는 집을 찾아내려면 너무 오래 걸릴지 몰라서 낡고 오래된 옷은 버리고 완전히, 새집을 만들어 갖는 것이 낫다고 판단했나 보다. 일이 오래 걸리지 않으니, 벗은 녀석 모두가 대뜸 여물통에 가득한 잔가지 묶음과 물냉이 뭉치를 재료로 하여 적어도 일시적 토시 형태의 집을 지었다.

물이 없고 혼잡한 충격으로 몹시 불안해진 양철통의 포로들이 중대한 위험이 닥쳤음을 알았다. 그래서 짊어지고 다니기 힘들고 거추장스런 집에서 급히 빠져나와 줄행랑을 쳤다. 더 잘 도망가려고 옷을 벗어 던진 것이다. 연못 속 생물에 흥미를 느끼는 순진한 사람은 많지 않으니, 인간인 나 때문에 공포가 갑자기 닥쳐왔을 수는 없다. 게다가 녀석은 인간의 배신행위를 조심하라는 교육도 받지 못했다. 집을 갑자기 버린 것에는 분명히 사람이 귀찮게 한 것 말고 다른 동기가 있을 것이다.

진짜 동기가 어렴풋이 보인다. 유리 연못은 잠수 습성이 아주 괴상한 물방개(*Dytiscus*) 12마리가 이미 차지하고 있었다. 어느 날 별 뜻 없이, 또한 다른 그릇이 없어서 두 줌의 날도래 애벌레를 물방개와 합했다. 죄송하게도, 내가 무슨 짓을 한 것이더냐! 우툴두툴한 자갈 바닥에 틀어박혀 있던 해적들이 방금 앞에 떨어진 만나(진수성찬)를 당장 알아본다.

해적들이 힘차게 노를 저으며 달려와 목수들을 덮친다. 모든 강도가 집의 가운데를 가로채서 조가비와 나뭇조각을 뜯어내며 배를 가르겠다고 야단이다. 속에 맛있어 보이는 토막에 도달하겠다고 계속 사납게 뜯어내는 동안, 궁지에 몰린 애벌레는 살그머니 밖으로 빠져나와 재빨리 물방개의 눈 밑으로 도망쳤다. 하지만 녀석들은 눈치채지 못했다.

이 책 첫머리에서 살육자는 지능 없이 행동한다고 말했다. 무지

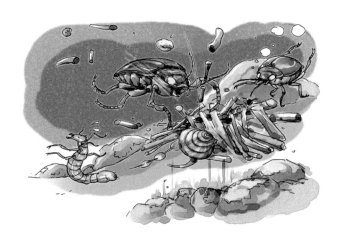

막지하게 집을 가른 녀석은 다리 사이로 미끄러져, 발톱 틈새로 정신없이 도망친 하얀 순대를 못 본다. 그냥 계속 지붕을 뜯어내고 비단 안감을 찢는다. 틈이 열리자 기대했던 것을 못 찾은 녀석이 머쓱해진다.

이 서툰 미련퉁이야, 핍박을 받던 녀석은 바로 네 코앞으로 나갔는데 너는 보지 못했다. 녀석은 밑바닥으로 떨어져 비밀의 자갈 속으로 피했다. 만일 사건이 넓은 연못에서 벌어졌다면 집을 잡힌 애벌레의 대부분이 재빠른 이사 방식으로 곤경에서 벗어났을 것이다. 멀리 도망쳐 다급했던 불안에서 회복된 녀석은 새로 집을 지을 것이고, 다음 공격이 있기 전에 모든 것이 끝날 것이다. 그리고 다음 공격 역시 똑같은 꾀로 너를 또 실패시킬 것이다.

하지만 좁은 여물통에서는 사건이 비극적이다. 집이 부서지는 동안 너무 꾸물대다 미처 도망치지 못한 애벌레를 잡아먹은 물방개가 다시 밑바닥 자갈밭으로 내려간다. 거기서 조만간 애석한 일이 벌어진다. 맛좋은 먹잇감인 벌거숭이 도망자가 모두 발각된다. 즉시 갈기갈기 찢기며 잡혀 먹힌다. 24시간이 지나자 애벌레 집단에서 살아남은 녀석은 하나도 없었다. 연구를 계속하려면 물방개의 거처를 다른 곳에 마련해야겠다.

자연에서도 날도래에게는 착취자가 존재한다. 그 중 제일 무서운 적은 십중팔구 물방개일 것이다. 애벌레는 강도의 습격을 실패시키려고 급히 집 버리기를 생각했으나 이 술책은 적절한 시점을 알아야 하며, 예외적 조건 하나가 절실히 요구된다. 즉 건축의 재시도 적성이 필요한 것이다. 녀석은 다행히 예사롭지 않게 높은 수준의 재건 수단을 가지고 있다. 나는 그 적성의 기원을 물방개와 다른 해적의 핍박에 있을 것으로 본다. 필요는 수단의 어머니이다.

털날도래(Sericostoma : Sericostomatidae)속과 나비날도래(Leptoceras : Leptoceridae)속의 애벌레는 모래알로 몸을 덮고 개울 바닥을 떠나지 않는다. 깨끗한 바닥에서 흐르는 물에 쓸려 이 풀, 저 풀 위로 거닐거나, 수면으로 올라가 햇볕의 기쁨을 누리며 떠다니거나, 헤엄치기 따위를 원치 않는다. 하지만 나뭇조각과 조가비를 모으는 애벌레는 더 많은 혜택을 받았다. 녀석은 자신의 쪽배나 달리 의지할 것 없이도 물위에 계속 떠 있을 수 있다. 또 가라앉지 않는 작은 함대(艦隊)로 수면에서 쉴 수 있고, 노를 저어 이동할 수도 있다.

이런 특전은 어디서 왔을까? 나무토막 다발의 밀도가 액체 밀도보다 덜한 일종의 뗏목으로 봐야 할까? 언제나 속이 비었고 경사면 안에 몇 개의 기포를 보관할 수 있는 조가비가 뜨는 물체일까? 제작물의 정확성을 그렇게 볼품없이 깨뜨리는 굵은 서까래의 목적이 너무 무거운 것을 가볍게 한 것에 있을까? 끝으로, 평형의 법칙에 정통한 애벌레가 때에 따라 더 가볍거나 무거운 재료를 골라서 전체의 부양성을 얻은 것일까? 애벌레에게 그런 정수학(靜水學)의 계산이 가능하다는 것은 다음 사실이 부정한다. 애벌레 몇 마리를 집에서 꺼내고, 그 집이 물에 뜨는지 실험해 본다. 완전한 나무 부스러기 집이든 혼합 재료의 집이든 모두 뜨지 않았다. 조가비 집은 자갈처럼 빠르게, 다른 것은 조용히 가라앉았다.

재료별로 각각 실험해 보았다. 어느 조가비도 수면에 뜨지 않았다. 나선 층이 많아서 뜰 것 같은 또아리물달팽이도 뜨지 못한다.

나무 부스러기는 두 종류로 실험했다. 오래된 갈색으로 물을 잔뜩 먹은 것은 밑바닥으로 내려가는데 이런 집이 제일 많다. 덜 오래되었고 물도 덜 먹은 것은 상당히 드물지만 제법 뜬다. 전체적인 결과는 모든 집이 증언했듯이 가라앉는다. 집에서 꺼낸 벌레 역시 뜨지 못한다는 말을 덧붙여 두자.

풀이 받쳐 주지 않았고 애벌레나 녀석의 집이 물보다 무거운데 어떻게 물 위에 떠 있을까? 비밀은 곧 드러난다.

애벌레와 그 집 몇 개를 거름종이에 올려놓았다. 지나치게 많아서 관찰이 불편한 액체를 종이가 흡수한다. 벌레는 제가 머물렀던 곳에서 쫓겨나자 불안해서 악착같이 도망친다. 이번에는 나무 집에서 발은 의지점에 달라붙었으나, 몸통 전체를 집어넣고는 수축하여 집을 제 쪽으로 끌어당긴다. 집이 절반쯤 일어서는데 때로는 거의 수직이 된다. 제브리나고둥은 기어 다닐 때마다 껍데기를 이렇게 쳐들고 전진한다.

녀석을 공기 속에 2분가량 방치했다가 다시 물에 담근다. 이제는 뜬다. 하지만 아래쪽에 짐이 실린 원기둥처럼 떠서 집이 수직이 되며 입구는 수면과 나란히 놓인다. 잠시 후, 입구에서 공기 방울이 새 나온다. 가볍게 해주던 것이 없어지자 쪽배는 즉시 가라앉는다.

조가비 집의 날도래 또한 같은 결과를 보였다. 처음에는 수직으로 떠 있다가 환기창으로 기포를 한두 번 내보내서 가라앉는데, 다른 것보다 빨리 내려간다.

이만하면 비밀을 충분히 알았다. 나무나 조가비에 둘러싸인 애벌레는 언제나 물보다 무겁지만 전체의 밀도를 줄이는 일시적 경비행기를 이용해서 수면에 머물 수 있다. 이 장치의 작동은 지극히 간단하다.

케이스 뒤쪽을 살펴보자. 크게 벌어지는 거기에 출사돌기가 만들어 놓은 막이 있고, 막 가운데 둥근 구멍이 뚫려 있다. 막 바깥은 아무리 거칠어도 안쪽은 매끄럽고 고운 천으로 되어 있으며 일정한 용량의 공간이 생긴다. 그 뒤쪽의 갈고리 발톱 두 개로 부드러운 안감을 움켜잡은 애벌레가 원통 안에서 멋대로 전진이나 후진할 수 있고, 밖에서 작업할 때는 여섯 다리와 상체가 필요한 지점에 발톱을 박고서 한다. 즉 집을 마음대로 다룰 수 있는 것이다.

활동하지 않을 때는 몸이 완전히 집 속으로 들어가 공간 전체를 차지한다. 몸을 앞으로 조금 수축하거나 일부가 밖으로 나가면 펌프의 피스톤과 비교되는 일종의 피스톤 뒤에 진공이 생긴다. 판이 없는 밸브인 뒤쪽 하늘창 덕분에 진공이 된 여기가 즉시 물로 가득찬다. 그래서 등과 배에 분포한 섬모(纖毛) 모양 아가미 둘레가 환기된 물로 교환된다.

피스톤 작용은 호흡과 관련되었을 뿐 밀도를 바꾸지도, 물보다 무겁게 되지도 않는다. 그래서 가벼워지려는 애벌레는 이 풀, 저 풀을 발판 삼아 기어오른다. 풀숲에서는 집 묶음이 장애가 됨에도 불구하고 계획을 꾸준히 진행시킨다. 목적지에 도착하면 뒤 끝을 조금 쳐들고 피스톤을 한 번 움직인다.

이렇게 해서 얻어진 공간에 충분한 공기가 채워진다. 쪽배와 뱃사공이 뜨기에 적당해지면 필요 없어진 풀을 놓아 버린다. 이제는 태양의 축복 속에서 수면을 이동할 순간이다.

애벌레가 항해사처럼 재능이 많지는 않다. 제자리 돌기, 뱃머리 돌리기, 뒤로 조금 후퇴하기가 녀석의 운동 전부인데 그나마 아주 서툴다. 밖으로 나온 상체가 노 역할을 하는데, 몸을 갑자기 서너 번 일으켰다가 다시 구부려 내려가며 물을 친다. 가끔씩 반복하는 이 도리깨질로 서툰 뱃사공이 다른 곳으로 옮겨진다. 한 뼘쯤 건너가면 대단히 긴 여정이다.

게다가 수면에서 돌아다니는 게 녀석의 취미는 아니다. 계속 제자리에서 돌거나, 작은 함대를 이루어 정지해 있기를 더 좋아한다. 햇볕을 실컷 즐긴 애벌레가 조용한 진흙 바닥으로 다시 내려갈 시간이 되면 집 속으로 완전히 들어간다. 그리고 피스톤을 한 번 움직여 뒤편의 공기를 내보낸다. 그러면 정상의 무게가 다시 얻어져 조용히 가라앉는다.

보다시피 애벌레가 케이스를 제작하면서 정역학(靜力學)을 걱정할 필요는 없다. 밀도가 낮은 것을 압축시켜서 더 무겁게 만든 제작물 같은 부조리에도 불구하고, 가벼운 것과 무거운 것을 정확한 비율로 결합시킬 필요가 없다. 녀석은 다른 기술을 이용해서 수면으로 올라가고 떠 있다가 다시 잠긴다. 오르기는 물풀의 덕을 본다. 따라서 끌고 갈 짐이 벌레의 힘에 겹지만 않으면 집의 밀도가 중요한 것은 아니다, 더욱이 물속에서 옮겨지는 짐은 가볍다.

벌레가 차지하지 않은 뒷방으로 들어간 공기 방울 하나가 다른 조작 없이 수면에 무한정 머물게 할 수 있다. 다시 잠기려면 케이스 속으로 완전히 들어가면 된다. 공기를 밖으로 내보내면 물보다 무거운 밀도가 다시 생겨서 당장 잠기며 저절로 내려간다.

결국 건축하려는 날도래 애벌레는 자재의 선택이나 정역학에 대한 계산을 전혀 하지 않았다. 건축자재에 유일한 조건이 있다면 돌을 쓰지 않는다는 것뿐, 크고 작은 서까래나 조가비, 씨앗이나 나무토막 모두가 다 좋았다. 이것들로 아무렇게나 엮어 놓아도 난공불락의 성곽이 되는 것이며, 단지 한 가지 점은 절대적이었다.

즉 전체의 무게가 그것을 밀어내는 물의 무게보다 약간 커야 한다는 점이다. 그렇지 않으면 연못 바닥에서 액체의 부력과 끊임없이 싸우는 닻 내리기 없이 안정성을 얻을 수도, 위험을 만난 수면에서 겁을 먹어 도망치려는 애벌레가 재빨리 가라앉을 수도 없게된다.

물보다 무거워야 함도 필수 조건은 아니다. 건축은 거의 모두가 연못 바닥에서 이루어지며, 거기서 닥치는 대로 주워 모은 재료는 이미 가라앉기에 알맞아서 내려온 것들이니 말이다. 밑에 머물기 싫은 애벌레가 수면에서 기분을 풀려고 할 때, 집 안에는 뜨기 좋은 물건이 거의 없다. 그렇다고 해서 녀석이 특별히 재료의 무게를 계산해 가며 다발에 붙이지도 않는다.

인간은 수력(水力)학적으로 탁월한 재능을 발휘한 잠수함을 가지고 있다. 날도래 애벌레 역시 수면으로 보일락 말락 떠올라 항해하고, 가벼운 공기를 조금씩 내보내 다시 잠기다가 중간 깊이에 머물 수 있다. 균형 잡기에 그토록 유식한 이 기구가 그것을 짓는 벌레에게는 어떤 지식도 요구하지 않았다. 그저 사물의 전체적인 '조화'에 따라 저절로 이루어진 것이다.

# 21 주머니나방-산란

봄에 낡은 담이나 먼지투성이 오솔길을 살펴볼 줄 아는 사람에게는 뜻밖의 일거리가 생긴다. 귀엽게 생긴 섶 다발이 뚜렷한 이유 없이 문득문득 앞으로 나간다. 생기가 없어 보이는 것이 생기를 띠고, 안 움직일 것 같은 게 움직인다. 어째서 그럴까? 자세히 살펴보자. 그러면 움직임의 원동력이 밝혀질 것이다.

그 속에는 검은 점과 흰 점으로 예쁘게 얼룩진 제법 굵은 애벌레 (송충이)가 들어 있다. 낙엽 부스러기 옷을 입었으면서도 겁을 먹은 녀석이 식당이나 탈바꿈 장소를 찾느라고 급히 서두른다. 옷차림 밖으로 보이는 것은 머리와 짧은 다리 6개가 달린 상체뿐인데, 아주 작은 불안에도 집(옷) 안으로 완전히 들어가서 움직이지 않는다. 정처 없이 헤매는 꼬마 덤불 뭉치의 비밀은 이것이 전부였다.

덤불 속 녀석은 주머니나방(Psychi-

풀주머니나방

dae) 애벌레였는데, 학명은 옛날 영혼의 상징인 프시케(Psyché)를 암시한다. 이런 이름이 붙여졌다고 해서 너무 고상한 생각을 가질 필요는 없겠다. 세상을 하찮게만 보아 온 학명 명명자가 녀석의 이름을 생각해 낼 때 영혼까지 걱정하지는 않았다. 다만 멋진 이름을 원했지만 그때 분명히 이보다 더 좋은 것을 찾지 못한 것뿐이다.

**큰주머니나방 애벌레의 집과 부화한 나방**
성충으로 자라난 나방이 집에서 탈출을 시도하고 있다. 함양, 13. VIII. '96

주머니나방은 추위를 타지만 피부에 걸친 것은 아무것도 없다. 하지만 이 방랑자는 나방이 되기 전까지 결코 버리지 않는 휴대용 초가집을 지어 짊어지고 다닌다. 비록 오두막일망정 밀짚으로 지붕을 이은 캠핑용 마차보다 훌륭하다. 어쩌면 은거 도사의 거칠고 잘 안 입는 모직물 수도복 같다. 다뉴브(Danube) 강가 농부의 윗도리는 염소 털로 만든 것이고, 허리띠는 바다골풀(Joncs marins)이었다. 주머니나방은 훨씬 촌스럽게 받침목으로 한 벌의 옷을 해 입었다. 큰가슴잎벌레(*Clytra*)는 항아리를 입었는데, 이 녀석은 나뭇단을 입은 것이다. 연한 살의 약한 피부에는 정말로 거친 말총을 모아서 만든 고행(苦行)감 옷 같지만 내복에 비단을 두껍게 깔았다.

4월, 지갈 많은 텃밭으로서 나의 주요 관측소인 낡은 담벼락에 매달린 주머니나방 송충이가 발견된다. 녀석*이 상세한 자료를 제공할 것이다. 지금은 곧 닥칠 탈바꿈의 혼수상태에 빠져 있어서 물어볼 수 없으니 나뭇단의 구성과 구조나 알아보자.

집은 길이 4cm가량의 제법 규칙적인 방추형 건조물이다. 건물을 구성한 조각들이 앞쪽은 고정되었고 끝은 분리되어 넓게 열렸다. 만일 그 안의 벌레에게 짚으로 이은 이 지붕 외의 다른 보호 수단이 없다면, 그 집은 햇볕과 비에 대해 별로 효과가 없을 것이다.

짚이란 겉모습을 대충 보고 생각난 말일 뿐 정확한 표현은 아니다. 장래의 가족에게 매우 필요할 오두막에는 벼과 식물인 짚이 드물어서 초가지붕이란 말은 안 맞는다. 결국 알아낸 것은, 원통 모양 서까래는 보이지 않지만 여러 국화과(Chicoracées→ Composées: Asteraceae) 식물의 가는 줄기로서 가볍고 연하며 심이 많은 토막은 눈에 많이 띈다는 점이다. 특히 조밥나물(Épervière piloselle: *Hieracium pilosella*)과 님므민들레(*Pterotheca nemausensis*)의 꽃대가 감지되었다. 그 다음 벼과 식물의 잎 조각, 실편백(Cyprès: *Cupressus*)의 비늘처럼 거친 가지와 나뭇조각 등으로 어쩔 수 없이 채택된 재료들이 나타났다. 좋아하는 원기둥 자재가 부족했을 때 어느 나무의 마른 잎 조각으로 순례자의 망토 장식처럼 보충한 것이다.

목록이 아주 불완전하긴 해도 송충이는 심이 많은 토막을 더 선호함을 알 수 있었다. 하지만 취미가 아주 배타적이진 않다는 것을 보여 주었다. 공기 중에 오랫동안 노출되어 잘 말라 가볍고 제 견적에 잘 맞기만

하면 무엇이든 만나는 대로 구별 없이 이용했다. 뜻밖에 발견된 물건을 적당한 조건에 맞추려고 손질하거나, 규정된 길이에 맞추려고 톱질하지 않으며 있는 그대로 썼다. 지붕에 쓸 각목도 다듬지 않고 발견되는 대로 거둬서 이용한다. 녀석이 하는 일이란 자재를 차례차례 배열해서 앞쪽 끝을 고정시키는 것뿐이다.

송충이가 걷기 쉽고, 특히 새 재료로 설치할 때 머리와 다리의 움직임을 쉽게 하려면 집의 앞쪽이 특별한 구조라야 한다. 거기에 길고 뻣뻣해서 작업을 방해하거나, 아예 못하게 할 들보를 입혀서는 안 된다. 어느 방향으로든 쉽게 구부러지도록 유연성 있는 토시가 절실하게 요구되는 곳이기 때문이다.

자, 그런데 기둥의 모임은 사실상 앞쪽 끝과 약간 떨어진 곳에서 갑자기 끝난다. 매우 가는 나무토막이 비죽비죽 솟은 목에 해당하는 거기는 비단 옷감의 유연성을 가졌으면서 적당히 튼튼하다. 자유 운동을 허락해 주는 목은 모든 주머니나방이 이용하는 대단히 중요한 부분이다. 제작물의 다른 부분이 아무리 다양해도 결국 거기가 중요한 것이다. 모든 나무토막 다발의 앞쪽에 있는 가늘고 긴 목은 그토록 부드럽고 잘 구부러진다. 안쪽 면은 부드러운 비단 피륙으로, 겉쪽은 잘 마른 지푸라기를 큰턱으로 뜯어내서 얻은 부스러기로 되어 있다.

우단은 아마도 오래되어 낡고 광택이 없겠지만, 뒤쪽은 아무런 장식이 없는 매우 긴 부속물이며, 집의 뒤는 완전히 열렸다.

이제는 덮은 짚을 하나씩 뜯어내 보자. 부순 집에서 나온 서까래의 수는 다양한데 80개 이상인 경우까지 있었다. 모두 뜯어내자

드러난 원통 케이스는 자연히 앞에서 뒤쪽 끝까지 아무것도 없는 벌거숭이가 되었다. 그런데 매우 튼튼해서 손으로 어디를 잡아당겨도 찢어지지 않는 비단 피륙이다. 안쪽 비단은 아름다운 흰색으로 매끈하고, 바깥쪽 비단은 광택 없이 거칠며 나뭇조각들이 삐죽삐죽 박혀 있었던 면이다.

피부와 직접 접촉되는 고운 천의 비단을 절약하는 동시에 제작물이 튼튼하도록 나무 가루를 뿌린 일종의 거친 혼합 직물을 썼고, 각목은 정확한 순서대로 배열되어 비늘처럼 포개졌다. 송충이가 이렇게 복잡한 옷을 어떤 방법으로 만들어 입는지 알아볼 기회가 올 것이다.

주머니나방의 집이 이렇게 3층 구조라는 점은 일반적인 특징이다. 하지만 세부 구조는 종에 따라 현저한 변화를 보였다. 예를 들어 보자. 운 좋게 만난 세 종류 중 두 번째인 집주머니나방※을 보자. 6월 말에 인가 근처에서 먼지투성이 오솔길을 급히 가로지르는 녀석을 발견했는데, 녀석의 집은 규칙적으로 수집해 놓은 재료나 부피가 앞에서 본 종류를 능가했다. 빽빽한 담요가 많은 토막들로 구성되었는데, 다양한 성질의 원기둥 동강이, 가는 지푸라기 토막, 벼과 식물 잎의 가는 끈 등이 감지되었다. 먼저 나왔던 종은 반드시는 아니라도 앞쪽에 거추장스런 낙엽 장식의 머릿수건을 상당히 자주 쓰고 있었는데, 이 종은 절대로 쓰지 않았다. 또 뒤쪽은 길게 벌거벗은 현관이 아니다. 현관에 반드시 있어야 할 목 부분 외 나머지 전체에 서까래가 입혀졌다. 다양성은 별로 없었지만 소박

※ 집만 보고 판단한다면 *Ps. febretta*(역주: 현재 쓰이는 학명은 *Oiketicoides febretta*이다.)

한 정확함에 약간의 멋이 보태졌다.

매우 작고 옷이 아주 단순한 세 번째※는 겨울이 끝나자마자 담벼락, 올리브나무(Olivier: *Olea*), 털가시나무(Yeuse: *Quercus*), 느릅나무(Orme: *Ulmus*) 등 여러 나무의 오래된 껍질 틈에서 매우 많이 만날 수 있다. 수수한 꾸러미 길이가 1cm를 넘는 경우는 거의 없고, 닥치는 대로 주워서 같은 방향으로 맞추어 놓은 10여 개 정도의 썩은 지푸라기와 비단 케이스가 옷에 들인 비용의 전부였다. 이보다 싸구려 옷을 입기는 어렵겠다.

겉보기에는 빈약하고 흥미도 별로 없을 것 같던 녀석[1]이 주머니나방에 대한 첫번째 희한한 이야기 자료를 제공한다. 희한한 이 녀석을 4월에 많이 수집해서 철망뚜껑 밑의 사육장으로 옮겼다. 무엇을 먹는지는 모른다. 다른 때라면 먹이를 모르는 것이 문제겠지만 지금은 그런 걱정을 할 필요가 없다. 탈바꿈하려고 담벼락이나 나무껍질에 매달렸던 녀석의 대부분은 번데기 상태였으니 말이다. 아직도 활동 중인 몇 마리는 급히 서둘러서 철망 꼭대기로 올라가 작은 꼭지를 이용해서 수직으로 고정된 다음 모든 게 휴식으로 들어간다.

6월 말이 되자 수컷이 태어나는데, 번데기의 허물은 집 안에 절반쯤 걸쳐진다. 고정된 자리에 그대로 붙어 있던 집은 불순한 기후로 부서질 때까지 무한정 거기에 남아 있을 것이다. 탈출은 나무토막 무더기의 뒤쪽 끝에서 이루어지며 다른 곳으로는 나올 수 없

※ *Fumea comitella*(목재주머니나방)와 *F. intermediella*(늑골주머니나방)[역주: 전자의 현재 학명은 *Bruandia comitella*, 후자는 *Psyche casta*이다. 그런데 두 종명을 제시한 이유를 모르겠다.]
1 이 장 앞부분과 뒷부분의 내용으로 보아 첫번째 종(털주머니나방이나 풀주머니나방)을 지칭한 것 같다.

다. 집의 진짜 문이던 앞쪽 입구는 번데기 받침대로 영구히 고정되었고, 애벌레는 몸을 완전히 반대로 돌린 자세에서 탈바꿈했다. 성충은 그래서 뒤쪽에 마련된 출구를 통해서만 해방될 수 있다.

이런 탈출 방법은 모든 주머니나방에서 공통이다. 집에는 구멍이 두 개였는데, 제작에 더 정성을 쏟아 구조가 규칙적인 앞쪽 구멍은 송충이 생활 때 계속 사용되던 것이다. 그러나 번데기 상태가 다가오면 이곳이 매달리는 곳에 단단히 고정된다. 성충에게는 덜 정확하고 심지어는 벽이 내려앉아 숨겨지기도 하던 뒤쪽 구멍이 필요한데 여기는 맨 마지막에 번데기나 성충이 밀어서 열린다.

단조롭고 수수한 회색 복장에 보통 파리보다 겨우 큰 정도의 초라한 체구의 작은 나방이지만 멋마저 없는 것은 아니다. 더듬이는 아름다운 깃털로 장식했고, 날개 가장자리는 가늘고 짧은 털이 둘러쳐졌다. 뚜껑 밑의 사육장에서 아주 분주하게 뱅뱅 돌아다니는 녀석들이 날갯짓으로 지표면을 스친다. 그러고 곁에서는 전혀 구별되지 않는 어느 집 주변으로 몰려든다. 거기서 발을 멈추고 더듬이로 그 집 안의 사정을 알아본다.

이렇게 열에 들떠서 흥분한 녀석들을 보고 암컷을 찾는 열렬한 사랑에 빠진 수컷임을 알 수 있었다. 이 녀석 저 녀석이 여기저기서 암컷을 찾아낸다. 하지만 수줍은 암컷은 집에서 나오지 않는다. 집이 매달린 입구 쪽이 아니라 뒤쪽 구멍을 통해서 매우 조심스럽게 일이 치러진다. 수컷이 얼마 동안 뒤쪽 입구에 머문 것으로 혼인이 이루어진 것이다. 당사자끼리 서로 보지도 알지도 못한 짝짓기에 대해 긴 설명을 하는 것은 소용없는 짓이다.

방금 수수께끼 같은 사건이 벌어진 집 몇 개를 유리관에 넣었다. 집 안에 틀어박혔던 암컷이 며칠 뒤에 나와서 비참한 제 모습을 몽땅 보여 준다. 저렇게 작고 소름끼치는 게 나방이란 말이더냐! 그렇게 빈약한 모습은 상상조차 못하겠다. 처음의 송충이도 이보다 형편없지는 않았다. 날개가 없다. 없어도 완전히 없다. 부드러운 털도 없다. 하지만 배 끝에는 둥근 혹 모양 털 뭉치와 지저분하게 허연 우단의 왕관 모양이 있다. 등 가운데의 각 마디에는 긴 사각형의 크고 검은 무늬가 있다. 장식은 오직 이것뿐이다. 주머니나방 어미는 나방이라는 호칭이 약속해 준 멋을 포기한 것이다.

털이 수북한 왕관 모양 가운데서 길게 두 부분으로 구성된 산란관이 올라온다. 한 부분은 뻣뻣해서 연장의 바탕을 이루고, 연하고 탄력성이 있는 다른 부분은 마치 안경집에 든 안경 같다. 산모는 몸을 갈고리처럼 구부리고 다리 6개로 집의 아래쪽 끝에 꼭 달라붙어서 뒤쪽 하늘창 안으로 시추관을 찔러 넣는다. 하늘창은 비밀 짝짓기를 성사시키고, 수태한 암컷이 나왔다가 알을 자리 잡게 하고, 끝으로 어린 가족의 탈출구 역할을 한다.

집을 매단 반대쪽에서 갈고리처럼 구부린 어미가 오랫동안 꼼짝 않는다. 이렇게 정신을 집중한 자세로 무엇을 할까? 방금 빠져나온 집에 알을 낳는 중이며, 새끼에게 초가집을 유산으로 남겨 주는 것이다. 30시간가량 뒤 마침내 산란관이 나온다. 산란이 끝난 뒤의 행동이다.

꽁무니의 왕관 모양이던 털 뭉치의 일부가 문을 막아 침입자를 예방한다. 다정한 어미는 극도로 빈약하면서 제게 남은 유일한 장식으로 새끼에게 장벽을 만들어 주는 것이다. 한술 더 떠서, 발작적으로 입구에 달라붙은 어미는 거기서 죽고 말라서 제 몸까지 방호벽이 된다. 사후까지 가족에게 헌신하는 것이며, 무슨 사고가 있거나 바람이 불어야 거기서 떨어진다.

이제 집을 열어 보자. 안에는 나방이 빠져나가서 찢긴 앞쪽 말고는 말짱한 번데기의 허물이 있다. 수컷은 날개와 깃털장식 같은 더듬이가 거추장스러워서 매우 좁은 통로를 빠져나오기가 불편하다. 그래서 번데기 상태로 문을 향해 절반쯤 나온다. 그러고는 즉시 호박색 겉옷을 벗어 버리고 그 앞에서 연약한 나방이 날아오를 공간을 발견한다. 원통 모양인 송충이 형태와 별로 다르지 않은 암컷은 벌거숭이 모습 그대로 좁은 통로를 비집고 기어들기도, 지장 없이 나가기도 한다. 그녀의 허물은 집 안쪽 초가지붕 밑에 안전하게 남아 있다.

이런 상태는 섬세한 애정이 깃든 조심성이다. 알은 사실상 양가죽 같은 번데기 주머니인 작은 통 속에 들어 있다. 산모는 망원경 같은 산란관을 그릇 밑까지 들여보내 알을 차곡차곡 질서 있게 채웠다. 제집과 왕관 모양의 우단을 새끼에게 물려준 것에 만족하지 않고, 극도로 희생해서 허물까지 물려준 것이다.

곧 벌어질 사건을 실컷 관찰하고 싶어서 알이 가득한 번데기 하나를 무더기에서 떼어 내 집과 함께 유리관에 넣었다. 오래 기다릴 필요도 없이 7월 첫째 주에 갑자기 많은 식구를 얻었다. 너무 빨리 부화해서 감시를 벗어난 40마리가량의 갓난이가 벌써 옷을 해 입었다.

송충이는 고대 페르시아 승려 모자 같은 흰 솜의 훌륭한 모자를 쓰고 있었다. 좀 수수하게 술이 없는 무명 모자를 썼다고 해두자. 하지만 모자가 머리 위에 선 것이 아니라 하반신을 덮고 있다. 이런 꼬마들에게 유리관은 매우 넓은 집인데 그 속에서 대단히 활발하다. 모자를 받침인 표면과 거의 수직이 되게 치켜세우고 즐겁게 돌아다닌다. 그런 모자와 식량을 가졌다면 사는 게 분명히 즐거울 것이다.

하지만 무엇을 먹을까? 하다못해 빤빤한 돌에서 자라는 것부터 오래된 나무껍질에 돋아난 이것저것을 모두 시험해 보지만 아무것도 접수하지 않는다. 주머니나방 애벌레는 영양 섭취보다 옷을 입는 게 더 급했다. 그래서 내가 준 것을 탐탁하게 여기지 않았다. 모자의 첫 윤곽이 어떤 재료로 어떻게 짜였는지 보기만 하는 데는 무식했던 내 사육 기술로도 별로 문제가 되지 않았다.

번데기 가죽 부대에 들어 있는 녀석이 모두 나오려면 아직 멀었으니 문제를 알아볼 야심을 가져 볼 만했다. 알껍질이 쭈그러진 것 가운데서도 관찰에 보충할 녀석이 우글거리는데, 먼저 나온 송충이 떼만큼 많아 보인다. 결국 총 산란 수는 60~70개 정도였다. 이미 옷을 해 입은 무리는 다른 그릇으로 옮기고 유리관에는 완전한 알몸의 늦된 녀석만 남겼다. 송충이의 머리는 밝은 갈색, 몸통은 지저분한 흰색이며, 몸길이는 겨우 1mm 정도였다.

나의 인내력이 오랜 시련을 겪지는 않았다. 다음날 늦된 녀석이 혼자 또는 집단으로 계속 번데기 주머니를 떠난다. 연약한 가죽 주머니를 뚫지 않고 어미가 해방될 때 깨뜨려서 터진 곳을 통해 나오는 것이다. 가죽 부대는 비록 호박색 양파 껍질처럼 얇지만 어느 녀석도 이것을 옷감으로 이용하지 않았다. 자루의 안쪽을 채워서 알에게는 그야말로 작고 부드러운 침대였던 고운 솜도 쓰지 않았다. 추위를 타는 녀석이 곧 옷을 입고 싶어서 어디에 있는지도 모르는 솜털을 빨리 찾아야 할 것 같은데, 한 면에 보풀이 일어서 훌륭하게 된 천은 어느 녀석도 이용하지 않는다. 물론 그것이 녀석들 전체에게는 모자랄 양이다.

모든 녀석이 곧바로 번데기 가죽 부대를 거칠게 덮은 다발로 간다. 일이 급하다. 이 세상에 들어와서 목장으로 가기 전에 옷부터 입어야 한다. 그래서 모두가 열성껏 해묵은 집을, 즉 어미가 남겨준 헌옷을 공격하여 제 옷을 해 입는다. 희고 부드러운 내벽이 긁혀서 고랑처럼 벌어진 조각을 뜯어내는 녀석, 속이 빈 줄기의 터널 속으로 대담하게 들어가 캄캄한 곳에서 무명을 얻는 녀석, 두꺼운 부분을 통째로 뜯어내 얼룩덜룩한 옷을 해 입어 하얀 몸통의 미관을 해치는 녀석이 있다.

재료를 수집하는 연장은 넓은 가위처럼 생긴 큰턱인데, 양쪽에 커다란 이빨이 5개씩 있다. 양쪽 톱날이 서로 접촉하면 어떤 실이든 모두 잡아서 끊기에 적합한 톱니가 된다. 현미경으로 보면 놀랄 만큼 정확하고 강력한 기계장치이다. 몸집에 비례한 동물이 이런 연장을 가졌다면 양이 풀을 뜯어먹는 게 아니라 나무를 밑동부터 씹어 먹을 판이다.

솜 모자를 만들려는 주머니나방 어린 송충이의 작업장은 정말 교훈적이다. 작품의 마무리와 정교한 사용 방법에서 눈여겨보아야 할 것이 얼마나 많더냐! 이 문제는 반복을 피하고자 설명을 보류했다가 몸집도 크고 관찰이 더 쉬운 두 번째 나방[2]의 재주를 설명할 때 이야기하기로 하자. 두 직조공의 방법은 아주 똑같았다.

달걀 반숙용 냄비 모양에 자리 잡은 난쟁이들 전체의 작업장을 한번 살펴보도록 하자. 수백 마리가 저희들이 빠져나온 집과 잘 마른 심 한 벌이 아주 풍부한, 그리고 가는 줄기를 토막 낸 것과 함께 있다. 이 얼마나 활발한 활동이더냐! 정신을 차릴 수 없게 활기가 넘치는구나!

미크로메가스(Micromégas)[3]가 인간을 보려고 자기 목걸이의 다이아몬드로 돋보기를 만들었는데, 콧바람 폭풍에 가냘픈 인간이 날려 갈 것 같아 겁이 나서 숨을 죽이고 있었다. 나도 시리우스(Sirius, 천랑성, 天狼星) 별에서 온 착한 거인인 셈이다. 돋보기를 눈에 대고 면제품 제조공을 넘어뜨리거나 쓸어버리지 않으려고 숨을 죽인다. 만일 돋보기의 초점이 높은 쪽으로 한 마리를 옮기고 싶으면 끈끈이대로 잡는다. 즉 입술을 살짝 스친 바늘 끝으로 들어올린다. 작은 벌레가 작업에 방해를 받자 바늘 끝에서 뒤틀며 날뛴다. 그렇지 않아도 작은 녀석이 더 작아진다. 녀석은 될 수 있는 대로 제 옷 속으로 들어가려고 애쓰지만 아직은 불완전한 옷이다. 단순한 플란넬 조끼나 어깨의 위쪽밖에 걸치지 못한 좁은 어깨걸이에 지나지 않는다. 녀석이 옷을 완성하도록 놔두자. 입김을 한번 휙 부니 분화구 같은 달걀 반숙 냄비 안으로 빨려 들어간다.

그렇게 불어도 점 같은 녀석이 살아서 부드

2 집주머니나방만 두 번째로 지적했다.

3 볼테르(Voltaire) 소설의 가상 인물. 『파브르 곤충기』 제6권 350쪽 참조

러운 플란넬을 짜는 기술에 능통한 솜씨를 부린다. 녀석은 지금 막 태어난 고아인데, 죽은 어미의 초라한 옷으로 제가 입을 옷을 지을 줄 안다. 조금 뒤에는 목수가 되어 약한 옷감의 보호용 지붕을 만들려고 들보나 서까래를 모을 것이다. 하나의 원자에서 이런 솜씨를 발휘시키는 본능이란 도대체 무엇이란 말이더냐!

역시 6월 말, 집은 헐벗었고 밑으로 길게 연장된 현관에서 나오는 성충을 얻었다. 집이 대개는 사육장 뚜껑의 철망에 비단 꼭지로 고정되어 종유석처럼 수직으로 늘어졌다. 어떤 것은 땅바닥을 떠나지 않고 모래 속에 수직으로 서서 절반쯤 파묻혔다. 그런데 뒤쪽이 공중으로 올라왔고, 파묻힌 앞쪽은 끈끈한 비단으로 항아리에 단단히 고정되었다.

이렇게 뒤집혀서 중력을 벗어났지만 그 안내자는 송충이의 준비물 안에 들어 있다. 즉 집 안에서 몸 돌리는 재주를 타고난 녀석이 움직이지 못하는 번데기가 되기 전에 몸을 돌려 머리를 출구로 향한다. 돌리는 것이 불편한 성충이 지장 없이 밖으로 탈출하도록 신경 쓴 행동인 것이다.

이제는 번데기 자체만 남았다. 번데기는 단단해서 어느 부분도 돌리거나 움직일 수 없지만, 수컷은 통째로 움직이며 끈질기게 기어서 출구까지 나간다. 그 다음 허술하고 부드러운 현관 끝에서 절반쯤 솟아올라 찢어진 허물이 통로를 막는다. 탈출한 나방은 오두막 지붕 위에 얼마간 머물며 습기를 말리고 날개를 펴서 단단하게 굳힌다. 마침내 날아오른 한량이 자신을 그토록 아름답게 꾸미도록 한 암컷을 찾아 나선다.

녀석의 복장은 새카만데 날개 가장자리는 비늘이 없어서 반투명하다. 더듬이도 검은데 넓어서 멋진 깃털장식 같다. 깃털을 키워 보면 황새(Marabout: *Leptoptilos*)나 타조(Autruche: *Struthio*)의 멋쟁이 깃털은 제2급으로 밀려날 판이다. 이렇게 멋지게 장식한 녀석이 구불구불 날아서 근처 이 집 저 집의 비밀을 알아보며 돌아다닌다. 일이 뜻대로 되면 허술한 현관 끝으로 가서 머물러 날개를 심하게 파닥거린다. 다음은 꼬마 주머니나방처럼 은밀한 짝짓기가 이루어진다.[4] 이 녀석은 암컷을 못 보았거나 기껏해야 잠깐 흘낏 보았을 뿐인데, 그런 암컷을 위해서 황새의 깃털장식을 달고 까만 우단 망토를 입은 것이다.

한편 집안에 틀어박힌 암컷도 수컷 못지않게 초조하다. 사육장에서는 명 짧은 수컷이 3~4일 만에 죽는다. 그래서 늦게 우화되는 녀석이 나타날 때까지 오랫동안 사육장에는 수컷이 없다. 벌써 뜨거운 햇살이 비치는 아침나절, 아주 이상한 광경을 여러 번 보았다.

현관 근처가 조금씩 부풀다가 열리면서 매우 섬세한 솜 같은 무더기가 솟아오른다. 거미줄을 빗질해서 솜처럼 만들어도 이처럼 곱지는 못할 것이다. 마치 구름 모양 털이불 같은 것 사이에서 일종의 송충이 머리와 상체가 불쑥 솟는데, 지푸라기를 모으던 처음의 송충이와는 아주 다른 모습이다.

녀석은 거기의 안주인이며 결혼 적령기에 달했다. 때가 되었음을 느끼고 기다렸으나 방문객이 없자 스스로 최대한의 수단을 부려

---

4 꼬마라면 세 번째라고 했던 목재주머니나방과 늑골주머니나방인데, 녀석들의 짝짓기는 설명된 일이 없다. 다만 364쪽에서 산란 장면이 설명된다.

깃털장식 수컷을 만나러 나온 참이
다. 수컷이 오지 않는 것은 이 시설
물(사육장)에서 수컷이 없어진 탓
이다. 가엾게도 버림받은 암컷은
두세 시간을 꼼짝 않고 기다리다
출입구에 몸을 기댄다. 마침내 기
다림에 지쳐서 아주 천천히 뒷걸음
질로 집으로 들어가 독방에 틀어박
힌다.

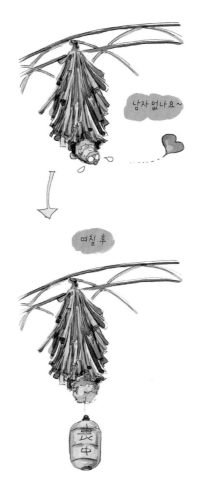

이튿날, 그 다음날, 또 그 다음에
도 할 일이 남아 있는 암컷은 발코
니에 다시 나타난다. 언제나 따뜻
한 햇살이 비치는 아침나절, 그리
고 언제나 깃털 이불이 덮인 침대
위에 나타난다. 깃털 이불은 내가
손바람을 조금만 일으켜도 거의 수
증기처럼 사라진다. 역시 수컷은
오지 않는다. 마침내 실망한 그녀
는 방으로 돌아가 다시는 나오지 않았다. 무용지물이 된 암컷은 거
기서 죽어 말라 버렸다. 이런 모성 모독 죄의 책임은 내 사육장에
있다. 자유로운 들판이었다면 조금 일찍이든 늦게든 동서남북 어
디서고 틀림없이 수컷이 찾아왔을 것이다.

사육장은 엄청난 참상의 결말을 자책해야 했다. 어떤 녀석은 어쩌다가 몸을 너무 많이 창밖으로 내밀었다. 솟아난 상체와 집 안의 하체 사이에 평형이 잘못 계산되어 땅으로 떨어진다. 떨어진 벌레와 그 후손은 끝장이다. 하지만 이렇게 불행한 사고가 내게는 더 좋을 때도 있었다. 집을 부수지 않고 나방 어미가 자신의 나체를 보여 준 셈이니 말이다.

처음의 송충이보다 훨씬 보기 흉한 이 물건은 참으로 얼마나 하찮더냐! 여기서의 탈바꿈은 추해졌음이며 진보는 후퇴였다. 눈앞에 보이는 것은 작고 쭈글쭈글한 주머니요, 황토색 순대였다. 구더기보다 못한 추물이 한창 피어오른 나이의 나방, 진짜 완전히 성장한 나방이며, 황새 같은 깃털장식의 멋지고 까만 나방의 약혼녀였다. 이런 격언이 있다.

미인은 추해져도 사랑은 아름답다.

주머니나방이 분명하게 확인시켜 주는 심오한 사고였다.

추물인 작은 순대를 묘사해 보자. 머리는 너무 작아서 첫째 몸마디의 주름 속에 거의 묻혀 버린 알갱이 같다. 알주머니에게 머리와 뇌가 무슨 소용이 있겠더냐! 그래서 이 곤충은 머리가 거의 없고 아주 간단하게 표현만 했을 뿐이다. 하지만 두 눈을 나타내는 까만 반점은 있다. 흔적만 있는 눈이 보일까? 틀림없이 아주 잘 보지는 못할 것이다. 외출을 싫어하는 벌레는 기다리던 수컷이 방문하는 아주 드문 기회에만 창문에 나타난다. 그러니 빛에 대한 즐거움은 대단치 않을 게 틀림없다.

남의 알 같지 않네…

　다리는 제대로 생겼으나 너무 짧고 약해서 이동에는 전혀 쓸모가 없다. 몸통은 전체가 연노랑 색이나 앞쪽은 반투명하고 뒤쪽은 불투명하며 알이 가득 차 있다. 처음 몇 마디의 아래쪽에 일종의 가슴 장식인 검은 무늬가 있으나, 실은 무늬가 아니라 반투명한 피부를 통해 투영된 모이주머니의 흔적이다. 짧은 솜털 뭉치는 알을 담은 뒤쪽의 끝이다. 곱던 우단 털 뭉치는 그녀가 좁은 집 안에서 앞뒤로 왕래하는 바람에 떨어져, 짝짓기를 기다리던 하늘 창을 하얗게 만든 솜 무더기가 되었다. 집 안의 깃털 이불이 만들어졌다. 어쨌든 암컷은 몸의 대부분이 알로 부풀어 오른 가죽 부대에 지나지 않으며, 이보다 비참한 곤충을 나는 본 적이 없다.
　알이 든 가죽 부대가 움직이긴 하는데, 흔적 같이 너무 짧고 허약한 받침대인 다리로만 움직이는 것은 아니다. 등, 배, 옆구리의 구별 없이 나갈 수 있는 방법은 모두 동원해서 움직인다. 가죽 부대의 뒤쪽 끝에 고랑 하나가 파였는데, 그것이 벌레를 둘로 나누며 깊게 졸라맨다. 이 고랑이 마치 물결처럼 앞쪽으로 펴지며 아주 천천히 머리까지 이르는데, 이 파도가 한 걸음이다. 파도가 끝나면 벌레가 1mm쯤 전진했다.

살아 있는 작은 순대가 고운 모래를 깐 상자 끝까지의 길이인 5cm를 가려면 한 시간 가까이 걸린다. 그녀에게 찾아온 수컷을 마중하러 현관 근처로 나올 때나 다시 들어갈 때, 집 안에서 이런 식으로 이동한다.

3~4일 동안 거친 땅에서 온전히 드러난 알 가죽 부대는 비참한 생활을 하며 무턱대고 기어가지만, 그대로 머물렀을 때가 더 많다. 그녀에게는 어느 한량도 관심이 없어 무심하게 지나갔다. 집 밖의 불쌍한 것이 매력을 잃는 이런 냉담은 논리적이다. 뭇사람이 돌아다니는 길에 새끼를 무자비하게 방치한다면 어미가 되어서 무엇하겠나? 어린 새끼의 요람이 될 집에서 사고로 떨어진 방랑객은 결국 며칠 뒤 말라 버린다. 알을 낳지도 못하고 죽는 것이다.

수정된 암컷―물론 대다수의 암컷―은 조심성이 있어서 하늘창에 나타나는 것을 조절하여 추락을 예방했다가, 현관 근처에 찾아온 나방의 방문이 끝나면 집으로 돌아가 다시는 나오지 않는다. 보름가량 기다렸다

아이쿠~!

아휴~ 못생긴 벌레다.

그 집을 끝까지 가위로 갈라 보자. 현관 반대쪽의 가장 넓은 부분인 안쪽에 연약하고 긴 호박색 자루 모양의 번데기 허물이 있다. 끝이 터진 머리 쪽이 출구의 복도를 향했다. 이제는 어미가 거푸집 모양인 자루 안을 가득 채우고 있다. 살아 있다는 표시는 없으며, 알이 가득 채워진 작은 순대 모양이 되었다.

호박색이며 번데기의 일반적 특성을 잘 갖춘 케이스에서 나온 주머니나방 성충은 커다란 구더기처럼 볼품없는 모습이다. 그런데 지금은 다시 그 속으로 들어가 나방과 허물을 분리하기 어려울 만큼 안을 꽉 채우고 있다. 그래서 전체가 오직 한 덩이처럼 보일 지경이다.

허물은 집에서 제일 훌륭한 곳을 차지하고 있으나, 여기는 십중팔구 나방이 현관 근처에서 기다리다 지쳐서 안쪽 방으로 돌아갔을 때의 피신처였을 것이다. 지나다니기 빠듯할 정도로 좁은 복도를 여러 번 드나든 바람에 솜털이 계속 벽에 쓸리면서 빠져 버렸다. 옷의 흔적인 털을 아직은 가지고 있으나 드물어서 형편없는 모습이 되었다. 결국 그녀는 솜털을 잃은 것인데 그 털들은 어떻게 되었을까?

북극의 털오리(Eider: Somateria)는 새끼에게 부드러운 털 침대를 만들어 주려고 제 털을 뜯어낸다. 갓 난 토끼는 어미가 가장 부드러운 털로 만들어 준 요를 깔고 잔다. 어미는 앞니 가위가 닿는 배나 목 어디든 털을 깎는다. 주머니나방 역시 이런 애정을 가졌다. 실제를 보시라.

번데기 자루(허물) 앞에 아주 고운 솜뭉치가 수북이 쌓였는데, 그것은 집 안에 틀어박힌 암컷이 창가를 오갈 때 떨어진 솜이다. 그것이 비단일까? 제사 공장의 모슬린(직물)일까? 그게 아니라 그야말로 섬세한 솜털이다. 현미경으로 보면 나비를 덮고 있는 비늘가루인데 손으로 만져서는 인식할 수 없을 정도로 곱다. 머지않아 집안에서 우글거릴 새끼에게 따뜻한 은신처를, 또한 넓은 세상으로 나가기 전에 안에서 즐겁게 뛰놀며 몸을 굴힐 피신처를 만들어 주려고 주머니나방은 어미 토끼처럼 제 털을 뽑은 것이다.

털이 빠진 것은 단순히 무의식적이며, 낮은 벽을 계속 스친 것은 의도적이 아님을 단정할 근거는 없다. 하지만 지극히 천한 것일망정 제 나름대로 예측한 모성애가 새끼에게 털가죽 부대로 배내옷을 마련해 주려고 몸을 뒤틀며 좁은 통로를 왕래하여 털을 빠뜨렸다는 상상을 해본다. 어쩌면 저절로 떨어지지 않는 솜털을 입의 흔적인 입술로 뜯어냈을지도 모른다.

털을 깎는 방법이야 어떻든 비늘과 털 뭉치가 번데기 자루의 앞쪽을 꽉 채웠다. 지금은 이것이 뒤쪽에 열린 집의 침입자를 막는 바리케이드이다. 또한 여기는 얼마 후 자루에서 나온 어린 녀석들이 잠시 머물 폭신한 휴게소이다. 꼬마는 부드러운 플란넬 속에서 그야말로 아주 따뜻하게 보낸다. 외출 즉시 작업에 착수하기 위한 준비로 잠시 머무는 곳이다.

비단이 있기는 하다. 오히려 풍부하다. 실을 잣고 짚을 모으던 시절인 송충이 때는 비단을 아낌없이 써서, 집 내벽 전체를 흰 천으로 두껍게 누볐다. 하지만 올이 너무 호화롭게 촘촘한 양탄자보다 그야말로 기분 좋은 털이불인 갓난이의 배내옷이 얼마나 더 훌륭하더냐!

이제 가족을 위한 준비 과정은 알았는데 알은 어디에 있을까? 어디에 낳았을까? 주머니나방 3종 중 제일 작고, 모양도 덜 흉하며, 활동이 더 자유로운 녀석[5]이 제집에서 완전히 나온다. 이 어미는 자루처럼 긴 산란관을 제가 나온 출구를 통해 제자리에 남겨진 번데기 허물의 끝까지 꽂아 넣는다. 결국 허물은 낳는 알을 받는 그릇인 셈이다. 거기에 알을 가득 채우고 산란을 끝낸 어미는 그 자리에 달라붙어서 죽는다.

망원경 산란관이 없고, 이동할 때는 애매하게 기어가는 방법밖에 없는 다른 2종[6]이 훨씬 이상한 습성을 보여 준다. 녀석들에게는 로마(Rome) 사람이 주부(主婦)의 모범이라 여기고 했던 말을 반복할 수 있겠다. 즉 집 안에 머물면서 털실을 자았다(*Domi mansit, lanam fecit*). 그렇다. 털실을 자았다(*Lanam fecit*). 주머니나방은 실제로 털실을 자아서 씨아에 감지는 않았지만 적어도 솜뭉치로 변한 털을 새끼에게 물려주었다. 그렇다. 집 안에 머물렀다(*Domi mansit*). 어미는 짝짓기를 위해서든, 알을 낳기 위해서든, 결코 집을 떠나

5 작다고 한 종은 풀주머니나방과 늑골주머니나방 2종이었다.
6 실제로 어떤 종을 말한 것인지 모르겠다.

지 않았다.

수컷의 방문을 받은 뒤의 꼴불견 나방, 볼품없고 작은 순대 모양의 암컷이 뒷걸음질 쳐서 제 번데기 허물 속으로 들어간 다음, 마치 거기서 나온 일이 없었던 것처럼 그 안을 꽉 채운 것을 확인했다. 결국 자루를 차지한 알은 제자리에 그대로 놓인 셈인데, 이 방법은 여러 주머니나방에서 일반적이며 규정에 해당한다. 이제 무엇하러 알을 낳겠나? 이 질문은 엄밀히 말해서 사실상의 산란 행위가 없었다는 말이다. 즉 알은 어미의 품을 떠나지 않았다. 살아 있는 가죽 부대가 알을 만들어 냈지만, 그것을 제 몸 안에 간직하고 있는 것이다.

머지않아 가죽 부대의 체액이 증발해서 없어진다. 뻣뻣한 받침인 번데기 허물 속에서 말라 버린다. 그것을 갈라 보자. 돋보기에 무엇이 나타날까? 기관지 몇 개, 빈약한 근육 몇 묶음, 가는 신경 몇 가닥, 요컨대 가장 단순한 표현으로 축소된 생명의 흔적들이다. 결국 거의 아무것도 없다. 나머지 내용물은 300개가량의 알 덩이인 배아 뭉치였다. 한 마디로 말해서 이 곤충은 기능에 절대적으로 필요한 것만 물려받은 엄청나게 큰 난소(卵巢)였다.

# 22 주머니나방-주머니

7월 전반부에 부화한 주머니나방(*Psyche*) 송충이의 몸길이는 1mm 를 조금 넘는다. 머리와 앞가슴마디 등판은 검게 반짝이며, 다음 가슴마디는 갈색, 배는 연한 호박색이다.[1] 활기찬 송충이가 재빠른 종종걸음으로 해면처럼 보풀이 인 알껍질 속에서 우글거린다.

책에서 주머니나방 새끼는 처음에 어미를 잡아먹는다고 했다. 이런 가증스런 식사법을 나는 그 책들의 책임으로 돌린다. 나는 비 슷한 것조차 보지 못했고, 또 어떻게 그런 생각을 했는지 이해할 수가 없다. 어미는 새끼에게 집을 물려주었고, 이엉(짚)은 첫 옷감 의 섬유 선정에 이용되었다. 번데기 허물과 피부는 부화 전에 이중 은신처를 만들어 주었고, 솜털은 보호용 방 책과 탈출하기 전의 대기 장소를 제공했다. 결국 어미는 미래를 위해 모든 것을 주었고, 더욱이 모든 것을 소비하여 새끼에게는 야 만스런 잔칫상의 요리 재료로 남겨진 게 없

1 종명을 제시하지 않은 형태 설 명은 전혀 의미가 없다. 한편 앞 장에서 두 번째 종의 주머니 짜기 설명을 뒤로 미룬다고 했으니, 이 장을 집주머니나방(*Ps.*→ *Oike-ticoides febretta*)의 설명으로 이해해야겠다.

366

다. 다만 돋보기로나 겨우 구별되는 아주 작고 메마른 조각들만 남았을 뿐이다.

그렇다. 어린 주머니나방들아, 너희는 어미를 잡아먹지 않았다. 내가 아무리 너희를 살펴봤지만 옷감을 위해서든 영양섭취를 위해서든 너희 중 누구도 죽은 어미의 유해에 이빨을 대는 일은 결코 없었다.

차주머니나방 애벌레의 집  집 재료가 앞 (345쪽)에서 본 큰주머니나방의 것과 다르다. 시흥, 2. Ⅲ. '93

어미의 근육 층이나 기관지 같은 자질구레한 잔해는 물론 피부까지 말짱하게 남아 있었다. 번데기가 남긴 자루 역시 말짱했다.

태어난 가죽 부대를 떠날 시간이 다가온다. 하지만 이미 옛날에 출구를 마련해 놓아 어린것이 어미였던 흔적에게 어떤 폭력을 가할 필요가 없었다. 구멍을 뚫겠다고 불경스럽게 가위질할 필요도 없었다. 문은 저절로 열린다. 어미가 움직이는 순대였을 때 첫째 마디가 눈에 띄게 반투명해서 몸의 나머지 부분과 대조를 이루었다. 거기는 십중팔구 다른 곳보다 치밀하지 않고 저항력이 덜한 조직이라는 표시였을 것이다.

그런 표시가 사실이었음을 말해 준다. 어미는 지금 바싹 마른 가죽 부대 상태인데, 너무나 말랐고 반투명한 목의 고리는 극도로 연약해졌다. 뚜껑 격인 목은 저절로 떨어질까? 빨리 나가고 싶어 초조한 난쟁이들이 밀어서 떨어질까? 정확히 말하지는 못하겠다. 어쨌든 목은 입김만 불어도 떨어짐을 확인했다.

결국 나올 것을 예측한 어미가 살아 있을 때, 어쩌면 자발적으로 가장 쉬운 참수(斬首) 방법을 미리 마련해 놓았을 것이다. 어린 새끼에게 필요할 때 쉽게 잘려서 자유롭게 나갈 길을 내주려고 연약한 목이 된 것이다. 가장 무의식적인 모성애가 아주 숭고하게 나타난 헌신이었다. 하찮은 구더기, 겨우 기어가거나 하는 순대 모양의 나방이 미래의 일에 대해서 이렇게 통찰력을 가졌다니, 생각할 줄 아는 인간의 머리를 괴롭힌다.

방금 어미의 머리가 떨어져서 열린 하늘창을 통해 한배의 새끼가 고향인 가죽 부대를 떠난다. 두 번째 껍질인 번데기 주머니도 어미가 성충으로 탈출하면서 뻥 뚫어 놓아 탈출에 지장이 없다. 다음은 어미가 뽑아서 만든 솜털 뭉치의 털이불을 만난다. 새끼는 떠난 자루 속보다 훨씬 넓고 폭신한 털이불에 자리 잡고 쉬거나, 활발하게 움직이며 걷기 연습을 한다. 모두 힘을 기르며 바깥세상으로의 대탈출 준비를 한다.

즐거운 곳에 오래 머물지는 않는다. 작은 무리가 기운을 얻는 대로 밖으로 나가 집(주머니) 표면으로 흩어진다. 대단히 급하게 옷을 해 입는 데 착수한다. 첫 입질조차 옷을 입은 다음 일이다.

몽테뉴(Montaigne)[2]는 아버지가 입던 망토를 입고 이렇게 감격적으로 표현했다.

나는 아버지를 입었다.

2 16세기 프랑스 사상가. 『파브르 곤충기』 제4권 49쪽 참조

어린 주머니나방도 제 어미를 입었다. 녀석은 죽은 어미의 초라한 옷에서 무명 옷감을 뜯어낸다. 재료는 가는 줄기의 심, 특히 길이로 쪼개진 토막들로서 가장 쉽게 수집되는 심이다. 적당한 지점을 선정한 녀석이 큰턱으로 긁고 뜯어내서 묵은 서까래의 흰색 솜이 아름답게 떨어져 나온다.

망토의 시초가 주목감이다. 우리 공업조차 이 송충이의 방법보다 현명한 것을 찾아내지는 못할 것이다. 우선 작은 솜뭉치를 여러 개 뜯어낸다. 큰턱 가위로 잘라낸 토막들을 어떻게 붙일까? 작품을 제작하려면 솜을 붙일 바탕이 필요한데 녀석의 몸뚱이가 바탕이 될 수는 없다. 무엇이든 몸에 달라붙으면 대단히 불편할 것이며, 자유롭게 움직이는 데 방해가 될 것이다. 하지만 이런 어려움을 매우 재치 있게 극복한다.

보푸라기 천 조각이 수집되는 대로 명주실로 붙여서 일종의 직선 꽃줄 장식을 만든다. 뜯어낸 조각들이 공동의 비단 줄에 매달리는 것이다. 준비가 충분하다고 판단한 꼬마는 이 꽃줄을 허리에 두르는데, 여섯 다리가 자유롭도록 뒷가슴마디쯤에 두른다. 다음, 약간의 명주실로 양끝을 연결하여 결국 허리띠가 된다. 대체적으로는 아직 불완전하나 이런 비단 리본에 다른 조각들이 곧 보충된다.

자, 이 허리띠가 제작물의 기초였다. 이제부터는 완전해질 때까지 크고 길게 늘이려고 큰턱이 끊임없이 심을 뜯어낸다. 심 조각은 출사돌기(filière)로 위나 아래 또는 옆구리에 붙이면 되는데, 항상 앞의 것 옆에 붙인다. 처음에는 일렬로 늘어놓았다가 다음은 허리띠처럼 만들어서 허리에 차는 꽃줄 장식보다 더 훌륭한 방법은 생각해 낼 수가 없다.

　기초가 다져지면 베틀을 완전히 가동한다. 직조물이 처음에는 허리를 두른 끈이었는데, 다음은 항상 앞의 것 옆에 새 솜뭉치를 붙여서 어깨걸이, 조끼, 짧은 저고리가 된다. 조금씩 뒤로 늘어나서 마침내 자루가 되는데, 자루 자체가 물러나면서 늘어나는 게 아니라 직조공이 이미 지어진 집 속으로 점점 들어가서 늘어나는 것이다. 몇 시간 만에 옷이 완성되어 이제 원뿔 모양의 두건, 즉 완전하고 훌륭한 흰색의 뾰족한 두건이 만들어졌다.

　이제는 사정을 알았다. 어린 주머니나방 애벌레는 어미의 오두막에서 나오면서 찾을 필요 없이, 또 그 나이에는 무척 위험한 장거리 여행을 할 필요 없이, 옷감 재료를 지붕의 연한 서까래에서 찾아낸다. 그래서 벌거벗은 상태로 방황해야 할 위험을 면했다. 집을 떠날 때는 어미 덕분에 따뜻한 옷 한 벌을 입었을 것이다. 어미는 가족이 헌 집에 자리 잡도록 마음 썼고, 가공할 재료를 정선해 준 것이다.

　어린것이 혹시 오두막에서 떨어지거나 바람에 휩쓸리면 대개 죽을 것이다. 물에 젖었다가 적당히 마른 나뭇조각 심이 어디에나 풍부한 것은 아니다. 그래서 옷을 만들 수 없는 비참한 환경에서는 머지않아 죽음이 따를 수밖에 없다. 하지만 귀양살이하던 녀석이라도 어미가 물려준 것과 같은 수준의 재료를 만나면 그것을 이용할 줄 모를까? 어디 알아보자.

　갓난이 몇 마리를 유리관에 따로 분리시켜 님므민들레(*Pterotheca nemausensis*)의 해묵은 줄기 중 쪼개진 가지를 제공해서 이용케 했

다. 어미 집의 혜택을 받지 못한 꼬마가 제공된 물건에 만족했다. 흰색 훌륭한 심을 조금의 망설임도 없이 긁어내, 더 없이 매력적이며 뾰족한 두건을 만들어서 뒤집어썼다. 오히려 이것이 고향 집의 잔해로 지은 것보다 훨씬 아름다웠다. 고향 집 재료는 같은 민들레라도 공기 중에 장시간 노출되어 갈색으로 변해 약간은 더럽지만, 티 없는 흰 솜으로 제작된 두건은 완전히 흰색이다.

부엌 빗자루에서 구한 수수깡 토막의 심으로는 훨씬 훌륭한 것을 만들었다. 이번 직조공의 제작물은 수정처럼 맑은 면이 있어서 각설탕으로 만든 것처럼 걸작품이 되었다.

두 번을 성공하자 첫 옷감을 더 다양하게 해보았다. 이제는 마음
대로 실험할 수 있는 갓난이가 없어서 옷을 벗긴, 즉 두건을 벗겨
낸 벌레를 이용했다. 녀석이 개발할 영역은 풀기 없는 종이 끈이나
거름종이의 끈이다.

이번 역시 망설이지 않았다. 녀석은 처음 보는 재료의 표면을 열
심히 긁어서 종이옷을 해 입었다. 유명한 귀족 청년 카데 루셀
(Cadet Roussel)[3]도 이런 천으로 만든 옷이 있었다. 하지만 섬세하고
부드러운 점에서는 어림도 없지! 종이옷을 입은 녀석은 이 직물에
너무나 만족했다. 그래서 나중에 제 고향 집을 마음대로 쓰게 해주
었어도 그것을 무시하고 계속 이 공산품에서 잘게 찢은 조각을 긁
어냈다.

유리관에서 아무것도 받지 못한 녀석은 관을 막은 코르크 마개
로 충분했다. 옷이 벗겨진 녀석은 서둘러서 코르크를 작은 조각으
로 긁어내 알갱이 두건을 만들어서 썼는데, 그 종이 원래 그 재료
를 써 왔던 것처럼 정확하고 멋있었다. 아마도 처음 재단했을 새로
운 옷감이지만 재단법은 전혀 바뀌지 않았다.

결국 식물성 재료로 말라서 가볍고 공격하　　3 프랑스 민요의 주인공

372

기 쉬우면 무엇이든 모두 수용된다. 가늘기가 적당하면 동물성 재료, 특히 광물성 재료도 마찬가지일까? 혼인과 관련된 무선전신(無線電信) 실험[4]의 유물인 공작산누에나방(Grand-Paon: *Saturnia pyri*) 날개에서 작은 띠 하나를 오려 냈다. 그것에 알몸인 송충이 두 마리를 올려놓고 유리관에 넣었다. 녀석들에게는 그 비늘 밭이 유일한 모직물 자원일 뿐 다른 재료는 없다.

녀석들은 이런 이상한 밭에서 한동안 망설였다. 24시간이 지났는데 둘 중 한 마리는 아무런 시도가 없다. 아마도 벗은 채 죽기로 결심했나 보다. 좀더 용감했거나, 어쩌면 옷을 강제로 벗길 때 덜 다친 녀석은 한동안 비늘 밭을 조사했다. 그러더니 마침내 이용하기로 결심했다. 하루가

4 23장의 내용 참조

지나기 전에 공작산누에나방 비늘로 회색 우단 옷을 해 입었다. 자재가 연약한 점을 생각하면 제작물은 그야말로 정확하게 작업되었다.

한 단계 더 어렵게 해보자. 식물에서 뜯어낸 부드러운 솜이나 나방 날개에서 얻은 연한 털 대신 거친 돌을 주어 보자. 주머니에 모래나 흙 부스러기가 붙어 있는 경우가 흔했다. 하지만 그것은 출사돌기가 무심코 잘못 건드려서 우연히 오두막에 붙은 석재일 것이다. 섬세한 송충이는 조약돌 베개가 불편함을 너무나 잘 알아서 돌받침을 찾지는 않을 것이다. 광물은 녀석에게 혐오감을 일으키겠지만 지금은 이것을 모직물처럼 가공해야 한다.

물론 내가 선정한 재료는 돌 중에 아주 약해서 녀석에게 적당한 것, 즉 비늘처럼 벗겨지는 적철광을 이용했다. 이것은 붓으로 쓸기만 해도 거의 나비 날개에서 손에 묻는 가루처럼 가는 조각들이 떨어져 나온다. 줄로 썬 강철 가루처럼 반짝이는 광석 위에 옷을 벗긴 송충이 4마리를 올려놓았다. 실패할 경우를 예측해서 그에 대비하느라 숫자를 늘린 것이다.

예측이 옳았다. 하루가 지났는데 4마리 모두가 벗은 채로 있었다. 그러나 이튿날 한 마리, 오직 한 녀석만 옷을 입기로 결정했다. 녀석의 제작물은 금속성 결정면의 왕관이 되어 표면에서 경쾌한 무지갯빛 광채가 났다. 유난히 사치스럽고 화려했으나 대단히 무겁고 거추장스럽다. 쇠붙이 짐을 짊어지고 걷기는 힘들었다. 비잔틴(Byzance)[5] 황제가 호화로운 의식에서 대중 앞에 나갈 때나 이렇게 금박으로 장식한 예복을 입었을 것이다.

불쌍한 벌레야! 사람보다 분별력을 가진 네가 그렇게 우스꽝스런 호사를 자진해서 택하지는 않았다. 네게 강요한 것은 나였다. 자, 그 배상으로 수수깡 토막을 주노라. 멋진 왕관은 빨리 뒤로 밀어내고 더 위생적인 솜 모자를 만들어라. 다음다음 날 그렇게 되었다.

주머니나방이 솜씨를 발휘할 때 선호하는 자재가 있다. 공기 중에서 잘 우려진 나무 부스러기의 식물성 토막이다. 토막은 대개 어미의 낡은 오두막 이엉에서 얻는다. 규격에 맞는 직물이 없으면 나비 비늘처럼 벗겨지는 동물성 우단을 이용한다. 필요하다면 무생물, 특히 적철광을 거절하지 않아 광물 옷감을 짠다. 그만큼 옷 입기의 필요성은 절대적이다.

옷 입기가 영양 섭취보다 우선했다. 많은 실험 끝에 조밥나물(*Hieracium pilosella*)에서 녀석들이 푸른 잎은 먹이로, 흰 솜털은 털실로 이용하기를 좋아한다는 사실을 알았다. 이런 목장에서 어린 녀석을 떼어 냈다. 말하자면 녀석의 식당에서 납치하여 이틀 동안 굶겼다가 옷을 벗기고 제자리로 옮겼다. 그렇게 오랫동안 굶고도 먹을 생각보다 먼저 조밥나물의 솜털을 뜯어서 다시 옷을 해 입으려고 애를 쓴다. 식욕을 만족시키는 것은 그 다음이었다.

---

5 라틴 어로는 비잔티움(Byzantium). 고대 그리스의 도시

주머니나방 송충이는 그렇게나 추위를 타는 것일까? 지금은 삼복더위가 한창 기승을 부린다. 쏟아지는 불볕이 매미를 흥분시켜 광란의 합창단으로 만든다. 한증막 같은 연구실에서 나는 모자와 넥타이를 집어던지고 셔츠 바람으로 있다. 이렇게 맹렬한 더위 속에서 녀석은 무엇보다도 따뜻한 담요를 요구한다. 아아! 몹시도 추위를 타는구나! 그래, 만족시켜 주마.

녀석들이 햇볕을 직접 받도록 창가에 내놓았다. 이번에는 내가 너무했다. 도가 지나쳤다. 햇볕을 받은 벌레는 몸을 뒤틀고 배를 쳐들며 흔들어 댄다. 불편하다는 표시였다. 그렇지만 조밥나물 잔털로 겉옷을 만드는 것이 중단되지는 않았다. 오히려 보통 때보다 더 급하게 계속한다. 빛이 너무 강해서 그럴까? 솜 자루는 송충이가 불편한 대낮의 빛을 피해서 혼자 조용히 소화시키며 졸기도 할 피신처는 아닐까? 높은 온도는 그대로 놔두고 빛만 없애 보자.

옷을 벗긴 녀석을 골판지 상자에 넣고 창가에서 제일 따뜻한 자리에 놓았다. 그곳의 온도는 40℃에 가까웠다. 그래도 상관없다. 몇 시간 동안의 작업으로 플란넬 자루가 다시 만들어졌다. 몹시 높은 기온에 조용한 어둠조차 전혀 습관을 바꾸지 못했다.

더위의 정도, 빛의 밝기 모

두 급박하게 옷을 해 입는 필요성에 핑계가 되지 않았다. 이렇게 서둘러서 옷을 입으려는 동기를 어디서 찾아야 할까? 미래에 대한 예감 말고는 다른 동기가 생각나지 않는다.

주머니나방은 송충이 상태로 겨울을 나지만 많은 곤충의 애벌레처럼 혹독한 기후에서 자신을 보호하는 방법을 모른다. 비단 주머니 속 공동 은신처, 잎을 누벼서 만든 방, 지하의 밀실, 고목 껍질 밑의 은신처, 털로 만든 지붕, 고치 따위를 모른다. 결국 상해를 입힐 겨울 공기에 내맡겨질 위험이 옷 짓기 재주를 가지게 한 것이다.

녀석은 지붕을 만들어서 덮었다. 집이 수직으로 매달려 고정되면 삐친 짚들이 기왓장처럼 배열되어 찬 이슬이나 눈 녹은 물이 멀리 흘러내릴 것이다. 지붕 밑에는 두꺼운 비단 안감을 짜 넣어 부드러운 요가 되며 한파에 대한 장벽이 된다. 이렇게 예방한 다음에는 겨울이 와도 괜찮고 북풍이 몰아쳐도 상관없다. 주머니나방은 그런 오두막에서 편안히 잘 것이다.

집짓기는 즉시 해결되는 게 아니라 오래 걸리는 까다로운 작업이다. 그래서 혹독한 계절이 닥쳤을 때 착수했다가 낭패를 볼 수도 있다. 더욱이 작업은 평생을 두고 끊임없이 완성시키며 튼튼하도록 더 두껍게 손질한다. 또한 더 능란해지려고 알에서 나오자마자 실습하기 시작한다. 소나무행렬모충(Processionnaire du Pin: *Thaumetopoea pityocampa*)은 알에서 깨자마자 작고 약한 천막을 먼저 짜고, 다음은 공동체가 머물기로 예고된 단단한 주머니의 지붕을 짠다. 이들이나 저들이나 태어나면서 미래에 대한 예감으로 괴롭힘을 당한다. 녀석들은 언젠가는 자신을 보호할 집을 짓는 주머니 짜기 훈련으로 생애를 시작하는 것이다.

그렇다. 주머니나방은 매끈한 피부를 가진 많은 송충이 중 유별나게 추위를 타는 게 아니라 선견지명을 가진 것이다. 녀석에게는 다른 애벌레처럼 겨울에 물려받을 은신처가 없다. 그래서 태어나자마자 자신을 구원할 집을 짓는데, 허약한 제게 적당하고 값싼 장신구인 솜털로 연습한다. 삼복의 불볕더위 속에서 혹독한 겨울을 예감했던 것이다.

이제는 거의 1,000마리에 가까운 송충이가 모두 옷을 입었다. 녀석들이 유리뚜껑 밑의 넓은 유리그릇에서 불안하게 돌아다닌다. 꼬마들아, 눈처럼 희고 예쁜 고깔모자를 흔들고 다니며 무엇을 찾느냐? 두말할 것 없이 먹이를 찾는 것이다. 피곤해졌으니 이제는 원기를 회복해야 한다. 비록 너희 숫자가 많아도 내게 너무 무거운 가족 부담이 되지는 않을 것이다. 너희는 아주 조금만 먹어도 영양을 취하지 않더냐! 하지만 무엇을 원하느냐? 물론 너희가 내게 기대를 걸지는 않았다. 자유로운 들판이었다면 내 정성으로 너희 입에 맞는 음식을 구하기보다 너희가 훨씬 잘 찾아냈을 것이다. 내가 배우겠다는 욕망으로 너희를 맡았으니, 너희를 먹여 살려야 하는 의무는 내게 있다. 하지만 무엇이 필요하냐?

먹잇감을 찾아 주는 역할은 참으로 어려웠다. 내일을 생각하면 빵 반죽 통이 항상 차 있어야 한다. 식량 담당자는 공로가 가장 크지만 의무에도 가장 크게 공을 들여야 한다. 어린것은 빵이 저절로 얻어진다는 확신으로 꽉 믿고 기다린다. 하지만 그것을 마련하는

378

사람은 필요한 빵 조각이 오는 길을 걱정하며 이리저리 궁리하다 지쳐 버린다. 아아! 이 일을 아주 오래전부터 담당했던 나는, 괴로운 때와 기쁜 때를 너무도 잘 알고 있지 않더냐!

오늘은 내 스스로 연구에 강제로 동원된 송충이 1,000마리의 식량 담당자가 되었다. 이것저것 모두 시험해 본다. 전날 준 잎 표면이 군데군데 부분적으로 갉아 먹힌 것을 발견했으니 느릅나무(Orme: *Ulmus*)의 연한 잎이 괜찮을 것 같다. 여기저기 흩어진 미세한 가루의 검정 알갱이가 창자의 작동을 말해 준다. 나는 여기서, 한동안 먹이가 무엇인지 모르는 짐승 떼를 기르는 사람이라면 누구든 이해할 수 있는 만족을 느낀다. 성공의 희망이 보인다. 꼬마들 사육 방법을 알게 되었다. 단번에 가장 좋은 방법을 발견했을까? 감히 그렇게 생각할 수는 없다.

그래서 여러 종류로 바꿔서 공급해 본다. 하지만 결과가 내 소원에는 부응하지 않았다. 녀석들은 여러 종의 푸른 잎을 배합해 준 것을 거절한다. 마침내 느릅나무 잎마저 안 먹는다. 이제 모든 것이 끝장이구나. 그런데 문득 다행스런 생각이 떠올랐다. 집 재료 중 잔털이 많은 조밥나물에서 온 털을 감지했다. 그렇다면 주머니나방이 이 식물로 잘 살 것이다. 왜 그것을 먹지 않겠나? 시험해 보자.

조밥나물은 바로 우리 집 옆의 자갈밭에서 근생엽(根生葉)을 많이 펼쳐 놓고 있는데, 바로 그 담 밑에서 주머니나방 송충이 집들이 매달려 있는 것을 상당히 자주 보았다. 그 잎을 한줌 뜯어 여러 목장에 나누어 주었다. 이번에는 식량문제가 해결되었다. 송충이는 즉시 잔털이 많은 잎에 빽빽하게 떼를 지어 자리 잡고 탐욕스럽게 갉아먹는다. 하지만 반대쪽 표면의 표피는 말짱하게 남겨서 작은 판자 모양을 만들어 놓았다.

매우 만족스러워 보이는 목장 녀석들은 놔두고, 이제 청결 문제를 제기해 보자. 자루 속에 들어 있는 주머니나방은 소화시킨 찌꺼기를 어떻게 처리할까? 감히 눈부시게 하얀 보푸라기 천으로 만든 모자 속에 오물을 쌓아 둔다는 생각에 얽매일 수는 없다. 오물이 그렇게 멋진 지붕 밑에 머물러서는 안 될 일이다. 그러면 어떻게 치워질까?

원뿔 모양을 돋보기로 보면 어디에도 끊긴 곳 없이 연속되다가 뾰족하게 끝났다. 그렇지만 자루의 뒤쪽 끝은 막히지 않았다. 자루의 제조법 자체가 막히지 않았음을 증명했다. 즉 집은 뒤쪽 테두리가 밀려나는 만큼 앞쪽 테두리가 늘어난 띠의 형태였다. 뒤쪽 끝이 뾰족한 것은 지름이 작았던 벌레에 맞추어진, 즉 작았던 몸집에 따라 자연히 그렇게 된 것이다. 그래서 뾰족한 끝에는 영구적인 구멍이 있으나 평소에는 닫혀 있다. 벌레가 조금만 뒤로 물러나도 옷감이 늘어나 구멍이 벌어지며 길이 열려 오물이 땅으로 떨어진다. 반대로 집 안에서 앞으로 한 걸음 나가면 문이 저절로 닫힌다. 우리네 바느질꾼이 처음 짧은 바지에서 생각해 낸 구멍도 이보다 낫지 못했을 만큼 아주 간단하고 정교한 것이다.

어린 벌레가 자라는 동안 옷은 언제나 너무 크지도 작지도 않고 몸에 꼭 맞았다. 어째서 그렇게 될까? 나는 책들을 믿었다. 그래서 송충이가 너무 좁아진 집을 세로로 가르고, 새로 짠 헝겊으로 열린 양쪽 테두리에 붙여서 넓히는 것을 관찰하리라 기대했다. 우리네 재단사는 이렇게 하지만 주머니나방은 결코 이 방법을 쓰지 않았다. 녀석은 더 훌륭했다. 옷의 뒤쪽은 오래되었고 앞쪽은 새것으로 계속 가공하는데 언제나 굵어진 몸에 꼭 맞게 한다.

매일 늘어나는 넓이를 지켜보는 것만큼 단순한 일도 없다. 몇 마리가 방금 수수깡 심으로 두건을 만들어 뒤집어썼다. 작품은 눈처럼 흰 수정으로 짰다고 할 정도여서 가장 아름다운 축에 낀다. 멋진 옷을 입은 녀석 몇 마리를 따로 떼어 놓고, 오래된 나무껍질에서 가장 연하지만 갈색이며 거친 것을 직조 재료로 골라 주었다. 아침에 시작한 두건의 모습이 저녁에는 달라졌다. 앞쪽의 색조는 처음의 보푸라기 천과는 아주 다른 거친 직물이었다. 그래도 원뿔의 끝은 여전히 티 없는 흰색이다. 다음날은 수수깡 펠트가 완전히 물러나고 끝까지 나무껍질 직물로 바뀌었다.

그때 갈색 재료를 치우고 수수깡 심을 다시 넣어 준다. 이번에는 어두운 색과 거친 것이 차차 두건 꼭대기로 물러가고, 흰색과 부드러운 것이 입구부터 점점 넓어진다. 하루가 지나기 전에 처음의 멋있던 왕관이 완전히 다시 만들어진다.

이런 교대는 우리가 원하는 대로 얼마든지 반복할 수 있다. 이용 시간을 줄이면 두 종류의 다른 재료로 밝은 부분과 칙칙한 부분을 교대시킨 혼합 양식의 작품까지 쉽게 얻을 수 있다.

보다시피 주머니나방은 오려 낸 자리에 헝겊을 끼워 넣는 우리네 재단사의 방식을 전혀 따르지 않고, 언제나 제 몸에 맞는 옷을 입으려고 끊임없이 손질했다. 토막을 잘라 내는 대로 즉시 자루 입구에 붙인다. 그래서 새 직물은 자라는 것에 맞춰져서 점점 넓어지게 마련이다. 동시에 오래된 옷감은 원뿔 꼭대기 쪽으로 밀려난다. 거기서 수축력으로 오그라들어 토시가 닫힌다. 지나치게 많은 것은 해체되고, 넝마가 된 것은 벌레가 이리저리 돌아다니다가 만나는 복잡한 물건에 부딪쳐서 떨어져 나간다. 헌 집은 계속 새로워지므로 결코 좁지 않다.

더위가 물러가면 가벼운 모자의 계절이 끝나 간다. 가을비가 위협하고 겨울의 찬 안개가 뒤따른다. 방수된 여러 겹의 외투, 즉 튼튼하게 이엉을 입힌 망토를 입을 때가 왔다. 작업이 아주 부정확하게 시작된다. 길이가 서로 다른 지푸라기와 마른 낙엽들이 질서 없이 목 뒤쪽에 붙여진다. 목은 어느 방향이든 마음대로 구부리도록 언제나 유연성이 있어야 한다.

아직은 별로 많지 않고 짧은 것이 가로세로로 멋대로 배치되어 어수선하게 모아진 지붕이지만, 처음의 서까래들이 마지막 건축물의 정확성까지 깨뜨리지는 않을 것이다. 그래도 자루의 앞쪽이 늘어나면서 뒤쪽으로 밀려나 결국은 사라지게 마련이다.

마침내 긴 재료가 잘 선택되며, 모두 주의해서 세로 방향으로 놓인다. 이엉 잇기가 놀랄 만큼 빠르고 능란하게 이루어진다. 만난 서까래가 적당한 것이면 다리로 잡아서 이리저리 돌려 본다. 큰턱으로 한쪽 끝을 무는데, 보통 거기서 몇 개의 작은 토막을 떼어 내 즉시 목 위에 붙인다. 새것의 거친 면을 밖으로 한 것은 아마도 부드러운 면이 명주실에 더 잘 붙어서 더 튼튼한 끈을 얻으려는 목적이었을 것이다. 땜장이는 땜질할 곳을 줄로 깎아 낸다.

큰턱의 힘으로 들보를 쳐들어 공중에서 흔들고 그 끝을 갑자기 움직여서 등에 뉘어 놓는다. 즉시 출사돌기가 끝을 잡아 처리한다. 이제 다 되었다. 더듬거나 두 번 손질하는 일은 없는데, 그것이 다른 것들의 다음 방향에 맞추어 고정되었다.

배가 불러 한가할 때 이렇게 틈틈이 일하다 보니 좋았던 가을날이 다 지나갔다. 하지만 추위가 닥쳤을 때는 이미 집이 완성되었다. 다시 따뜻해지면 들판으로 나와 오솔길을 건너다니고, 좋아하는 풀밭을 두루 돌아다니며 몇 입 먹는다. 그러다가 때가 되면 담벼락에 매달려서 탈바꿈 준비를 한다.

송충이가 봄에 이렇게 방황하는 것을 보고, 집은 오래 전에 완성되었는데 또다시 자루와 지붕을 만들 수 있는지 알아보고 싶었다. 그래서 집을 벗겨 내 벌거벗은 녀석을 곱고 마른 모래 위에 놓았다. 님므민들레의 낡은 가지도 건축자재와 같은 길이로 잘라 주었다.

제집에서 쫓겨난 녀석은 짚 더미 속으로 사라지더니 거기서 서둘러 실을 뽑는다. 그러고 아래는 모래, 위는 지푸라기, 즉 입술에 닿는 것은 무엇이든 실을 걸어 놓을 연결부로 삼았다. 실샘 돌기가 닿은 재료는 이렇게 길든 짧든, 가볍든 무겁든 닥치는 대로 난잡하게 섞여서 연결되었다. 얼기설기 쌓인 더미에서 초가집 짓기를 한 것이 아니라 아주 엉뚱한 일을 한 것이다. 즉 베 짜기만 계속했을 뿐 부담 없는 자재로 정상적인 지붕을 만들지는 않았다.

완전한 집의 소유주였던 주머니나방은 늦봄과 초여름의 좋은 계절이 돌아왔을 때 서까래 모으기, 즉 작년 여름에 그렇게도 열심히 했던 집짓기에는 관심이 없다. 그때는 배가 부르고 명주실의 분비

샘이 부풀어 오르면 집에 좀더 좋은 쿠션을 대는 일에만 여가를 보냈다. 그때의 생각에는 집 안의 펠트가 결코 충분히 두껍거나 부드럽지 못했다. 그래서 집을 보충해야 자신의 탈바꿈이나 새끼의 안전에 유리다고 생각했을 것이다.

그런데 교활한 나에게 집을 빼앗겼다. 재난을 알아채긴 했을까? 명주실과 서까래가 충분하니 집을 다시 지을 수는 있다. 우선 추위를 타는 등판에 필요하고, 다음은 처음 집으로 이용할 새끼에게 필요한 지붕을 다시 만들까? 달라진 것은 전혀 없다. 녀석은 제공해 준 잔가지 더미 밑으로 미끄러져 들어가 정상 상태에서 하던 것과 똑같이 일하기 시작했다.

지금의 주머니나방에서는 조잡한 지붕과 어지럽게 놓인 작은 들보의 모래가 오두막 내벽이 되었음을 볼 수 있다. 사고가 일어났지만 작업 방법을 조금도 변경하지 않고 사라진 플란넬 위에 새 비단층을 붙인다. 처음과 같은 열성으로 손이 닿는 곳에 헝겊을 붙였다. 실을 잣는 녀석에게 규정된 울타리가 포개지는 대신, 거친 모래와 어지럽게 뒤얽힌 지푸라기를 만났지만 더는 신경을 쓰지 않았다.

집은 무너진 정도가 아니라 아주 없어졌다. 그래도 상관없다. 녀석은 늘 하던 대로 일을 계속하는데, 이번에는 현실을 잊고 상상의 것에 도배를 한다. 녀석은 모든 점에서 지붕이 없음을 알았어야 함에도 불구하고 제법 재치 있게 그럭저럭 뒤집어썼다. 하지만 자루가 너무 약하다. 꽁무니가 조금만 움직여도 무너지며 구겨진다. 게다가 모래로 무거워졌고 미늘창이 반대 방향으로 삐죽삐죽 뻗쳐서 모래에 걸린다. 이렇게 걸려서 전진하지 못하는 녀석이 가겠다고 노력하다 지쳐 버린다. 불편한 집을 떼어 내고 몇 걸음을 움직이는 데도 여러 시간이 걸린다.

서까래가 모두 뒤쪽으로 향해 기와처럼 아주 교묘하고 정확하게 배열된 정상 상태의 집일 때는 능숙하게 걸었다. 앞은 붙었고 뒤는 분리된 자재들이 모여 배 모양인 썰매처럼 장애물 사이를 어렵지 않게 슬그머니 끼어들며 미끄러졌다. 전진하기가 이렇게 쉬웠는데 지금은 뼈대의 각 부품 끝이 분리되어 제동의 원인이 된다. 결국 뒤로 후진조차 불가능한 것이다.

시련당하는 녀석의 주머니는 출사돌기가 여기저기 붙여 놓은 위치에서 각목이 사방으로 뻗쳤다. 앞쪽 것의 끝은 모래에 박혀서 앞으로 나가려는 노력을 무력화시키고, 옆구리 것은 억제에 저항하는 쇠스랑 같다. 이런 상황에서는 좌초하고 그 자리에서 죽어야 한다.

너의 뛰어난 재주를 다시 발휘해라. 나뭇단을 정리하고, 걸리는 목재를 길이로 질서 있게 방향을 잡아 주고, 너무 약한 주머니에 칠을 좀 하고, 가슴에 지주를 몇 개 써서 뻣뻣하게 만들어라. 전에는 그렇게 잘할 줄 알았던 일이니 불행을 만난 지금 다시 해라. 목수로서의 재주를 되살려라. 그러면 살 수 있다. 나는 녀석에게 이렇게 권하고 싶었다.

쓸데없는 충고이다. 목수 시대는 지나갔고 도배 시대가 온 것이다. 이미 없어진 집에 도배와 누비질을 한다. 완고한 본능의 결과는 개미에게 해부당하는 비참한 종말을 맞이할 것이다.

우리는 이미 많은 예에서 이런 것을 알고 있었다. 곤충은 이미 실행한 행위는 다시 하지 못하니, 비탈을 거슬러 오르지 못하는 물의 흐름에 비교된다. 한번 했으면 한 것이며 다시 시작하지는 못한다. 조금 전까지 능숙한 목수였던 주머니나방은 서까래 하나를 제자리에 놓을 줄 몰라서 죽게 된다.

그날 저녁은 기억할 만하다. 나는 그날 저녁을 공작산누에나방 (Grand-Paon: *Saturnia pyri*)의 저녁이라고 부르겠다. 유럽에서 가장 크고, 밤색 우단 복장에 흰 모피를 목에 두른 아름다운 나방을 모르는 사람이 있을까? 회색, 갈색, 엷은 색의 가로무늬가 지그재그로 늘어섰고, 둘레는 그을린 흰색 줄무늬 같다. 가운데 둥근 무늬는 까만 눈동자에 홍채(虹彩)가 있는 커다란 눈알 모양이며, 검정, 하양, 밤색, 줄맨드라미(Amarante: *Amaranthus caudatus*)◉의 빨강 등 다양한 색깔의 활 모양이 무리를 이루었다.[1]

약간 노르스름한 애벌레도 주목거리가 될 만하다. 청록색 진주 같은 혹들 위에 검은 털이 듬성듬성 울타리 말뚝처럼 둘러섰다. 갈색의 튼튼한 고치는 출구가 어부의 통발과 비슷한 깔때기처럼 아주 이상한 모양으로, 보통 편도나무(Amandier: *Prunus amygdalus*→

1 *Saturnia*속 나방 중 빨강은 황제나방(*S. pavonia*)의 앞날개 끝에서 보이기 때문에 지금 연구하는 종의 이름이 정확한지 의심된다. 이 장 끝에서 황제나방의 정확한 형태가 설명되는 점을 감안할 때, 이 부분의 형태 설명이 과장되었을 가능성이 있다.

**가중나무산누에나방 애벌레** 애벌레의 모습은 험상궂어도 가중나무나 소태나무 따위의 잎을 먹고 자라는 순진한 벌레이다. 시흥, 20. Ⅵ. '96

*dulcis*) 고목의 밑동 껍질에 붙어 있다. 애벌레는 이 나무의 잎을 먹는다.

5월 6일 아침, 연구실 탁자 위에 놓였던 고치에서 암컷 한 마리가 나오는 것을 보았다. 방금 우화해서 몸에 물기가 남아 있는 녀석을 즉시 철망뚜껑 밑에 있는 사육장에 가두었다. 녀석에게 특별히 세워 놓은 연구 계획은 없었고, 다만 일어날 가능성에 항상 주의를 기울이는 관찰자의 습관으로 가둔 것뿐이다.

일이 아주 제대로 되었다. 식구들이 잠자리에 들려는 저녁 9시경, 옆방에서 큰 소동이 벌어졌다. 옷을 반쯤 벗어젖힌 폴(Paul)이 거의 미친 듯이 뛰어다니기도, 껑충껑충 뛰어오르기도, 발을 구르거나 의자를 쓰러뜨리기도 한다. 나를 부르는 소리가 들린다. "빨리 오세요. 와서 새만큼 큰 저 나비들을 좀 보세요! 방안에 가득 찼어요!"

달려갔다. 흥분한 아이의 너무 심한 외침은 당연했다. 아직 우리 집에 유례가 없었던 침입, 거대한 나방들의 침입이었다. 4마리는 벌써 잡혀서 참새 장으로 들어갔고, 더 많은 녀석이 천장에서 날아다닌다.

녀석들을 보고 아침에 가둔 나방 생각이 났다. 아들에게 급히 말했다. "얘야, 옷을 다시 입어라. 새장은 거기 놔두고 같이 가 보자. 이상한 게 보일 거다."

집 오른쪽 끝에 있는 연구실로 가려고 내려왔다. 부엌에서 가정부를 만났는데 그녀는 지금 벌어지는 일에 어리둥절해했다. 처음엔 박쥐인 줄 알았다며 앞치마로 나방을 쫓고 있었다.

사방에서 몰려온 공작산누에나방이 우리 집을 차지한 것 같다. 이렇게 몰려든 원인인 저기 갇힌 암컷 둘레는 과연 어떻겠더냐! 다행히 연구실의 두 창문 중 하나가 열려 있으니, 길은 마음대로 통과할 수 있게 되어 있는 셈이다.

촛불을 들고 안으로 들어갔다. 그때 본 광경은 정말로 잊을 수가 없다. 커다란 나방들이 부드럽게 푸드득 소리를 내며 철망 씌운 사육장 둘레로 날아다니고, 머물고, 떠나고, 다시 오고, 천장으로 올라갔다 다시 내려오곤 했다. 촛불에도 날아들어 날갯짓으로 불을 끈다. 어깨로 달려들고 옷에 달라붙고 얼굴을 스친다. 애기박쥐(Vespertilion: *Vespertilion*)처럼 날아다니는 것이 꼭 마술사의 소굴 같다. 폴은 불안을 진정시키려고 내 손을 여느 때보다 꼭 잡는다.

몇 마리나 될까? 20마리가량이다. 여기에 길을 잃고 부엌, 아이들 방, 다른 방으로

**가중나무산누에나방** 우리나라 나방 중 가장 대형종이며, 예전에는 서울 시내에서도 흔히 볼 수 있었다.
시흥, 20. VI. '96

간 녀석들을 합치면 40마리는 될 것 같다. 공작산누에나방의 저녁은 기억할 만하다고 했는데, 그날 아침 내 연구실의 비밀 속에서 태어난 암컷을 과연 어떻게 알았는지, 사방에서 몰려와 성년이 된 그녀에게 인사를 드리려는 열애자가 40마리나 되기에 하는 말이다.

경솔하게 촛불로 달려드는 방문객의 날개를 태울 염려가 있으니, 오늘은 구애하는 무리를 방해하지 말자. 미리 생각한 실험용 질문서를 준비해 내일 다시 연구하기로 하자.

지금은 우선 예비 공작으로 1주일 동안의 관찰에서 매번 되풀이되던 것을 말해 두자. 매일 8~10시의 캄캄한 밤중에 나방이 한 마리씩 날아온다. 소나기가 쏟아질 것 같은 날씨였다. 하늘이 잔뜩 흐리고 어둠이 어찌나 짙던지 나무가 덮인 먼 바깥의 정원에서는 눈앞에 내민 손을 겨우 알아볼 수 있을까 말까 할 정도였다.

이런 어둠에 찾아오는 나방에게는 접근의 어려움이 보태져 있었다. 큰 플라타너스(Platane: *Platanus*) 밑에 가려져 있는 우리 집의 바깥쪽 현관에는 라일락과 장미나무가 빽빽이 들어선 정원이 있고, 소나무 집단과 실편백 병풍은 북풍을 막고 있다. 몇 걸음 밖의 문 앞에는 덤불처럼 자라는 관목이 성벽을 이루었다. 공작산누에나방이 이렇게 칠흑같이 캄캄하고 가지가 이리저리 얽힌 사이로 순례의 목적지까지 도착하려면 지그재그로 항해를 해야 한다.

이런 상황에서는 올빼미(Chouette: *Strix aluco*)°도 감히 올리브나무(*Olea*)의 제 구멍을 떠나지 못할 것이다. 그런데 큰 눈을 가진 야간 새보다 겹눈(複眼, 복안) 렌즈에 많은 재능을 받은 공작산누에나방이 부딪침 없이 지나온다. 너무나 잘 조종해서 구불구불 날아, 장애물을 지나쳐 오면서도 완전히 싱싱한 상태였다. 커다란 날개가 전혀 긁힌 자국 없이 말짱했다. 이런 어둠조차 녀석들에게는 충분한 빛이 되는 것이다. 녀석들이 보통 망막(網膜)에는 알려지지 않는 어떤 광선을 지각할지라도, 멀리 떨어진 나방에게 이런 예외적인 시력이 지각되어서 달려올 수는 없다. 멀다는 점과 중간에 가로놓인 수많은 차폐막이 분명히 장애가 된다.

여기의 문제는 아니나 속임수의 굴절이 존재하지 않는 한, 빛은 비치는 물체로 직진한다. 빛의 지시는 그토록 정확하다. 한편, 공작산누에나방도 때로는 틀린다. 개략적인 방향 잡기가 아니라 저를 유인하는 사건의 정확한 장소를 틀린다. 앞에서 말했듯이 이 시간 방문자의 참된 목적지인 연구실과는 반대인, 즉 빛이 있던 아이들 방도 녀석들 차지가 되었다. 녀석들은 분명히 올바른 정보를 갖지 못했다. 부엌 역시 우유부단한 나방이 몰려들었다. 여기서는 밤벌레가 통제할 수 없는 유혹 대상인 등불 빛이 녀석들의 길을 혼란시켰을 것이다.

어두운 곳만 따져 보자. 거기도 길 잃은 나방이 적지 않았다. 녀석들이 당도해야 할 지점의 근처 사방에서 발견된다. 철망 사육장에 잡혀 있는 암컷은 창문에서 서너 걸음밖에 안 되는 곳에 있는데, 모두가 그곳으로의 직접적이고 확실한 길인 창문으로 들어오지는 않았다. 현관에도 여러 마리가 밑으로 뚫고 들어와 방황했다. 위에는 닫힌 문에 가로막혀서 나갈 데가 없으니 기껏해야 층계까지도 못 간다.

이런 결과는 혼인 잔치에 초대 받은 나방이 어떤 빛의 방사를 인식하면 목적지로 곧바로 가지 못함을 말해 준다. 물론 우리 육체는 인식하지 못하는 빛이다. 다른 무엇인가가 멀리 있는 녀석들에게 알려져서 정확한 장소의 근처로는 오게 했으나, 최후의 발견은 막연한 탐색과 망설임에 맡겨졌다. 우리 역시 소리와 냄새가 나는 지점을 정확히 지적해야 할 때는 별로 정확치 못한 안내자인 청각과 후각으로 이와 비슷한 정도의 정보를 얻는다.

공작산누에나방이 발정해서 밤 여행을 하게 하는 정보기관은 어떤 것일까? 더듬이로 추측된다. 수컷은 사실상 더듬이가 깃털 모양이며, 그 넓은 면적으로 넓은 공간을 살필 것 같다. 훌륭한 깃털 장식이 순전히 장식뿐일까, 아니면 장식인 동시에 사랑에 빠진 녀석을 인도할 발산물 지각에 어떤 역할을 하는 것일까? 결정적인 실험이 쉬울 것 같으니 조사해 보자.

침입 다음날, 연구실에서 방문객 8마리를 만났다. 녀석들은 닫힌 쪽 창문의 가로지른 창살에 달라붙어서 꼼짝 않는다. 다른 녀석들은 10시경 발레를 끝내고 들어왔던 길, 즉 밤낮 열려 있는 창문을 통해서 떠나갔다. 꾸준히 남아 있던 8마리는 내 계획에 필요하다.

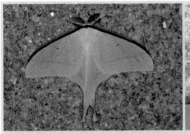

**옥색긴꼬리산누에나방과 더듬이** 성충 나방은 색깔이 무척 고와서 사람의 시선을 끈다. 조금 자세히 보면 날개의 앞쪽 테두리 색깔과 빗살 모양인 수컷의 더듬이가 더욱 신기함을 불러일으킨다. 동해, 13. VII. 06, 강태화

가는 가위로 더듬이 밑동을 잘랐다. 물론 다른 곳은 건드리지 않았다. 잘린 나방은 이런 조작에 별로 신경 쓰지 않는다. 어떤 녀석도 반항하지 않았으며 겨우 날개나 조금 칠 뿐이다. 상처가 전혀 중하지 않은 것 같으니 실험에 훌륭한 조건이다. 잘린 녀석이 고통으로 질겁하지 않으니 내 계획에 잘 맞을 것이다. 그날은 창살에서 평온히 지내다 날이 저문다.

몇 가지 다른 조치를 취할 필요가 있다. 특히 연구의 가치를 높이려면 장소를 바꿀 필요가 있다. 절단된 수컷이 날아오를 밤 시간에 사육장에 갇힌 암컷을 옮겼다. 연구실에서 50m가량 떨어진 곳으로 집의 다른 쪽 현관 밑 땅바닥에 설치했다.

밤이 되자 수술 받은 8마리를 마지막으로 한 번 더 확인했다. 6마리는 열린 창문을 통해서 떠났으나 2마리는 아직 남았는데 마루에 떨어져 있었다. 녀석들을 눕혀 놓으면 다시 뒤집을 힘이 없다. 지쳐서 죽어 가는 중이다. 그렇다고 해서 내가 시행한 수술을 비난하지는 마시라. 내 가위가 관여하지 않았어도 역시 빨리 쇠약해졌

을 것이다.

생기가 있어서 떠난 6마리는 저희를 유인하는 미끼 쪽으로 다시 올까? 더듬이가 없어진 녀석이 연구실과 먼 곳으로 옮긴 사육장을 발견할 수 있을까?

사육장은 거의 바깥의 어두운 곳에 있다. 가끔씩 초롱과 포충망을 들고 나가 본다. 찾아온 수컷을 잡아서 확인하여 목록에 올리고, 즉시 옆방에 놓아 주며 문을 닫는다. 이렇게 차차 제거시켜야 같은 나방을 여러 번 세지 않고 정확한 숫자를 파악하게 될 것이다. 게다가 넓게 비어 있는 임시 감옥은 녀석들을 위험에 빠뜨리지 않고 조용한 은신처와 넓은 공간을 제공할 것이다. 이런 조심성은 연구가 진행되는 동안 계속 취해질 것이다.

10시 반이 되자 더는 오지 않아 소동이 끝났다. 모두 25마리의 수컷이 잡혔는데 그 중 한 마리만 더듬이가 없는 녀석이다. 어제 수술을 받았으나 연구실을 떠나 충분히 활동을 재개할 수 있는 6마리 중 한 마리만 철망 사육장을 다시 찾아왔다. 아주 빈약한 결과였는데, 더듬이의 주도적인 역할을 단정하거나 부정해야 한다면 이 결과로는 신뢰할 수가 없다. 더 큰 규모로 다시 시작하자.

다음날 아침, 어제의 포로를 보러 갔으나 보이는 것은 별로 고무적이지 못했다. 많은 녀석이 거의 생기 없이 땅바닥에 누워 있다. 손으로 잡으면 여러 마리가 겨우 살아 있다는 표시만 한다. 꼼짝 못하는 녀석에게서 무엇을 기대할 수 있을까? 그래도 시험해 보자. 어쩌면 사랑의 원무를 춰야 할 시간이 되면 기운을 다시 차릴지 모를 일 아닌가.

새로 24마리가 더듬이 절단 수술을 받았다. 어제 잘린 녀석과 죽어 가거나 거의 그런 수준인 녀석은 집단에서 제외되었다. 그날은 바로 감옥 문이 열렸으니 나가고 싶은 녀석은 나갔다가 가능하면 저녁 축제에 참석하거라. 나가는 나방이 다시 찾아야 하는 시련을 겪게, 또한 문지방을 넘다가 흘리지 않도록 사육장을 또 옮겼다. 이번에는 집의 반대편 아래층 방이다. 물론 그 방은 마음대로 드나들 수 있다.

더듬이가 잘린 24마리 중 16마리만 밖으로 나갔다. 무기력하게 남아 있는 8마리는 얼마 후 죽을 것이다. 떠난 16마리 중 몇 마리가 저녁에 사육장 주변으로 돌아올까? 하나도 안 돌아왔다. 그날 저녁에 잡은 나방은 7마리뿐인데 모두가 새로 깃털장식을 달고 온 녀석들이다. 이 결과는 더듬이 제거가 어느 정도 중대한 사건이라고 단언하는 것 같았다. 그러나 대단히 중요한 의문이 남아 있으니 아직은 결론을 내리지 말자.

사람에게 무자비하게 귀가 잘린 젊은 도그(dogue)인 무플라드 (Mouflard)가 이렇게 말했다.[2] "내 꼴 참 좋다! 이래 가지고 감히 다른 개 앞에 나설 수 있겠어!" 내 나방 또한 무플라드 선생과 같은 걱정을 했을까? 아름다운 깃털장식을 잃자 감히 경쟁자 앞에서 수작을 걸어 볼 생각을 못 한 것일까?

나방이 부끄러워서 그럴까, 아니면 안내자가 없어서 그럴까? 그보다는 오히려 순간적

<hr />

2 도그는 집 지키는 개 또는 화를 잘 내는 사람, 무플라드는 얼굴이 둥근 사람이라는 뜻이다. 이 두 단어는 쥘 로스탕(Jules Rostang)의 저서 『Petit-bon-homme vit encore』에 등장하는 불쌍한 소년 툴루투투(Turlu-tutu)와 관련이 있는 것 같으나 정확한 내용을 파악하지 못했다. 혹시 큰 머리에 귀가 잘린 개, 즉 '불독'을 말한 것은 아닌지 모르겠다.

인 정열의 지속 시간을 초과한 기다림 뒤의 지친 결과는 아닐까? 실험이 알려 주겠지.

넷째 날은 14마리를 잡았는데, 모두 새로 온 녀석이며 오는 족족 한 방에 갇혀서 밤을 보냈다. 다음날, 낮에는 녀석들이 꼼짝 않는 것을 이용해서 가슴의 털을 조금 잘라 냈다. 이렇게 털이 좀 깎여도 곤충은 전혀 불편해하지 않는다. 그만큼 부드러운 털은 쉽게 빠지며, 깎였다고 해서 사육장을 다시 찾을 때 필요할지 모를 어느 기관이 없어지는 것은 아니다. 나방에게는 깎인 게 아무것도 아니나 내게는 다시 찾아온 나방의 참된 표시가 될 것이다.

이번에는 활기 없이 허약한 녀석은 없었다. 밤이 되자 털을 깎인 14마리가 활동을 재개한다. 사육장의 위치를 또 옮겼음은 말할 필요도 없다. 2시간 동안 20마리를 잡았는데, 그 중 털이 깎인 녀석은 2마리밖에 없다. 전전날 더듬이가 잘린 녀석은 하나도 나타나지 않았다. 그 녀석들의 짝짓기 시기는 이미 끝났다. 끝나도 완전히 끝난 것이다.

깎인 털로 표시된 14마리 중 2마리만 돌아왔다. 나머지 12마리는 안내자일 것으로 생각되는 깃털장식 더듬이를 가졌는데 왜 다시 오지 않았을까? 한편, 하룻밤 격리되고 나면 왜 거의 언제나 쇠약해진 나방이 많았을까? 이에 대한 대답은 한 가지밖에 생각나지 않는다. 공작산누에나방이 짝짓기의 열정으로 곧 지쳐 버리는 것이다.

나방은 삶의 유일한 목적인 짝짓기를 위해서 놀라운 특전을 타고났다. 녀석은 거리, 어둠, 장애물을 뚫고 원하는 암컷을 찾아낼 줄 안다. 2~3일간 몇 시간 동안 찾아다니고 기분 풀이를 할 수 있다. 만일 그때를 이용하지 못하면 모두가 끝장이다. 그렇게 정확했던 나침반이 고장 나고, 그토록 밝던 표지등이 꺼진다. 이제는 뭣하러 살아남겠더냐! 그때는 과감히 어느 구석으로 물러나 환상과 불행의 끝인 마지막 잠을 자는 것이다.

공작산누에나방 수컷은 오직 종을 영속시키기 위한 나방일 뿐 영양 섭취도 모른다. 나방은 대부분 즐거운 미식가이다. 그래서 이 꽃 저 꽃으로 날아다니며 대롱 주둥이의 두루마리를 펼쳐 달콤한 꽃부리 속에 꽂는다. 하지만 그야말로 단식가인 이 녀석은 배고픔의 속박에서 완전히 해방되어 먹지를 않는다. 녀석의 입을 구성하는 기관들은 그저 희미한 형태의 쓸모없는 겉치레일 뿐, 작동에 적합한 진짜 연장이 아니다. 위장에는 한 모금도 안 들어간다. 이런 특징이 생존 시간에 영향을 주지 않는다면 훌륭한 특전이 될 것이다. 등불이 안 꺼지려면 기름방울이 필요한데, 이 녀석은 기름을 포기했으니 오래 살기를 포기한 것이다. 한 쌍의 만남에 반드시 필요한 2~3일의 밤 시간, 그러고는 끝이다. 수컷 나방은 죽는 것이다.

그러면 더듬이가 잘린 나방이 돌아오지 않는 것은 무슨 뜻일까? 더듬이가 없어서 암컷이 기다리는 사육장을 다시 찾을 수 없게 되었음을 확인시켜 주는 것일까? 결코 그렇지 않다. 위험한 수술을 받지 않고 털만 깎인 나방처럼 녀석도 제 시대가 지나갔음을 뜻한다. 더듬이가 잘렸든 아니든, 녀석은 이제 나이가 많아 쓸모가 없어진 것이다. 결국 더듬이가 없었던 녀석의 증언은 가치가 없다.

실험에 필요한 날짜가 부족해서 더듬이의 역할을 알 수가 없다. 전에도 의심이었는데 또 의심으로 남는다.

철망뚜껑 밑에 갇힌 암컷은 8일 동안 살았다. 이 암컷은 매일 저녁 나의 희망대로 집 안 여기저기에 다양한 숫자의 수컷 무리를 불러왔다. 녀석들을 오는 족족 포충망으로 잡아 귀양 보내진 방에서 밤을 지나게 했다. 다음날은 적어도 가슴털을 깎아 표시를 했다.

8일 동안, 저녁 때 날아온 수컷은 총 150마리에 달했다. 그 뒤 2년 동안 이 연구를 계속하는 데 필요한 재료를 구하느라 얼마나 찾아다녀야 했는지를 생각하면 참으로 놀라운 숫자이다. 집 근처에서 공작산누에나방의 고치를 발견하지 못하는 것은 아니나 무척 드물었다. 애벌레가 머무는 편도나무 고목이 많지 않아서 그렇다. 두 해 겨울 동안, 늙은 나무를 모두 찾아다니며 억센 풀로 둘러싸인 줄기 밑동 근처를 살폈지만 빈손으로 돌아온 적이 얼마나 많았더냐! 결국 첫해에 잡힌 150마리는 멀리, 아주 멀리서, 어쩌면 사방 2km나 더 먼 곳에서 온 녀석들인데, 내 연구실에서 일어난 일을 어떻게 알았을까?

먼 거리에서는 빛, 소리, 그리고 냄새의 세 가지 정보 요인이 감수성과 통하는데, 여기서 시력도 허용된다고 말할 수 있을까? 열린 창문으로 들어가는 나방을 인도하는 데 시력보다 훌륭한 것은 없을 것이다. 하지만 창문으로 오기 전까지는 캄캄해서 안 보이는 바깥이 아니었더냐! 거기서는 벽을 투시하는 스라소니(Lynx: *Lynx* → *Felis lynx*)의 전설적인 눈을 가졌더라도 어려울 것이다. 수 킬로미터나 떨어진 곳에서 그렇게 놀라운 일이 가능할 날카로운 시력을 가정해 볼 수는 있겠으나, 이런 터무니없는 가정은 토론해 볼 것도 없이 무시하련다.

소리 역시 문제가 되지 못한다. 배가 뚱뚱한 암컷은 그토록 멀리서 수컷을 불러올 수 있지만, 지독히 예민한 귀라도 들을 수 없을 만큼 작은 소리도 내지 않았다. 엄밀히 말하자면, 혹시 지극히 민감한 마이크로폰으로나 감지할 수 있는 은밀한 진동 또는 정열적인 몸 떨림을 가졌을 가능성은 있다. 그러나 찾아오는 수컷은 상당히 먼 거리, 수 킬로미터나 떨어진 곳에서 사정을 알 수 있어야 함을 기억하자. 이런 상황이니 음향 감각 역시 생각에서 제외시키자. 그렇지 않으면 침묵에게 주위를 감동시키는 책임을 지워 주는 격이 될 것이다.

냄새가 남아 있다. 나방이 냄새에 이끌려 달려왔다가 얼마 동안 머뭇거린 다음 미끼를 발견할 때, 우리의 감각 기능 영역은 그것의 발산이 대강이나마 무엇인가를 설명해 줄 수 있을지 모르겠다. 우리가 냄새라고 하는 것과 비슷한 발산물, 즉 우리는 전혀 느끼지 못하지만 탁월한 능력의 후각에는 잘 스며들어 작용하게 되는 발산물이 실제로 존재할까? 한 가지 실험이 필요한데 아주 간단한 실험이다. 강력하고 오래가는 냄새로 후각 기능을 빼앗는 방법이다. 강한 것은 약한 것을 무력화시킬 테니, 그 발산을 없애거나 막는 방법인 것이다.

저녁에 수컷이 초대될 방에 미리 나프탈렌을 뿌려 놓았다. 사육장의 암컷 옆에도 나프탈렌이 가득 담긴 넓은 접시를 놓아두었다. 방문 시간에 그 방 문지방까지만 가도 가스 공장 냄새를 분명히 맡게 된다. 하지만 내 계략은 성공하지 못한다. 나방은 여느 때와 똑같이 방안으로 들어갔다. 지독한 냄새가 밴 공기를 지나면서 아무 냄새가 없는 환경처럼 분명히 사육장 방향으로 간다.[3]

후각 기능에 대한 내 확신이 흔들린다. 게다가 조사를 더 계속할 수 없게 되었다. 9일째 되는 날, 암컷 포로는 수정을 기다리다 지쳐서 뚜껑철망에 무정란을 낳고는 죽었다. 피실험 곤충이 없어졌으니 다음해까지 어쩔 도리가 없다.

이제는 미리 대비하자. 이미 시험한 것과 생각 중인 실험을 소원대로 반복할 수 있게 나방을 마련하련다. 그러니 일을 다시 시작하자. 그것도 즉시 하자.

여름에 애벌레를 한 마리에 한 푼(수, sou)씩 주고 사들였다. 이 장사가 단골 공급자인 몇몇 꼬마의 마음에 든다. 목요일이면 그 지겨운 동사 활용법에서 해방되어 들판으로 뛰어다니다가 가끔씩 커다란 송충이를 발견한다. 그러고 막대기 끝에 달라붙은 녀석을 가져온다. 귀여운 꼬마들은 감히 송충이를 만지지 못한다. 내가 아이들 앞에서 그 벌레를 누에 다루듯이 익숙한 손가락으로 잡으면 그런 대담성에 깜짝 놀란다.

편도나무 가지로 기른 사육장은 며칠 뒤 훌륭한 고치를 제공했다. 겨울에는 녀석을 먹여 살린 나무 밑동을 열심히 찾아다녀 수집을 보충한다. 내 연구에 관심을 가진 친구들도 도와준다. 정성 들이고, 심부름시키고, 상담(商談)하고, 덤불에 손이 벗겨진 끝에 마침내 한 무리의 고치

3 냄새는 안정된 분자 상태의 화합물이므로 강한 냄새 분자가 다른 냄새 분자를 변질시킬 수는 없다. 게다가 우리 코에 강하다고 해서 다른 동물에게 똑같이 강할 수는 없다.

를 얻었다. 그 중 12개가 더 크고 무거워서 암컷임을 알려 온다.

하지만 실패가 기다리고 있었다. 변덕스러운 5월, 그렇게도 법석을 떨었던 내 준비를 소멸시킨 5월 겨울이 찾아와 북풍이 윙윙거리며 새로 돋아난 플라타너스 잎을 갈기갈기 찢어 땅바닥에 너저분하게 깔아 놓았다. 12월 추위가 다시 찾아온 셈이다. 저녁에는 활활 타는 불을 다시 피워야 했고, 벗어 던졌던 두꺼운 옷을 다시 꺼내 입어야 했다.

큰 시련을 겪은 나방도 마비로 부화(孵化)[4]가 늦어진 녀석이 보급된다. 오늘 한 마리, 내일 한 마리, 이렇게 차례대로 암컷을 대기시켰으나 암컷이 기다리는 사육장 둘레에는 외지의 수컷이 드물거나 없었다. 수집한 것 중 깨어나 깃털장식으로 수컷임이 확인된 것들은 즉시 정원에 풀어 주었다. 따라서 근처에 수컷이 있음에도 불구하고, 멀리서든 가까이서든 찾아오는 녀석이 별로 많지 않았고 와도 열정이 없었다. 잠시 들어왔다가 사라지고 다시는 오지 않았다.

냄새의 발산은 더위가 증대시키고 추위가 약화시켜서 알리는 정도에 차이가 있을 것 같은데, 어쩌면 이와 반대인지 모르겠다. 한 해를 망쳤다. 아아! 짧은 계절의 복귀와 변덕에 구속을 받는 실험은 얼마나 고통스럽더냐!

다시 세 번째 실험을 시작했다. 송충이를 기르며 고치를 찾아 들판을 헤맨다. 5월이 되자 자료를 적당히 갖추게 되었다. 이번에

[4] 이 경우는 부화(éclosion)보다 우화(emergnce, 羽化)로 써야 하는데, 파브르는 두 경우를 항상 éclosion으로 써서 오해하기 쉽다. 후자는 '태어남'의 뜻에도 쓰며, emergnce는 '솟아남'의 뜻으로 많이 쓰여서 파브르가 틀렸다고 할 수는 없다. 한편 수집했던 수컷조차 별로 오지 않았다는 게 이상하다. 파브르는 과연 암수 모두가 동일종인 공작산누에나방임을 확인했는지 의심이 간다.

는 계절이 좋아서 내 소원에 부응했다. 연구의 근원인 문제의 저 침입 초기에 그토록 내게 큰 충격을 주었던 몰려옴을 다시 보았다.

저녁마다 12마리, 20마리, 또는 더 많은 떼로 방문객이 몰려온다. 배가 뚱뚱한 마님은 철망에 달라붙어 있을 뿐 전혀 움직임이 없다. 날개조차 떨지 않는다. 무슨 일이 일어났든 무관심한 것처럼 보인다. 집안 식구 중 가장 예민한 코로 판단시켜 봐도 아무 냄새가 없고, 가장 밝은 귀로 증언시켜 보려 했으나 아무 소리가 없다. 꼼짝 않고 고요하게 기다릴 뿐이다.

수컷은 2마리씩, 3마리씩, 또는 더 많이 둥근 지붕에 내려앉았다가 사방으로 분주히 돌아다니며 날개를 끊임없이 팔락거린다. 경쟁자끼리 싸우지는 않았다. 다른 열성분자에게 질투의 표시도 없이 각자가 최선을 다해서 울타리 안으로 뚫고 들어가려고 애쓴다. 쓸데없는 시도에 싫증 난 녀석은 날아가서 둥글게 원무를 추는 발레단에 섞인다. 낙망한 몇 마리는 열린 창문으로 도망치고, 대신 다른 녀석이 들어온다. 그래서 철망 위에서는 새로 접근하려는 시도가 10시경까지 끊임없이 계속된다. 바로 싫증 내고 곧 다시 시작되곤 한다.

사육장은 매일 저녁 옮겨진다. 북쪽이나 남쪽, 집의 오른쪽 아래층이나 위층, 또는 50m가량 떨어진 왼쪽 끝, 방과 동떨어진 바깥의 은밀한 곳에 가져다 놓는다. 찾아오는 수컷을 가능한 한 혼란시키려고 꾸며 낸 갑작스런 이사가 녀석들에겐 전혀 문제되지 않았다. 나는 공연히 녀석을 속여 보려고 시간과 간교함만 허비했다.

장소에 대한 기억이 여기서는 작용하지 않았다. 예를 들어 암컷이 어제는 집 안의 어떤 방에 자리 잡고 있었다. 깃털장식을 갖춘 수컷이 거기에 와서 두어 시간 날아 다녔고, 여러 마리가 거기서 밤을 보내기도 했다. 이튿날 사육장을 옮기자 모두가 밖으로 나왔다. 비록 짧은 시간이었지만 가장 새로 온 녀석은 두세 번의 야간 원정을 반복하기에 적당했다. 우선 하루를 묵은 고참 나방은 모두 어디로 갈까?

녀석은 전날 약속 장소를 정확히 알고 있을 테니 기억력의 인도로 그리 돌아올 것이고, 아무것도 찾지 못하자 다른 곳에서 계속 찾을 것이다. 하지만 아니다. 내 기대와는 달리 그렇게 하지 않았다. 어제 저녁 그렇게 자주 드나든 곳에 오늘은 한 마리도 나타나지 않는다. 잠깐 들여다보는 녀석조차 없다. 기억이 끌어냈을 법한 사전 정보 없이 거기가 비었음을 안다. 기억력보다 더 단정적인 안내자가 녀석을 다른 곳으로 호출한 것이다.

지금까지는 암컷을 철망의 코 사이로 볼 수 있었다. 캄캄한 밤에 잘 보고 찾아오는 수컷이라면 희미한 빛에서도 그녀를 보았을 것이다. 물론 그 빛이 우리에게는 거의 암흑이다. 만일 암컷을 불투명한 울타리 속에 가두면 어떻게 될까? 울타리의 성질에 따라 알림의 발산물을 방출시키거나 막지는 않을까?

물리학은 오늘날 헤르츠파(Ondes hertziennes)를 써서 우리에게 무선전신(無線電信)을 제공한다. 공작산누에나방이 이 방면에서 우리를 앞섰을까? 갓 깨어난 결혼 적령기의 암컷이 수 킬로미터 밖의 구혼자에게 알려 주변을 흥분시키고, 차폐막에 따라 차단하거나 통과시키고, 알려졌든 안 알려졌든 어떤 파장의 전자파를 이용할까? 한 마디로 말해서, 암컷은 제 나름대로 일종의 무선전신을 사용할까? 곤충의 습관에도 이 정도의 놀라운 발명이 있었기에, 무선전신이 전혀 불가능하다고 생각하지는 않는다.

그래서 암컷을 양철, 나무, 골판지 등 여러 성질의 상자에 넣었다. 모든 상자를 밀봉했는데 두툼한 접합제로 봉하기까지 했다. 격리된 유리그릇은 판유리로 덮었다.

밀봉된 상태에서는 저녁 기후가 아무리 따뜻하고 조용해도 수컷이 결코 오지 않았다. 금속, 유리, 나무, 골판지 울타리는 어떤 성질이든 통신 매체가 넘지 못할 장애물이었다.

손가락 두 개 두께의 솜을 입혀도 같은 결과였다. 암컷을 넓은 표본병에 넣고 마개 대신 두툼한 솜을 묶어 놓았다. 수컷이 전혀

오지 않았다. 주변에서 실험실의 비밀을 인식하지 못하게 하려면 이것으로 충분했다.

반대로 잘 닫히지 않고 조금 열린 상자를 써 보자. 그리고 상자를 서랍이나 장롱 속에 감추어 놓자. 이렇게 비밀을 보탰지만 나방이 왔다. 훤히 보이는 탁자 위의 철망 사육장만큼 몰려왔다. 어느 날 저녁, 닫힌 벽장 안의 모자 상자에 갇혀서 기다리던 암컷을 생생히 기억한다. 벽장문으로 몰려와서 들어가고 싶은 수컷이 날개로 문을 두드리며 노크를 했다. 녀석들은 여기저기 어디선가 밭을 가로지르며 지나가던 나그네였는데, 널빤지 뒤쪽 저 안에 무엇이 들어 있는지 아주 잘 알고 있었다.

이렇게 해서 무선전신 종류의 정보 수단은 용납될 수 없음이 인정된다. 전파의 도체든 부도체든 어떤 차폐막이라도 암컷의 신호를 완전히 막았다. 신호를 자유롭게 또한 멀리 퍼지게 하려면 반드시 조건 하나가 채워져야 한다. 암컷이 갇혀 있는 울타리가 불완전하게 닫혔어야 하며, 안팎의 공기가 서로 내통해야 한다. 이렇게 되면 나프탈렌 이용 실험으로 부인된 냄새의 개연성과 다시 부딪친다.

고치 자원은 다 떨어져 가는데 문제는 분명치 않은 상태로 남아 있다. 4년 차에 다시 계속해야 할까? 하지만 다음과 같은 이유로 포기했다. 밤에 짝짓기 하는 나방의 은밀한 행위를 보려면 관찰이 어렵다. 한량들이 목적을 달성하는 데는 분명히 빛의 필요성을 느끼지 못한다. 하지만 이 인간의 미약한 시력은 밤에 조명 기구 없이는 볼 수가 없다. 내게는 적어도 양초 한 자루가 필요한데, 촛불은 빙빙 도는 나방이 자주 꺼뜨린다. 초롱을 쓰면 불꽃이 꺼짐을 피할 수 있으나 천의 그림자가 넓게 비쳐진 희미한 빛이 된다. 분명하게 보고 싶은 이 꼼꼼한 관찰자에게는 참으로 못마땅한 빛이다.

이것이 전부가 아니다. 불빛은 나방을 녀석의 목적에서 일탈시켜 일을 방해한다. 그래서 불이 계속 밝혀져 있으면 그날 저녁의 성공에 중대한 손실을 가져온다. 방문객은 들어오자마자 미친 듯이 불꽃으로 달려들어 솜털을 태운다. 그때는 뜨거운 화상에 질겁해서 수상한 증거를 가져온다. 등불 불꽃이 유리 갓에 막혀 구워지지는 않지만 정신을 빼앗긴 녀석이 등불 바로 옆에 달라붙어서 움직이질 않는다.

어느 날 저녁, 암컷이 식당의 창문 앞 식탁에 있었다. 천장에 매달려서 타고 있는 석유램프에는 흰 에나멜을 입힌 넓은 반사경이 있다. 찾아온 수컷 중 2마리는 철망뚜껑에 멈춰서 갇혀 있는 암컷에게 대단한 열의를 보였지만, 7마리는 지나는 길에 인사만 좀 하고는 램프로 가서 조금 돌았다. 그러다가 유백색 원뿔에서 퍼져 나오는 영광의 빛에 현혹되어 반사경 밑에 버티고 앉아 꼼짝 안 했다. 벌써 잡으려는 아이들의 손이 올라간다. 내가 말렸다. "가만 놔둬라, 놔둬. 인심을 쓰자. 거룩한 빛에 도취한 길손을 방해하지 말자."

저녁 내내 7마리 중 어느 녀석도 움직이지 않았다. 이튿날까지도 거기에 있었다. 빛의 감흥은 녀석에게 사랑의 흥분마저 잊어버리게 했다. 조명이 필요한 관찰자는 찬란한 불꽃에 이토록 열중하는 나방으로 정확하고 오래 걸리는 실험을 할 수가 없다. 그래서 공작산누에나방의 야간 짝짓기 관찰을 단념했다. 내게는 짝짓기하는 데이트 장소를 찾아오는 게 이들처럼 능란하면서 낮에 일하는 습성은 다른 나방이 필요했다.

조건을 채운 곤충들로 계속된 실험을 순서대로 말하기 전에, 연구가 끝날 무렵의 마지막에 온 나방에 대해 몇 마디 하자. 녀석은 황제나방(Petit-Paon : *Attacus pavonia minor* → *Saturnia pavonia*)이었다.

출처가 어딘지 모르는 훌륭한 고치 하나를 누가 가져왔는데, 흰 명주실 껍질이 번데기와는 분리된 채 둘러싸고 있었다. 굵고 불규칙한 주름이 있어서 껍질의 형태는 공작산누에나방 고치와 같았으나 크기는 훨씬 작았다. 앞쪽 끝은 가늘게 분리된 실오라기가 한곳으로 집중된 통발 모양이다. 그래서 밖에서 안으로 들어가는 것은 막지만 안에서 나올 때는 울타리를 부수지 않고 나올 수 있다. 결국 이 종 역시 공작산누에나방과 같은 종류임을 알려 주는 셈이며, 비단 제품은 제사공의 표시가 된다.

3월 말, 성지주일(Rameaux)[5] 아침나절에 실제로 황제나방 암컷이 통발 모양인 고치    5 부활절 바로 전 주일

황제나방 암컷

에서 나왔다. 즉시 철망뚜껑 사육장에 넣고 연구실로 가져다 놓았다. 사건의 소문이 들판에 퍼지도록 창문을 열어 놓았다. 방문객이 오려면 대문이 활짝 열렸어야 한다. 갇힌 암컷은 철망에 달라붙어서 1주일 동안 움직이지 않았다.

포로는 물결 모양 줄을 가진 갈색 우단을 입고 있어서 아름답다. 목덜미에는 흰 털이 수북이 나 있고, 앞날개 끝에는 빨간색 무늬가 있다. 검정, 하양, 빨강 그리고 황토색이 둥글게 모여 커다란 달 모양 눈알 같은 4개의 무늬가 있다. 결국 색깔만 덜 어두울 뿐 공작산누에나방의 몸치장과 거의 같았다. 크기와 복장이 매우 주목을 끄는 이 나방은 내 평생에 서너 번 만났을 뿐이다. 고치는 이번에 알았고, 수컷은 한 번도 보지 못했다. 그저 책에서 암컷의 절반 크기이며, 색깔이 더 선명해서 화려하며, 뒷날개에 주황색이 있다는 것만 알았다.

이 고장에는 무척 드문 것 같다. 그런데 내가 모르는 멋쟁이가 찾아올까? 연구실 탁자에서 기다리고 있는 결혼 적령기의 신붓감에게 수컷이 깃털장식을 달고 찾아올까? 일리가 있다고 생각한 나는 올 것으로 기대하고 있었다. 드디어 내 생각대로 왔다.

정오가 되어 점심식사를 하려는데, 찾아올 가능성 때문에 걱정되어 식사 시간에 늦은 폴이 갑자기 뺨이 빨개져서 달려온다. 연구실 앞에서 날아다니다 방금 잡힌 예쁜 나방이 그 애의 손에서 날개를 치고 있었다. 폴이 내게 보이며 눈으로 의중을 물어본다.

"어럽쇼! 그 녀석이 바로 우리가 기다리던 나그네이다. 냅킨을 다시 접어 두고, 어떤 일이 벌어지는지 보러 가자. 점심은 나중에

먹자."

희한한 일이 벌어졌으니 점심식사는 까맣게 잊어버린다. 상상도 못했던 나방들이 분명히 깃털장식을 달고 갇혀 있는 암컷의 요술 같은 소집에 응해 달려온다. 모두 북쪽에서 한 마리씩 구불구불 날아서 온다. 이렇게 사소한 문제라도 나름대로 가치가 있다. 사실상 지난 1주일 동안 겨울이 다시 돌아온 것처럼 거친 날씨였다. 세찬 북풍이 불어 조심성 없이 피었던 편도나무 꽃에게 치명적이었다. 이곳에서 이런 날씨는 흔히 봄의 전조로 사나운 폭풍의 하나였다. 오늘은 날씨가 갑자기 따뜻해졌으나 북풍은 여전히 불고 있었다.

그런데 첫번 소동에서 갇힌 암컷에게 달려온 나방은 모두 북쪽에서 울타리 안으로 들어왔다. 즉 공기의 흐름을 따라서 온 것이며 거슬러서 온 녀석은 한 마리도 없다. 만일 나방이 우리의 후각과 비슷한 후각을 나침반으로 가졌다면, 또한 공기 속에 녹아든 냄새의 미립자에 인도되어서 왔다면, 반대 방향에서 왔어야 할 것이다. 남쪽에서 왔다면 바람에 실려 간 발산물을 통해 알려졌을 것으로 생각할 수 있겠다. 그런데 지금은 북풍이 대기를 싹 쓸어오는 북쪽에서 왔다. 따라서 우리가 냄새라고 하는 물질을 녀석들은 어떻게 먼 곳에서 지각했다고 가정할 수 있겠나? 냄새 물질의 분자가 이렇게 세찬 공기의 흐름과 반대 방향으로 역류한다는 것은 인정할 수 없다는 생각이다.

해가 쨍쨍 내리쬐는 가운데 찾아온 나방은 연구실의 앞쪽 정면에서 두어 시간을 방황했다. 대개가 오래 찾았는데 벽을 탐색하거나 땅바닥을 스치듯 날아다녔다. 녀석들이 망설이는 것을 보면 자기를 유혹하는 미끼의 정확한 위치를 찾지 못해서 어쩔 줄을 모르는 것 같았다. 틀림없이 아주 먼 곳에서 달려왔는데, 일단 현장에 이르자 방향을 제대로 잡지 못하는 것 같다. 그렇지만 일찍이든 늦게든 실내로 들어와서 갇힌 암컷에게 인사를 하는데 꾸준히 계속되지는 않았다. 2시가 되자 모든 게 끝났다. 수컷은 10마리가 왔다.

　나방은 1주일 내내 매일 정오 무렵, 햇빛이 가장 밝은 시간에 찾아왔다. 그러나 숫자는 점점 줄어들었고, 전체는 거의 40마리 정도였다. 그런데 이미 알고 있는 것에 보탬이 없는 실험을 반복하는 것은 의미가 없다는 생각이 났다. 그래서 두 가지 사실만 확인한 것에서 그치기로 했다. 첫째, 황제나방은 낮에만 활동한다. 한낮의 눈부신 햇빛 아래서 짝짓기하는 것이다. 녀석에게는 아주 밝게 비치는 해가 필요하나, 성충의 형태와 애벌레의 솜씨가 아주 비슷한 공작산누에나방은 이와 반대로 이른 밤의 어둠이 필요하다. 이렇게 반대되는 이상한 습성을 설명할 사람이 있다면 그에게 설명을 부탁하련다.

　두 번째, 물리학은 강력한 공기의 흐름이 후각의 인식에 적당한 분자를 반대 방향으로 쓸어 간다고 생각한다. 그런데 반대 방향으로 흐른 냄새가 나방의 방문을 막지 못했다.

　연구를 계속하려는 나는 낮에 짝짓기 하는 나방이 필요하다. 녀석에게 물어보려면 너무 뒤늦게 개입된 황제나방이 아니라 다른 나방이 필요하다. 짝짓기의 즐거움을 능숙하게 쫓아다니는 나방이면 어느 나방이든 상관없을 것이다. 그런 나방을 얻게 될까?

# 24 떡갈나무솔나방
## (수도사나방)

그렇다. 나는 그런 나방을 얻게 될 것이다. 아니 벌써 가지고 있다. 어느 날 아침, 영리한 얼굴이지만 매일 씻지는 않으며 맨발에 다 해진 바지를 끈으로 질끈 동여맨 7살짜리 사내아이가 집에 왔다. 그 아이는 무와 토마토를 배달하느라고 집에 자주 드나들었다. 그 어머니가 기다리는 채소 값으로 동전 몇 닢을 하나씩 세어서 손바닥에 받아 넣고는, 전날 울타리 옆에서 토끼에게 줄 풀을 뜯다가 발견한 어떤 물건을 호주머니에서 꺼낸다.

"그리고 이거요. 이것도 받으실래요?"

아이는 물건을 내밀었다.

"물론, 받고말고. 될 수 있는 대로 많이, 다른 것도 구해 오너라. 그러면 주일날 재미있는 목마를 태워 줄게. 그리고 얘야, 우선 이 동전 두 닢은 네 몫이다. 셈을 하다가 무 값하고 섞일라. 그러면 틀릴 테니 이것은 따로 넣어 두어라."

머리도 잘 빗지 않은 꼬마는 이런 재산에 만족해서 얼굴이 환해

**섭나방** 성충은 가을에 나와 산란하며, 겨울나기를 한 알이 봄에 부화하여 주로 참나무류 또는 사과나무의 잎을 먹고 자란다. 속리산, 13. VIII. 06

지며, 또 벌써 큰 재산을 막연히 예상하며, 잘 찾아보겠다고 약속했다.

꼬마가 간 다음 물건을 살펴봤다. 엷은 황갈색의 아름답고 단단한 고치였는데 제법 누에(*Bombyx*)고치를 연상시켰다. 책에서 수집한 약간의 자료를 보면 떡갈나무솔나방(Bombyx du chêne: *Lasiocampa quercus*)이 거의 확실했다. 그렇다면 얼마나 큰 횡재이더냐! 어쩌면 연구를 계속해서 공작산누에나방이 어렴풋하게 보여 준 것을 보충하게 될지 모를 일이다.

사실상 떡갈나무솔나방은 널리 알려진 나방으로서, 녀석들의 짝짓기 시기의 공로를 말하지 않은 곤충학개론 책은 거의 없다. 어미는 방안이나 은밀한 상자 속에 갇혀서도 알을 낳는다고 하며, 들과는 다른 소란한 대도시에 있단다. 그런데도 사건이 숲이나 풀밭에서 관심을 가진 수컷에게 널리 알려져서, 먼 들판의 녀석들이 기묘한 나침반의 인도를 받아 달려온단다. 상자로 온 녀석들은 귀를 대고 들어 보며 그 둘레를 돌고 또 돈단다.

이런 희한한 일을 책에서 읽어 알고 있었다. 그러나 눈으로 직접 보면서 실험을 좀 해보는 것은 완전히 별개의 문제이다. 동전 두 닢을 주고 산 것이 내게 무엇을 준비해 놓고 있을까? 이 고치에서 문제의 나방이 나올까?

띠를 두른 이 떡갈나무솔나방을 수도사나방(Minime à Bande)이라고 부르자. 이런 이상한 이름은 수도자의 수수한 옷처럼 갈색인 수컷의 복장에서 유래한 것이다. 하지만 여기서의 거친 모직물은 더없이 기분 좋은 우단이며, 앞날개에는 엷은 색 가로띠무늬와 눈처럼 흰색의 작은 점무늬가 있다.

여기는 수도사나방이 흔하지 않다. 적당한 시기에 포충망을 들고 나갈 마음이 생겼다고 해서 매번 채집되는 나방이 아니다. 마을 주위에서, 특히 외딴 우리 집 울타리 안에서 20년을 살아왔지만 이 나방을 본 적이 없다. 물론 열심히 찾지는 않았으며, 죽은 곤충의 수집에 별로 흥미가 없어서 관심 밖의 나방이었을 수 있다. 비록 그렇게 수집가의 열성은 없지만 들판에서 활기찬 것이라면 모두 주의를 기울이는 눈의 소유자인 내가, 그토록 눈에 잘 띄는 몸집과 복장의 나방을 만나고 놓친 일은 분명히 없었을 것이다.

목마를 태워 주겠다는 약속에 그렇게 잘 유혹당한 꼬마 탐구자 역시 다시는 발견하지 못했다. 3년 동안 친구들과 이웃을 동원했고, 특히 덤불을 예리하게 뒤지는 청년들을 동원했다. 나도 낙엽 더미 밑을 긁어 보거나 돌무더기를 살폈고, 나무줄기에 뚫린 구멍까지 찾아보았으나 헛수고였다. 값진 고치는 보이지 않았다. 따라서 이 일대는 수도사나방이 무척 드물다는 것을 충분히 알았다. 때가 되면 하찮은 문제의 중요성을 알게 될 것이다.

하나밖에 없는 고치는 내가 추측했던 대로 유명한 그 나방의 고치였다. 8월 20일, 고치에서 몸집이 크고 배가 뚱뚱한 암컷이 나왔다. 복장은 수컷과 같으나 더 밝은 담황색이다. 녀석을 철망뚜껑 밑의 사육장에 넣고 연구실 가운데의 커다란 탁자에 놔두었다. 책, 표본병, 그릇, 상자, 시험관, 그 밖에 다른 기구가 어수선하게 널려 있는 탁자는 공작산누에나방(*Saturnia pyri*)의 경우처럼 외부로 잘 알려지는 곳이다. 정원 쪽으로 나 있는 두 개의 창으로 방에 채광이 된다. 창문 하나는 닫혀 있고 다른 하나는 밤낮 열려 있다. 두 창문에서 4~5m 떨어진 어슴푸레한 곳에 나방이 자리 잡았다.

그날과 다음 날은 특기 사항 없이 지나갔다. 갇혀 있는 나방은 앞발로 철망의 밝은 쪽에 매달려서 죽은 듯이 꼼짝 않고 있다. 날개를 전혀 안 움직이고 더듬이를 떠는 일조차 없다. 공작산누에나방 암컷도 그랬다.

그녀는 어미로 성숙하면서 연한 살이 단단해진다. 또한 우리 지식이 전혀 상상할 수 없는 기능으로 사방에서 방문객을 불러들일 매혹적인 미끼를 만들어 낸다. 배가 뚱뚱한 몸속에서 어떤 일이 일어나며, 어떤 변화가 생기기에 나중에 주변을 동요시킬까? 나방의 비밀을 알게 되면 우리 지식이 한 뼘은 늘어날 것이다.

셋째 날, 암컷은 짝짓기 준비가 되었다. 크게 잔치가 벌어진다. 실은 일을 너무 질질 끄는 바람에 나는 벌써 성공을 기대하지 않고 있었다. 그래서 정원에 있었는데 날씨가 매우 더웠다. 해가 쩅쩅 내리쬐는 오후 3시경, 창가에서 어지럽게 맴돌고 있는 한 떼의 나방이 보였다.

사랑에 들떠서 암컷을 찾아온 수컷들이 방을 드나들었다. 어떤 녀석은 긴 여행에 지쳤는지 벽에 앉아서 쉰다. 울타리 너머로, 또

가로막은 실편백나무(Cy-
près: Cupressus) 위로 멀리
서 오는 것이 어렴풋이 보
인다. 사방에서 몰려오지
만 점점 적어진다. 이제는
손님이 거의 다 왔다. 나
는 소집의 첫 순간을 놓친
것이다.

수도사나방(떡갈나무솔나방)

　빨리 연구실로 가 보자. 공작산누에나방이 초보 지식을 알려 준
경탄스러운 광경을 이번에는 대낮에 아주 세밀한 부분까지 놓치지
않고 다시 보았다. 수컷이 많이 날았는데, 그런 움직임의 혼돈 속
에서 대강 한눈에 잡히는 녀석을 세어 보니 60여 마리였다. 여러
마리가 철망 둘레를 몇 번 돌고는 열린 창문으로 나갔다가 곧 다시
돌아와서 또 돈다. 가장 열성적인 녀석은 뚜껑에 내려앉아 서로 다
리로 공격하고 떠밀며 좋은 자리를 빼앗으려 한다. 장벽 너머에 잡
혀 있는 암컷은 뚱뚱한 배를 철망에 내려뜨리고 태연하게 기다린
다. 이런 야단법석을 보면서 흥분의 표시를 보이지 않는다.

　수컷은 드나들거나 뚜껑에 끈질기게 붙어 있거나 방안을 날거나
하면서 3시간 이상 계속 과격한 춤을 추었다. 하지만 해가 기울며
조금 선선해지자 나방의 열의도 식는다. 다수는 나갔다가 돌아오
지 않았다. 하지만 어떤 녀석은 내일 참석하려고 자리 잡는다. 공
작산누에나방이 그랬던 것처럼 닫힌 창문의 창살에 달라붙었다.
오늘의 축제는 끝났으나 철망에 가로막힌 암컷은 성과가 없었다.

그러니 내일은 틀림없이 다시 시작될 것이다.

하지만 맙소사! 그게 아니었다. 정말 부끄럽게도 내 탓으로 축제가 열리지 못했다. 저녁 늦게 누가 황라사마귀(Mante religieuse: *Mantis religiosa*) 한 마리를 가져왔는데 몸이 유난히 가늘어서 주목 대상이었다. 오후에 생긴 일들로 머리가 꽉 차고 정신이 멍해진 나는 이 포식자를 급히 나방이 들어 있는 사육장에 집어넣었다. 녀석들의 동거가 불행으로 바뀔 수 있음은 어느 순간에도 생각나지 않았다. 사마귀는 저렇게 가냘프고 나방은 저토록 몸집이 굵지 않더냐! 그래서 나는 전혀 불안을 생각하지 못했던 것이다.

아아! 갈고리 닻을 가진 곤충의 맹렬한 살육 행위를 나는 얼마나 잘못 알고 있었더냐! 이튿날 뜻밖의 쓰라린 사건이, 즉 꼬마가 엄청난 거구를 잡아먹는 것이 발견되었다. 머리와 가슴 앞쪽은 이미 없어졌다. 저 소름끼치는 벌레! 너는 내게 얼마나 고약한 시간을 바쳤더냐! 밤새껏 품었던 상상의 연구도 안녕이다. 실험 곤충이 없으니 연구가 3년이나 중단되리라.

그러나 불운했고 미미하다고 해서 방금 본 자료를 잊어서는 안 된다. 단 한 번의 소동에 수컷 60마리가 왔다. 수도사나방이 드물다는 점을 고려하자. 나와 조수들의 탐구가 몇 해 동안 계속되었지만 무용지물이던 기억을 되살리자. 그러면 이 숫자에 깜짝 놀라게 될 것이다. 만나지 못했던 것이 암컷 한 마리의 미끼로 갑자기 무리 지어 나타났다.

수컷이 어디서 몰려왔을까? 사방에서 그리고 아주 멀리서 왔음에는 의심의 여지가 없다. 나는 아주 오래 전부터 활동했으니 이웃

416

의 작은 수풀 하나하나, 돌무더기 하나하나에 모두 정통하다. 그래서 여기는 떡갈나무솔나방이 없다고 단언할 수 있다. 연구실에 나방 떼를 모아 놓으려면 감히 내가 결정하지 못할 반경 안에 있는 여러 근교(近郊)의 도움이 필요하다.

3년이 지나갔다. 끈질기게 간청한 행운이 드디어 수도사나방 고치 2개를 내게 가져다주었다. 8월 중순, 두 고치에서 며칠 간격으로 각각 암컷이 나왔다. 이 행운으로 여러 실험을 다양하게 바꾸어 가며 반복할 수 있을 것이다.

공작산누에나방이 이미 긍정적인 답변을 주었던 실험을 빨리 다시 해본다. 대낮의 손님도 밤손님만큼이나 노련했다. 하지만 이 녀석도 간교한 나를 모두 실패시켰다. 철망뚜껑의 사육장이 집의 어느 지점에 놓이든, 틀림없이 갇혀 있는 암컷에게 달려온 것이다. 벽장 속에 감추어도 찾아낸다. 어떤 상자 속이든 비밀스럽게 감추어 놓아도, 밀봉되지만 않았다면 갇힌 녀석을 알아낸다. 상자가 밀봉되었을 때는 정보를 얻지 못해서 안 온다. 여기까지는 공작산누에나방의 장한 공로가 반복된 것일 뿐 특별한 것은 없다.

상자를 꼭 닫아서 안팎의 공기가 소통하지 않으면 떡갈나무솔나방 역시 갇혀 있는 암컷을 알아보지 못한다. 이런 상자는 아주 잘 보이는 창틀에 내놓아도 나방 한 마리 오지 않는다. 그래서 금속이든 나무든 골판지든 유리든 상관없이, 벽을 통과해서 전달되지 못하는 냄새 물질이라는 생각이 더욱 절실하게 부각된다.

이 점에 대해 조사받은 공작산누에나방은 나프탈렌 냄새에 속지 않았다. 내 생각에 인간의 어떤 후각도 느낄 수 없는 그야말로 미약한 발산물이라면 나프탈렌의 강한 냄새가 가로막을 수 있을 것 같았는데도 말이다. 떡갈나무솔나방으로 다시 실험해 보았다. 이번에는 내가 이용할 수 있는 향유와 악취의 약품을 아주 풍성하게 사용했다.

찻잔 받침 10개를 일부는 암컷이 갇혀 있는 철망사육장 안에, 일부는 그 둘레에 빙 돌아가며 걸어 놓았다. 그릇별로 나프탈렌, 라벤더 향유, 석유, 썩은 달걀 냄새가 나는 알칼리성 황화물이 담겨졌다. 더 심한 약품은 갇힌 나방을 질식시킬 것 같아서 사용하지 못했다. 이런 설치는 소집 시간이 되었을 때 방에 냄새가 완전히 배게 하려고 아침나절에 했다.

오후가 되자 연구실은 잘 퍼지는 라벤더 냄새와 황화수소의 악취가 특히 많이 나서 불쾌한 약품 조제실이 되었다. 이런 방에서 담배를 피운다는 점, 그것도 아주 많이 피운다는 점도 잊지 말자. 가스 공장, 끽연실, 향수 가게, 석유 가게 따위의 악취를 풍기는 화학적 냄새들이 합쳐져서 떡갈나무솔나방이 길을 혼동하게 될까?

전혀 아니다. 3시쯤 되자 여느 때와 똑같이 많은 나방이 몰려온다. 어려움을 보태려고 두꺼운 헝겊으로 가려 놓은 철망뚜껑으로 몰려간다. 아무것도 보이지 않는 방안으로 들어와서 모두 없어져야 할 냄새의 이상한 공기 속에 잠기면서, 암컷에게 가겠다고 헝겊 주름 속으로 파고들려는 애를 쓴다. 내 간교함은 아무 결과를 얻지 못했다.

그렇게 분명한 결과는 공작산누에나방과 나프탈렌이 알려 준 것의 반복일 뿐이다. 실패한 뒤, 정상적인 사고방식이라면 짝짓기 축

418

제에 초대 받는 나방의 안내자로 냄새 물질을 포기해야 했을 것이다. 그런데 포기하지 않은 것은 우연한 관찰 때문이다. 뜻밖의 우연, 때로는 그때까지 찾았지만 허사였던 진리의 길로 우리를 밀어넣어 주는 그런 뜻밖의 우연이 있다.

어느 날 오후, 방안으로 들어온 나방에게 시력의 역할이 좀 있는지 알아보려고 암컷을 유리뚜껑으로 덮었다. 그동안 앉아 있을 자리로 마른 참나무 가지 하나를 주고, 이 장치를 열려 있는 창문 앞의 탁자에 놓아두었다. 달려온 나방은 들어오는 길에 놓인 포로를 못 볼 수가 없다. 이 암컷은 모래 한 겹을 깐 철망 밑 항아리 속에서 지난밤과 오늘 아침나절을 보냈는데, 그 항아리가 가로거쳐서 별생각 없이 방의 끝 쪽, 겨우 희미한 빛만 비쳐 드는 구석으로 옮겼다. 창문에서 약 10발짝 정도 떨어진 곳이다.

이렇게 해놓은 곳에서 일어난 결과로 내 생각은 뒤죽박죽이 되었다. 들어오는 나방 중 어느 녀석도 밝은 곳의 유리 속 암컷에게는 멎음조차 없이 무심하게 지나간다. 눈길 한 번 주거나 알아보려하지도 않는다. 반면에 모두 저 구석에 치워 놓은 항아리 쪽으로 달려간다.

녀석들은 둥근 철망 지붕에 내려앉아 오랫동안 조사하고, 날개를 치며 주먹질까지 약간 오간다. 해가 기울 때까지의 오후 내내 빈 항아리 둘레에서 암컷이 있을 때처럼 법석을 떤다. 마침내 녀석들 대부분이 돌아갔으나 마술적 매력으로 안 떠나고 붙박이려는 고집쟁이가 있다.

참으로 이상한 일이다. 나방은 아무것도 없는 곳으로 달려가서 거기에 머물렀다. 암컷이 눈에 띌 수밖에 없는 곳을 오가는 모두에게 시력이 계속 알려 주었을 텐데, 유리뚜껑 근처에는 어느 수컷도 멈춤 없이 통과한다. 구석으로 가서는 거기를 포기하지 않는다. 환상에 미치다시피 하면서 실재에는 주목하지 않는다.

나방은 무엇에 속았을까? 지난밤 내내 그리고 아침나절, 암컷은 철망에 달라붙어서, 때로는 밑에 깔린 모래에 내려앉아서, 즉 철망 뚜껑 밑에서 줄곧 지냈다. 그녀가 건드린 것, 특히 커다란 배가 닿았던 것에 십중팔구 오랜 접촉으로 어떤 발산물이 배었을 것이다. 이것이 그녀의 미끼였고 사랑의 묘약이었다. 결국 발산물이 떡갈나무솔나방의 세계를 얼빠지게 하는 주동자였다. 모래는 얼마 동안 묘약을 간직하면서 발산물을 주위에 퍼뜨린 것이다.

결국 나방을 먼 곳까지 알려서 인도하는 것은 후각이다. 녀석들은 후각 기능에 사로잡혀 시각 정보는 고려치 않는다. 암컷이 지금 잡혀 있는 유리 감옥은 그냥 지나가고 마력의 액체가 쏟아진 철망과 모래를 찾아간다. 암컷 마술사의 흔적 때문에 그녀가 머물렀다는 증거 말고는 아무것도 남지 않은 사막으로 달려가는 것이다.

매혹의 묘약이 만들어지려면 시간이 좀 걸린다. 나는 그것이 조금씩 풍겨 나와 꼼짝 않던 배뚱뚱이와 닿았던 물건에 배어드는 어떤 발산물이라고 생각했다. 유리뚜껑이 그대로 탁자 위에 놓였거나, 그보다 더한 판유리 안에 놓였지만 안팎의 전도는 미약하다. 그래서 수컷은 아무것도 지각하지 못했고, 실험이 그렇게 오래 계속되는 동안 접근하지 않았다. 나는 아직 차폐막을 뚫고 전달이 안 됨을 주장할 수가 없다. 뚜껑을 굄목 세 개로 받침에서 떨어지게 들쳐 놓았지만, 즉 넓은 연락 통로가 만들어졌지만 방안에 그렇게 많은 녀석이 처음에는 오지 않았으니 말이다. 하지만 반시간 정도 지나자 여성 에센스의 증류기가 작동되어 방문객이 여느 때처럼 몰려왔다.

예기치 않게 밝혀진 자료를 얻어서 이제는 실험을 얼마든지 다채롭게 해볼 수 있다. 그런데 실험이 모두 한 방향으로 결정적이었다. 아침에 철망 밑에 넣어 두었던 암컷이 쉬는 곳은 전처럼 참나무의 작은 가지인데, 오랫동안 잎더미 속에 파묻혀서 죽은 듯이 꼼짝 않았다. 그러니 그 잎에 틀림없이 암컷의 발산물이 배어들었을 것이다. 나방이 찾아올 때가 가까워졌을 때, 적당히 발산물이 밴 가지를 꺼내서 열린 창문과 멀지 않은 의자에 올려놓았다. 한편, 암컷은 눈에 잘 띄게 방 가운데 탁자 위의 항아리에 넣어 두었다.

수컷이 찾아오는데 처음에는 한 마리, 다음에 둘, 셋, 오래지 않아 5~6마리가 왔다. 녀석들은 수없이 반복해서 드나들었는데, 언제나 참나무 가지가 놓인 의자 근처의 창문 주변에서 맴돌았다. 몇 걸음 더 들어간 방안의 철망 밑에서 암컷이 기다리는 탁자 쪽으로는 한 마리도 가지 않는다. 녀석들이 망설여서 찾는 중임을 분명히 알 수 있다.

　마침내 찾아냈는데 무엇을 찾았을까? 바로 아침나절에 배뚱뚱이 마님의 침대 노릇을 했던 잔가지였다. 수컷이 빠른 날갯짓으로 나뭇잎에 내려앉는다. 잔가지를 위아래로 살피며 탐색하고 들춰보다가 움직인다. 마침내 가벼운 가지가 마룻바닥으로 떨어졌다. 떨어져도 나뭇잎 탐색은 여전히 계속된다. 이제는 잔가지 뭉치가 날개에 부딪히고 발길질에 밀린다. 그래서 어린 고양이가 발로 툭툭 치는 종잇조각처럼 마룻바닥에서 돌아다닌다.

　나뭇가지가 탐색자 무리와 함께 멀어져 가는데 2마리가 새로 온다. 녀석들이 지나는 길에는 얼마 동안 잔가지가 놓였던 의자가 있다. 방금 가지가 놓였던 바로 그 지점에 머물러서 열심히 찾는다. 이 녀석들에게든 먼저 온 녀석들에게든, 욕망의 대상은 바로 옆, 즉 내가 잠깐 옮겨 놓은 철망 밑 항아리일 뿐인데 그것이 놓인 탁자 쪽에는 어느 녀석 하나 주의를 기울이지 않는다. 마루에서는 암컷이 아침에 머물렀던 침대가 계속 밀리고, 의자에서는 침대가 놓였던 지점이 탐색된다. 해가 기울어 물러갈 시간이 되었다. 게다가 정욕을 불러일으키던 물질이 줄어들어 약해진다. 방문객이 더는 머뭇거림 없이 떠난다. 안녕, 내일 또 만납시다.

　다른 물건으로 실시한 실험들도 모두 내게 영감을 주었던 잔가지 잎을 대신할 수 있었다. 실험하기 얼마 전에 암컷을 미리 모직물, 플란넬, 솜, 종이 따위의 침대에 놓아둔다. 나무, 유리, 대리석이나 딱딱한 금속성 침대에도 유인물로 적시도록 그녀에게 강요했다. 이 물건들이 얼마 동안 암컷과 접촉한 다음에는 수도사나방이 직접 수컷을 유인하는 것과 똑같은 유인력을 가졌다. 각 물체가 그 성질에 따라 특성을 보존하는 시간에는 차이가 있었다. 가장 좋은 것은 솜, 플란넬, 먼지, 모래 따위로 구멍이 많은 물건이었다. 반대로 금속, 대리석, 유리 따위는 효력을 빨리 잃었다. 암컷이 머물렀던 물건은 어느 것이든, 그녀와 접촉하면 유인력을 전달받는다. 그래서 참나무 가지가 떨어지고 난 의자에도 수컷이 달려온 것이다.

가장 좋은 침대 중 하나, 예를 들어 플란넬 침대를 사용해 보면 이상한 현상을 보인다. 아침나절 어미가 앉아 있었던 플란넬 조각을 긴 시험관이나 나방이 겨우 통과할 정도의 목이 좁은 병에 넣었다. 찾아온 녀석이 그 속으로 들어가 몸부림치며 빠져나올 줄을 모른다. 내가 녀석에게 쥐덫을 놓아서 죽게 만든 셈이다. 불쌍한 녀석을 구해 줘야지. 헝겊을 꺼내서 완전한 비밀의 밀폐된 상자에 넣어 두자. 얼빠진 녀석들이 다시 병으로 와서 또 함정에 빠져든다. 냄새가 밴 플란넬이 유리벽에 전달한 발산물에 이끌린 것이다.

확신이 생겼다. 적령기에 달한 암컷은 근처의 나방을 혼인 잔치에 초청하려고, 또한 멀리 떨어진 녀석에게 통지해서 유인하려고, 인간의 후각으로는 감지할 수 없는 지극히 섬세한 향기를 풍긴다. 내 주변 누구의 코앞에든 어미 떡갈나무솔나방을 갖다 대 본다. 민감성이 아직 무뎌지지 않은 가장 나이 어린 아이들조차 전혀 냄새를 맡지 못한다.

정수 물질은 암컷이 얼마간 앉아 있었던 물건에 쉽사리 배어든다. 이때부터 그 물건은 어미만큼 강력한 매력의 중심이 되는데, 물론 발산물이 사라지기 전까지 그렇다.

시각적으로는 어느 것도 미끼가 아니었다. 찾아온 나방이 열심히 탐색했던 최근의 침대인 종잇조각에는 눈에 띄는 흔적이나 젖은 자국이 없다. 표면은 발산물이 배기 전처럼 깨끗하다.

정수 물질의 생성 속도는 매우 느리며, 완전한 능력이 나타나기 전에 약간 축적되어야 한다. 암컷을 앉아 있던 곳에서 다른 곳으로 옮기면 이 암컷은 잠시 매력을 잃어 관심을 끌지 못한다. 수컷은 긴 접촉으로 물질이 배어든 휴게소를 찾아오는 것이다. 하지만 버림받았던 암컷도 배터리가 재충전되면 능력을 도로 찾게 된다.

통신 물질의 발현 시간은 종류에 따라 조금씩 달랐다. 갓 깨어난 암컷은 얼마 동안 성숙하면서 증류기를 걸어 놓을 필요가 있다. 아침에 태어난 공작산누에나방 암컷에게 그날 저녁에 수컷이 찾아오는 수가 있으나 대개는 40시간 정도를 준비한 이튿날 찾아온다. 떡갈나무솔나방 암컷은 소집을 더 미루어서 2~3일 기다린 다음 결혼 공시를 발표한다.

잠시 의심되는 더듬이의 역할을 다시 다루어 보자. 떡갈나무솔나방 수컷이 짝짓기 탐험 여행에 쓸 더듬이 역시 경쟁자인 공작산누에나방의 것만큼 호화롭다. 이 깃털 뭉치를 주도적인 나침반으로 보는 것이 옳을까? 전에 했던 절단 실험을 다시 해본다. 수술받은 나방은 하나도 돌아오지 않았다. 그렇지만 여기에 역점을 두지는 않겠다. 돌아오지 않은 것은 잘린 더듬이보다 훨씬 중대한 동기와 관계되었음을 공작산누에나방이 시사해 주었으니, 결론을 내리는 것은 삼가야겠다.

더욱이 이 수도사나방과 가까운 친척으로, 역시 훌륭한 깃털장식 더듬이를 가진 다른 수도사나방, 토끼풀대나방(Bombyx du Trè-fle: *Lasiocampa trifolii*)이 매우 난처한 문제를 제기했다. 이 종은 집 근처에 흔해서 우리 울타리 안에서도 고치가 발견된다. 하지만 떡갈나무솔나방 고치와 곧잘 혼동된다. 이렇게 비슷해서 처음에는 나도 속았다. 8월 말에 띠무늬를 가진 떡갈나무솔나방을 기대했던 6개의 고치에서 6마리의 토끼풀대나방이 우화했다. 근처에는 틀림없이 이 녀석의 수컷인 깃털장식이 있을 텐데, 우리 집에서 태어난 여섯 어미에게는 한 마리도 나타나지 않았다.

만일 넓은 깃털의 더듬이가 정말로 멀리 떨어진 곳의 사정을 알려 주는 기구라면, 어째서 화려한 더듬이를 갖춘 내 이웃, 이곳의 수컷들은 내 연구실에서 일어난 사건을 통지받지 못했을까? 양쪽이 똑같이 화려한 깃털장식인데, 왜 떡갈나무솔나방은 떼로 몰려오게 하면서 대나방은 냉담하게 내버려 둘까? 한 번 더 말하지만 기관이 적성을 결정하지는 않는다. 기관은 같아도 어떤 곤충은 재능이 풍부하고 다른 곤충은 그렇지 못하다.

# 25 후각

요즈음 물리학에서는 불투명해서 꿰뚫어 볼 수 없는 물체의 사진을 찍는 X선(Rayons de Roentgen)에 대한 소문밖에 없다. 뜻밖의 훌륭한 발견이다. 하지만 빈약한 우리 감각기관을 우리 기술로 보충해서 사물의 원리를 더 알게 되고, 짐승의 날카로운 감각 능력과 어느 정도 경쟁할 수 있는 미래가 마련되었을 때의 놀라운 사건과 비교한다면 얼마나 하찮은 발견이겠더냐!

많은 동물의 경우, 녀석들의 우수성이 얼마나 부럽더냐! 녀석들의 감각기관은 우리의 정보가 미흡함을 알려 주고, 민감한 시설도 참으로 하찮음을 단언해 준다. 또 우리의 본성과는 무관한 감각을 증명해 주고, 우리 속성과는 너무나 동떨어져서 깜짝 놀라게 하는 사실임을 선언한다.

하찮은 송충이에 불과한 소나무행렬모충(*Thaumetopoea pityocampa*)은 다가올 날씨 냄새를 맡아 돌풍을 예감하는 기상용 환기창을 등에 장착했고, 상상조차 힘든 원시안의 맹금류(Oiseau de rapine)는 구름 위에서 땅바닥에 쪼그린 들쥐(Mulot: Apodemus)를 본다. 장님인 박쥐(Chauve-souris: Chiroptera)는 스팔란짜니(Spallanzani)[1]가 방안에 늘어놓은 수많은 줄의 미로를 부딪침 없이 날아다닌다. 또 전서구(傳書鳩)는 한 번도 가 본 적 없는 천릿길의 낯선 곳에서 무한한 공간을 뚫고 제집으로 틀림없이 돌아오고, 진흙가위벌(Cha-licodoma) 역시 알지 못하는 기나긴 공간을 그 평범한 날갯짓으로 여행해서 제집으로 돌아온다.

송로(松露)버섯(Truffe: *Tuber melanosporum*)을 찾아내는 개(Chien: *Canis*)를 보지 못한 사람은 녀석의 매우 훌륭한 후각(嗅覺)의 공로를 모른다. 제 직분에 전념한 개는 코를 들고 천천히 걸어가다 걸음을 멈추고, 콧구멍으로 땅을 검사하며 발로 조금 긁는다. '여깁니다. 주인님, 여기네요.' 하며 제 명예를 걸고 송로가 거기에 있음을 눈으로 말하는 것 같다.

녀석의 말은 사실이다. 지적된 곳을 주인이 판다. 만일 모종삽이 방향을 틀리게 잡으면 개가 구멍 속 냄새를 좀더 맡아서 제대로 방향을 잡게 한다. 돌덩이나 나무뿌리를 만나도 염려하지 마시라. 깊고 차폐물이 있어도 버섯은 나온다. 개의 코는 거짓말을 못한다.

예민한 후각 덕분이라고 말들을 하는데, 이 말이 짐승의 콧구멍을 지각 기관이라는 뜻으로 썼다면 좋다. 그러나 지각된 사물이 언제나 이 용어의 일반적인 뜻인 단순한 냄새일까, 즉 우리의 감수성이 의미하는 것과 같은 종류의 발산물일까? 나는 이 문제에 대해 몇 가지 의심할 이유가 있는 것 같으니 이 이야기를 좀 해보자.

1 18세기 이탈리아의 박물학자, 실험생물학자. 『파브르 곤충기』 제2권 55쪽 참조

나는 제 일에 아주 충실한 개 한 마리를 여러 번 따라다니는 행운을 얻었다. 작업 모습을 그토록 보고 싶었던 예술가, 즉 그 개의 외모는 분명히 시원치 않았다. 벽난로 구석에 받아들일 만큼 친숙할 정도는 못 되었다. 다시 말해 못생겼고 불결하나, 온순하며 신중한 보통 개였다. 재능은 곧잘 비참함과 짝을 이룬다.

마을의 유명한 라바씨에(rabassier)[2]인 그 개의 주인은 내 의도가 언젠가는 비밀을 훔쳐 내서 그와 경쟁하려는 것이 아님을 확신하고, 같이 따라다니도록 허락했다. 말하자면 무작정 베푼 친절이 아니며, 나는 순전히 구경꾼이지 견습생은 아닌 것이다. 뜻밖에 발견한 것을 내 작은 주머니에 넣어 두었다가 성탄절에 영광스런 칠면조를 위해 도시(시장)로 가져갈 게 아니다. 그저 땅속식물을 쓰고 그리기만 할 것이므로 훌륭한 그 사람은 내 계획을 수행하는 데 동의한 것이다.

우리 사이에는 다음과 같은 합의가 이루어졌다. 개가 제 마음대로 행동하도록 놔둘 것, 그리고 무엇이든 발견할 때마다 반드시 상으로 군은 빵 조각을 손톱만큼 떼어 줄 것, 발로 긁은 지점이 어디든 알려 준 물건을 파낼 것, 즉 상품 가치는 신경 쓰지 말고 그것을 캐내야 한다는 것이다. 때로는 주인의 경험상 상품 가치가 없는 지점을 가리켰다고 해서 개가 다른 곳의 좋은 것을 찾게 해서는 안 된다는 것이다. 내 식물 목록이 정선된 양질의 물건보다는 시장에서 인정받지 못하는 형편없는 산물을 더 좋아해서 그랬던 것이다.

이렇게 진행된 지하식물 채집은 매우 유익

2 프로방스에서 *Rabasso*는 송로버섯을, rabassier는 송로 채취가를 말한다.

했다. 개는 예민한 코로 큰 것과 작은 것, 싱싱한 것과 썩은 것, 냄새나는 것과 안 나는 것, 향기로운 것과 악취가 나는 것, 모두를 구별 없이 수집하게 했다. 나는 이 근방의 땅속 버섯 대부분을 수집한 것에 감탄했다.

구조는 얼마나 다양하며, 특히 후각 문제에서 가장 중요한 특성인 냄새는 얼마나 다양했더냐! 어디에나 분명히 조금은 있는 은은한 버섯 냄새 말고는 감지되는 것이 전혀 없는 것도, 썩은 무나 양배추 냄새를 풍기는 것도, 수집가의 집 안에 악취를 배어들게 할 만큼 역한 냄새가 나는 것도 있었다. 진짜 송로만 식도락가가 좋아하는 향기를 가졌다.

만일 우리와 같은 의미의 냄새가 그 개의 유일한 안내자였다면, 개는 잡다한 냄새 중에서 어떻게 송로를 분간할 수 있을까? 여러 종류에 공통된 버섯의 일반적인 발산물로 땅속 내용물을 알았을까? 그렇다면 매우 난처한 문제가 생긴다.

나는 보통의 일반 버섯에 주의를 기울였다. 그 중 많은 것은 아직 눈에 띄지 않지만 얼마 후 땅을 가르면서 나올 것을 예고하고 있었다. 갓이 흙을 밀어 올려 내 눈이 은화식물(Cryptogames, 隱花植物)로 짐작했던 그 지점, 틀림없이 보통 버섯 냄새가 매우 뚜렷한 그 지점에서는 개가 한 번도 걸음을 멈추지 않았다. 냄새를 맡거나 긁어 봄조차 없이 무시하며 지나갔다. 그렇지만 가끔은 녀석이 알려 준 냄새와 같은 종류의 물건이 땅속에 있었다.

나는 개 학교에서 송로를 비밀리에 알려 주는 코는 우리가 맡는 냄새 적성보다 월등한 냄새를 안내자로 삼는다는 확신을 가지고 돌아왔다. 개는 적절한 연장을 갖추지 못한 우리에게는 수수께끼 같은 종류의 발산물을 감지하는 게 틀림없다. 우리 망막에는 효과가 없는 빛이지만 십중팔구 그 흐린 광선을 감지하는 다른 망막이 있다. 그런데 우리 감각에는 후각 영역이 알려지지 않았지만, 다른 후각이라면 감지할 수 있는 비밀스런 발산물이 어째서 없겠는가?

개가 감지한 것이 무엇이든, 우리는 정확히 말하거나 짐작할 수 없다는 점에서 녀석의 후각은 우리를 당황하게 한다. 하지만 모든 것을 인간의 척도로 재면 그 오류가 얼마나 클지 개가 분명하게 말해 준다. 감각의 세계는 우리 민감성의 한계가 알리는 것보다 훨씬 넓다. 우리에게는 매우 예민한 기관이 없어서 깨닫지 못하는 자연력의 작용이 얼마나 많더냐!

미래가 행할 무진장한 밭인 미지의 세계는 우리에게 굉장한 수확을 준비해 놓고 있다. 다시 말해서, 그 수확에 비하면 현재까지 수확된 기지의 사실은 아주 보잘것없다는 이야기이다. 과학이라는 낫이 오늘 비상식적인 모순처럼 보일 낟알의 곡식 다발을 언젠가는 베어 쓰러뜨릴 것이다. 과학에 대한 망상이라고? 천만에, 그게 아니라 어떤 면에서는 우리보다 훨씬 유리한 동물이 분명히 이론의 여지가 없다고 단언하는 현실들이 있다.

라바씨에는 그 업종에 오랫동안 종사했음에도 불구하고, 또 그가 찾는 버섯의 향기에도 불구하고, 손바닥 하나나 둘쯤 되는 깊이의 땅속에서 겨울에 착실히 여무는 송로를 알아내지 못한다. 그에게는 땅속 비밀을 찾는 후각을 가진 개나 돼지(Porc: *Sus scrofa domestica*)의 도움이 필요하다. 그런데 이 두 조수(개와 돼지)보다 여러 곤충이 그 비밀을 훨씬 더 잘 알고 있다. 그런 곤충은 새끼가 먹고 살 송로를 발견하는 데 그야말로 완전한 후각을 가지고 있다.

**똥파리** 숲에서 사람의 똥에 잘 모여들어 불쾌한 이름을 얻었다. 애벌레는 배설물을 먹고 자라며, 성충은 작은 곤충들을 잡아먹는다.
시흥, 5. VII. '96

벌레가 들어 썩은 것을 캐내 고운 모래를 깐 표본병에 넣어 둔 송로에서 먼저 적갈색 작은 딱정벌레인 송로알버섯벌레(*Anisotoma→ Leiodes cinnamomea*) 한 마리를 얻었다. 다음 여러 파리목(Diptère) 곤충을 얻었는데, 그 중 허약하게 흐느적거리며 나는 모습이 늦가을에 황갈색 우단을 걸치고 인분을 조용히 찾아오는 손님인 대장똥파리(*Scatophaga scybalaria*)를 연상시키는 큰날개파리(Sapromyze: *Sapromyza*)[3]가 있다.

큰날개파리는 들에서, 송로의 일반적인 은신처인 담이나 울타리 밑에서 발견된다. 녀석의 애벌레는 송로가 어느 지점의 땅속에 있는지 어떻게 알았을까? 파리가 찾아서 그 안으로 뚫고 들어가기는 금지되어 있다. 가냘픈 다리는 모래알 하나만 움직여도 부러질 것이며, 넓은 날개는 좁은 흙 틈에서 가로거칠 뿐이다. 몸의 겉에 비죽비죽 돋아난 털 역시 부드럽게 파고들기에는 걸맞지 않으니, 결국 모든 게 파고들 수 없게

큰날개파리
실물의 3배

3 큰날개파리과(Lauxaniidae)

되어 있다. 알은 땅 위에 낳지만 바로 그 밑에 송로가 숨어 있는 정확한 지점이라야 한다. 그렇지 않으면 어린 구더기가 아주 드물게 흩어진 식량을 만날 때까지 무턱대고 돌아다니다 죽을 것이다.

결국 라바씨에 파리는 냄새로 모성애의 계획에 맞는 지점을 아는 것이다. 이 파리는 송로를 찾는 개와 같은 후각을 가졌거나, 어쩌면 그보다 훨씬 큰 능력을 가졌을 것이다. 녀석은 전혀 배운 일 없이 자연적으로 알았고, 녀석의 경쟁자는 사람에게 교육을 받아서 알았다.

큰날개파리를 야외에서 관찰하는 것도 흥미가 없지는 않을 것이다. 하지만 드문데다 재빨리 날아서 금방 사라지니 이 계획은 실현성이 별로 없어 보인다. 녀석을 가까이서 관찰하고 탐구하려면 시간을 많이 빼앗기고 끈기가 있어야 할 텐데 나는 그럴 수가 없다. 땅속 버섯을 찾아내는 다른 곤충 하나가 이 파리에 대한 애로 사항을 벌충해 줄 것이다.

녀석은 둥글고 새까만데 배는 엷어서 부드럽다. 굵은 버찌 씨만 한 예쁜 풍뎅이로서, 이름은 프랑스무늬금풍뎅이(*Bolbelasmus gallicus*)이다. 배 끝과 딱지날개를 비벼서 어미가 먹이를 물어 왔을 때의 새끼 새처럼 찍찍 소리를 낸다. 수컷 머리의 멋진 뿔은 스페인뿔소똥구리(*Copris hispanus*) 뿔의 작은 모조품 같다.

처음에는 갑옷에 속아서 녀석을 소똥구리 조합원의 하나로 생각했다.[4] 그래서 녀석의 친구들이 가장 좋아하는 소똥을 주며 사육장에서 길렀다. 그것은 절대로, 정말 절대로 건드리지 않았다. 흥!

4 이 종과 다음에 나오는 종은 실제로 소똥구리에 속하는 금풍뎅이과 곤충들이다.

프랑스금풍뎅이 실물의 2배

소똥을 먹으라고, 아니 날 뭐로 아는 거야! 그 녀석에게나 갖다 주라지! 이 금풍뎅이에게 필요한 것은 우리 잔치에 쓰이는 송로가 아니라 그와 비슷한 송로였다.

이런 습성 특성은 내 인내력의 발휘 없이 저절로 안 것이 아니다. 마을에서 멀지 않은 세리냥(Sérignan)의 야산 줄기 남쪽 기슭에는 줄지은 실편백(Cyprès: *Cupressus*)과 작은 숲의 유럽곰솔(Pin maritime: *Pinus pinaster*)이 교대로 서 있다. 만성절(萬聖節, 11월 1일) 무렵 가을비가 내린 뒤 침엽수를 좋아하는 버섯이 많이 돋아난다. 특히 문지르면 초록색이 되고 자르면 피눈물이 나는 붉은젖버섯 (Lactares délicieux: *Lactarius delciosus → laeticolorus*◐, 송이의 일종)이 많이 난다. 또 거기는 늦가을의 온화한 날, 집안 식구가 좋아하는 산책로였다. 어린 다리를 훈련시킬 만큼은 멀면서, 그 다리가 지치지는 않을 정도로 가까워서 그랬다.

거기는 별것이 다 있다. 덤불더미가 되어 버린 헌 까치집, 근처 참나무에서 도토리로 모이주머니를 잔뜩 부풀리고는 싸움질하는 어치(Geais: *Garrulus*)◐, 갑자기 흰색 짧은 꼬리를 추켜세우고 로즈마리 덤불로 도망치는 토끼(Lapins: *Oryctolagus*), 겨울 준비로 재물을 모아 굴 입구에 흙무더기를 쌓아 놓는 금풍뎅이(Geotrupidae)가 있다. 부드럽게 만져지는 고운 모래에 손으로 굴을 파서 가건물을 지어 이끼를 입히고, 갈대 토막을 굴뚝이라고 꽂아 놓을 모래밭까지 있다. 솔잎 사이로 조용히 들려오는 바람의 하프 소리를 들으면서 간식으로 맛있게 먹는 사과 한 알!

그렇다. 거기는 공부 잘한 아이에게 보상으로 가는 진짜 낙원이
다. 어른도 거기서 만족을 얻을 몫이 있다. 나로 말하자면, 여러 해
전부터 두 종의 곤충을 관찰했는데 녀석들 가정의 은밀한 비밀을
알아내지 못했다. 한 종은 유럽장수금풍뎅이(Minotaure Typhée:
*Typhaeus typhoeus*)로서, 수컷은 앞가슴에 세 자루의 창이 앞을 향했
다. 옛날 작가들은 녀석을 팔랑헤 당원(Phalangiste)[5]이라고 불렀는
데, 갑옷을 창으로 무장한 마케도니아 보병 부대의 석 줄짜리 창과
비교되기에 그런 것이다.

녀석은 겨울을 걱정하지 않는 튼튼한 곤충이다. 겨우내 날씨가
조금만 풀려도 해질 무렵에 집에서 살그머니 나온다. 바로 땅굴 근
처에서 여름 햇볕에 마르고 오래된 올리브 같은 양(Moutons: *Ovis
aries*)의 똥 몇 개를 주어다 식량 창고에 쌓아 놓고 문을 닫은 다음
먹는다. 식량이 가루가 되고 얼마 안 되던 즙마저 없어지면 다시
표면으로 올라와 식량을 마련한다. 이런 식으로 겨울을 지나는데
날씨가 너무 매섭게 춥지 않으면 쉬는 날이 없다.

솔밭에서 지켜보는 두 번째는 프랑스무늬금풍뎅이였다. 여기저
기에 팔랑헤 당원의 땅굴과 섞여 있는 이 녀석의 땅굴은 쉽게 알아
볼 수 있다. 장수금풍뎅이 땅굴 둘레에는
두더지 흙 둔덕 같은 것이 있고, 손가락 길
이의 원통처럼 뚫려 있다. 또한 몇 개의 순
대 모양은 광부가 등으로 밀어 올리고, 밖
으로 밀어내서 쌓인 부스러기이다. 하지만

5 어원인 Phalange는 고대 그리
스에서 창칼로 무장한 보병 부대를
말하며, 나중에(1933년) 스페인에
서 결성된 파시즘 정당 이름이 된
다. 이 곤충의 비밀은 『파브르 곤충
기』 제10권에서 밝혀진다.

434

구멍은 곤충이 집안을 더 파냈거나, 제 것을 편안하게 즐길 때마다 닫힌다.

반면에 무늬금풍뎅이의 집은 항상 열려 있으며 모래가 똬리처럼 둘러쳐진 것뿐이다. 깊이도 대단치 않아서 손바닥 너비거나 약간 더 깊을 정도였다. 그래서 그 앞쪽에 구덩이를 파내고, 칼날로 수 직 벽을 한 조각씩 조심해서 깎아 내면 그 안을 쉽게 검사할 수 있 다. 그렇게 하면 입구에서 안쪽까지 구부러진 수로 모양의 땅굴 전체가 드러난다.

대개는 침범한 집안이 비었다. 곤충이 밤에 일을 끝내고 떠난 것이다. 녀석은 많은 비용을 들이지 않고 미련 없이 떠나 두 번째 집을 얻는다. 즉 거처를 자주 옮기는 야행성 곤충이다. 굴속에서 자주 곤충을 만나는데, 수컷이든 암컷이든 언제나 홀로였다. 결국 땅굴 파기는 암수가 똑같이 열성적이나 항상 각자가 팔 뿐 서로의 협력은 없다. 사실 여기는 가족의 주거지도 새끼의 육아실도 아니며 각 녀석의 안락을 위한 임시 거처일 뿐이다.

지하실에 숨어 있다가 굴을 팔 때 들킨 녀석은 입을 댔든 안 댔든 땅속 버섯을 꼭 껴안고 있을 때가 있다.—이런 경우가 드물지 않았다.—녀석은 경련을 일으킬 만큼 버섯을 꼭 껴안고 놓치지 않으려 한다. 그것은 녀석의 전리품으로서 녀석의 물건이며 재산이다. 흩어진 부스러기는 한참 맛있게 먹는 중에 내가 덮쳤음을 뜻한다.

버섯을 빼앗아 보자. 콩과 버찌의 중간 크기로서 주름이 많고, 사방이 막힌 일종의 불규칙한 주머니처럼 보인다. 겉은 다갈색인데 가는 무사마귀가 돋은 것처럼 오돌토돌하며 안쪽은 매끈한 흰색이다. 작고 긴 주머니 안에 알 모양의 반투명한 홀씨가 8개씩 줄지어 있다. 송로버섯과 비슷한 특징의 이 지하 산물은 식물학자가 땅속덩이버섯(*Hydnocystis arenaria*)이라는 이름을 붙인 은화식물임을 알 수 있다.

프랑스무늬금풍뎅이가 그렇게 자주 땅굴을 찾아가는 습성을 지닌 원인이 분명해진다. 종종걸음을 치는 이 곤충은 고요한 황혼 무렵 활동을 시작하는데, 나지막하게 찍찍거리는 노래로 자신을 격려하며, 송로를 찾는 개처럼 땅을 조사하여 속에 든 것을 알아본다. 후각이 그 밑 몇 인치 깊이에서 원하는 덩어리가 흙에 덮여 있음을 알린다. 물건의 정확한 위치를 확실히 안 녀석이 수직으로 곧바로 파 들어가 틀림없이 그것에 도달한다. 먹을 게 남아 있으면 결코 나오지 않는다. 구멍이 열렸든 반쯤 막혔든, 상관치 않고 구덩이 속에서 편안히 먹는다.

남은 게 없으면 다른 빵 덩이를 찾아 이사하므로 그 굴은 머지않아 버려진다. 버섯을 먹은 수만큼 집 수가 늘어나지만 거기는 단순히 식사의 간이역이며 나그네의 간이식당이다. 이렇게 집을 옮겨 다니면서 식사를 즐기다 땅속덩이버섯의 계절인 가을과 봄이 지나간다.

라바씨에 곤충을 집에서 자세히 연구하려면 녀석의 식량을 어느 정도 비축해야 한다. 내가 아무 곳이나 파 봐야 헛수고일 것이다. 안내자 없이 내 모종삽이 그 작은 은화식물 만나기를 기대할 만큼 흔하지도 않다. 인간 라바씨에는 개가 필요하지만 내 라바씨에는 무늬금풍뎅이이다. 이제 나는 다른 송로 종의 채집자가 되었다. 지하식물 채집의 초보 지식을 가르쳐 준 곤충이 언젠가는 나와의 이상한 경쟁에서 비웃을 것을 각오하고 내 비밀을 털어놓겠다.

버섯이 나는 곳은 한정된 지점이며 무리를 이룬 경우가 아주 많다. 그런데 이 곤충이 그리 지나갔다. 거기에 땅굴이 많은 것을 보면 녀석이 예민한 후각으로 정확한 장소를 알아낸 것이다. 그러니 구멍들 근처를 파 보자. 표시는 정확했다. 무늬금풍뎅이의 흔적 덕분에 몇 시간 만에 땅속덩이버섯 한줌을 얻었는데, 이 버섯은 지금 처음 채집해 본 것이다. 이제는 곤충을 잡을 차례이다. 이것 역시 어렵지 않다. 땅굴을 파헤치기만 하면 된다.

그날 저녁 실험을 시작했다. 체질한 신선한 모래를 넓은 항아리에 채우고 모래판에 손가락 굵기의 막대기로 깊이 20cm의 구멍을 뚫었다. 적당한 간격을 두고 6개를 뚫어 구멍 밑창마다 버섯을 하나씩 넣고, 나중에 정확한 위치를 알아보도록 그 위에 가는 밀짚을 꽂았다. 모래로 구멍을 다시 메우고 다진 다음 철망뚜껑을 덮는다. 곤충에게는 아무 가치도 없는 표식인 밀짚 6대 말고는 전면이 똑같은 모래판에 풍뎅이 8마리를 놓아 주었다.

처음에는 땅속에서 끌려나와 낯선 곳에 옮겨지고 갇힌 사건에 따른 필연적인 불안 말고는 별일이 없다. 낯선 곳으로 끌려온 녀석들은 울타리 근처 모랫바닥에 엎드려 있거나 도망치려고 철망을 기어오른다. 밤이 되자 조용해졌다. 2시간 뒤에 다시 한 번 가 보았더니 3마리는 여전히 모래를 엷게 뒤집어쓰고 엎드려 있다. 5마리는 각각 버섯 묻은 자리를 알려 주는 밀짚 밑에 수직 구덩이를 파고 있었다. 이튿날

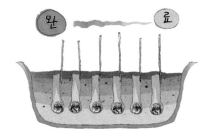

은 마지막 밀짚까지 구덩이가 파였다.

이제는 저 밑에서 벌어지는 일을 알아볼 시간이다. 모래를 수직으로 한 조각씩 떼어 낸다. 땅굴마다 밑에서 무늬금풍뎅이가 땅속덩이버섯을 먹고 있었다.

먹던 버섯으로 반복실험을 했는데 결과는 마찬가지였다. 짧은 밤 시간 동안 땅속의 맛있는 것을 알아내고, 수직갱도를 파내 그것에 도달했다. 조금의 망설임이나 대강 방향을 잡아 파 보는 일은 결코 없었다. 모두 고르게 해놓은 지표면은 곤충이 시력의 인도로는 결코 원하는 물건을 찾아내지 못할 것임을 확언해 준다. 그래도 녀석들은 언제나 밀짚 밑의 지표면을 팠다. 송로를 찾는 개도 코로 찾을 때나 겨우 이 정도의 정확성을 갖는다.

그러면 땅속덩이버섯은 자체를 먹는 곤충의 후각에게 그토록 뚜렷이 알려 줄 강력한 냄새를 가졌을까? 전혀 아니다. 그것은 우리 후각에는 특성이 별로 없는 중성 물질이다. 땅속에서 파낸 작은 조약돌도 막연하게 신선한 흙냄새의 인상을 줄 것이다. 무늬금풍뎅이는 땅속 버섯을 알려 주는 점에서 개와 경쟁자였다. 개보다 낫다는 말을 일반화시킬 수 있겠으나 이 곤충은 좁은 범위의 전문가로서 땅속덩이버섯밖에 모르니 그 일은 삼가자. 내가 알기로는 다른 어느 것도 녀석의 마음에 들지 않으며 땅을 파게 하지 않을 것이다.[*]

[*] 이 글을 쓰고 난 다음, 이 풍뎅이가 먹는 버섯도 진짜 송로 종류인 덩이버섯(*Tuber requienii*)임을 알았다.

개와 무늬금풍뎅이는 둘 다 지표면과 아주 가까운 땅속을 탐색한다. 개든 곤충이든 찾는 것이 조금만 멀어도 그토록 미미한 발

**유리둥근풍뎅이붙이** 식성은 지저분해도 곤충은 아주 귀엽고 색깔도 예쁘다. 채집: 북제주, 23. Ⅷ. '94, 문현진

산물을 느끼지 못할 것이다. 따라서 송로 냄새도 감지하지 못할 것이다. 멀리까지 작용하려면 세련되지 않은 우리 후각으로 느낄 정도의 강력한 냄새가 필요하다.[6] 그러면 냄새를 이용하는 녀석들이 먼 사방에서 달려올 것이다.

시체 해부 곤충의 연구가 필요하면 울타리 안 외진 곳에 두더지 (Taupe: *Talpa europea*) 시체를 놓아둔다. 부패 가스로 불룩하게 부풀며 퍼레진 피부에서 털이 빠지기 시작하자 송장벌레(*Silpha*), 수시렁이(*Dermestes*), 풍뎅이붙이(Histeridae), 곤봉송장벌레(*Nicrophorus*)가 몰려온다. 이런 미끼가 없으면 뜰은 고사하고 근처에서도 전혀 만나지 못할 녀석들이다.

나는 몇 걸음만 물러나도 역한 냄새를 맡지 못하는데, 녀석들은 멀리 떨어진 사방에서 후각의 신호를 받는다. 녀석들의 후각과 비교하면 내 후각은 참으로 형편없다. 어쨌든 내게든 녀석들에게든 여기에는 우리의 언어가 냄새라고 부르는 것이 실제로 존재한다.

모양으로도 악취로도 비교할 대상이 없는 뱀천남성(Arum serpentaire: *Arum dracunculus* → *Dracunculus vulgaris*) 꽃으로 훨씬 좋은 결과를 얻었다. 아래쪽은 달걀 크기의 알 모양 주머니 같고, 위쪽으로 넓은 암적색 판이 50cm가량 소용돌이치며,

---

6 파브르는 아직도 그 곤충에게는 그 종류의 냄새가 필요한 것이지 무작정 강력한 냄새가 필요한 것은 아님을 이해하지 못했다.

그 끝은 창끝 같은 꽃을 상상해 보시라. 작은 주머니 밑 가운데서 입구 쪽으로 한 개의 엷은 초록색 기둥이 올라오며, 그 기부는 두 개의 팔찌가 감긴 것 같은 모습이다. 전자는 씨방, 후자는 수술이다.

그 꽃은 약 이틀 동안, 근처에 썩는 개가 있어도 그런 냄새를 피우지 못한다고 할 만큼 지독한 짐승 시체 썩는 냄새를 풍긴다. 한창 뜨거울 때 바람이 불면 끔찍하고 견딜 수가 없다. 고약한 냄새의 공기를 무릅쓰고 가까이 가 보자. 이상한 광경이 보일 것이다.

작은 시체를 요리하는 여러 곤충이 멀리 퍼지는 악취를 맡고 재빨리 몰려왔다. 작은 시체란 농부의 삽에 배가 갈라져 오솔길에 내던져진 두꺼비(Crapaud: *Bufo bufo*), 구렁이(Couleuvre: *Malpolon monspessulanus*), 장지뱀(Lézard), 유럽고슴도치(Hérisson: *Erinaceus europaeus*), 두더지, 들쥐(Mulot: *Apodemus*) 따위이다. 납색이 도는 자줏빛이라 꼭 썩기 시작한 고기 조각 모습인 커다란 잎에 곤충이 달려든다. 녀석들은 커다란 즐거움인 송장 냄새에 취해서 안달하며 경사진 곳에서 굴러떨어져 주머니 속에 빠진다. 해가 쨍쨍한 날은 몇 시간 만에 그 주머니가 꽉 찬다.

좁은 입구를 통해 안을 들여다보자. 이런 혼잡은 어디에도 없을 것이다. 녀석들이 우글거리고 관절이 걸려서 삐걱거리는 소리를 내며 데굴데굴 구르고 일어나다 주저앉고 올라오다 다시 빠지고, 계속해서 움직이는 등판, 배, 딱지날개, 다리들의 미친 듯한 뒤얽힘이 있다. 그것은 소란스러운 축제이며 '무서운 취객들(*delirium tremens*)'의 전체적인 발작이다.

아주 드물지만 어떤 녀석은 무리에서 빠져나와 가운데 기둥이나 울타리의 좁은 고랑으로 기어오른다. 날아서 도망칠까? 아니다. 깊은 구렁 입구에서 거의 자유로워졌으나 소용돌이 속으로 다시 떨어져 또 흥분에 휩싸인다. 저녁이나 다음 날, 도취시키는 것이 사라질 때까지 어떤 녀석도 그 집회를 떠나지 못한다. 그때 가서야 뒤섞인 녀석들이 서로 껴안았던 것에서 풀린다. 그러고는 마지못해 천천히 날아서 떠난다. 악마 같은 주머니 밑창에는 미친 난장판의 필연적인 결과, 즉 죽었거나 죽어 가는 녀석, 떨어져 나간 다리와 딱지날개 무더기가 남는다. 머지않아 쥐며느리(Cloportes), 집게벌레(Forficules: *Forficula*), 개미(Fourmis)들이 몰려와 사체 쟁탈전을 벌일 것이다.

녀석들은 그 안에서 무엇을 했을까? 집중된 섬모 울타리로 들어가게는 하지만 나오기는 방해하는 함정, 즉 꽃의 포로가 되었을까? 그렇지 않다. 녀석들은 포로가 아니다. 지장이 없었던 맨 마지막 집단 탈출이 증명했듯 녀석들은 얼마든지 떠날 수 있었다. 거짓 냄새에 속아 시체 밑에서처럼 산란했을까? 그것도 아니다. 뱀천남성 주머니 속에 산란한 흔적은 전혀 없다. 녀석들은 저희의 최고 즐거움인 시체 냄새와 동일한 냄새에 소집된 것뿐이며, 그 냄새에 도취되어 장의사 인부의 축제처럼 미친 듯이 빙빙 돌았던 것이다.

한창 소란한 축제가 벌어졌을 때 몰려온 곤충의 수를 알아보고 싶었다. 아무리 흥분했지만 조사하는 동안 많은 녀석이 빠져나갈 텐데 나는 정확한 숫자를 원했다. 그래서 꽃 주머니를 가르고 그 안의 것을 통째로 병에 쏟았다. 황화탄소 몇 방울을 떨어뜨리자 혼잡하던 움직임이 멎는다. 그때 세어서 400마리 이상을 확인했다. 조금 전에 뱀천남성 주머니 속에서 보았던 우글거림과 살아 있는 파도는 이런 것이다.

수시렁이(*Dermestes*)와 둥근풍뎅이붙이(*Saprinus*) 두 종만 그렇게 뒤얽혔는데, 녀석들은 봄에 시체 잔해를 열심히 이용한다. 꽃 하나에 몰려든 곤충의 완전한 계산서는 다음과 같으며, 각 종별로 조사된 개체 수를 나타냈다.[7]

> *D. frischii*: 120, *D. undulatus*: 90, *D. pardalis*: 1, *S. subnitidus*: 160,
> *S. maculatus*: 4, *S. detersus*: 15, 반점각둥근풍뎅이붙이(*S. semipunctatus*)●: 12,
> *S. aeneus*: 2, *S.→ Hypocacculus speculifer*: 2, 합계 406.

이런 엄청난 수만큼 주목거리인 세부 사항이 또 있었다. 이 수시렁이와 둥근풍뎅이붙이만큼 시체를 대단히 좋아하는 다른 종류는 전혀 오지 않았다는 점이다. 두더지 시체에는 다음과 같은 송장벌레(*Silpha*와 *Necrophorus*)가 몰려오는데 여기는 전혀 없었다.

> 좀송장벌레(*S. sinuata→ Thanatophilus sinuatus*)●, 곰보송장벌레(*S. rugosa→ Th. rugosus*)●, 녹슬은송장벌레(*S. obscura*)●, 무늬곤봉송장벌레(*N. vestigator*).

꽃을 10송이나 조사했지만 녀석은 한 마리도 없었다. 모두 뱀천남성 꽃 냄새에 무관심한 것이다.

7 다음은 모두 현존하는 종이며 대부분 유럽산이다. 별도의 우리 말 이름 붙이기는 생략한다.

**검정송장벌레** 성충은 야행성이며, 작은 동물의 시체를 땅속에 묻고 산란하는 습성이 있다. 그 고기를 먹고 자란 애벌레가 성충이 되어 겨울나기를 한 다음 밖으로 나온다. 가평, 4. Ⅷ. 06

썩은 것을 매우 좋아하는 또 다른 곤충 파리목(Diptera)도 연회장에 대표를 보내지 않았다. 회색, 파란색, 금속성 초록색 등, 여러 종의 파리가 꽃 가장자리로 와서 앉고 역한 냄새 주머니 속까지 들어갔지만 거의 즉시 환멸을 느끼고 떠난다. 왜 그럴까?

나와 친했던 개, 불(Bull)은 살아 있을 때 최고로 고상한 개였다. 그런데 몇 가지 버릇 중 특히 이런 게 있었다. 길 먼지 속에서 행인에게 짓밟혀 납작해지고 햇볕에 미라처럼 바싹 마른 두더지 해골을 만나면 코끝에서 꼬리까지 즐겁게 살살 스친다. 곧 신경질적인 경련을 일으키며 양 옆구리를 여러 번 비비고 비벼 댔다. 그것은 녀석의 사향 주머니요, 향수병이었다. 마음에 드는 향수를 뿌린 다음 몸을 일으켜 한 번 털고는 화장품에 만족해서 떠났다. 욕하거나 왈가왈부하지 말자. 세상에는 별의별 취미가 다 있는 법이다.

죽은 동물의 향기를 좋아하는 곤충 중 어떤 종류는 왜 이런 습성을 갖지 않았겠는가? 수시렁이와 둥근풍뎅이붙이는 뱀천남성 꽃에 모인다. 또 얼마든지 떠날 수 있는데 하루 종일 한데 엉켜 복작거리다 난장판의 소란 중 많이 죽었다. 꽃은 녀석들에게 어떤 요리를 준 것도, 기름진 식품이 있어서 녀석들이 잡힌 것도 아니다. 식량이 없는 곳은 애벌레가 자리 잡을 수 없으니 산란하려는 것도 아니다. 열광하던 녀석들은 거기서 무엇을 했을까? 아마도 뷜이 두더지 해골에 그랬던 것처럼 녀석들은 거기서 역한 냄새에 취했을 것이다.

정확히는 모르겠으나 이 후각의 도취가 틀림없이 매우 먼 사방에서 녀석들을 끌어들였을 것이다. 들판에서 이처럼 가족이 자리 잡을 곳을 찾아다니는 송장벌레는 내가 준비해 놓은 썩는 곳으로 달려온다. 이 녀석들이든 저 녀석들이든 강한 냄새로 안다. 우리 후각 능력이 미치지 못하는 100발짝 밖에서도 불쾌한 냄새가 먼 거리의 곤충을 즐겁게 해준다.

프랑스무늬금풍뎅이가 좋아하는 땅속덩이버섯은 공간으로 강하게 퍼질 발산물이 없다. 적어도 우리에게는 그것의 냄새가 없다. 은화식물 덩이는 발산물이 아주 약하고 그것을 찾는 곤충이 멀리서 오지는 않았다. 하지만 거기에 맞춰진 연장을 갖춘 미식가인 버섯 탐색자는 그것을 감지할 능력을 충분히 갖췄다. 개 역시 코를 땅에 대고 조사하는데, 중요한 탐색물인 진짜 송로는 아주 뚜렷한 향기가 있다.

갇힌 상태에서 우화한 암컷을 찾아오는 공작산누에나방(*Saturnia pyri*)과 떡갈나무솔나방(*Lasiocampa quercus*)에 대해서는 어떻게 말해야 할까? 지평선 끝에서 몰려오는 녀석들은 그런 거리에서 무엇으로 지각했을까? 정말로 우리네 생리학이 이해하는 것과 같은 종류의 냄새일까? 나는 감히 그렇다고 하지는 못하겠다.

개는 냄새를 맡고 바로 덩이줄기 근처의 땅속에서 송로를, 또 멀리 떨어진 주인이 남긴 발자국을 찾아낸다. 그러나 100발짝이나 수 킬로미터 떨어진 곳의 송로버섯까지 녀석에게 알려질까? 발자국이 전혀 없어도 주인을 찾아갈까? 분명히 그렇지는 않다. 아무리 예민한 후각을 가진 개라도 그렇게 장한 일은 하지 못한다. 그러나 내 탁자 위에서 태어난 나방 암컷은 밖에 흔적을 남기지 않았지만, 또한 장거리 면에서 방해 없이 그것을 해낸다.

냄새, 즉 우리 후각에 작용하는 보통 냄새는 그 물체에서 발산하는 분자로 되어 있음을 인정한다. 그 분자는 마치 설탕이 물에 녹아 퍼지면서 물에 단맛을 전달하듯, 공기 속에서 녹고 퍼져서 냄새를 공기에 전해 준다. 말하자면 냄새와 맛은 만져진다. 이쪽이든 저쪽이든, 작용을 일으키는 물질의 미립자와 작용을 받는 감각 능력의 미소 돌기 사이에 접촉이 있다.

뱀천남성이 강한 에센스를 만들어 주변 공기에 배게 하여 역한 냄새를 풍긴다는 것, 여기까지는 무엇보다 간단하고 무엇보다 분명하다. 이렇게 분자의 확산으로 시체 냄새를 몹시 좋아하는 수시렁이와 둥근풍뎅이붙이가 알게 된다. 마찬가지로 썩어 가는 두꺼비에서 송장벌레에게 즐거운 악취를 풍기는 미립자가 발산되어 멀리까지 퍼진다.

그러나 공작산누에나방과 떡갈나무솔나방 암컷은 어떤 물질을 발산했을까? 우리 후각에 따르면 아무것도 발산하지 않았다. 이렇게 아무것도 아닌 것이 수컷이 몰려올 때는 반경 수 킬로미터나 되는 엄청난 넓이의 주위를 가득 채운 것이 아니더냐! 지독한 뱀천남성 악취가 못한 것을, 냄새 없는 이것이 해내지 않았더냐! 물질을 아무리 나눌 수 있다 하더라도 정신은 이런 결론을 거부한다.

그것은 마치 카민의 빨간색 알갱이 하나로 호수를 붉게 물들이는 것 같고, 없는 것(0)으로 무한한 공간을 채우는 것과 같을 것이다.

또 다른 이유가 있다. 가장 섬세한 발산물을 압도해서 없앨 강한 냄새로 가득 배게 했던 내 연구실에서 수컷은 아주 미미한 혼란의 표시조차 없이 찾아왔다.

강한 소리는 약한 소리를 제압해 안 들리게 하고, 강한 빛은 약한 빛을 안 보이게 한다. 각각 성질이 같은 파동이나 요란한 천둥소리가 약한 빛의 방사를 막지는 못한다. 찬란한 태양이 소리를 죽이지도 못한다. 성질이 다른 빛과 소리는 서로 영향을 미칠 수 없다.

라벤더기름, 나프탈렌 등 여러 냄새로 실시한 실험은 결국 냄새의 기원이 두 가지임을 인정하라는 것 같다. 발산을 파동으로 바꾸어 보자. 그러면 공작산누에나방 문제가 설명된다. 발광점은 본질을 조금도 잃지 않고 진동으로 에테르(빛, 열, 전기, 자기의 상상적 매체)를 흔들어 일정치 않은 넓이의 범위를 빛으로 채운다. 어미 나방이 알리는 흐름도 거의 이와 비슷하게 작용할 것이다. 그 흐름은 분자를 내보내는 것이 아니다. 그 흐름은 물질의 실제적인 전파와는 양립할 수 없는 거리까지 퍼질 수 있는 파동을 일으키는 것이다.

전체적으로 보아 후각은 공기 중에 용해된 소립자 영역과 창공의 파동 영역, 두 영역을 가졌을 것이다. 우리에겐 첫째 영역만 알려졌고, 이것은 곤충의 것이기도 해서 둥근풍뎅이붙이에게 뱀천 남성의 악취를, 송장벌레에게 두더지의 역한 냄새를 알려 준다.

둘째 영역은 공간에서 미치는 범위가 훨씬 넓은데, 우리는 적절한 감각 장치가 없어서 전혀 지각할 수 없다. 산누에나방과 솔나방은 즐거운 짝짓기 시기에 그것을 안다. 다른 곤충도 생활양식에 따라 각각 다른 정도로 그것에 참여할 것이 틀림없다.[8]

빛과 마찬가지로 냄새도 나름대로의 X선이 있다. 과학이 곤충에게 배워 어느 날 우리에게 냄새 X선 촬영기사의 재간을 갖게 해 주길 바란다. 그러면 그 인공 코가 우리에게 온통 희한한 것이 가득 찬 세계를 열어 줄 것이다.

8 『파브르 곤충기』 제2권 188쪽 '페로몬' 참조. 지금은 아주 많은 동물에서 성페로몬 구조가 밝혀져 있다.

기타

전문용어/인명/지명/동식물

457

461

도판

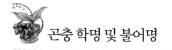

# 곤충 학명 및 불어명

기타

동식물 학명 및 불어명/전문용어
-------------------------------------

# 『파브르 곤충기』 등장 곤충

숫자는 해당 권을 뜻합니다. 절지동물도 포함합니다.

480

483

486

491

492

## ㅎ

496